一冊に凝縮

Office 2024
Microsoft 365 対応

The Best Guide to Microsoft Word & Excel for Beginners and Learners.

わかりやすさに自信があります！

Word & Excel 2024
やさしい教科書

国本 温子・
門脇 香奈子

SB Creative

本書の掲載内容

本書は、2025年2月28日の情報に基づき、Word 2024とExcel 2024の操作方法について解説しています。また、本書ではWindows版のWord 2024とExcel 2024の画面を用いて解説しています。ご利用のWord、Excel、OSのバージョン・種類によっては、項目の位置などに若干の差異がある場合があります。あらかじめご了承ください。

本書に関するお問い合わせ

この度は小社書籍をご購入いただき誠にありがとうございます。小社では本書の内容に関するご質問を受け付けております。本書を読み進めていただきます中でご不明な箇所がございましたらお問い合わせください。なお、ご質問の前に小社Webサイトで「正誤表」をご確認ください。最新の正誤情報を下記のWebページに掲載しております。

本書サポートページ　https://isbn2.sbcr.jp/30188/

上記ページに記載の「正誤情報」のリンクをクリックしてください。
なお、正誤情報がない場合、リンクをクリックすることはできません。

ご質問送付先

ご質問については下記のいずれかの方法をご利用ください。

Webページより

上記のサポートページ内にある「お問い合わせ」をクリックしていただき、ページ内の「書籍の内容について」をクリックするとメールフォームが開きます。要綱に従ってご質問をご記入の上、送信してください。

郵送

郵送の場合は下記までお願いいたします。

〒105-0001
東京都港区虎ノ門2-2-1
SBクリエイティブ　読者サポート係

- 本書内に記載されている会社名、商品名、製品名などは一般に各社の登録商標または商標です。本書中では®、™マークは明記しておりません。
- 本書の出版にあたっては正確な記述に努めましたが、本書の内容に基づく運用結果について、著者およびSBクリエイティブ株式会社は一切の責任を負いかねますのでご了承ください。

©2025 Atsuko Kunimoto / Kanako Kadowaki
本書の内容は著作権法上の保護を受けています。著作権者・出版権者の文書による許諾を得ずに、本書の一部または全部を無断で複写・複製・転載することは禁じられております。

はじめに

　本書は、文書作成ソフト「Word（ワード）」と、表計算ソフト「Excel（エクセル）」の入門書です。これからはじめてWordやExcelを操作する人を対象に、初歩の初歩からとことん丁寧に、1つずつ操作方法を解説しています。現在ではWordとExcelは、ビジネスシーンはもとより、生活のさまざまな場面で利用する機会の多いパソコンの基本アプリです。日々のパソコン操作をより便利にするため、またはWordやExcelのスキルを身につけるために、ぜひ本書をご活用ください。

　Wordは文書作成ソフトです。Wordを使えば、会社などで使うビジネス文書をはじめとして、レポートや論文、案内文、お店のチラシ、はがきの文面など、さまざまな文書を作成できます。
　本書のWordパートでは、前半でWordの画面説明やキーボードでの文字入力の方法など、Wordを扱うのに必須の基本操作を丁寧に説明しています。また、中盤以降では、白紙の状態から文書を作成し、印刷、保存するまでの一連の操作を説明しています。さらに後半では、文書の編集方法や書式設定、表作成、図形の作成、画像の挿入、便利機能など、Wordを使いこなすために必須となるさまざまな機能を説明しています。一度にすべてを覚える必要はありませんが、目からウロコの思わぬ発見があるかもしれません。

　Excelは実に高性能で多機能な表計算ソフトです。表を作ったり、表を基にグラフを作ったり、データをリスト形式に集めてそれを基に集計表を瞬時に作ったりするなど、さまざまな機能があります。しかし、はじめてExcelを使う方は「Excelを使うと何ができるのか？」「何からはじめればよいのか？」と思われる方も多いでしょう。また、Excelを知りたいけれど、「パソコンは苦手」「数字は苦手」など、不安に思う方もいるでしょう。
　本書のExcelパートでは「Excelって何？」というところから、表やグラフを作る過程に沿って、基本的なルールや、その場に応じて知っておきたい「時短ワザ」や「自動化のワザ」を紹介しています。各章の冒頭では、「表を作る手順を知る」「計算式って何？」「書式って何？」のように、その章で扱うテーマの概要を、用語の説明を交えて紹介しています。これから何を知ろうとしているのかイメージしてから読み進められるようにしました。Excelをはじめて使う方は、ぜひ練習用のサンプルファイルをダウンロードして、最初から順番に読み進めてみてください。そうしていただければ、本書を読み終えるころには、Excelの基本的な知識が身についていることと思います。

　また、Microsoft社の生成AI「Copilot」を、Microsoft 365契約のWordやExcelでどんな活用ができるかも紹介し、OneDriveサービスを使ったファイル共有や共同作業についても解説しています。
　WordとExcelを最短で使いこなすために、本書が少しでも役立てば幸いです。

2025年3月

著者一同

本書の使い方

- 本書では、Word 2024、Excel 2024をこれから使う人を対象に、それぞれのアプリの使い方を画面をふんだんに使用して、とにかく丁寧に解説しています。基本操作から文字やデータの入力方法、文書やシートの作成・印刷方法まで、実務で使える力を身につけることができます。
- Word、Excelには、入力作業を効率化したり、見栄えのよい文書を作成したりできる機能が豊富に備わっています。実用的な機能の数々を、わかりやすい作例で紹介しています。
- 本編以外にも、MemoやHintなどの関連情報やショートカットキー一覧、用語集など、さまざまな情報を多数掲載しています。お手元に置いて、必要なときに参照してください。

紙面の構成

練習用ファイル
セクションイルの名前です。ファイルのダウンロード方法などは p.6 で解説しています。

解説
各項目の操作の内容を解説しています。操作手順の画面とあわせてお読みください。

Memo
セクションで解説している機能・操作に関連する知識を掲載しています。

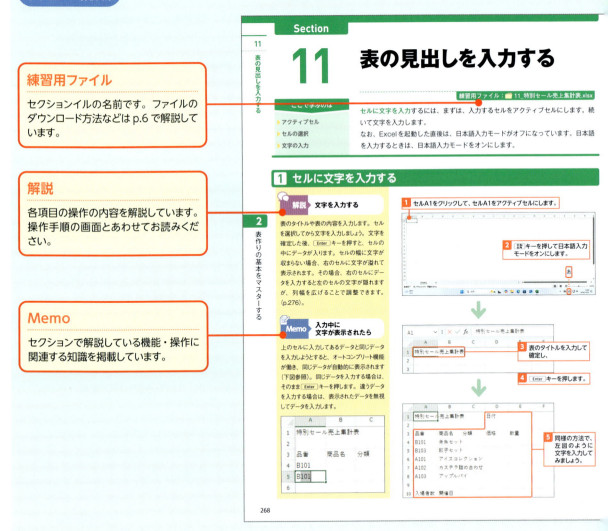

効率よく学習を進める方法

1 Wordは基本を押さえる
Wordパートは第1章～第3章までで、必須の基本操作をマスターできます。第4章以降は全体をざっとながめて、Wordで使えるさまざまな機能を確認しましょう。

2 Excelは順番にやってみる
Excelパートは各章の冒頭でその章で扱うテーマの概要を紹介しています。Excelをはじめて使う方は、最初から順番に読み進めてください。全体を通してExcelの基本的な知識を一通り身につけることができます。

3 リファレンスとして活用
操作手順の横には関連するMemoやHintがあります。基本をマスターした後のステップアップにお役立てください。

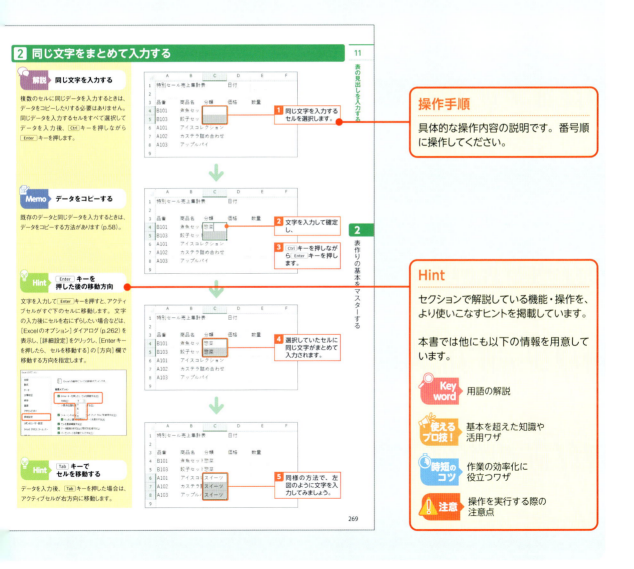

5

練習用ファイルの使い方

学習を進める前に、本書の各セクションで使用する練習用ファイルをダウンロードしてください。以下のWebページからダウンロードできます。

練習用ファイルのダウンロード

https://www.sbcr.jp/support/4815631062/

練習用ファイルの内容

練習用ファイルの内容は下図のようになっています。ファイルの先頭の数字がセクション番号を表します。なお、セクションによっては練習用ファイルがない場合もあります。

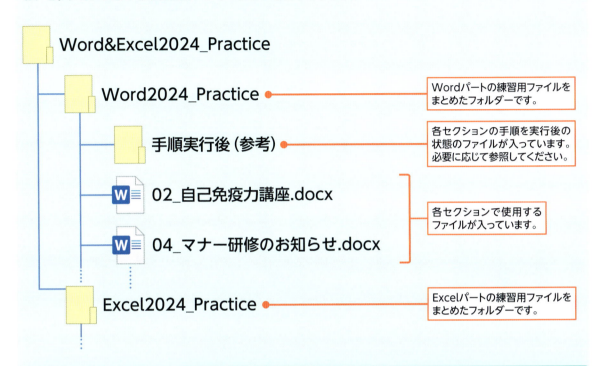

使用時の注意点

練習用ファイルを開こうとすると、画面の上部に警告が表示されることがあります。これはインターネットからダウンロードしたファイルには危険なプログラムが含まれている可能性があるためです。本書の練習用ファイルは問題ありませんので、[編集を有効にする]をクリックして、各セクションの操作を行ってください。

▶▶ マウス／タッチパッドの操作

クリック

画面上のものやメニューを選択したり、ボタンをクリックしたりするときなどに使います。

左ボタンを1回押します。

左ボタンを1回押します。

右クリック

操作可能なメニューを表示するときに使います。

右ボタンを1回押します。

右ボタンを1回押します。

ダブルクリック

ファイルやフォルダーを開いたり、アプリを起動したりするときに使います。

左ボタンをすばやく2回押します。

左ボタンをすばやく2回押します。

ドラッグ

画面上のものを移動するときなどに使います。

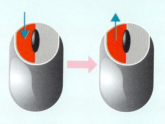

左ボタンを押したままマウスを移動し、移動先で左ボタンを離します。

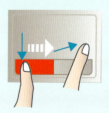

左ボタンを押したままタッチパッドを指でなぞり、移動先で左ボタンを離します。

よく使うキー

Esc（エスケープ）キー
操作を取り消すときに使います。

半角/全角キー
日本語入力モードと半角英数モードを切り替えます。

Delete（デリート）キー
カーソルの右側の文字を削除します。

テンキー
電卓のように数字や演算記号が集まったキーです。

BackSpace（バックスペース）キー
カーソルの左側の文字を削除します。

Shift（シフト）キー
他のキーと組み合わせて使います。

スペースキー
空白の入力や漢字への変換に使います。

Enter（エンター）キー
文字の確定や改行入力で使います。

矢印キー
カーソルを上下左右に移動します。

Ctrl（コントロール）キー
他のキーと組み合わせて使います。

ショートカットキー 複数のキーを組み合わせて押すことで、特定の操作をすばやく実行することができます。本書中では ○○ + △△ キーのように表記しています。

▶ Ctrl + A キーという表記の場合

2つのキーを同時に押します。

▶ Ctrl + Shift + Esc キーという表記の場合

3つのキーを同時に押します。

CONTENTS

Word

第1章 Word 2024の基本操作を知る　31

Section 01 Wordでできること　32

Wordで作成できる文書

Section 02 Wordを起動／終了する　34

Wordを起動して白紙の文書を表示する
文書を開く
文書を閉じる
Wordを終了する

Section 03 Wordの画面構成　40

Wordの画面構成

Section 04 リボンを使うには　42

リボンを切り替えて機能を実行する
[ファイル]タブでBackstageビューのメニューを選択する
編集対象によって表示されるリボンを確認する
リボンからダイアログや作業ウィンドウを表示する
リボンを非表示にして文書表示を大きく使う

Section 05 Wordの機能をすばやく実行する　48

クイックアクセスツールバーを使う
ミニツールバーを使う
ショートカットメニューを使う
ショートカットキーを使う

Section 06 画面の表示を操作する　50

画面の表示倍率を変更する
画面をスクロールする
表示モードを切り替える

Section 07 わからないことを調べる 54

Microsoft Searchで調べる
ヘルプで調べる

第 2 章 文字入力を完璧にマスターする 57

Section 08 キーボードの使い方を覚えよう 58

キーボードの各部の名称と機能
キーの押し方

Section 09 IMEを確認する 60

IMEの入力モードを切り替える
ローマ字入力とかな入力
ローマ字入力とかな入力を切り替える

Section 10 日本語を入力する 62

ひらがなを入力する
入力中の文字を訂正する
漢字に変換する
変換候補から変換する
カタカナに変換する
確定後の文字を再変換する

Section 11 文節／文章単位で入力する 70

文節単位で変換する
文章をまとめて変換する
文節を移動して変換する
文節を区切り直して変換する

Section 12 英数字を入力する 74

半角のアルファベットや数字を入力する
全角のアルファベットや数字を入力する
ひらがなモードで入力する

Section 13 記号を入力する 76

キーにある記号を入力する
記号の読みを入力して変換する
ダイアログから選択する

Section 14 読めない漢字を入力する　　80

手書きで漢字を検索する
総画数で漢字を検索する
部首で漢字を検索する

Section 15 単語登録する　　84

単語を辞書に登録する
単語を削除する

Section 16 ファンクションキーで変換する　　86

F7 キーで全角カタカナ、F8 キーで半角カタカナに変換する
F9 キーで全角英数字、F10 キーで半角英数字に変換する
F6 キーでひらがなに変換する

第 3 章 文書を思い通りに作成する　　89

Section 17 文書作成の流れ　　90

基本的な文書の作成手順

Section 18 新規文書を作成する　　92

白紙の新規文書を作成する
テンプレートを使って新規文書を作成する

Section 19 用紙のサイズや向きなどページ設定する　　96

用紙のサイズを選択する
印刷の向きを選択する
余白を設定する
数値で余白を変更する
1ページの行数や1行の文字数を指定する

Section 20 文書を保存する　　100

保存場所と名前を指定して保存する
上書き保存する
PDFファイルとして保存する

Section 21 文書を開く　　104

保存場所を選択して開く
エクスプローラーから開く

Word文書以外のファイルを開く
保存しないで閉じた文書を回復する

Section 22 印刷する 108

印刷画面を表示し、印刷イメージを確認する
印刷を実行する
印刷するページを指定する
部単位とページ単位で印刷単位を変更する
1枚の用紙に複数のページを印刷する
用紙サイズに合わせて拡大／縮小印刷する
両面印刷する

第4章 文書を自由自在に編集する 113

Section 23 カーソルの移動と改行 114

文字カーソルを移動する
改行する
空行を挿入する

Section 24 文字を選択する 116

文字を選択する
行を選択する
文を選択する
段落を選択する
離れた文字を同時に選択する
ブロック単位で選択する
文書全体を選択する

Section 25 文字を修正／削除する 120

文字を挿入する
文字を上書きする
文字を削除する

Section 26 文字をコピー／移動する 122

文字をコピーする
文字を移動する

Section 27 いろいろな方法で貼り付ける 124

形式を選択して貼り付ける
[クリップボード]作業ウィンドウを表示して貼り付ける

Section 28 操作を取り消す　126

元に戻す／やり直し／繰り返し

Section 29 文字を検索／置換する　128

指定した文字を探す
指定した文字を別の文字に置き換える

第5章 文字／段落の書式設定　131

Section 30 文字の書体やサイズを変更する　132

文字の書体を変更する
文字のサイズを変更する

Section 31 文字に太字／斜体／下線を設定する　136

文字に太字を設定する
文字に斜体を設定する
文字に下線を設定する

Section 32 文字に色や効果を設定する　138

文字に色を付ける
文字に蛍光ペンを設定する

Section 33 文字にいろいろな書式を設定する　140

文字にふりがなを表示する
文字を均等割り付けする
文字幅を横に拡大／縮小する
文字間隔を調整する
設定した書式を解除する

Section 34 段落の配置を変更する　146

文字を中央／右側に揃える
文字を行全体に均等に配置する

Section 35 文章の行頭や行末の位置を変更する　148

ルーラーを表示する
インデントの種類を確認する
段落の行頭の位置を変更する
段落の行末の位置を変更する

Section 36 行間や段落の間隔を設定する 152

行間を広げる
段落と段落の間隔を調整する

Section 37 段組みと改ページを設定する 156

文書の一部分を段組みに設定する
任意の位置で段を改める
任意の位置で改ページする

Section 38 セクション区切りを挿入する 160

セクションとセクション区切り
文書にセクション区切りを挿入する
セクション単位でページ設定をする

第6章 表の基本的な作り方と実践ワザ 165

Section 39 表を作成する 166

行数と列数を指定して表を作成する
文字を表に変換する
ドラッグして表を作成する
罫線を削除する

Section 40 表内の移動と選択 172

表の構成
表内のカーソル移動と文字入力
セルの選択
行の選択
列の選択
表全体の選択

Section 41 行や列を挿入／削除する 176

行や列を挿入する
行や列や表を削除する

Section 42 列の幅や行の高さを調整する 180

列の幅や行の高さを調整する

Section 43 セルを結合／分割する 182

セルを結合する
セルを分割する

Section 44 表の書式を変更する 184

セル内の文字配置を変更する
表を移動する
線の種類や太さを変更する
セルの色を変更する

Section 45 Excelの表をWordに貼り付ける 190

Excelの表をWordに貼り付ける
Excel形式で表を貼り付ける
ExcelのグラフをWordに貼り付ける

第7章 図形を作成する 195

Section 46 図形を挿入する 196

図形を描画する
直線を引く

Section 47 図形を編集する 198

図形のサイズを変更する
図形を回転する
図形を変形する
図形に効果を設定する
図形にスタイルを設定する
図形の色を変更する

Section 48 図形の配置を整える 202

図形を移動／コピーする
図形の配置を揃える
図形を整列する

Section 49 文書の自由な位置に文字を挿入する 204

テキストボックスを挿入して文字を入力する
テキストボックス内の余白を調整する
テキストボックスのページ内の位置を設定する

第 8 章 文書に表現力を付ける 207

Section 50 写真を挿入する 208

写真を挿入する
写真を切り抜く
写真に効果を設定する

Section 51 SmartArtを挿入する 212

SmartArtを使って図表を作成する
SmartArtに文字を入力する

Section 52 いろいろな図を挿入する 214

ストック画像を挿入する
アイコンを挿入する
スクリーンショットを挿入する
「社外秘」などの透かしを入れる

第 9 章 文書作成に便利な機能 219

Section 53 ヘッダー／フッターを挿入する 220

左のヘッダーにタイトルを入力する
右のヘッダーにロゴを挿入する
中央のフッターにページ番号を挿入する

Section 54 長い文書を作成するのに便利な機能 224

見出しスタイルを設定する
ナビゲーションウィンドウで文書内を移動する
見出しを入れ替える
目次を自動作成する
画面を分割する

Section 55 誤字、脱字、表記のゆれをチェックする 228

スペルチェックと文章校正を行う

Section 56 翻訳機能を利用する 230

英文を翻訳する

Section 57 コメントを挿入する　232

コメントを挿入する
コメントの表示／非表示を切り替える
コメントに返答する

Section 58 変更履歴を記録する　234

変更履歴を記録する
変更履歴を非表示にする
変更履歴を文書に反映する

Section 59 2つの文書を比較する　238

2つの文書を表示して比較する

Section 60 ワードアートを挿入する　240

ワードアートを挿入する
ワードアートを編集する

Excel

第1章 Excel 2024の基本操作を知る　243

Section 01 Excel って何？　244

表計算ソフトとは
表を作れる
グラフを作れる
データを活用できる

Section 02 Excelを起動／終了する　248

Excelを起動する
Excelを終了する

Section 03 Excelの画面構成を知る　250

Excelの画面を見る

Section 04 Excelブックを保存する　252

ブックを保存する
ブックを上書き保存する

Section 05 Excelブックを開く 254

ブックを開く
新しいブックを用意する
テンプレートを利用する

Section 06 Excelの表示方法を指定する 258

表を拡大／縮小する
表示モードとは？

Section 07 わからないことを調べる 260

わからないことを調べる
ヘルプの内容を確認する

Section 08 Excelのオプション画面を知る 262

オプション画面を開く

第2章 表作りの基本をマスターする 263

Section 09 表を作る手順を知る 264

表を作るには？
データの入力方法を知る

Section 10 セルを選択する 266

セルやセル範囲を選択する
複数のセルを選択する

Section 11 表の見出しを入力する 268

セルに文字を入力する
同じ文字をまとめて入力する

Section 12 数値や日付を入力する 270

数値を入力する
数値を連続して入力する
今年の日付を入力する
過去や未来の日付を入力する

Section 13 データを修正する 274

データを上書きして修正する
データの一部を修正する

Section 14　列幅や行の高さを調整する　276

列幅を調整する
列幅を自動調整する

Section 15　データを移動／コピーする　278

データを移動／コピーする
データをドラッグで移動／コピーする
行や列を移動／コピーする
行や列をドラッグで移動／コピーする

Section 16　行や列を追加／削除する　282

行や列を追加する
行や列を削除する

Section 17　行や列を表示／非表示にする　284

行を非表示にする
行を再表示する

Section 18　セルを追加／削除する　286

セルを追加する
セルを削除する

Section 19　セルにコメントを追加する　288

セルにコメントを追加する
セルのコメントを削除する

Section 20　データを検索／置換する　290

データを検索する
次のデータを検索する
データを置き換える
検索したデータをすべて置き換える

Section 21　操作をキャンセルして元に戻す　294

操作を元に戻す

第 3 章　データを速く、正確に入力する　295

Section 22　入力を効率化する機能って何？　296

オートフィル
フラッシュフィル
入力規則
Officeクリップボード

Section 23 ドラッグ操作でセルをコピーする　298

ドラッグ操作でデータをコピーする
ドラッグ操作で連番を入力する

Section 24 日付や曜日の連続データを自動入力する　300

曜日を連続して自動入力する
日付を連続して自動入力する

Section 25 支店名や商品名などを自動入力する　302

連続データを登録する
連続データを入力する

Section 26 入力をパターン化して自動入力する　304

文字の入力パターンを指定する
日付の入力パターンを指定する

Section 27 入力時のルールを決める　306

指定できるルールとは？
入力規則を設定する

Section 28 ルールに沿ってデータを効率よく入力する　308

入力候補を登録する
入力時のメッセージを設定する
ルール違反のメッセージを設定する

第4章 計算式や関数を使って計算する　311

Section 29 計算式って何？　312

計算式を作る
計算式の種類を知る

Section 30 他のセルのデータを参照して表示する　314

セルのデータを参照する
参照元のデータを変更する

Section 31 四則演算の計算式を入力する　316

四則演算の計算式を作る
算術演算子の優先順位を知る
比較演算子を使う

Section 32　計算結果がエラーになった！　320

エラーとは？
エラー値について
エラーを修正する
エラーを無視する

Section 33　計算式をコピーする　324

計算式をコピーする
コピーした計算式を確認する

Section 34　計算式をコピーしたらエラーになった！　326

エラーになるケースとは？
セルの参照方法を変更する
計算式をコピーする

Section 35　関数って何？　330

関数とは？
関数の入力方法を知る

Section 36　合計を表示する　332

合計を表示する
縦横の合計を一度に表示する
複数のセルの合計を表示する
関数の計算式を修正する

Section 37　平均を表示する　336

平均を表示する
平均を一度に表示する

Section 38　氏名のふりがなを表示する　338

漢字のふりがなを表示する

Section 39　数値を四捨五入する　340

四捨五入した結果を表示する

Section 40　条件に合うデータを判定する　342

条件分岐とは？
条件に合うデータを判定する

Section 41　商品番号に対応する商品名や価格を表示する　344

XLOOKUPやVLOOKUP関数を使ってできること
別表を準備する
XLOOKUP関数で商品名や価格を表示する
VLOOKUP関数で商品名や価格を表示する

Section 42 スピルって何？ 350

四則演算の計算式を入力する
絶対参照を使わずに簡単に計算式を入力する
複合参照を使わずに簡単に計算式を入力する

第5章 表全体の見た目を整える 353

Section 43 書式って何？ 354

書式とは？
書式の種類を知る

Section 44 全体のデザインのテーマを選ぶ 356

テーマとは？
テーマを変更する

Section 45 文字やセルに飾りを付ける 358

文字に飾りを付ける
文字とセルの色を変更する

Section 46 文字の配置を整える 360

文字の配置を変更する
文字を折り返して表示する

Section 47 セルを結合して1つにまとめる 362

セルを結合する
セルを横方向に結合する

Section 48 表に罫線を引く 364

表に罫線を引く
セルの下や内側に罫線を引く
罫線の色を変更する

Section 49 表示形式って何？ 368

表示形式とは？
表示形式の設定方法を知る

Section 50 数値に桁区切りのカンマを付ける 370

数値に桁区切りカンマを表示する
数値をパーセントで表示する／小数点以下の桁数を揃える
マイナスの数を赤で表示する
数値を千円単位で表示する

Section 51 日付の表示方法を変更する　374

日付の年を表示する
日付に曜日を表示する
独自の形式で日付を表示する

Section 52 他のセルの書式だけをコピーして使う　378

書式のコピーとは？
他のセルの書式をコピーする
他のセルの書式を連続してコピーする

第 6 章　表の数値の動きや傾向を読み取る　381

Section 53 データを区別する機能って何？　382

条件付き書式
スパークライン

Section 54 指定した期間の日付を自動的に目立たせる　384

指定した期間の日付を強調する
ルールを変更する

Section 55 1万円以上の値を自動的に目立たせる　386

1万円より大きいデータを目立たせる
1万円以上のデータを目立たせる

Section 56 数値の大きさを表すバーを表示する　388

数値の大きさを表すバーを表示する
バーの表示方法を変更する

Section 57 数値の大きさによって色分けする　390

数値の大きさを色で表現する
色の表示方法を変更する

Section 58 数値の大きさによって別々のアイコンを付ける　392

数値の大きさに応じてアイコンを表示する
アイコンの表示方法を変更する

Section 59 数字の動きを棒の長さや折れ線で表現する　394

スパークラインの種類とは？
スパークラインを表示する
スパークラインの表示方法を変更する

第 7 章 表のデータをグラフで表現する

397

Section 60 Excelで作れるグラフって何？

398

表とグラフの関係を知る
グラフの種類を知る
グラフを作る手順を知る
グラフ要素の名前を知る

Section 61 基本的なグラフを作る

402

グラフを作る
グラフのレイアウトやデザインを変更する

Section 62 グラフを修正する

404

グラフを移動する
グラフの大きさを変更する
グラフに表示するデータを変更する
グラフの種類を変更する

Section 63 棒グラフを作る

408

棒グラフを作る
棒グラフの項目を入れ替える
軸ラベルを追加する
軸ラベルの文字や配置を変更する

Section 64 折れ線グラフを作る

412

折れ線グラフを作る
折れ線グラフの線を太くする
縦軸の最小値や間隔を指定する
軸ラベルを追加する

第 8 章 データを整理して表示する

417

Section 65 リストを作ってデータを整理する

418

リストとは？
リストを作るときに注意すること

Section 66 カンマ区切りのテキストファイルを開く

420

ファイルを確認する
ファイルを開く

Section **67** 見出しが常に見えるように固定する 422

見出しを固定する

Section **68** 画面を分割して先頭と末尾を同時に見る 424

画面を分割する
分割した画面にデータを表示する

Section **69** 明細データを隠して集計列のみ表示する 426

データをグループ化する

Section **70** データを並べ替える 428

データを並べ替える
複数の条件でデータを並べ替える
並べ替え条件の優先順位を変える

Section **71** 条件に一致するデータのみ表示する 432

条件に一致するデータを表示する
フィルター条件を解除する
複数の条件に一致するデータのみ表示する
データの絞り込み条件を細かく指定する
絞り込み表示を解除する

第 **9** 章 **データを集計して活用する** 437

Section **72** データを集計するさまざまな機能を知る 438

データを活用するには？

Section **73** リストをテーブルに変換する 440

テーブルとは？
テーブルを作る

Section **74** テーブルのデータを抽出する 442

データを並べ替える
テーブルからデータを抽出する
データの絞り込み条件を細かく指定する
抽出条件をボタンで選択できるようにする

Section **75** テーブルのデータを集計する 446

テーブルのデータを集計する
データの集計方法を変える

Section 76 リストからクロス集計表を作る方法を知る　　　448

ピボットテーブルとは？
ピボットテーブルを作る準備をする

Section 77 ピボットテーブルを作る　　　450

ピボットテーブルの土台を作る
集計する項目を指定する
集計する項目を入れ替える
表示する項目を指定する

Section 78 ピボットテーブルのデータをグラフ化する　　　454

ピボットグラフを作る
ピボットグラフに表示する項目を入れ替える
ピボットグラフに表示する項目を指定する

第10章 シートやブックを自在に扱う　　　457

Section 79 シートやブックの扱い方を知る　　　458

シートとブックの関係を知る
シートやブックを保護する
ブックにパスワードを設定する

Section 80 シートを追加／削除する　　　460

シートを追加する
シートを削除する

Section 81 シート名や見出しの色を変える　　　462

シート名を変える
シート見出しの色を変える

Section 82 シートを移動／コピーする　　　464

シートを移動する
シートをコピーする

Section 83 シートの表示／非表示を切り替える　　　466

シートを非表示にする
シートを再表示する

Section 84 指定したセル以外入力できないようにする　　　468

データを入力するセルを指定する
シートを保護する
編集時にパスワードを求める

Section 85 異なるシートを横に並べて見比べる　　472

新しいウィンドウを開く
ウィンドウを横に並べる

Section 86 複数のシートをまとめて編集する　　474

複数シートを選択する
複数シートを編集する

Section 87 他のブックに切り替える　　476

複数ブックを開く
ブックを切り替えて表示する

Section 88 他のブックを横に並べて見比べる　　478

ブックを並べて表示する
同時にスクロールして見る

Section 89 ブックにパスワードを設定する　　480

ブックにパスワードを設定する
パスワードが設定されたブックを開く

第11章 表やグラフを綺麗に印刷する　　483

Section 90 印刷前に行う設定って何？　　484

印刷の設定とは？
印刷設定画面の表示方法を知る

Section 91 用紙のサイズや向きを指定する　　486

用紙のサイズを指定する
用紙の向きを指定する

Section 92 余白の大きさを指定する　　488

余白の大きさを調整する

Section 93 ヘッダーやフッターの内容を指定する　　490

ヘッダーに文字を入力する
ヘッダーに日付を表示する
フッターにページ番号と総ページ数を表示する

Section 94 改ページ位置を調整する　　494

改ページ位置を確認する

Section 95 表の見出しを全ページに印刷する 496

印刷イメージを確認する
印刷タイトルを設定する

Section 96 表を用紙1ページに収めて印刷する 498

表の印刷イメージを見る
表の幅を1ページに収める

Section 97 指定した箇所だけを印刷する 500

印刷範囲を設定する
選択した範囲を印刷する

Section 98 表やグラフを印刷する 502

印刷イメージを確認する
印刷をする
グラフを印刷する

Word & Excel

第1章 Word・Excelの共通テクニックとCopilot 505

Section 01 ファイルを上書き保存禁止にして保護する 506

ファイルを読み取り専用にする
読み取り専用のファイルを開く
読み取り専用を解除する

Section 02 ファイルにパスワードを設定する 508

ファイルにパスワードを設定する
パスワードを設定したファイルを開く

Section 03 ファイルの詳細情報を削除する 510

ファイルに不要な情報が含まれていないか確認する
不要な情報を削除する

Section 04 ファイルが編集できないときは 512

他の人が開いているファイルを編集する
読み取り専用に設定されていないか確認する

Section 05 自動回復でファイルを復活させる 514

自動保存の間隔を設定する
自動回復用データからファイルを保存する

Section 06　MicrosoftアカウントでOneDriveにサインインする　516

OneDriveとは
Officeにサインインする

Section 07　OneDriveにファイルを保存する　518

OneDriveフォルダーにファイルを移動させる
OneDriveにファイルを保存する

Section 08　OneDrive上のファイルを開く／編集する　520

OneDriveフォルダーからファイルを開く
WordやExcelからOneDrive上のファイルを開く

Section 09　ファイルを共有する　522

文書ファイルを共同編集する
共同編集に参加する
フォルダーごと共有する
共有されたフォルダーを自分のOneDriveに追加する

Section 10　共同編集機能を使いこなす　526

相手が見ているセルを表示する
シートビューを使って自分だけのフィルター処理をする

Section 11　ファイルやフォルダーの共有を解除する　528

ファイルの共有を解除する

Section 12　Copilotを使ってみる　530

生成AIサービス「Copilot」とは
チャット形式のCopilot
Microsoft 365と融合したCopilot

Section 13　Microsoft 365 Copilot in Wordを使ってみる　532

文章を要約してもらう
文章を代筆してもらう
文章を書き換えてもらう

Section 14　Microsoft 365 Copilot in Excelを使ってみる　536

ExcelでCopilotを使う準備をする
計算式を作成してもらう
ピボットテーブルを作成してもらう
グラフを作成してもらう

便利なショートカットキー　540
ローマ字／かな対応表　542
用語集　544
索引　552

第 **1** 章

Word 2024の 基本操作を知る

　ここでは、Wordの起動と終了の仕方や文書の開き方、閉じ方を学習し、Wordで機能を実行するのに重要なリボンの使い方、画面の表示方法、わからないことを調べる方法を紹介します。最も基本的な操作になります。しっかり覚えましょう。

Section 01	▶ Wordでできること
Section 02	▶ Wordを起動／終了する
Section 03	▶ Wordの画面構成
Section 04	▶ リボンを使うには
Section 05	▶ Wordの機能をすばやく実行する
Section 06	▶ 画面の表示を操作する
Section 07	▶ わからないことを調べる

Section 01

Wordでできること

ここで学ぶのは
- Wordで作成できる文書
- 写真や図形の利用
- データの差し込み

Wordは、**文書作成用のソフト**です。文字を入力するだけでなく、罫線や表を追加したり、図形や写真、デザインされた文字を使ったりして、さまざまな種類の文書を作成できます。また、長文を作成するための機能や、別に用意したデータを文書に差し込む機能など、便利な機能が用意されています。

1 Wordで作成できる文書

解説 Wordの文書

Wordでは、ビジネス文書、チラシ、はがき、ラベル、レポートや論文など、さまざまな文書を効率的に作成するための機能が用意されています。ここでは、どんな文書が作成できるのか確認しましょう。

Memo パソコンの画面を文書に取り込める

Webで検索した地図など、パソコンに表示している画面を文書内に貼り付けることができます（スクリーンショット：p.217参照）。

Memo 組織図のような図表が作成できる

図形と文字を組み合わせた図表を作ることができます（SmartArt：p.212参照）。

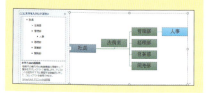

表や罫線のあるビジネス文書

文字のサイズや配置を変更し、表や罫線を使って見やすく整ったビジネス文書を作成できます。

写真や図形を使った表現力のあるチラシ

写真や図形を配置し、デザインされた文字を使って表現力のある魅力的なチラシを作成できます。

Memo 変更履歴の記録とコメントの挿入

複数の人で文書を校閲する場合に便利な、変更履歴の記録やコメントの追加などができます（p.232、p.234参照）。

レポートや論文など複数ページの長文作成

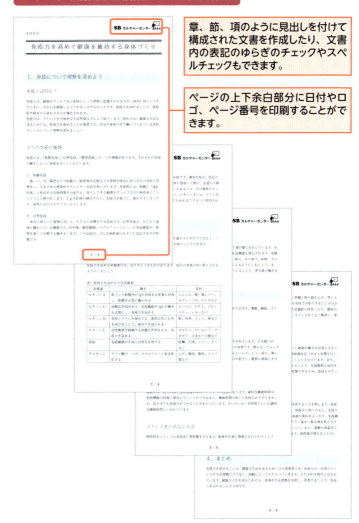

章、節、項のように見出しを付けて構成された文書を作成したり、文書内の表記のゆらぎのチェックやスペルチェックもできます。

ページの上下余白部分に日付やロゴ、ページ番号を印刷することができます。

Memo 目次の作成

文書内に設定した見出しを元に目次を自動的に作成できます（p.226参照）。

誤字・脱字のチェックや翻訳機能

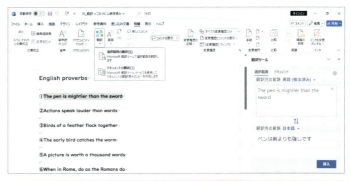

Wordには、入力した文章の誤字や脱字をチェックする機能や、英文などを翻訳する機能が用意されています。

Section 02 Wordを起動／終了する

練習用ファイル：02_自己免疫力講座.docx

ここで学ぶのは
- 起動／終了
- 白紙の文書
- 文書を開く／閉じる

Wordを使うには、Wordを起動し、新規に文書を作成したり、既存の文書を開いたりして作業を進めます。ここでは、Wordで作業するのに必要な起動と終了、白紙の文書の作成、文書を開いたり、閉じたりといった基本的な操作を覚えましょう。

1 Wordを起動して白紙の文書を表示する

解説 Wordを起動する

Wordを起動するには、Windowsの [スタート] ボタンをクリックし、スタートメニューを開きます。そこからスタートメニューにある [すべてのアプリ] からスクロールバーで下方向にドラッグして [Word] のアイコンをクリックします。

[Word] のアイコンが見えるまでスクロールバーをドラッグします。

Memo プレインストール版のパソコンの場合

パソコン購入時にWord 2024がすでにインストールされている場合は、[スタート] ボタンをクリックして表示されるスタートメニューの「ピン留め済み」に [Word] のアイコンが表示されていることがあります。

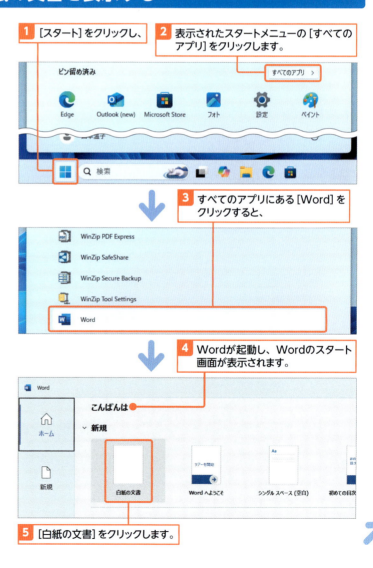

1 [スタート] をクリックし、

2 表示されたスタートメニューの [すべてのアプリ] をクリックします。

3 すべてのアプリにある [Word] をクリックすると、

4 Wordが起動し、Wordのスタート画面が表示されます。

5 [白紙の文書] をクリックします。

タイトルバーの文書名の表示

新規文書を作成すると、タイトルバーに文書の仮の名前「文書1」が表示されます。文書を保存すると、ファイル名が表示されます。

テンプレートを使った新規文書作成

Wordでは白紙の文書以外に、文書のひな型（テンプレート）を使って新規文書を作成することもできます（p.93参照）。

ショートカットキー

● 白紙の文書作成
　Ctrl + N

6 白紙の新規文書が開き、画面上のタイトルバーに仮の文書名が表示されます。

Wordをすばやく起動する方法

Wordのアイコンをスタートメニューやタスクバーにピン留めすると、アイコンをクリックするだけですばやく起動できるようになります。

スタートメニューにピン留めする

前ページの手順3で表示した［Word］を右クリックし①、［スタートにピン留めする］をクリックすると②、スタートメニューの「ピン留め済み」の一覧にWordのアイコンが追加されます③。なお、アイコンはドラッグして任意の位置に移動できるので、使いやすい位置に配置するといいでしょう。

タスクバーにピン留めする

Wordが起動しているときに、タスクバーにあるWordのアイコンを右クリックし①、［タスクバーにピン留めする］をクリックします②。これで、タスクバーにWordのアイコンが常に表示されるようになり、クリックするだけでWordが起動します③。

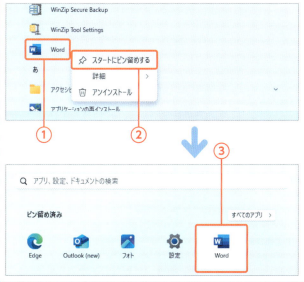

2 文書を開く

解説　文書を開くには

白紙の文書を開いて文書を新規作成するにはp.34の方法でできますが、一度保存(p.100参照)した文書を開いて続きを編集するといった場合は、この手順で文書を開きます。

Hint　[開く]画面のメニュー

●①[開く]画面
[開く]画面には、最近開いたファイルの一覧と(次ページの「時短のコツ」を参照)、よくファイルを保存する場所へのリンクが表示されます。

●②自分と共有
Microsoftアカウントでサインインしている場合、共有している文書の一覧が表示されます。

●③OneDrive
OneDrive(p.516参照)内のフォルダーやファイルが表示されます。

●④このPC
コンピューター内のフォルダーやファイルが表示されます。ダブルクリックすると、[ファイルを開く]ダイアログが表示されます。

●⑤場所の追加
OneDriveなど、コンピューター外部の新しい保存場所を追加します。

●⑥参照
[ファイルを開く]ダイアログが表示されます。ファイルが保存されているフォルダーに直接アクセスすることができます。

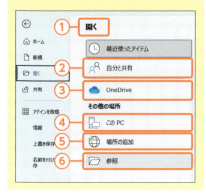

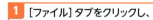
1 [ファイル]タブをクリックし、

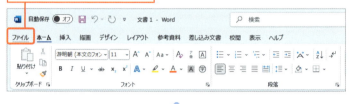

2 [開く]をクリックすると、

3 右側に[開く]画面が表示されます。

4 [参照]をクリックします。

5 [ファイルを開く]ダイアログが表示されます。

6 文書ファイルが保存されている場所を選択し、

7 開きたい文書ファイルをクリックして、

8 [開く]をクリックします。

Memo 複数の文書を同時に開く

Wordでは、同時に複数の文書を開くことができます。なお、文書を開くことについての詳細は、p.104を参照してください。

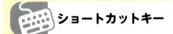

ショートカットキー

● [開く]画面を表示する
　Ctrl + O

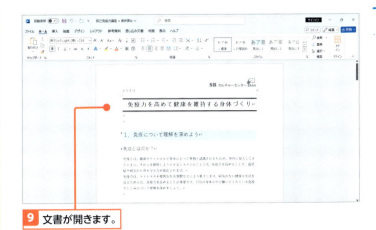

9　文書が開きます。

時短のコツ　表示履歴から文書を開く

いくつか文書を開いた後、前ページの手順2で[開く]画面を表示すると、画面の右側に開いたことのある文書やフォルダーが表示されます。この表示履歴を利用して、一覧にある文書をクリックするだけで、すばやく開けます。

最近表示した文書の一覧から文書を開く

画面右の[文書]が選択されていることを確認し①、表示履歴の文書名をクリックするだけで開きます②。

最近開いたフォルダー内にある文書を開く

[文書]の横の[フォルダー]をクリックすると①、開いたことのあるフォルダーの一覧が表示されます。フォルダー名をクリックすると②、そのフォルダー内のフォルダーやファイルの一覧が表示され③、一覧の文書をクリックするだけで開くことができます④。頻繁に使用するフォルダー内の文書を開くのに便利です。

3 文書を閉じる

解説　文書を閉じる

Wordを終了しないで文書のみを閉じる方法と、同時にWordも終了する方法があります。Wordを終了しないで文書を閉じる場合は、[ファイル] タブ→[閉じる] をクリックします。文書を閉じるのと同時にWordを終了したい場合は、タイトルバーの右端にある[閉じる]をクリックします（次ページ参照）。

Hint　確認メッセージが表示される場合

文書を変更後、保存せずに文書を閉じようとすると、以下のような保存確認のメッセージが表示されます。変更を保存する場合は[保存]、保存しない場合は[保存しない]をクリックして閉じます。[キャンセル]をクリックすると閉じる操作を取り消します。なお、保存についての詳細はp.100を参照してください。

また、Microsoftアカウントでサインインしている場合、文書を編集して閉じようとすると、以下のような保存確認のメッセージが表示されます。

ショートカットキー

● 文書を閉じる
　Ctrl + W

1 [ファイル] タブをクリックし、

2 [その他]→[閉じる]をクリックすると、

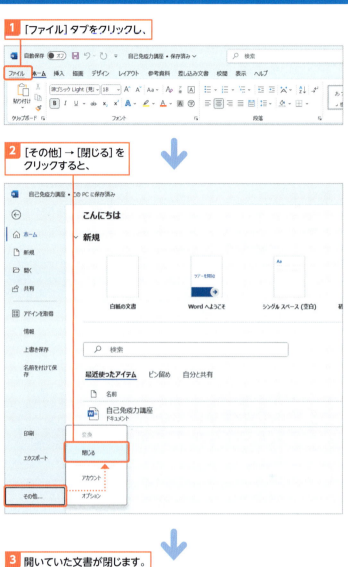

3 開いていた文書が閉じます。

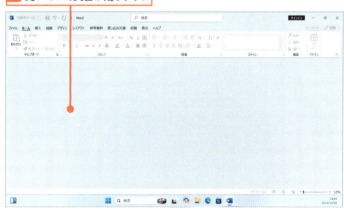

4 Wordを終了する

解説　Wordを終了する

Wordを終了するには、タイトルバーの右端にある[閉じる]をクリックします。複数の文書（Word画面）を開いている場合は、クリックした文書だけが閉じます。開いている文書が1つのみの場合に[閉じる]をクリックすると、文書を閉じるとともにWordも終了します。

1 タイトルバーの右端にある[閉じる]をクリックすると、

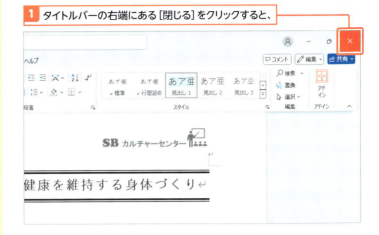

2 Wordが終了します。

ショートカットキー

● Wordを終了する
　`Alt` + `F4`

解説　Wordのスタート画面について

Word起動時の画面を「スタート画面」といいます。この画面で、これからWordで行う操作を選択できます。起動時に表示される[ホーム]画面では、新規文書作成の選択画面、最近表示した文書の一覧が表示されます。左側のメニューで[新規]をクリックすると①、文書の新規作成用の[新規]画面が表示されます。また、[開く]をクリックすると②、保存済みの文書を開くための[開く]画面が表示されます。

Section 03 Wordの画面構成

ここで学ぶのは
- Wordの画面構成
- 各部の名称と役割
- リボンの種類と役割

Wordの画面構成について、主な**各部の名称**と**機能**をここでまとめます。すべての名称を覚える必要はありませんが、操作をする上で迷ったときは、ここに戻って名称と位置の確認をするのに利用してください。

1 Wordの画面構成

Wordの基本的な画面構成は以下の通りです。文書を作成するための白い編集領域と、画面上部にある機能を実行するときに使うリボンの領域の2つに大きく分けられます。リボンは関連する機能ごとに分類されており、タブで切り替えます。

各部の役割を知る

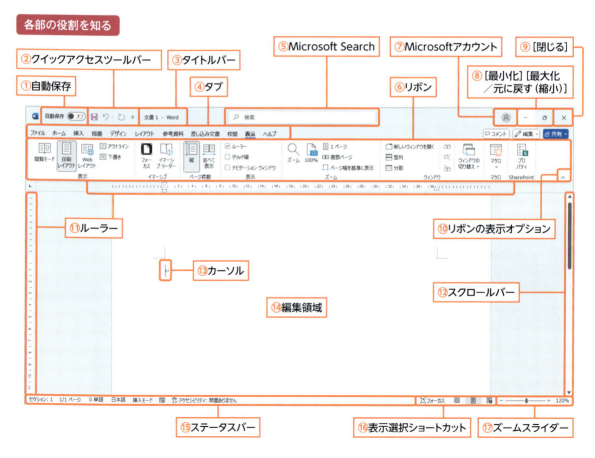

40

名称	機能
①自動保存	Microsoftアカウントでサインインしているときに有効になる。オンのときに文書が変更されると自動保存される
②クイックアクセルツールバー	[上書き保存]など、よく使うボタンが登録されている。登録するボタンは自由に変更できる
③タイトルバー	開いている文書名が表示される
④タブ	リボンを切り替えるための見出し
⑤Microsoft Search	入力したキーワードに対応した機能やヘルプを表示したり文書内で検索したりする
⑥リボン	Wordを操作するボタンが表示される領域。上のタブをクリックするとリボンの内容が切り替わる。リボンのボタンは機能ごとにグループにまとめられている
⑦Microsoftアカウント	サインインしているMicrosoftアカウントが表示される
⑧[最小化][最大化／元に戻す(縮小)]	[最小化]でWord画面をタスクバーにしまい、[最大化]でWordをデスクトップ一杯に表示する。最大化になっていると[元に戻す(縮小)]に変わる
⑨[閉じる]	Wordの画面を閉じるボタン。文書が1つだけのときはWord自体が終了し、複数の文書を開いているときには、クリックした文書だけが閉じる
⑩リボンの表示オプション	リボンの表示／非表示など表示方法を設定する
⑪ルーラー	水平／垂直方向の目盛。余白やインデント、タブなどの設定をするときに使用する。初期設定では非表示になっている(p.148参照)
⑫スクロールバー	画面に表示しきれていない部分を表示したいときにこのバーのつまみをドラッグして表示領域を移動する。[▼][▲]をクリックしてスクロールすることもできる。また、画面の左右が表示しきれていないときには、画面下に横のスクロールバーが表示される
⑬カーソル	文字を入力する位置や機能を実行する位置を示す
⑭編集領域	文字を入力するなど、文書を作成する領域
⑮ステータスバー	ページ数や文字数など、文書の作業状態が表示される
⑯表示選択ショートカット	文書の表示モードを切り替える(p.52参照)
⑰ズームスライダー	画面の表示倍率を変更する

基本的なリボンの種類(タブ名)と機能

リボン名(タブ名)	機能
①ホーム	文字サイズや色、文字の配置や行間隔といった、文字の修飾やレイアウトなどの設定をする
②挿入	表、写真、図形、ヘッダー／フッター、ページ番号などを文書に追加する
③描画	手書き風に図形や文字を描いたり、描いた線を図形に変換したりする
④デザイン	テーマを使った文書全体のデザイン設定や、透かし、ページ罫線などを設定する
⑤レイアウト	作成する文書の用紙の設定や文字の方向などを設定する
⑥参考資料	論文やレポートといった文書作成時に使用する目次、脚注、索引などを追加する
⑦差し込み文書	はがきやラベルに宛名を印刷したり、文書内に宛名データを差し込んだりする
⑧校閲	スペルチェック、翻訳、変更履歴の記録など、文章校正するための機能がある
⑨表示	画面の表示モードや倍率、ウィンドウの整列方法など画面表示の設定をする
⑩ヘルプ	わからないことをオンラインで調べる

Section 04 リボンを使うには

練習用ファイル：04_マナー研修のお知らせ.docx

ここで学ぶのは
- リボン／コンテキストタブ
- Backstage ビュー
- ダイアログ／作業ウィンドウ

Wordで機能を実行するには、**リボン**に配置されている**ボタン**を使います。リボンは機能別に用意されており、タブをクリックして切り替えます。また、複数の機能をまとめて設定できる**ダイアログ**や**作業ウィンドウ**といった設定画面を表示することもできます。

1 リボンを切り替えて機能を実行する

解説　リボンの使い方

文字や表、図形などに対して機能を実行したい場合は、その対象をあらかじめ選択し、タブを切り替えてからリボンのボタンをクリックします。

Memo　メニューが表示されるボタン

右の手順❸のように▼が表示されているボタンをクリックするとメニューが表示されます。表示されていないボタンはすぐに機能が実行されます。

Hint　ウィンドウサイズによるボタンの表示

ウィンドウのサイズを小さくすると、そのウィンドウサイズに合わせて自動的にリボンのボタンがまとめられます①。まとめられたボタンをクリックすると②、非表示になったボタンが表示されます③。

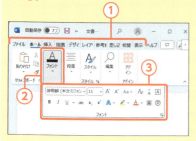

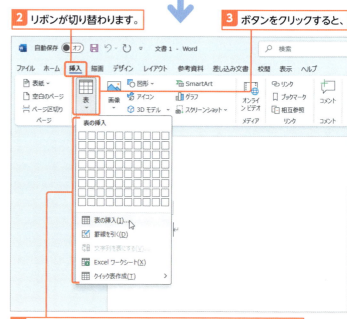

① 切り替えたいタブをクリックすると、

② リボンが切り替わります。

③ ボタンをクリックすると、

④ メニューが表示されるので、実行したい機能をクリックします。

メニューで選択した機能によっては設定画面が開くことがあります。

2 [ファイル]タブでBackstageビューのメニューを選択する

解説 [ファイル]タブで表示されるメニュー

[ファイル]タブをクリックすると開くBackstageビューのメニューには、文書の新規作成や保存、閉じる、印刷など、文書ファイルの操作に関する設定が用意されています。また、Wordの設定をするときにも使用します。

Key word Backstageビュー

[ファイル]タブをクリックして表示されるメニュー画面を「Backstageビュー」といいます。

Hint 編集画面に戻る

画面左側のメニューの上にある⊖をクリックするか①、Escキーを押すと、文書の編集画面に戻ります。

1 [ファイル]タブをクリックします。

2 Backstageビューが表示されます。

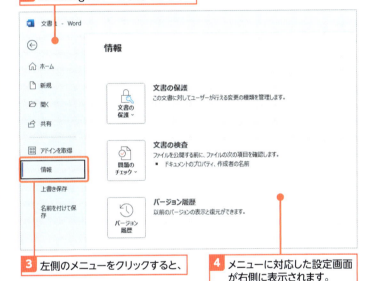

3 左側のメニューをクリックすると、

4 メニューに対応した設定画面が右側に表示されます。

使えるプロ技！ [Wordのオプション]ダイアログ

[ファイル]タブをクリックして[その他]→[オプション]を選択すると①、[Wordのオプション]ダイアログが表示されます②。このダイアログでは、Word全般に関する項目を設定できます。表示方法を覚えておきましょう。

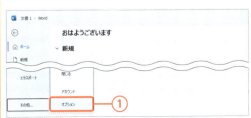

3 編集対象によって表示されるリボンを確認する

表示されるリボンの種類は変わる

基本のリボンの内容は、p.41で解説した通りですが、作業の内容や操作の対象によっては、新たなタブやリボンが追加されることがあります。追加されるタブを「コンテキストタブ」といい、青字で表示されます。

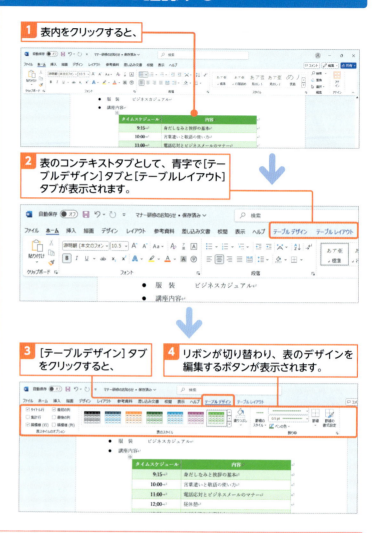

1 表内をクリックすると、

2 表のコンテキストタブとして、青字で[テーブルデザイン]タブと[テーブルレイアウト]タブが表示されます。

3 [テーブルデザイン]タブをクリックすると、

4 リボンが切り替わり、表のデザインを編集するボタンが表示されます。

コンテキストタブ

上記の手順❷で表示される青字のタブは「コンテキストタブ」といいます。コンテキストタブは、文書内にある表や図形を選択するなど、特定の場合に表示されます。コンテキストタブをクリックすると、選択している表や図形の編集用のリボンに切り替わります。また、選択した表や図形以外の部分をクリックすると①、コンテキストタブは非表示になります②。

4 リボンからダイアログや作業ウィンドウを表示する

 解説 ダイアログでの設定

ダイアログでは、複数の機能をまとめて設定できます。[OK]で設定が反映され、[キャンセル]で設定せずに画面を閉じます。なお、ダイアログ表示中は文書の編集など他の操作ができなくなります。

ダイアログの表示

1 設定対象（ここでは文字「新入社員」）を選択し、

2 任意のタブ（ここでは[ホーム]タブ）をクリックして、

3 グループ右下の をクリックすると、

4 そのグループに関連するダイアログ（ここでは[フォント]ダイアログ）が表示されます。

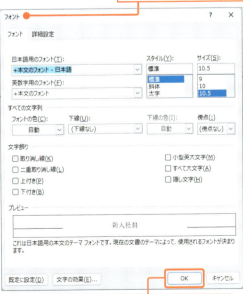

Hint ダイアログや作業ウィンドウを開く起動ツールのボタン

リボンのボタンは機能ごとにグループにまとめられています。そのグループに設定用のダイアログや作業ウィンドウが用意されている場合には、右の手順 **3** のように、各グループの右下に起動ツールのボタンが表示されます。

グループ：ボタンが機能ごとにまとめられています。

5 必要な設定をしてから[OK]をクリックすると、ダイアログが閉じ、設定が反映されます。

解説 作業ウィンドウでの設定

画像や図形が選択されている場合など、設定対象や内容によっては、ダイアログではなく、作業ウィンドウが表示されます。作業ウィンドウの場合は、設定内容がすぐに編集画面に反映されます。作業ウィンドウを表示したまま編集作業を行うことができます。

Hint 作業ウィンドウの表示位置

作業ウィンドウの標準設定では、作業の内容によって文書画面の左横に表示されるものと、右横に表示されるものがあります。また、作業ウィンドウと文書との境界をドラッグして表示の大きさを拡大／縮小したり、上部をドラッグして左右の表示位置を変えたり、独立したウィンドウ表示にすることもできます。

Memo ダイアログや作業ウィンドウが他に表示される場合

ダイアログや作業ウィンドウは、リボンの各グループの右下のボタン🔲をクリックする以外に、実行したい機能のボタンやメニューをクリックしたときにも表示されることがあります。

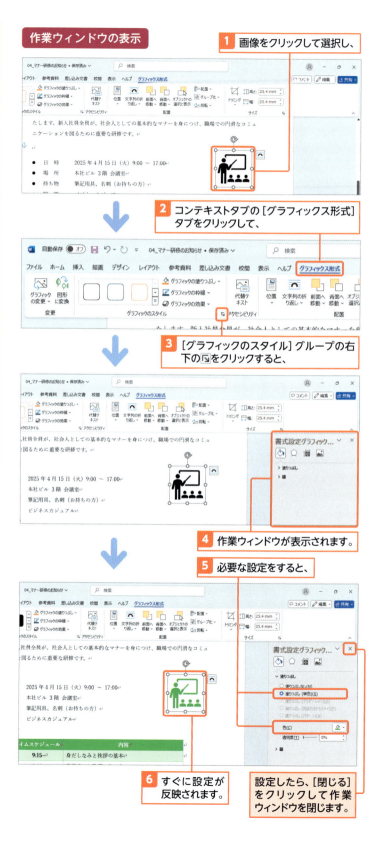

作業ウィンドウの表示

1 画像をクリックして選択し、

2 コンテキストタブの［グラフィックス形式］タブをクリックして、

3 ［グラフィックのスタイル］グループの右下の🔲をクリックすると、

4 作業ウィンドウが表示されます。

5 必要な設定をすると、

6 すぐに設定が反映されます。

設定したら、［閉じる］をクリックして作業ウィンドウを閉じます。

5 リボンを非表示にして文書表示を大きく使う

 解説 リボンを非表示にする

リボンはたたんで非表示にすることができます。非表示にすると編集領域を大きく使用できるので、必要に応じて表示と非表示を切り替えて使うのもよいでしょう。

 ショートカットキー

● リボンの表示／非表示
[Ctrl] + [F1]

 Hint リボンの表示を戻すには

リボンが常に表示される状態に戻すには、右の手順3でタブをダブルクリックするか、[リボンの固定]をクリックします（「Memo」を参照）。

1 選択されているタブをダブルクリックすると、

2 リボンが非表示になります。

3 使用したいタブをクリックすると、リボンが表示されます。

4 編集領域をクリックすると、再びリボンが非表示になります。

 Memo アイコンをクリックしてリボンの表示／非表示を切り替える

リボンの右端に表示される[リボンを折りたたむ] をクリックしてもリボンを非表示にできます。また、タブをクリックしてリボンが一時的に表示されているときに、[リボンの固定] をクリックすると、リボンが再表示されます。

リボンを非表示にする

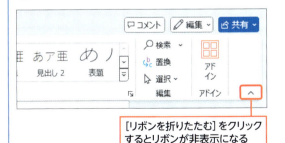

[リボンを折りたたむ]をクリックするとリボンが非表示になる

リボンを固定して表示にする

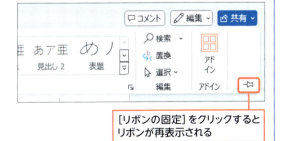

[リボンの固定]をクリックするとリボンが再表示される

Section 05 Wordの機能をすばやく実行する

練習用ファイル：📁 05_マナー研修のお知らせ.docx

ここで学ぶのは
▶ クイックアクセスツールバー
▶ ミニツールバー
▶ ショートカットメニュー

リボン以外に機能をすばやく実行する方法があります。よく使う機能をまとめて表示できる**クイックアクセスツールバー**、編集画面に表示される**ミニツールバー**や**ショートカットメニュー**、特定のキーを押すだけで機能が実行できる**ショートカットキー**です。操作に慣れてきたら使うとよいでしょう。

1 クイックアクセスツールバーを使う

 解説　クイックアクセスツールバー

クイックアクセスツールバーは、Wordの画面の左上に常に表示されています。そのため、よく使う機能を登録しておくと便利です。既定では［自動保存のオン/オフ切り替え］、［上書き保存］、［元に戻す］、［やり直し］（または［繰り返し］）が表示されています。
また、右の手順❷～❸のように、自由にボタンを追加できます。手順❸で追加したい機能が一覧にない場合は、p.56の［使えるプロ技］を参照してください。

 Hint　クイックアクセスツールバーのボタンを削除する

削除したいボタンを右クリックし、［クイックアクセスツールバーから削除］をクリックすると、ボタンが削除されます。

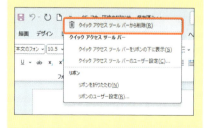

❶ 画面左上に表示されているボタン（ここでは［上書き保存］）をクリックするだけで機能が実行されます。

❷ ［クイックアクセスツールバーのユーザー設定］をクリックし、

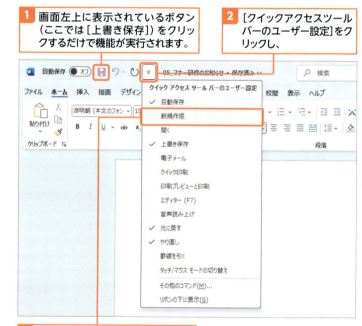

❸ 追加したい機能名をクリックすると、

❹ ボタンが追加されます。

2 ミニツールバーを使う

解説　ミニツールバー

文字を選択したり、右クリックしたりしたときに、対象文字の右上あたりに表示されるボタンの集まりがミニツールバーです。文字を選択した場合は、文字サイズや太字など書式を設定するボタンが表示されますが、設定対象によって、ミニツールバーに表示されるボタンは変わります。なお、不要な場合は、Escキーを押すと非表示にできます。

3 ショートカットメニューを使う

解説　ショートカットメニュー

文字や図形などを選択し、右クリックしたときに表示されるメニューがショートカットメニューです。右クリックした対象に対して実行できる機能が一覧表示されます。機能をすばやく実行するのに便利です。

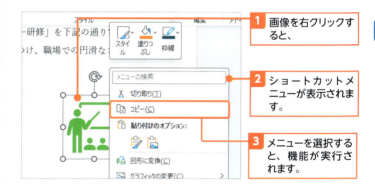

4 ショートカットキーを使う

解説　ショートカットキー

ショートカットキーとは、機能が割り当てられている単独のキーまたは、キーの組み合わせです。例えば、Ctrlキーを押しながらBキーを押すと、選択されている文字に太字が設定されます。また、リボンのボタンにマウスポインターを合わせたときに表示されるヒントで機能に割り当てられているショートカットキーを確認できます①。

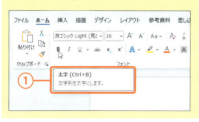

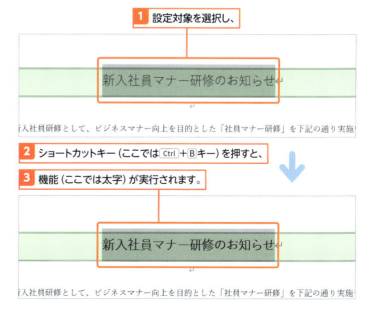

Section 06 画面の表示を操作する

練習用ファイル：06_フリーマーケット.docx、06_自己免疫力講座.docx

ここで学ぶのは
- ズーム
- スクロール
- 表示モード

文書作成中に、画面に表示されていない文書の下や上の方を見たり、画面を拡大して部分的に大きく見たり、縮小して文書の全体を見たりなど、画面の表示を操作することができます。また、Wordにはいくつかの表示モードが用意されていて、用途によって画面の表示を切り替えられます。

1 画面の表示倍率を変更する

解説 画面の表示倍率

画面の表示倍率はズームスライダーの左右のつまみをドラッグすることで、10～500%の範囲で変更できます。ズームスライダーの左右にある[＋][－]をクリックすると、10%ずつ拡大／縮小します。

Memo いろいろな表示倍率

[表示]タブの[ズーム]グループのボタンをクリックすると指定された倍率に簡単に変更できます。最初の状態に戻すには[100%]をクリックします。[ページ幅を基準に表示]をクリックすると、ページ幅が画面に収まるように倍率が変更されます。[ズーム]をクリックすると、[ズーム]ダイアログが表示されます。また、ズームスライダーの右側にある表示倍率の数字をクリックしても、[ズーム]ダイアログが表示されます。いろいろな倍率の選択肢があり、倍率を直接入力して指定することもできます。

ズームスライダーを使って倍率を変更する

1. 画面左下にあるズームスライダーのつまみを左右にドラッグすると、
2. 画面の表示倍率が変更になります。

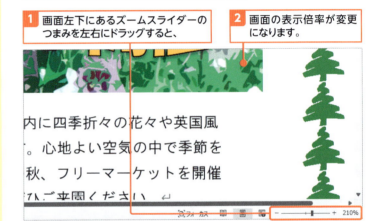

リボンを使って表示倍率を変更する

1. [表示]タブをクリックし、
2. [ズーム]グループ内のボタンをクリックすると、
3. 表示倍率が変更になります。

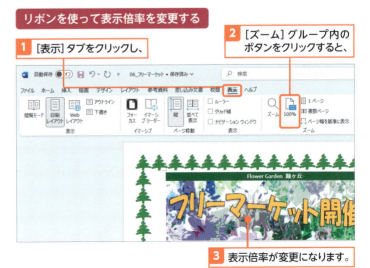

2 画面をスクロールする

画面のスクロール

画面に表示する領域を移動することを「スクロール」といいます。画面の右や下にあるスクロールバーを使ってスクロールします。

スクロールの操作方法

垂直方向にスクロールする場合は、右の手順❶のようにスクロールバーを上下にドラッグします。また、スクロールバーの両端にある[▲][▼]をクリックすると、1行ずつ上下にスクロールされます❶。横方向に表示しきれていない部分がある場合は水平スクロールバーが表示されます❷。なお、スクロールしてもカーソルの位置は変わりません。

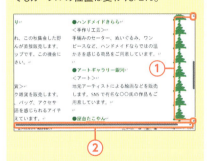

スクロールバーが表示されないとき

画面内に文書のすべてが表示されている場合は表示されませんが、そうでない場合は、文書内でマウスを動かすと表示されます。

マウスを使ってスクロールする

マウスにホイールが付いている場合は、ホイールを回転することで画面を上下にスクロールできます。

❶ スクロールバーをドラッグすると、

❷ 画面がスクロールされ、文書の表示位置が変更されます。

3 表示モードを切り替える

 表示モードの種類と切り替え

Wordには、「印刷レイアウト」「閲覧モード」「Webレイアウト」「アウトライン」「下書き」の5つの表示モードがあります。画面右下の表示選択ショートカットを使って下の3つの表示モードに切り替えられます。通常は[印刷レイアウト]が選択されています。

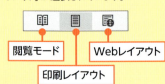

 印刷レイアウト

通常の編集画面です。余白や画像などが、印刷結果のイメージで表示されます。

 閲覧モード

画面の幅に合わせて文字が折り返されて表示され、編集することができません。文書を読むのに便利な画面です。画面上部の[表示]メニューには文字間隔を広げたり、画面の色を変えたり、文書を読みやすくするための機能、[ツール]メニューには検索や翻訳などの機能が用意されています。

Memo ◀▶を表示するには

閲覧モードに変更したときに右の手順のように◀▶が表示されていない場合は、[表示]→[レイアウト]→[段組みレイアウト]をクリックします。

 フォーカスモード

「フォーカスモード」とは、タブやリボンを非表示にして文章の編集だけに集中できる画面です。表示選択ショートカットの左側にある[フォーカスモード]か、[表示]タブの[フォーカスモード]をクリックして切り替えます。 Esc キーを押すと元の表示モードに戻ります。

通常の編集画面が「印刷レイアウト」です。

1 印刷レイアウトで表示するには、表示選択ショートカットで[印刷レイアウト]をクリックします。

閲覧モード

1 表示選択ショートカットで[閲覧モード]をクリックすると、

2 閲覧モードに切り替わります。

3 画面の左右に表示される▶をクリックすると、次の画面に移動します。

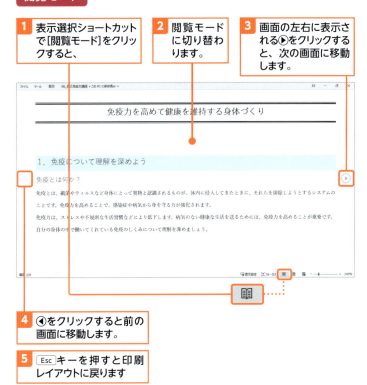

4 ◀をクリックすると前の画面に移動します。

5 Esc キーを押すと印刷レイアウトに戻ります

Keyword: Webレイアウト

Webブラウザーで文書を開いたときと同じイメージで表示されます。文書をWebページとして保存したい場合に、事前にイメージの確認ができます。

Hint: リボンから表示モードを切り替える

[表示]タブの[表示]グループにあるボタンをクリックしても表示モードを切り替えることができます。

Keyword: アウトライン

罫線や画像が省略され、文章のみが表示されます。章、節、項のような階層構造の見出しのある文書を作成・編集するのに便利な画面です。見出しだけ表示して全体の構成を確認したり、見出しのレベル単位で文章を折りたたんだり、展開や移動したりできます。

Memo: 見出し単位の折りたたみと展開

アウトライン表示で、見出しが設定されている段落の行頭にある[+]をダブルクリックすると、見出し単位で折りたたまれたり、展開したりできます。

Keyword: 下書き

余白や画像などが非表示になります。そのため、文字の入力や編集作業に集中して作業するのに適しています。

06 画面の表示を操作する

Webレイアウト

1 表示選択ショートカットで[Webレイアウト]をクリックすると、

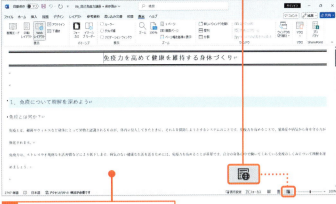

2 Webレイアウトに切り替わります。

アウトライン

1 [表示]タブ→[アウトライン]をクリックすると、

2 アウトラインに切り替わり、

3 [アウトライン]タブが表示されます。

4 [アウトライン表示を閉じる]をクリックすると、印刷レイアウトに戻ります。

下書き

1 [表示]タブ→[下書き]をクリックすると、

2 下書きに切り替わります。

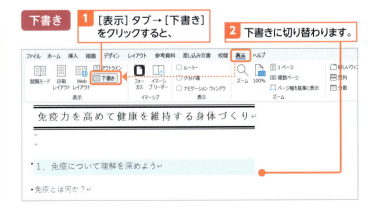

Word 2024の基本操作を知る

Section 07 わからないことを調べる

ここで学ぶのは
- Microsoft Search
- ヘルプ

文書作成中に、操作でわからないことがあったり、リボンの中で目的のボタンの場所がわからなかったりする場合は、**Microsoft Search**や**ヘルプ**機能を使いましょう。やりたいことやわからないことのキーワードを入力するだけで、目的の操作や内容を表示することができます。

1 Microsoft Searchで調べる

 Microsoft Searchで操作を実行する

タイトルバー中央にあるのがMicrosoft Searchです。入力されたキーワードに関連する操作を一覧に表示し、目的の操作をクリックして操作が実行できます。目的の機能（ボタン）の場所がわからないときに便利です。また、キーワードに関するヘルプを調べたり、Web上で検索したりすることもできます。

 キーワードを文書内で検索する

Microsoft Searchでは、操作を調べるだけでなく、入力したキーワードを文書内で検索することもできます。右の手順❷で[ドキュメント内を検索]に指定したキーワードを文書内で検索した結果が表示されます。

 ショートカットキー

● Microsoft Search
[Alt]+[Q]

❶ Microsoft Searchに調べたい機能のキーワードを入力すると、

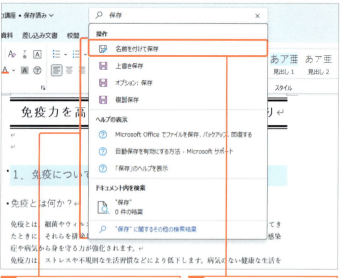

❷ キーワードに関連する操作やヘルプの一覧が表示されます。

❸ 目的の操作をクリックすると、その操作が実行されます。

2 ヘルプで調べる

解説 ヘルプ

[ヘルプ]作業ウィンドウの検索欄に調べたい用語や内容を入力すると、それに関連する内容の解説をオンラインで調べることができます。ヘルプを使うにはインターネットに接続されている必要があります。

Memo [ヘルプ]作業ウィンドウを閉じる

作業ウィンドウの右上にある[閉じる]をクリックして閉じます①。

ショートカットキー

● [ヘルプ]作業ウィンドウを表示する
F1

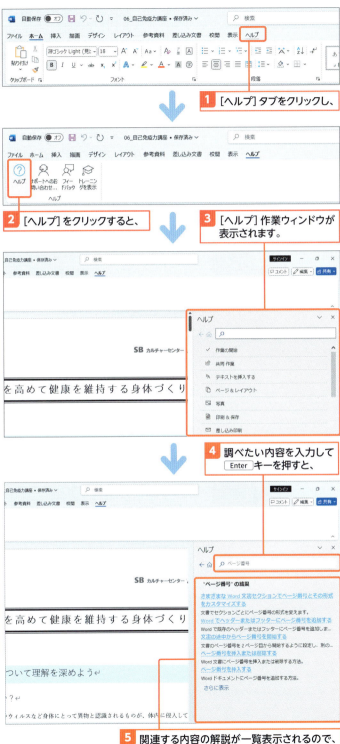

1 [ヘルプ]タブをクリックし、

2 [ヘルプ]をクリックすると、

3 [ヘルプ]作業ウィンドウが表示されます。

4 調べたい内容を入力してEnterキーを押すと、

5 関連する内容の解説が一覧表示されるので、目的の解説をクリックします。

わからないことを調べる

1 Word 2024の基本操作を知る

07

55

クイックアクセスツールバーをカスタマイズする

p.48で説明したように、クイックアクセスツールバーに機能をボタンとして追加しておくと、リボンのタブを切り替えたりする手間なく、素早く実行できるようになります。［クイックアクセスツールバーのユーザー設定］をクリックして表示される一覧に追加したい機能がなかった場合は、以下の手順で追加できます。なお、追加したボタンの削除方法は、p.48の「Hint」を参照してください。

リボンから追加する

追加したいボタンがリボンに表示されている場合は、追加したいボタンを右クリックし①、［クイックアクセスツールバーに追加］をクリックすると②、追加されます③。

［Wordのオプション］ダイアログから追加する

［ファイル］タブをクリックしたときに表示されるメニューなど、リボンの中にボタンが配置されていない場合は、［クイックアクセスツールバーのユーザー設定］をクリックし①、［その他のコマンド］を選択すると②、［Wordのオプション］ダイアログが［クイックアクセスツールバー］メニューが選択された状態で開きます③。［コマンドの選択］で追加したい機能があるタブ名を選択し④、追加する機能をクリックして⑤、［追加］をクリックすると⑥、右側に追加されます⑦。［OK］をクリックすると⑧、クイックアクセスツールバーに追加されています⑨。

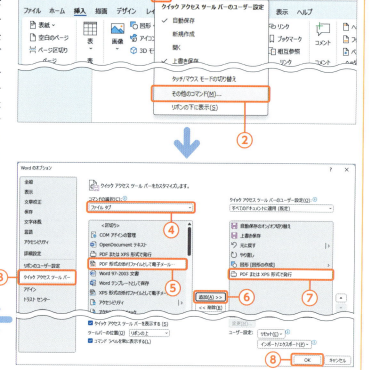

第 2 章

文字入力を完璧にマスターする

　ここでは、キーボードの使い方から文字変換まで、文字入力の基本を説明します。1つひとつ丁寧に解説していますので、初めての方でも安心して操作していただけます。ここで基礎をしっかりマスターしましょう。

Section 08	▶	キーボードの使い方を覚えよう
Section 09	▶	IME を確認する
Section 10	▶	日本語を入力する
Section 11	▶	文節／文章単位で入力する
Section 12	▶	英数字を入力する
Section 13	▶	記号を入力する
Section 14	▶	読めない漢字を入力する
Section 15	▶	単語登録する
Section 16	▶	ファンクションキーで変換する

Section 08 キーボードの使い方を覚えよう

ここで学ぶのは
- キーボードの名称と機能
- 文字キーと機能キー
- キーの押し方

キーボードには、文字が割り当てられている**文字キー**と何らかの機能が割り当てられている**機能キー**があります。文字を入力するには、文字キーを使います。ここでは、文字入力で使用するキーの種類と、キーを押すときのポイントを確認しましょう。

1 キーボードの各部の名称と機能

文字入力に使用する主なキーの名称と機能

文字入力の際によく使用するキーボード上の主なキーの配置です。

● 文字入力に使用する主なキーの名称と機能

番号	名称	機能
①	文字キー	文字が割り当てられている。文字や記号を入力する
②	Esc (エスケープ) キー	入力や変換を取り消したり、操作を取り消したりする
③	半角/全角 キー	入力モードの「ひらがな」と「半角英数」を切り替える
④	Tab (タブ) キー	字下げを挿入する（行頭に空白を挿入する）
⑤	CapsLock (キャップスロック) キー	アルファベット入力時に Shift キーを押しながらこのキーを押して、大文字入力の固定と小文字入力の固定を切り替える
⑥	Shift (シフト) キー	文字キーの上部に表示された文字を入力するときに、文字キーと組み合わせて使用する
⑦	Ctrl (コントロール) キー	他のキーを組み合わせて押し、さまざまな機能を行う
⑧	ファンクションキー	アプリによってさまざまな機能が割り当てられている。文字変換中は、F6 ～ F10 にひらがな、カタカナ、英数字に変換する機能が割り当てられている
⑨	Back space (バックスペース) キー	カーソルより左側（前）の文字を1文字削除する
⑩	Delete (デリート) キー	カーソルより右側（後）の文字を1文字削除する
⑪	Enter (エンター) キー	変換途中の文字を確定したり、改行して次の行にカーソルを移動したりする

番号	名称	機能
⑫	Alt (オルト) キー	他のキーと組み合わせて押し、さまざまな機能を行う
⑬	Space (スペース) キー	空白を入力したり、文字を変換するときに使う
⑭	変換 キー	確定した文字を再変換する
⑮	↑ 、↓ 、← 、→ キー	カーソルを上、下、左、右に移動する
⑯	Num Lock (ナムロック) キー	オンにすると、テンキーの数字が入力できる状態になる
⑰	テンキー	数字や演算記号を入力するキーの集まり

 キーボードのキーの配置

キーボードは、文字が割り当てられている「文字キー」と、何らかの機能が割り当てられている「機能キー」の大きく2つの種類があります。標準的なキーボードの配置は前ページのようになりますが、パソコンによって機能キーの配置が多少異なります。また、テンキーがないものもあります。

2 キーの押し方

ポイント1

キーは、軽くポンと押します。キーは押し続けると、連打（連続して複数回押す）したとみなされます。

ポイント2

テンキーを使って数字を入力するときは、Num Lock キーを押してオンにします①。Num Lock キーがオンのときは、キーボードの「Num Lock」のランプが点灯します②。再度 Num Lock キーを押すとオフになり、ランプが消灯します。キーボードの「Num Lock」のランプの位置と点灯を確認しておきましょう。なお、パソコンによっては、Num Lock キーを Fn キーと組み合わせて押すタイプがあります。

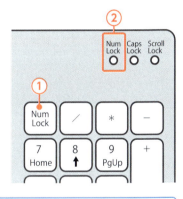

 Shift キー、Ctrl キー、Alt キー

機能キーの中でも、Shift キー、Ctrl キー、Alt キーは、他のキーと組み合わせて使います。これらのキーは押し続けても連打したことにはなりません。

 キーボードのひらがなの配置について

キーボード上のひらがなの配置は、JIS配列という形式が主流です。ほとんどのパソコンではこの配列でひらがなが配置されています。本書はJIS配列で解説しています。

💡 **Hint Num Lockランプのないパソコンもある**

Num Lockランプのないキーボードもあります。パソコンの機種によっては、Num Lock キーを押すたびにパソコンの画面に表示され、Num Lockのオン／オフが確認できる場合があります。

Section 09 IMEを確認する

ここで学ぶのは
- IME
- 日本語入力システム
- かな入力／ローマ字入力

IMEは、パソコンでひらがな、カタカナ、漢字などの日本語を入力するためのプログラムで、Windowsに付属しています。このようなプログラムを**日本語入力システム**といいます。ここでは、IMEの**入力モード**の切り替え方、**ローマ字入力**と**かな入力**の違いと切り替え方法を説明します。

1 IMEの入力モードを切り替える

解説 IMEの入力モードの切り替え

IMEの入力モードの状態は、Windowsのタスクバーの通知領域に表示されています。Wordを起動すると自動的に入力モードが「ひらがな」に切り替わり、「あ」と表示されます。[半角/全角]キーを押すと、「半角英数」モードに切り替わり、「A」と表示され、半角英数文字が入力できる状態になります。[半角/全角]キーを押すか、表示をクリックするごとに入力モードが交互に切り替わります。なお、入力モードが「全角カタカナ」「全角英数」「半角カタカナ」の場合も、[半角/全角]キーで「半角英数」と交互に切り替わります。

「ひらがな」モード　　「半角英数」モード

Hint 入力モードの種類

タスクバーの通知領域の入力モードの表示を右クリックすると、IMEのメニューが表示されます。上から「ひらがな」「全角カタカナ」「全角英数字」「半角カタカナ」「半角英数字／直接入力」と5種類の入力モードに切り替えることができます。先頭に「・」と表示されているものが現在の入力モードです。

キーボードで切り替える

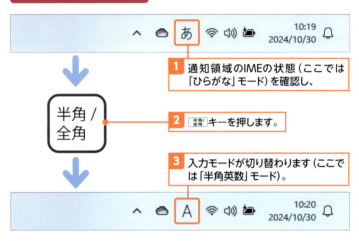

1 通知領域のIMEの状態（ここでは「ひらがな」モード）を確認し、

2 [半角/全角]キーを押します。

3 入力モードが切り替わります（ここでは「半角英数」モード）。

メニューから切り替える

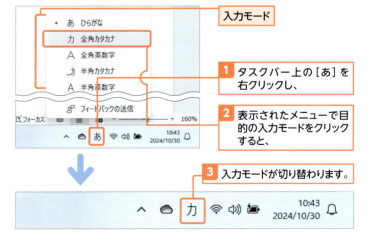

入力モード

1 タスクバー上の［あ］を右クリックし、

2 表示されたメニューで目的の入力モードをクリックすると、

3 入力モードが切り替わります。

2 ローマ字入力とかな入力

Key word　ローマ字入力

ローマ字入力は、キーに表示されている「英字」をローマ字読みでタイプして日本語を入力します。例えば、「うめ」と入力する場合は、「UME」とタイプします。Wordの初期設定は、ローマ字入力です。

Key word　かな入力

かな入力は、キーに表示されている「ひらがな」をそのままタイプして日本語を入力します。

ローマ字入力

キーに表示されている英字をローマ字読みでタイプする方法です。

かな入力

キーに表示されているひらがなをそのままタイプする方法です。

3 ローマ字入力とかな入力を切り替える

解説　入力方法の切り替え

タスクバーのIMEの表示を右クリックし、表示されるメニューで[かな入力（オフ）]をクリックするとかな入力に切り替わります。再度メニューを表示して[かな入力（オン）]をクリックするとローマ字入力に戻ります。

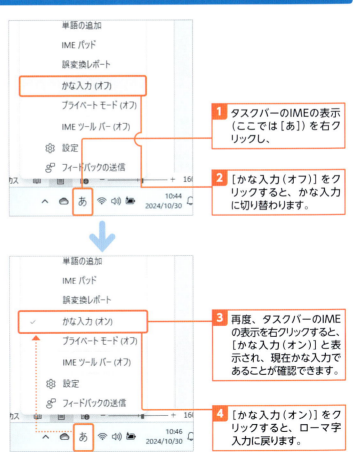

1 タスクバーのIMEの表示（ここでは[あ]）を右クリックし、

2 [かな入力（オフ）]をクリックすると、かな入力に切り替わります。

3 再度、タスクバーのIMEの表示を右クリックすると、[かな入力（オン）]と表示され、現在かな入力であることが確認できます。

4 [かな入力（オン）]をクリックすると、ローマ字入力に戻ります。

Section 10 日本語を入力する

ここで学ぶのは
- ひらがなモード
- [Delete]キーと[Back space]キー
- [Space]キーと[変換]キー

ここでは、ローマ字入力／かな入力の**入力の方法**、入力中の文字の**訂正と変換の方法**、**全角カタカナに変換する方法**を説明します。文字入力の基礎となるので、しっかり覚えておきましょう。

1 ひらがなを入力する

解説 ひらがなの入力

ひらがなや漢字などの日本語を入力するには、入力モードを[あ]（「ひらがな」モード）にします。日本語の入力方法には、「ローマ字入力」と「かな入力」との2種類があります。

注意 入力途中に変換候補が表示される

文字の入力途中に、予測された変換候補が自動で表示されます。ここでは、そのまま入力を進めてください。なお、詳細はp.67の「Hint」で説明します。

Hint ローマ字入力で長音や句読点を入力する

長音「ー」：
読点「、」：
句点「。」：
中黒「・」：

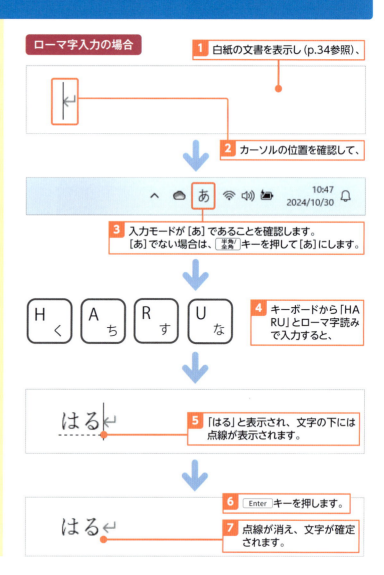

● ローマ字入力で注意する文字

入力文字	入力の仕方	例
ん	[N] [N] ※「ん」の次に子音が続く場合は「N」を1回でも可	ほん → HONN ぶんこ → BUNKO、またはBUNNKO
を	[W] [O]	かをり → KAWORI
っ（促音）	次に続く子音を2回入力	ろっぽんぎ → ROPPONGI
や、ゆ、よ（拗音） ぁ、ぃ（など小さい文字）	子音と母音の間にYまたはHを入力。単独の場合は、先頭に「X」または「L」を入力	きょう → KYOU てぃあら → THIARA ゃ → LYA、ぁ → LA

※ローマ字入力の詳細はローマ字・かな対応表を参照してください（p.542）

Memo ローマ字入力／かな入力の切り替え方法

ローマ字入力／かな入力の切り替え方法については、p.61を参照してください。

Memo ローマ字入力／かな入力を確かめる

「ひらがな」モード（[あ]）の状態で、文字キーを押して確認します。例えば、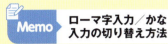キーを押して「ち」と入力されたら、かな入力です。一方「あ」と入力されたらローマ字入力です。

Hint [Enter]キーで改行する

右の手順7で文字を確定した後、[Enter]キーを押すと、改行されてカーソルが次の行に移動します。[Enter]キーは文字の確定と、段落の改行の役割があります。文字入力の練習のときに、[Enter]キーで改行しながら操作するといいでしょう。なお、間違えて改行した場合は、[Back space]キーを押せば改行を削除できます。

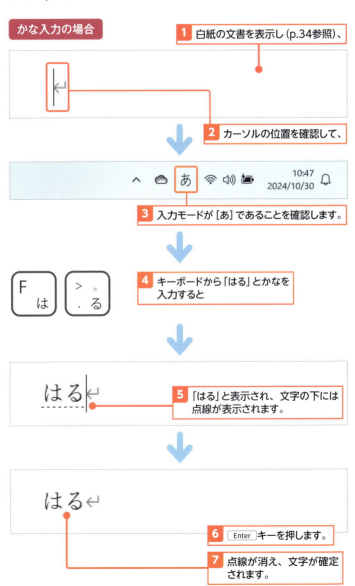

● かな入力で注意する文字

入力文字	入力の仕方
を	Shift キーを押しながら 0わ キーを押す
っ（促音） や、ゆ、よ（拗音） ぁ、ぃ 等（小さい文字）	Shift キーを押しながら、 それぞれのかな文字キーを押す 例：みっか → N み　Shift ＋ Z っ　T か
゛（濁音）	かな文字の後に @ キーを押す 例：がく → T か　゛@　H く
゜（半濁音）	かな文字の後に ｢ キーを押す 例：ぱり → F は　｢　L り

Hint　かな入力で長音、句読点を入力する

長音「ー」：ー￥

読点「、」：Shift ＋ <,ね

句点「。」：Shift ＋ >.る

中黒「・」：Shift ＋ ?/め

かな入力の場合のキーの打ち分け方

下半分はそのまま押し、上半分は Shift キーを押しながら押します。

2　入力中の文字を訂正する

解説　入力中の文字の訂正

入力途中のまだ文字を確定していない状態では、←→キーでカーソルを移動して、文字を削除します。

確定前の文字の削除

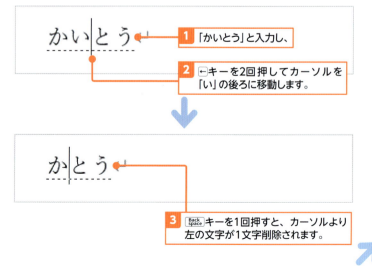

1 「かいとう」と入力し、

2 ←キーを2回押してカーソルを「い」の後ろに移動します。

3 Back spaceキーを1回押すと、カーソルより左の文字が1文字削除されます。

Memo　クリックでも移動できる

ここでは←キーを使ってカーソルを移動させていますが、マウスポインターを動かして、文字上でクリックしても移動させることができます。その場合は文字が確定されます。

Hint Delete キーと Back space キーの使い分け

Delete キーはカーソルより右（後）の文字を削除し、Back space キーはカーソルより左（前）の文字を削除します。

Hint まとめて削除する

削除したい文字をドラッグして選択し、Delete キーまたは Back space キーを押すと、選択した複数の文字をまとめて削除できます。なお、文字の選択方法はp.116を参照してください。

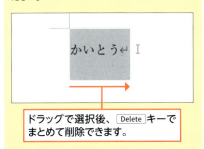

ドラッグで選択後、Delete キーでまとめて削除できます。

解説 入力途中の文字の追加

入力途中のまだ文字を確定していない状態では、←→キーでカーソルを移動して文字を追加入力できます。

解説 Esc キーで入力を取り消す

文字を確定する前の文字には、点線の下線が表示されています。この状態のときに Esc キーを押すと入力を取り消すことができます。入力を一気に取り消したいときに便利です。

4 Delete キーを1回押すと、カーソルより右の文字が1文字削除されます。

5 Enter キーを押して確定します。

確定前の文字の挿入

1 「ゆき」と入力し、

2 ←キーを1回押してカーソルを移動します。

3 「う」と入力すると、「ゆうき」になります。

4 Enter キーを押して確定します。

確定前の文字の入力の取り消し

1 「げんき」と入力します。

2 Esc キーを押すと、確定前の文字入力が取り消されます。

3 漢字に変換する

解説 Spaceキーを押して漢字変換する

漢字を入力するには、ひらがなで漢字の読みを入力し、Spaceキー、または変換キーを押して変換します。
正しく変換できたらEnterキーで確定します。

Memo 変換前に戻す

文字を確定する前であれば、Escキーを押して変換前の状態に戻すことができます。

Hint 絵文字を入力する

■(Windows)+.(ピリオド)キーを押すと、絵文字選択画面が表示されます。絵文字、GIF、顔文字、記号など、さまざまな種類の絵文字や記号が用意されています。任意の絵文字をクリックすると、カーソル位置に挿入されます。

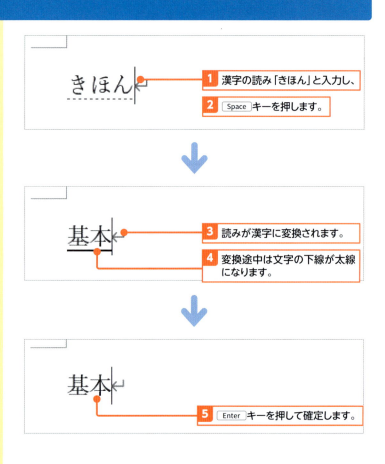

1 漢字の読み「きほん」と入力し、
2 Spaceキーを押します。
3 読みが漢字に変換されます。
4 変換途中は文字の下線が太線になります。
5 Enterキーを押して確定します。

使えるプロ技！ ひらがなの入力練習をしてみよう

文字入力が初めての方は、50音を順番に「あ」から「ん」まで入力して、文字キーの位置を一通り確認しましょう。そして、ローマ字入力でもかな入力でも、さまざまな言葉を入力して練習してみます。ここでは、練習をするときに、少し入力しづらい単語を紹介しておきます。p.62~65を参照しながら練習してみてください。ローマ字入力の方は、ローマ字／かな対応表 (p.542)も参考にしてください。

① のーとぶっく　　④ ちゃんぴおん　　⑦ でぃーぜる

② あっぷるてぃー　⑤ こーひーぎゅうにゅう　⑧ がっこうきゅうしょく

③ こんちゅうさいしゅう　⑥ しゅうがくりょこう　⑨ てぃらのざうるす

4 変換候補から変換する

解説　変換候補から選択する

最初の変換で目的の漢字に変換されなかった場合は、続けて Space キーを押して変換候補から選択します。 Space キーまたは、↑↓キーを押して正しい候補を選択し、Enter キーで確定します。

Hint　予測変換の候補を使う

入力途中に表示される予測変換の候補から漢字を選択したい場合は、Tab キーまたは↓↑キーを押して候補を選択し、続けて入力するか、Enter キーで確定します。予測変換に表示される候補を削除するには、削除したい候補を選択し、Ctrl + Delete キーを押します。

Tab キー、↓↑キーで変換候補間を移動できます。

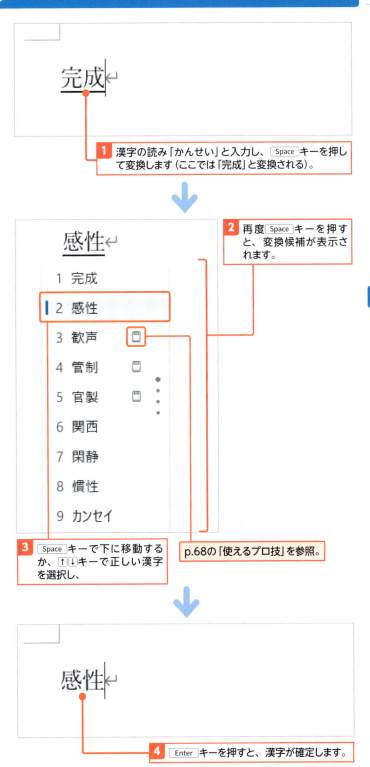

1 漢字の読み「かんせい」と入力し、Space キーを押して変換します（ここでは「完成」と変換される）。

2 再度 Space キーを押すと、変換候補が表示されます。

3 Space キーで下に移動するか、↑↓キーで正しい漢字を選択し、

p.68の「使えるプロ技」を参照。

4 Enter キーを押すと、漢字が確定します。

変換候補の使い方

変換候補の中で、辞書の絵□が表示されているものを選択すると①、同音異義語の意味や使い方の一覧が表示されるので②、意味を確認しながら正しい漢字を選択できます。

標準統合辞書で同音異義語の意味を確認する

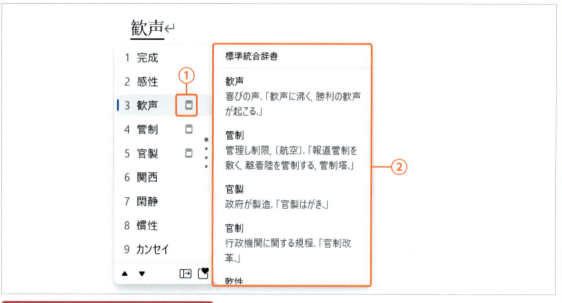

Tab キーで変換候補を複数列に表示する

変換候補数が多い場合は、変換候補の右下角に表示されている□をクリックするか、Tab キーを押すと複数列で表示され、↑↓→←キーで変換候補を選択できます。□をクリックするか、Tab キーを押すと表示が戻ります。

ここをクリックして、表示を切り替えます。

5 カタカナに変換する

解説 ⌈Space⌉キーを押して カタカナ変換する

カタカナを入力するには、ひらがなで入力してから⌈Space⌉キーまたは⌈変換⌉キーを押して変換します。
正しく変換できたら⌈Enter⌉キーで確定します。

1 カタカナに変換したい読み「すぽーつ」を入力し、
2 ⌈Space⌉キーを押すと、
3 カタカナの「スポーツ」に変換されます。
4 ⌈Enter⌉キーを押して確定します。

Memo ⌈F7⌉キーで カタカナ変換する

ひらがなをカタカナに変換するには、ファンクションキーの⌈F7⌉キーを押す方法もあります。詳細はp.86を参照してください。

6 確定後の文字を再変換する

解説 確定後の文字を 再変換する

確定した文字を再度変換するには、⌈変換⌉キーを使います。再変換したい文字にカーソルを移動するか、変換する文字を選択し、⌈変換⌉キーを押すと変換候補が表示されます。⌈変換⌉キーまたは⌈↑⌉⌈↓⌉キーで変換候補を選択し、⌈Enter⌉キーで確定します。

Memo 右クリックで 再変換する

再変換したい文字上で右クリックすると表示されるショートカットメニューの上部に変換候補が表示されます。一覧から漢字をクリックして選択できます。

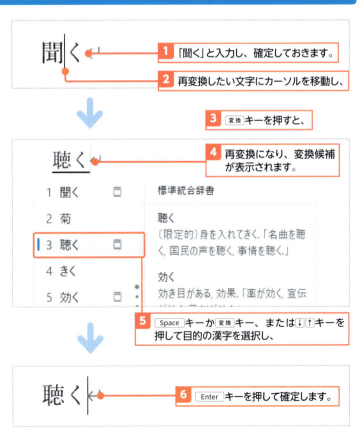

1 「聞く」と入力し、確定しておきます。
2 再変換したい文字にカーソルを移動し、
3 ⌈変換⌉キーを押すと、
4 再変換になり、変換候補が表示されます。
5 ⌈Space⌉キーか⌈変換⌉キー、または⌈↓⌉⌈↑⌉キーを押して目的の漢字を選択し、
6 ⌈Enter⌉キーを押して確定します。

Section 11 文節／文章単位で入力する

ここで学ぶのは
- 文節
- 文章
- 一括変換

文章を入力するときは、**文節単位でこまめに変換する方法**と、「、」や「。」を含めた一文をまとめて**一括変換する方法**があります。ここでは、それぞれの変換の仕方と、変換する文字の長さを変更する方法を確認しましょう。

1 文節単位で変換する

解説 ここで入力する文章

ここでは、「本を読む。」を、文節単位で変換して文章を入力します。

Hint 文節単位の変換

文節単位で変換すると、単語単位で変換する場合よりも正確に変換されやすく、入力の効率がよくなります。

Key word 文節

文節とは、文章を意味がわかる程度に区切った言葉の単位です。例えば、「僕は今日映画を観た。」の場合「僕はね今日ね映画をね観たよ」のように、「ね」とか「よ」などの言葉を挟んで区切ることができる単位です。

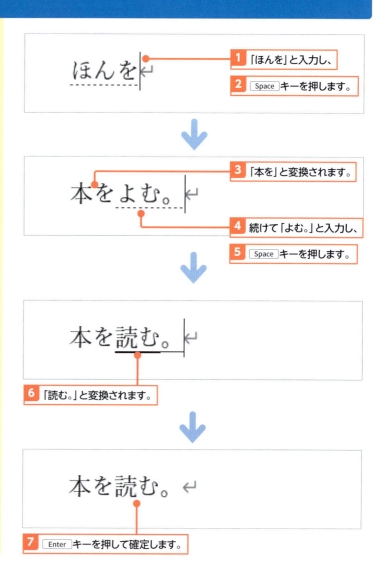

2 文章をまとめて変換する

 解説 ここで入力する文章

ここでは、「私は明日ハイキングに行きます。」を一括変換で文章を入力します。

 Hint 一括変換する

句読点を含めたひとまとまりの文の読みを一気に入力して Space キーを押すと、一括変換できます。

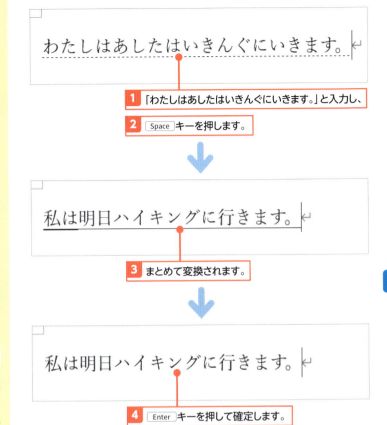

1 「わたしはあしたはいきんぐにいきます。」と入力し、
2 Space キーを押します。
3 まとめて変換されます。
4 Enter キーを押して確定します。

 Memo 入力を速くするには

文字入力のスピードを速くするには、キーの配列を指に覚えさせ、キーを見なくても入力できるようにする「タッチタイプ」の練習をするといいでしょう。タイピング練習ソフトを使用することを検討してみてください。

Hint 文字を入力する前に入力モードを確認しよう

文章を入力するときは、先にIMEの入力モード（p.60参照）の状態を確認するようにしましょう。日本語の文章を入力する際は、「ひらがな」モード あ であることを確認してから、入力を始めます。

● 入力モードの種類

表示	モード	入力される文字	入力例
あ	ひらがな	ひらがな、漢字	みかん、苺
カ	全角カタカナ	全角のカタカナ	メロン
A	全角英数	全角の英文字・数字・記号	Ｃａｔ、１２３、％
ｶ	半角カタカナ	半角のカタカナ	ﾚﾓﾝ
A	半角英数	半角の英文字・数字・記号	Dog、123、%

3 文節を移動して変換する

解説　ここで変換する文章

ここでは、一括変換した「舞台で講演する。」を、文節を移動して「舞台で好演する。」に変換します。

Hint　文節を移動しながら変換する

一括変換した後、文節単位で移動して変換できます。確定前の状態では、変換対象となる文節に太い下線が表示されます。←→キーを押して変換対象の文節を移動し、Space キーを押して正しく変換し直します。

Hint　文字を確定してしまった場合

文節移動をしないで Enter キーを押して文字が確定してしまった場合は、再変換したい文節内にカーソルを移動し①、変換 キーを押せば文節単位で再変換できます②。

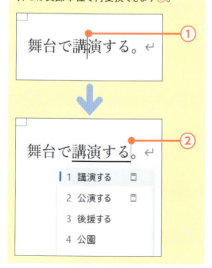

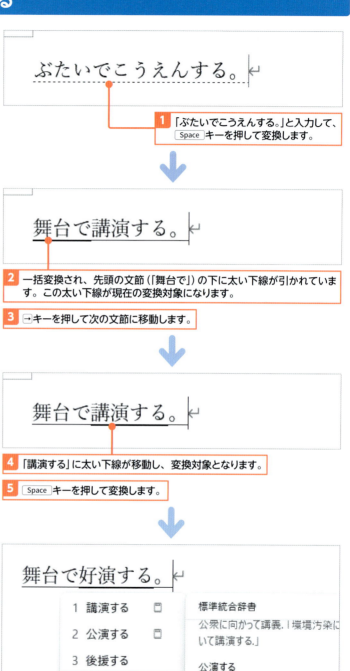

1 「ぶたいでこうえんする。」と入力して、Space キーを押して変換します。

2 一括変換され、先頭の文節（「舞台で」）の下に太い下線が引かれています。この太い下線が現在の変換対象になります。

3 →キーを押して次の文節に移動します。

4 「講演する」に太い下線が移動し、変換対象となります。

5 Space キーを押して変換します。

6 数回 Space キーを押して「好演する」を選択し、

7 Enter キーを押して確定します。

4 文節を区切り直して変換する

  解説 ここで変換する文章

ここでは、「私は医者へ行く。」の文節を区切り直して「私歯医者へ行く。」に変換し直します。

 文節を区切り直して再変換する

文節の区切りが間違っていて正しく変換されていない場合は、文節を区切り直して、正しい長さに修正します。文節の長さを変更するには、Shiftキーを押しながら←→キーを押します。

 変換候補から文節を区切り直す

文節が正しく区切られていなかった場合、←→キーで区切り直したい文節に移動し、Spaceキーを押して①、表示される変換候補の中に目的の変換候補が表示されていた場合は、その変換候補を選択して区切り直すことができます②。

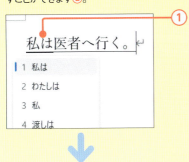

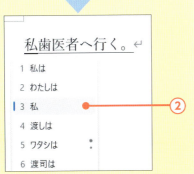

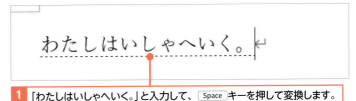

1 「わたしはいしゃへいく。」と入力して、Spaceキーを押して変換します。

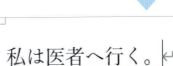

2 一括変換され、先頭の文節（「私は」）の下に太い下線が引かれています。

3 Shift + ← キーを押します。

4 文節の区切りが「わたし」に変更されたら、

5 Spaceキーを押します。

6 「私」と変換されたら、

7 「歯医者へ行く」と変換できたことを確認して、Enterキーを押して確定します。

Section 12 英数字を入力する

ここで学ぶのは
- 半角英数モード
- 全角英数モード
- 大文字・小文字

キーの左側に表示されている**英数字を入力**するには、入力モードを半角英数モード、または全角英数モードに切り替えます。英字の入力では、**大文字と小文字の打ち分け方**を覚えてください。なお、ひらがなモードのままで英単語に変換できるものもあります。ここでは、英数字の入力方法を一通り確認しましょう。

1 半角のアルファベットや数字を入力する

解説　英数字を入力する

キーボードの左半分に表示されている英数字を入力するには、入力モードを半角英数モードまたは全角英数モードに切り替えます。英字や数字のキーをそのまま押すと、小文字の英字、数字が入力されます。大文字を入力するには、Shiftキーを押しながら英字のキーを押します。

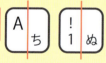

そのまま押す …………… a（小文字）
Shiftキーを押しながら押す …………… A（大文字）

Memo　テンキーから数字を入力する

パソコンにテンキー（p.58参照）がある場合は、入力モードを気にすることなく常に数字を入力できるので便利です。テンキーを使用するには「Num Lock」をオンにします（p.59参照）。

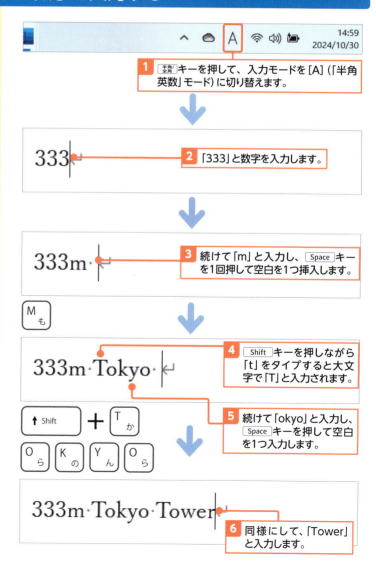

1 [半角/全角]キーを押して、入力モードを[A]（「半角英数」モード）に切り替えます。

2 「333」と数字を入力します。

3 続けて「m」と入力し、[Space]キーを1回押して空白を1つ挿入します。

4 [Shift]キーを押しながら「t」をタイプすると大文字で「T」と入力されます。

5 続けて「okyo」と入力し、[Space]キーを押して空白を1つ入力します。

6 同様にして、「Tower」と入力します。

2 全角のアルファベットや数字を入力する

解説　全角英数モードで入力する

全角英数モードには、右の手順のようにメニューを使って切り替えます。全角の数字やアルファベットを入力するときに切り替えましょう。キーの押し方は半角英数モードの場合と同じです。全角英数モードで入力すると、変換途中の点線下線が表示されるので最後に Enter キーで確定しましょう。

Memo　英大文字を継続的に入力する

連続して英大文字を入力する場合、 Shift + caps lock キーを押して「Caps Lock」をオンにします。このとき、そのまま英字キーを押すと大文字が入力されます。小文字を入力したいときは、 Shift キーを押しながら英字キーを押します。元に戻すには、再度 Shift + caps lock キーを押してください。

1. タスクバーのIMEの表示を右クリックし、
2. 表示されたメニューから [全角英数字] を選択します。
3. 「634m TOKYO SKYTREE」と入力します。
4. Enter キーを押して文字を確定します。

3 ひらがなモードで入力する

使えるプロ技！　英単語に変換される

ひらがなモードで「あっぷる」や「れもん」のような英単語の読みを入力して変換すると、変換候補の中に該当する英単語が表示されます。比較的一般的な英単語に限られますが、アルファベットで綴らなくても入力することが可能です。

Memo　ローマ字入力で英数字を入力する

ローマ字入力であれば、ひらがなモードであっても、数字や英字を入力できます。例えば、「dream」とタイプすると、「dれあm」と表示されますが、予測変換の候補の中にアルファベットの綴りが表示されます。あるいは、ファンクションキーの F9 や F10 キーで変換が可能です（p.87参照）。

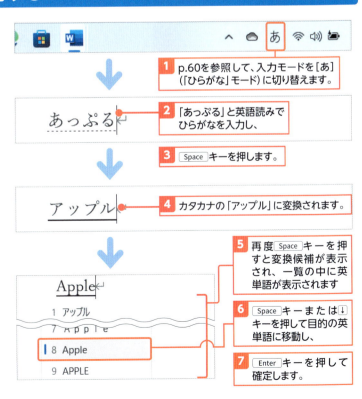

1. p.60を参照して、入力モードを [あ]（「ひらがな」モード）に切り替えます。
2. 「あっぷる」と英語読みでひらがなを入力し、
3. Space キーを押します。
4. カタカナの「アップル」に変換されます。
5. 再度 Space キーを押すと変換候補が表示され、一覧の中に英単語が表示されます
6. Space キーまたは↓キーを押して目的の英単語に移動し、
7. Enter キーを押して確定します。

Section 13 記号を入力する

ここで学ぶのは
- 記号と特殊文字
- 顔文字
- 郵便番号と住所

文章内に、「（日曜日）」や「10％」のように記号を入力しなければならないことがよくあります。記号を入力するには、記号の配置されているキーから入力する方法と、読みから変換する方法、［記号と特殊文字］ダイアログから記号を選択する方法の3通りがあります。

1 キーにある記号を入力する

解説　記号を入力する

キーの左半分に表示されている記号を入力するには、入力モードを半角英数モードまたは全角英数モードに切り替えます。下側の記号はそのまま押し、上側の記号は Shift キーを押しながら押します。例えば、「；」（セミコロン）はそのまま押し、「＋」（プラス）は Shift キーを押しながら ; キーを押します。

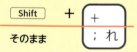

Memo　ローマ字入力の場合はそのまま入力できる

ローマ字入力の場合は、英数モードに切り替えなくてもひらがなモードのままで記号のキーを押して入力できます。全角で記号が入力されますが、F10 キーを押せば半角に変換できます（p.87参照）。

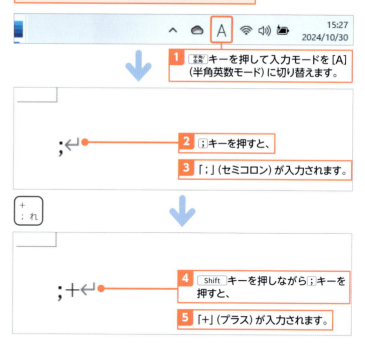

ここでは半角英数モードで記号を入力してみましょう。

1. 半角/全角 キーを押して入力モードを［A］（半角英数モード）に切り替えます。
2. ; キーを押すと、
3. 「；」（セミコロン）が入力されます。
4. Shift キーを押しながら ; キーを押すと、
5. 「＋」（プラス）が入力されます。

2 記号の読みを入力して変換する

解説　読みから記号に変換する

「まる」とか「さんかく」のように、記号の読みを入力して Space キーを押すことで、記号に変換することができるものもあります。

1. 「まる」と入力し、
2. Space キーを2回押すと、

Memo 顔文字も入力できる

記号の他に顔文字も同様の方法で入力できます。「かおもじ」と入力して Space キーを押すとさまざまな顔文字が変換候補に表示されます。

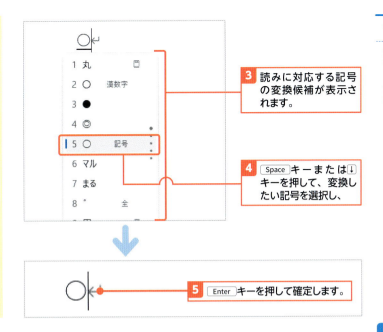

3 読みに対応する記号の変換候補が表示されます。

4 Space キーまたは↓キーを押して、変換したい記号を選択し、

5 Enter キーを押して確定します。

記号の読みを入力して Space キーで変換できる主なものを表にまとめます。読みがわからない場合は「きごう」と入力して変換すると、より多くの記号が表示されます。

● 読みと変換される主な記号

読み	主な記号
まる	● ◎ ○ ①～⑳ ㊤ ㊥ ㊦
しかく	■ □ ◇ ◆
さんかく	△ ▽ ▲ ▼ ◀ ▶ ∴
ほし	★ ☆ ※ ☆彡
かっこ	「」 [] 【】 () 『』 "" {}
やじるし	← → ↑ ↓ ⇒ ⇔
から	～
こめ	※
ゆうびん	〒

読み	主な記号
でんわ	℡
かぶ	㈱ (株) 株式会社
たんい	℃ kg mg km cm mm m² cc カロリー
てん	： ； ・ ， … 、
すうじ	Ⅰ～Ⅹ ⅰ～ⅹ ①～⑳
おなじ	〃 々 ゞ 仝
かける	×
わる	÷
けいさん	± √ ∫ ≠ ≦ [

使えるプロ技！ 郵便番号から住所に変換する

郵便番号から住所に変換することができます。例えば、「105－0001」と入力して Space キーで変換すると、変換候補に住所「東京都港区虎ノ門」と表示されます。

住所を簡単に入力することができます。

3 ダイアログから選択する

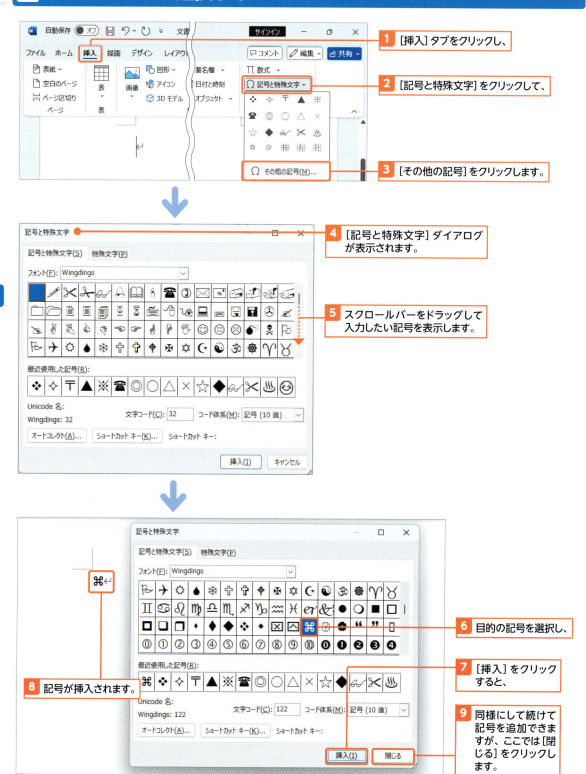

使えるプロ技！　記号用のフォントを使う

［記号と特殊文字］ダイアログを表示すると、［記号と特殊文字］タブの［フォント］欄には「Windings」というフォントが選択されています。［フォント］欄で、文字の種類を変更することができます。「Windings」は、記号や絵文字だけのフォントで、さまざまな記号や絵文字が用意されています。そのほかに「Webdings」「Windings 2」「Windkings 3」も同様に記号や絵文字専用のフォントです。なお、［(現在選択されているフォント)］を選択すると、現在使っているフォント(書体)に用意されている記号が選択できます。

● Webdings

● Windings 2

● Windings 3

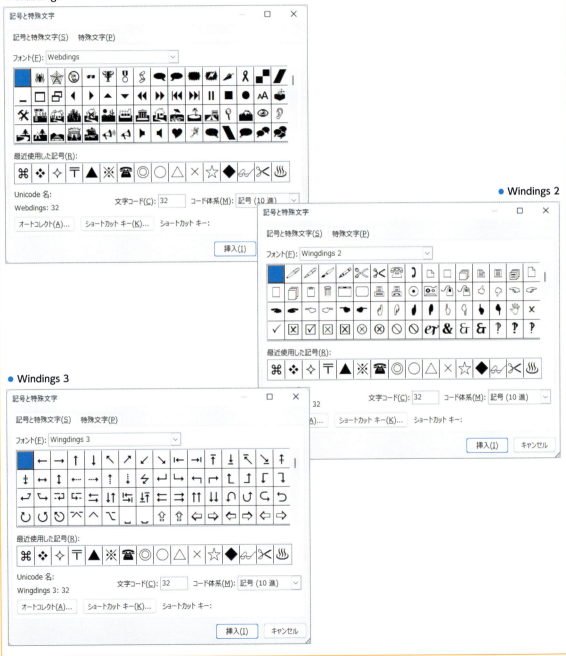

Section 14 読めない漢字を入力する

ここで学ぶのは
- IMEパッド
- 手書きアプレット
- 総画数／部首アプレット

読みがわからない漢字を入力したいときは、**IMEパッド**を使います。IMEパッドには「アプレット」といわれる検索用のツールが用意されており、これを使って文字をマウスでドラッグして**手書き**したり、**総画数や部首の画数**など、いろいろな方法で漢字を検索できます。

1 手書きで漢字を検索する

解説 ここで検索する単語

ここではマウスをドラッグ操作することで漢字を手書きして、「亘」の文字を検索してみます。

Keyword IMEパッド

IMEパッドを使うと、読みのわからない漢字を、マウスでドラッグして手書きで検索したり、総画数や部首で検索したりすることができます。また、記号や特殊文字などを文字コード表から探して入力することもできます。

Hint 手書きで検索する

読みがわからないけど漢字は書けるという場合は、手書きアプレットを表示してドラッグで漢字を描いて検索できます。

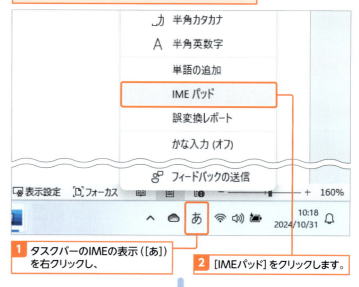

文字を入力したい位置にカーソルを移動しておきます。

1 タスクバーのIMEの表示（[あ]）を右クリックし、

2 [IMEパッド]をクリックします。

3 [IMEパッド]が表示されます。

4 [手書き]をクリックしてオンにすると、

5 [手書きアプレット]が表示され、入力欄が表示されます。

ドラッグで描いた文字を修正するには

［戻す］をクリックすると、直前のドラッグした部分が消去され、［消去］をクリックするとすべて消去されます。

6 入力欄にマウスを使って検索したい漢字（ここでは「亘」）をドラッグして描きます。

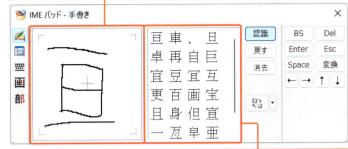

7 ドラッグされた文字が自動的に認識され、漢字の候補が表示されます。

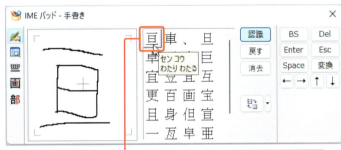

8 漢字にマウスポインターを合わせると、漢字の読みが表示されます。

9 漢字をクリックすると、

10 カーソルのある位置に漢字が入力されます。

IMEパッドの位置を移動する

IMEパッドは表示したままでカーソル移動や文字入力などの操作ができます。IMEパッドが文字やカーソルを隠している場合は、タイトルバーをドラッグして移動してください。

タイトルバー

14 読めない漢字を入力する

2 文字入力を完璧にマスターする

2 総画数で漢字を検索する

解説 ここで検索する漢字

ここでは「凪」（6画）という漢字を総画数で検索してみます。あらかじめ入力する位置にカーソルを移動し、IMEパッドを表示しておきます。

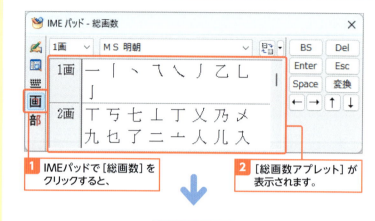

1 IMEパッドで［総画数］をクリックすると、

2 ［総画数アプレット］が表示されます。

3 ここをクリックして、画数を選択します。

4 指定した画数の漢字一覧が表示されたら、スクロールバーをドラッグして、目的の漢字を探します。

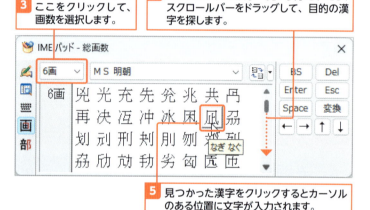

5 見つかった漢字をクリックするとカーソルのある位置に文字が入力されます。

Hint 総画数で検索する

漢字の画数がわかっていれば、総画数で検索できます。IMEパッドの総画数アプレットでは画数ごとに漢字がまとめられているので、探している漢字の画数を指定して、一覧から探して入力します。

使えるプロ技！ ［文字一覧］から記号や特殊文字を入力する

IMEパッドで［文字一覧］をクリックすると、文字がカテゴリー別に整理されて表示されます。さまざまな文字を入力でき、記号や特殊文字なども入力できます。

文字一覧

カテゴリーのフォルダーをクリックすると、該当する文字の一覧が表示されます。

3 部首で漢字を検索する

解説　ここで検索する漢字

ここでは「忖」（部首：りっしんべん、3画）を部首で検索してみます。あらかじめ入力する位置にカーソルを移動し、IMEパッドを表示しておきます。

Hint　目的の部首が表示されない場合

同じ画数の部首が多い場合は、部首一覧にあるスクロールバーをドラッグしてください。

ドラッグする

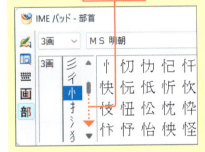

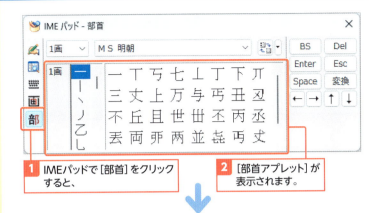

1 IMEパッドで[部首]をクリックすると、
2 [部首アプレット]が表示されます。

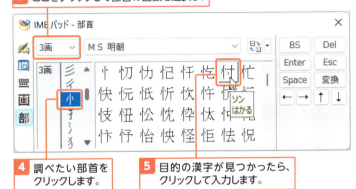

3 ここをクリックして部首の画数を選択し、
4 調べたい部首をクリックします。
5 目的の漢字が見つかったら、クリックして入力します。

使えるプロ技！　[ソフトキーボード]からクリックで文字を入力する

IMEパッドで[ソフトキーボード]をクリックすると、[ソフトキーボードアプレット]が表示され、キーボードのイメージ画面が表示されます。画面上の文字キーをクリックして入力できます。また、[配列の切り替え]をクリックして入力する文字種や配列を変更できます。

ソフトキーボード

[配列の切り替え]をクリックして表示する文字種や配列を変更できます。

Section 15 単語登録する

ここで学ぶのは
- 単語登録
- Microsoft IMEユーザー辞書ツール
- 単語の修正・削除

読みが難しい名前や長い住所や会社名などは、**単語登録**しておくと簡単な読みですばやく入力できます。登録された単語は、**Microsoft IMEユーザー辞書ツール**によって管理され、パソコン全体で使えます。そのため、Wordだけでなく、Excelなど別のソフトでも使うことができます。

1 単語を辞書に登録する

解説 単語を登録する

人名や会社名などよく使用する単語を登録しておくと、入力が効率的に行えます。[単語の登録]ダイアログを表示し、登録する単語と読みと品詞を指定して登録します。

Memo 「読み」に登録できる文字

ひらがな、英数字、記号が「読み」として使えます。カタカナや漢字は使えません。

Memo [単語の登録]ダイアログのサイズを調整する

[単語の登録]ダイアログのサイズは、右下の >> をクリックすると横に拡大します（拡大するとボタンは << に変わります）。このボタンをクリックするごとに拡大／縮小を切り替えられます。拡大すると[単語収集へのご協力のお願い]の画面が表示されます。

ここをクリックするごとに、サイズが拡大／縮小します。

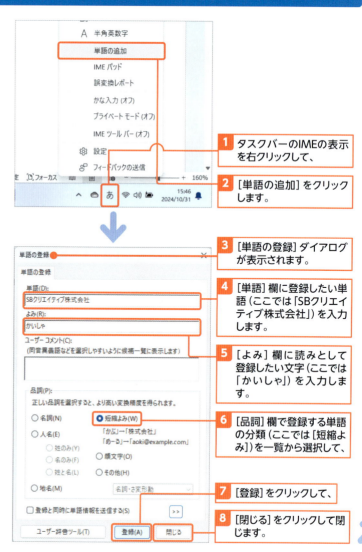

1 タスクバーのIMEの表示を右クリックして、

2 [単語の追加]をクリックします。

3 [単語の登録]ダイアログが表示されます。

4 [単語]欄に登録したい単語（ここでは「SBクリエイティブ株式会社」）を入力します。

5 [よみ]欄に読みとして登録したい文字（ここでは「かいしゃ」）を入力します。

6 [品詞]欄で登録する単語の分類（ここでは[短縮よみ]）を一覧から選択して、

7 [登録]をクリックして、

8 [閉じる]をクリックして閉じます。

2 単語を削除する

解説 登録した単語を削除する

[Microsoft IME ユーザー辞書ツール] ダイアログを表示すると、ユーザーが登録した辞書が一覧表示されます。登録した単語を削除したり、編集したりできます。

Hint 登録した単語を修正する

登録した単語の読みや品詞などの修正をしたい場合は、[変更] をクリックします。[単語の変更] ダイアログが表示され内容を修正できます。

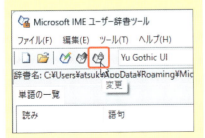

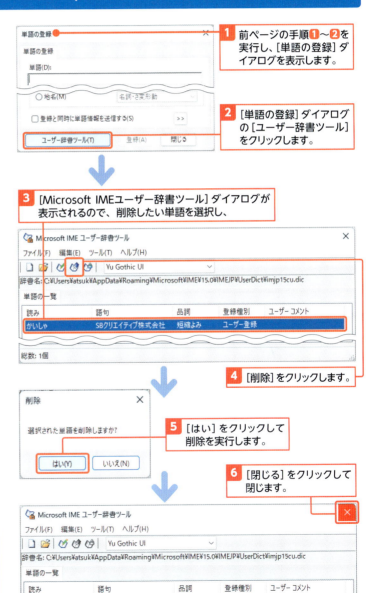

Section 16 ファンクションキーで変換する

ここで学ぶのは
- F6 キー
- F7 、F8 キー
- F9 、F10 キー

F6～F10のファンクションキーを使うと、ひらがなをカタカナに変換したり、英字を大文字や小文字、全角や半角に変換したりできます。F6キーで**ひらがな変換**、F7とF8キーで**カタカナ変換**、F9とF10キーで**英数字変換**できます。非常に便利なキー操作なのでぜひとも覚えておきましょう。

1 F7 キーで全角カタカナ、F8 キーで半角カタカナに変換する

解説 全角／半角カタカナに変換する

変換途中の読みをまとめてカタカナに変換するには、F7キーまたはF8キーを押します。F7キーで全角カタカナ、F8キーで半角カタカナに変換されます。文字が確定されている場合は別の機能が実行されるので注意してください。

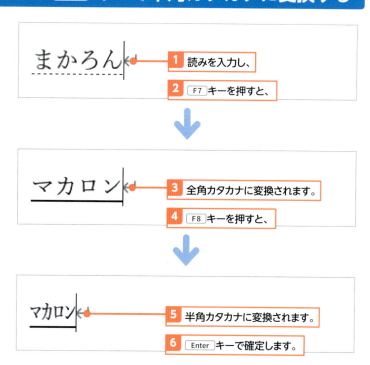

使えるプロ技！ F7 キー、F8 キーを押すごとにひらがな混じりに変換される

カタカナに変換後、さらにF7キーまたはF8キーを押すごとに、後ろの文字から順番にひらがなに変換されます。送り仮名の部分をひらがなにしたいときなどに活用できます。

全角カタカナ変換	イチゴ → F7 → イチご → F7 → イちご
半角カタカナ変換	ｲﾁｺﾞ → F8 → ｲﾁご → F8 → ｲちご

2 F9 キーで全角英数字、F10 キーで半角英数字に変換する

解説 全角／半角英数字に変換する

変換途中の読みをまとめて英数字に変換するには、F9 キーまたは F10 キーを押します。F9 キーで全角英数字、F10 キーで半角英数字に変換されます。文字が確定されていない状態でキーを押します。また、キーを押すごとに小文字、大文字、頭文字だけ大文字に変換できます（ページ下部の「使えるプロ技」を参照）。

Memo かな入力の場合

かな入力の場合、英字のキーを「TOKYO」と順番にタイプすると、「からのんら」とひらがなが入力されますが、F9 キーまたは F10 キーを押せば、ローマ字入力の場合と同様に英数字に変換できます。

ここでは、ローマ字入力の場合の手順で説明します。

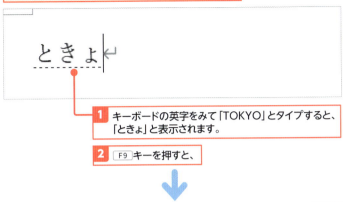

1 キーボードの英字をみて「TOKYO」とタイプすると、「ときょ」と表示されます。

2 F9 キーを押すと、

3 全角英字に変換されます。

4 F10 キーを押すと、

5 半角英字に変換されます。

6 Enter キーを押して確定します。

使えるプロ技！ F9 キー、F10 キーを押すごとに小文字、大文字、頭文字だけ大文字に変換される

F9 キーまたは F10 キーを押すごとに、小文字、大文字、頭文字だけ大文字に変換されます。英単語混じりの文書を作成する場合、ひらがなモードのままで英単語の綴りを入力して、F9 キーまたは F10 キーで簡単に英字に変換できるので大変便利です。

全角英数字変換	ｔｏｋｙｏ → F9 → ＴＯＫＹＯ → F9 → Ｔｏｋｙｏ
半角英数字変換	tokyo → F10 → TOKYO → F10 → Tokyo

3 F6 キーでひらがなに変換する

解説 全角ひらがなに変換する

変換途中の読みをまとめてひらがなに変換するには、F6 キーを押します。文字が確定されていない状態でキーを押します。

1. 読み（ここでは「まかろん」）を入力し、F7 キーを押してカタカナ変換しておきます。
2. F6 キーを押すと、
3. 全角ひらがなに変換されます。
4. Enter キーを押して確定します。

使えるプロ技！ F6 キーを押すごとに順番にカタカナに変換される

F6 キーを押すごとに、先頭の文字から順番にカタカナに変換されます。先頭から数文字分だけカタカナに変換したいときに使えます。

| 全角ひらがな変換 | いちご — F6 → イちご — F6 → イチご |

使えるプロ技！ オートコレクトによる自動変換について

「tokyo」と入力し、Space キーや Enter キーを押すと、自動的に頭文字だけ大文字に変換され「Tokyo」と表示される場合があります。これは、オートコレクトの機能によるものです。英字で「tokyo」とか「sunday」などの単語を入力するとオートコレクト機能がはたらいて、自動的に頭文字だけ大きくします。

オートコレクトによる変更を元に戻したい場合は、次の手順で取り消せます。大文字に変換された文字の下にマウスポインターを合わせ①、表示される［オートコレクトのオプション］をクリックし②、［元に戻す-自動修正］を選択します③。

なお、［文の先頭文字を自動的に大文字にしない］を選択すると、これ以降の英単語について先頭文字が大文字に変換されなくなります。［" (入力した英単語)"を自動的に修正しない］を選択すると、「Tokyo」のような入力した英単語について自動修正しなくなります。

また、［オートコレクトオプションの設定］を選択すると［オートコレクト］ダイアログが表示され、英字のオートコレクトの設定の確認と変更ができます。

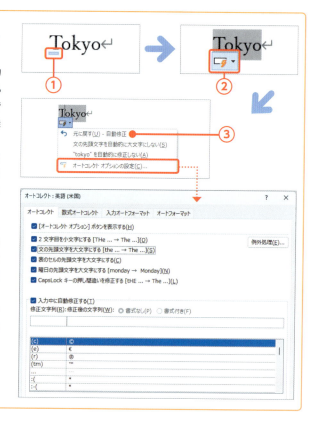

第 **3** 章

文書を思い通りに作成する

　ここでは、新規文書の作成とページ設定の方法を確認し、保存と印刷の方法を説明します。ここで基本的な文書作成手順を学びましょう。また、PDFファイルとして保存したり、テキストファイルを開いたりと、Word以外のファイルを操作する方法も説明しています。

Section 17	▶	文書作成の流れ
Section 18	▶	新規文書を作成する
Section 19	▶	用紙のサイズや向きなどページ設定する
Section 20	▶	文書を保存する
Section 21	▶	文書を開く
Section 22	▶	印刷する

Section 17

文書作成の流れ

ここで学ぶのは
- 文書の作成手順
- 文書入力から印刷までの流れ

Wordで文書を作成するには、最初にこれから作成する文書の種類や目的に合わせて**用紙サイズ**や**向き**、**余白**などを設定します。そして、文章を入力していき、文字サイズや色、配置などの設定や表、写真、図形などを挿入して完成させます。作成した文書は、ファイルとして保存したり、印刷します。

1 基本的な文書の作成手順

Step1：ページ設定

① 用紙サイズ、用紙の向き、余白などページの基本的な設定をします。なお、文書作成途中の変更も可能です。

Step2：文字入力

② 文章のみを入力します。

Hint　文書作成の流れ

文書の基本的な作成手順は、まず用紙サイズや向き、余白など、ベースとなるページの設定を行います。次に、文章だけを入力します。そして、書式設定などの編集をして完成させます。文書が完成したら、必要に応じて印刷します。また、Step 4に保存がありますが、Step 2やStep 3の合間にもこまめに保存することをお勧めします。

Step 3：書式設定、表、写真や画像などの挿入

Step 4：保存

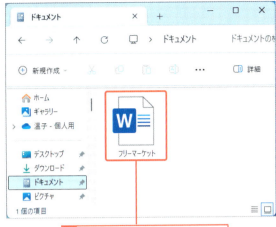

3 文字の種類、大きさ、色、スタイル、配置などを変更したり、罫線や表、画像などを挿入したりして、見栄えを整えます。

4 文書をファイルとして保存します。

5 作成した文書を印刷します。印刷する枚数や、ページ数、印刷方法などを指定できます。

Step 5：印刷

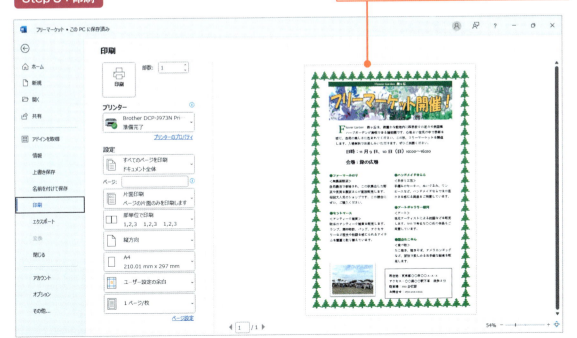

Section 18 新規文書を作成する

ここで学ぶのは
- 白紙の文書
- テンプレート
- テンプレートの検索

新規に文書を作成するには、白紙の文書を開いて、一から作成する方法と、文書のひな型として用意されている**テンプレート**を使う方法があります。Wordでは、オンラインにさまざまなテンプレートが用意されており、これらを使うことで簡単に見栄えのよい文書を作成できます。

1 白紙の新規文書を作成する

解説 白紙の文書を開く

Wordを起動し、すでに文書を作成中でも、右の手順のように、新規に白紙の文書を追加して作成することができます。その場合は、別の新しいWordのウィンドウで表示されます。

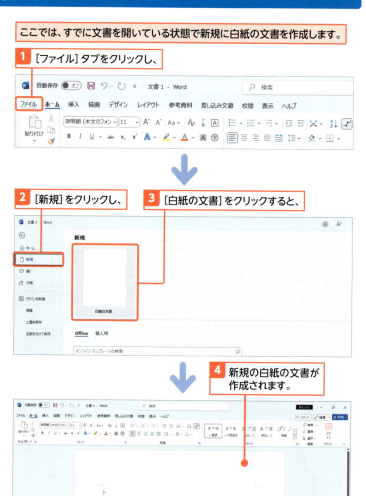

ここでは、すでに文書を開いている状態で新規に白紙の文書を作成します。

1. [ファイル] タブをクリックし、
2. [新規] をクリックし、
3. [白紙の文書] をクリックすると、
4. 新規の白紙の文書が作成されます。

ショートカットキー

● 白紙の文書作成
Ctrl + N

2 テンプレートを使って新規文書を作成する

解説　テンプレートを開く

テンプレートとは、文書のひな型のことです。サンプルの文字や写真などがあらかじめ用意されていますが、自由に書き換えたり、差し替えたりして、きれいで整った文書をすばやく簡単に作成できます。テンプレートは[新規]画面で選択して開くことができます。

Memo　インターネットが必要

テンプレートを利用するには、ダウンロードする必要があるため、インターネットに接続していなければいけません。

Hint　テンプレートをオンラインで検索する

テンプレートは、Microsoft社が無料で提供しており、ダウンロードして使用できます。[新規]画面には主なテンプレートが表示されていますが、検索ボックスにキーワードを入力すると、それに対応したテンプレートが表示されます。

Hint　検索の候補から選択する

検索ボックスの下に表示されている検索の候補をクリックしても表示できます。

1 [ファイル]タブ→[新規]をクリックします。

2 作成したい文書の内容にあったキーワードを入力し、

3 キーを押します。

4 キーワードに関連するテンプレートの一覧が表示されます。

5 好みのテンプレートをクリックします。

6 内容を確認し、[作成]をクリックし、ダウンロードします。

Hint プレースホルダーを使って文字を置換する

テンプレートに入力されている文字はクリックだけでまとめて選択できるようになっています。これを「プレースホルダー」といいます。選択された状態でそのまま文字を入力すれば、同じスタイルで文字だけ置き換わります。また、文字が不要であれば、削除することもできます。Deleteキーまたは Back spaceキーで削除してください。

Hint ［個人情報の削除が有効］と表示される

テンプレートをもとに新規文書を作成すると、［個人情報の削除が有効］メッセージバーが表示されます。通常、文書を保存する場合、作成者の名前が文書の情報として残されます。テンプレートをもとに作成した文書は、保存するときに作成者などの個人情報が残らないように設定されています。作成者を残したい場合は、［設定の変更］をクリックしてください①。それ以外は［×］をクリックしてメッセージバーを閉じておきましょう②。

Memo 文字を追加するには

プレースホルダーがない部分に文字を追加したい場合は、追加したい箇所をクリックし、カーソルを移動して入力します。カーソルが移動できない場合は、文字を追加したい位置にテキストボックスを追加するとよいでしょう（p.204参照）。

Memo 文字サイズや文字色も変更できる

テンプレートのサンプル文字は、きれいにデザインされているので文字を置き換えるだけで充分ですが、必要に応じて、文字サイズや色を変更して（p.133参照）、オリジナリティを出すこともできます。

---

7 テンプレートを元に新規文書が作成されます。

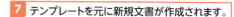

8 サンプルの文字列をクリックすると、文字全体が選択されます。

9 文字を入力すると置き換わります。

10 イベントのタイトルをクリックし、文字を置き換えます。

11 不要な文字をクリックして選択し、Deleteキーを押して削除します。

12 同様に文字を置き換えていきます。

別の写真に変更したい

テンプレートで使われている写真を、自分で用意した写真に差し替えたい場合は、以下の手順で変更してください。なお、写真を挿入すると、現在の写真の枠に収まるように自動で画像が拡大縮小されます。そのため、縦横の比率が変わってしまうことがあります。挿入する画像の縦横のサイズを画像の枠のサイズにあらかじめ合わせておくか、挿入後に画像の縦横のサイズを変更したり、トリミング（画面の切り取り）したりして調整してください。サイズ変更やトリミングについては、Section50を参照してください。

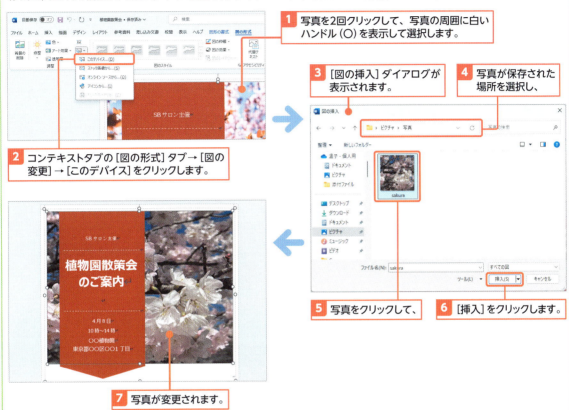

最新のOfficeテンプレートをWebサイトから直接ダウンロードする

Microsoft社のOfficeテンプレート用のWebサイトには、季節に合わせたタイムリーなものやビジネスで使用する文書など、最新のテンプレートが数多く、無料で提供されています。以下のURLで開くWebサイトから直接ダウンロードして使用することができます。

URL https://www.microsoft.com/ja-jp/office/pipc

Section 19 用紙のサイズや向きなどページ設定する

ここで学ぶのは
- ページ設定
- 用紙サイズ、印刷の向き
- 余白、行数／文字数

例えば、案内文のようなビジネス文書はA4縦置き、年賀状であればはがきサイズといった具合に、作成する文書によって、**用紙の大きさ**、**印刷の向き**、**行数**や**文字数**などが異なります。このようなページ全体に関する設定を**ページ設定**といいます。ここでは、ページ設定の方法を確認しましょう。

1 用紙のサイズを選択する

一覧に表示される用紙サイズ

選択できる用紙サイズは、使用しているプリンターによって異なります。一覧にないサイズを指定したい場合は、右の手順❷で［その他の用紙サイズ］を選択し、表示される［ページ設定］ダイアログの［用紙］タブで横と高さをmm単位で指定します。

❶ ［レイアウト］タブ→［サイズ］をクリックして、

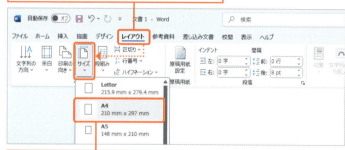

❷ 一覧から用紙サイズを選択します。

新規文書の既定の設定

Word 2024の新規の白紙の文書のページ設定は、既定では以下のようになっています。

用紙サイズ	A4
印刷の向き	縦置き
余白	上：35mm 下／右／左：30mm
文字方向	横書き
行数	36行
フォント	遊明朝
フォントサイズ	11pt
段落後間隔	8pt
行間	1.08pt

用紙サイズの基礎知識

用紙サイズには、一般的にJIS規格のA版とB版が使われています。B版の方がやや大きめになります。右図のようにサイズの数字が大きいほど用紙サイズは小さくなります。例えば、A5サイズはA4サイズの半分の大きさになります。最も使用されているのはA4サイズで、Wordの初期設定の用紙サイズもA4です。

A判	寸法(mm)
A0	1,189×841
A1	841×594
A2	594×420
A3	420×297
A4	297×210
A5	210×148
A6	148×105

B判	寸法(mm)
B0	1,456×1,030
B1	1,030×728
B2	728×515
B3	515×364
B4	364×257
B5	257×182
B6	182×128

2 印刷の向きを選択する

解説 印刷の向き

印刷の向きは、ページを横長のレイアウトにしたい場合は[横]を選択し、縦長のレイアウトにしたい場合は[縦]を選択します。

● [横]の場合

1 [レイアウト]タブ→[印刷の向き]をクリックして、

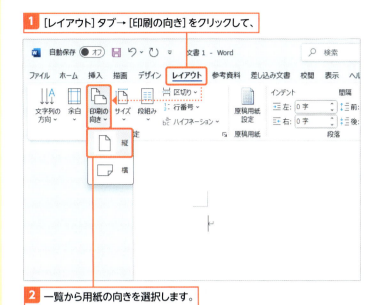

2 一覧から用紙の向きを選択します。

3 余白を設定する

解説 余白の設定

用紙の上下左右にある空白の領域です。余白のサイズを小さくすると、その分印刷する領域が大きくなるので、1行の文字数や1ページの行数が変わってきます。編集できる領域を増やしたいときは[狭い]や[やや狭い]を選択するとよいでしょう。

1 [レイアウト]タブ→[余白]をクリックして、

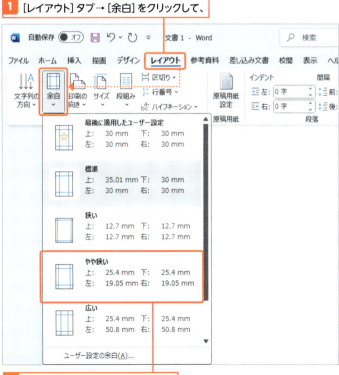

2 一覧から余白の種類を選択します。

4 数値で余白を変更する

解説　余白サイズの変更方法

[ページ設定]ダイアログの[余白]タブで、余白の上下左右の各ボックスの[▲][▼]をクリックすると1mmずつ数値が増減します。ボックス内の数字を削除して直接数字を入力しても変更できます。

1 [レイアウト]タブ→[ページ設定]グループの右下にある🔽をクリックします。

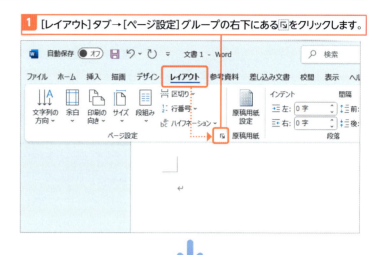

2 [ページ設定]ダイアログが表示されます。

3 [余白]タブをクリックし、

4 余白を変更します。

5 [OK]をクリックします。

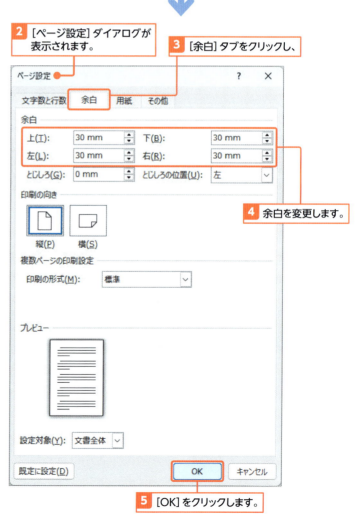

Memo　縦書きと横書き

[レイアウト]タブの[文字列の方向]、または[ページ設定]ダイアログの[文字数と行数]タブで、横書きと縦書きを選択することができます。縦書きにすると、文字を縦書きに入力できます。縦書き文書は、年賀状や招待状、社外に発信する案内状やお祝い状など、儀礼的な目的で送られる文書で多く使います(p.112の「使えるプロ技」を参照)。

● 印刷の向き：縦／文字列の方向：縦

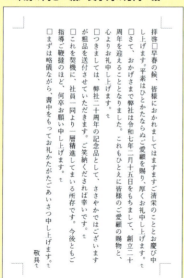

5 1ページの行数や1行の文字数を指定する

解説　文字数と行数の設定

初期設定では、[行数だけを指定する]が選択されており、行数のみ変更できるようになっています。このときの文字数は、設定されているフォントやフォントサイズで1行に収まるようになっています。1行の文字数を指定したい場合は、右の手順のように設定してください。

Hint　文字数と行数は最後に設定する

用紙に設定できる文字数や行数は、用紙のサイズと余白によって決まります。先に文字数や行数を設定しても、用紙サイズや余白を変更すると、それに合わせて文字数と行数が変更になります。そのため、用紙サイズ、余白を設定した後で、文字数と行数を指定してください。

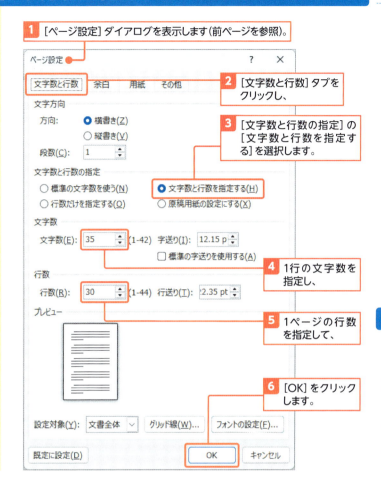

1 [ページ設定]ダイアログを表示します(前ページを参照)。
2 [文字数と行数]タブをクリックし、
3 [文字数と行数の指定]の[文字数と行数を指定する]を選択します。
4 1行の文字数を指定し、
5 1ページの行数を指定して、
6 [OK]をクリックします。

使えるプロ技！　設定した通りの行数にならない場合

使用しているフォント(p.132)や段落後間隔などの設定によっては、ページ設定で行数を増やしたのに、実際には行数が減ってしまう場合があります。指定通りの行数にしたい場合は、以下の操作を行ってください。

なお、フォントの種類を変更しないで行数を増やしたい場合は、以下の操作を行ってください。この場合は、指定した行数にはなりませんが、行数を増やすことができます。

1 [デザイン]タブ→[フォント]で[Office 2007-2010]を選択

2 [デザイン]タブ→[段落の間隔]で[段落間隔なし]を選択

1 文章全体を選択し、[ホーム]タブの[段落]グループの右下にある⇲をクリックして[段落]ダイアログを表示

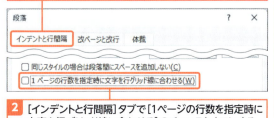

2 [インデントと行間隔]タブで[1ページの行数を指定時に文字を行グリッド線に合わせる]のチェックをオフにする。

Section 20 文書を保存する

練習用ファイル：20_ご案内.docx

作成した文書をファイルとして保存しておくと、Wordを終了した後に再度開いて編集することができます。文書は、Word形式で保存するだけでなく、PDF形式など、Word以外のソフトでも扱える形式で保存することもできます。

ここで学ぶのは
- 名前を付けて保存する
- 上書き保存する
- PDFファイル

1 保存場所と名前を指定して保存する

解説 名前を付けて保存する

新規の文書を保存する場合は、保存場所と名前を指定してファイルとして保存します。保存済みの文書の場合、同じ操作で別のファイルとして保存できます。

Memo Wordファイルの拡張子

Wordの文書をファイルとして保存すると、「案内文.docx」のように、文書名の後ろに「.」（ピリオド）と拡張子「docx」が付きます。拡張子の確認方法などの詳細はp.103の「Hint」を参照してください。

使えるプロ技！ OneDriveに保存する

保存場所にOneDriveを選択すると、文書をインターネット上に保存できます。OneDriveに保存すれば、わざわざファイルを持ち運ぶことなく、別のパソコンから文書を開くことができます。この場合、Microsoftアカウントでサインインしている必要があります（p.517参照）。

ショートカットキー
- 名前を付けて保存　F12

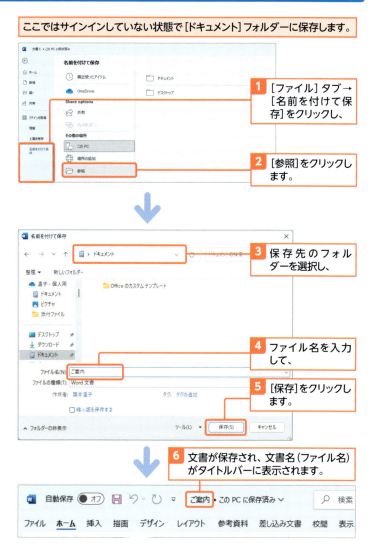

ここではサインインしていない状態で[ドキュメント]フォルダーに保存します。

1 [ファイル]タブ→[名前を付けて保存]をクリックし、

2 [参照]をクリックします。

3 保存先のフォルダーを選択し、

4 ファイル名を入力して、

5 [保存]をクリックします。

6 文書が保存され、文書名（ファイル名）がタイトルバーに表示されます。

2 上書き保存する

解説　上書き保存

一度保存したことのある文書は、上書き保存をして変更内容を更新して保存します。

ショートカットキー

● 上書き保存
Ctrl + S

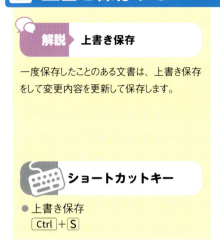

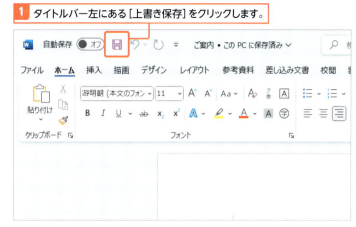

1 タイトルバー左にある［上書き保存］をクリックします。

Hint　自動保存を理解する

タイトルバーの左端に表示されている［自動保存］は、Microsoft アカウントでサインインしているときに文書を OneDrive（p.516 参照）に保存すると有効になる機能です。
Microsoft アカウントでサインインしている場合、文書を OneDrive に保存すると、既定で［自動保存］がオンになり、文書に変更があると自動で上書き保存されるようになります。Microsoft アカウントでサインインしている場合としていない場合の違いを確認しておきましょう。

Microsoft アカウントでサインインしていない場合

文書を保存しても［自動保存］はオンになりません。保存後、文書に変更があった場合は、上書き保存して文書を更新します。このとき［自動保存］をクリックしてオンにしようとするとサインインを要求する画面が表示されます。

Microsoft アカウントでサインインしている場合

文書を OneDrive に保存すると［自動保存］は既定でオンになり、文書の変更があった場合、自動的に保存が実行されます。自動保存したくないときは、［自動保存］をクリックしてオフにすると［上書き保存］をクリックしたときだけ文書が保存されます。文書の［自動保存］のオンとオフの設定は文書ごとに保存されます。次に文書を表示したときは、前回と同じ設定で開きます。
また、［上書き保存］ボタンのアイコンが となります。クリックすると自分が行った変更が保存されると同時に、文書が共有されている場合、他のユーザーによる変更も反映されます。

3 PDFファイルとして保存する

解説　PDFファイルとして保存

Wordがない環境でも内容を表示したり印刷したりできる形式で保存したい場合は、PDFファイルとして保存します。

Key word　PDFファイル

PDFファイルは、さまざまな環境のパソコンで同じように表示・印刷できる電子文書の形式です。紙に印刷したときと同じイメージで保存されます。Microsoft Edgeなどのブラウザーで表示することができます。

Memo　PDFファイルを開くアプリ

右の手順 7 では、Microsoft Edgeを起動してPDFファイルを開いていますが、PDFファイルを開くアプリは使用しているPCの環境によって変わります。

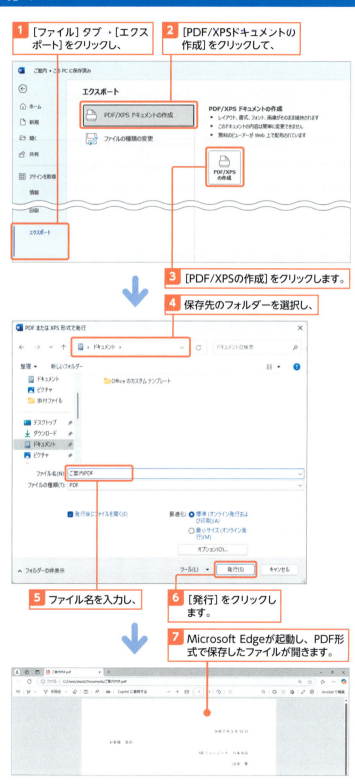

1 [ファイル]タブ・[エクスポート]をクリックし、

2 [PDF/XPSドキュメントの作成]をクリックして、

3 [PDF/XPSの作成]をクリックします。

4 保存先のフォルダーを選択し、

5 ファイル名を入力し、

6 [発行]をクリックします。

7 Microsoft Edgeが起動し、PDF形式で保存したファイルが開きます。

テンプレートとして保存する

前ページの手順❸の[ファイルの種類の変更]で[テンプレート]を選択すると、文書をテンプレートとして保存できます。例えば、申込書としてオリジナルの入力用フォームを作成し、テンプレートとして保存すれば、その入力フォームを元に新規文書を作成できます。保存先を[ドキュメント]フォルダー内の[Officeのカスタム テンプレート]に指定すると、[ファイル]タブ→[新規]の画面で[個人用]の中に保存したテンプレートが表示されます。

ここにテンプレートファイルを保存します。

[Officeのカスタムテンプレート]フォルダーに保存したファイルがテンプレートとして表示されます。

Hint ファイルの種類と拡張子について

Word文書を保存すると、ファイルが作成され、自動的に文書名の後ろに「.」(ピリオド)と拡張子「docx」が付きます。拡張子は、ファイルの種類を表しており、ファイルには必ずファイル名の後ろに拡張子が付いています。そのため、拡張子を見ればファイルの種類がわかります。例えばテキストファイルは「.txt」、PDFファイルは「.pdf」、Wordのテンプレートファイルは「.dotx」です。拡張子が非表示になっている場合は、エクスプローラーを開き、[表示]→[表示]→[ファイル名拡張子]をクリックしてチェックを付けると表示されます。拡張子を表示すると、エクスプローラーだけでなく、使用しているWordなどのアプリでも拡張子が表示されるようになります。

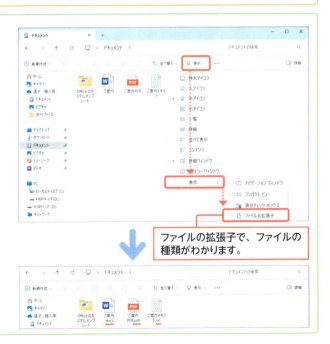

ファイルの拡張子で、ファイルの種類がわかります。

Section 21 文書を開く

練習用ファイル: 📁 21_ご案内.docx、21_ご案内.txt

ここで学ぶのは
- [ファイルを開く]ダイアログ
- エクスプローラー
- 文書の回復

保存したファイルは、Word画面から開くだけでなく、エクスプローラーから開くこともできます。また、Word形式以外のファイルを開くこともできます。ここでは、**保存されたファイルの開き方**や、**保存しないで閉じてしまった場合の対処の方法**を確認しましょう。

1 保存場所を選択して開く

> **Hint 複数のファイルを同時に開く**
>
> Wordでは複数ファイルを同時に開いて編集することができます。右の手順④で、1つ目のファイルを選択した後、2つ目以降のファイルを、Ctrlキーを押しながらクリックすると、複数のファイルを選択できます。複数選択した状態で[開く]をクリックすると、複数のファイルをまとめて開けます。

> **Memo 複数の文書を切り替えるには**
>
> [表示]タブ→[ウィンドウの切り替え]をクリックして①、リストから切り替えたい文書をクリックします②。また、タスクバーのWordのアイコンにマウスポインターを合わせ、表示される文書のサムネイル(縮小表示)で、編集したい文書をクリックでも切り替えられます。

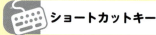

> **ショートカットキー**
>
> - [開く]画面表示
>   Ctrl + O
> - [ファイルを開く]ダイアログ表示
>   Ctrl + F12

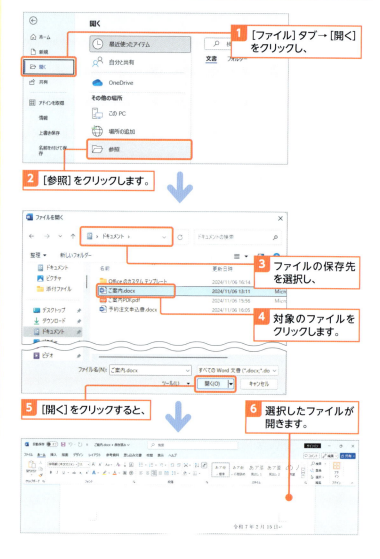

1 [ファイル]タブ→[開く]をクリックし、

2 [参照]をクリックします。

3 ファイルの保存先を選択し、

4 対象のファイルをクリックします。

5 [開く]をクリックすると、

6 選択したファイルが開きます。

2 エクスプローラーから開く

  解説 エクスプローラーから直接ファイルを開く

エクスプローラーを開き、開きたいWordの文書ファイルをダブルクリックすると、Wordが起動すると同時に文書も開きます。

1 エクスプローラーで保存場所のフォルダーを開き、

2 開きたい文書ファイルをダブルクリックすると、Wordが起動してファイルが開きます。

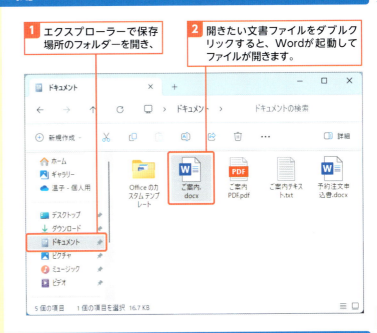

 Memo ショートカットファイルからも開ける

Wordの文書ファイルのショートカットファイルを作成した場合は、そのショートカットファイルをダブルクリックしてもWordが起動して文書も開きます。

3 Word文書以外のファイルを開く

 解説 Word文書以外のファイルを開く

WordでWord文書以外のファイルを開くには、右の手順**3**で表示されるファイルの種類の一覧からファイル形式を選択します。

1 前ページの手順で[ファイルを開く]ダイアログを表示します。

2 保存先のフォルダーを選択し、

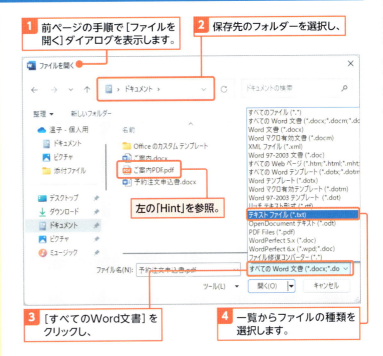

3 [すべてのWord文書]をクリックし、

4 一覧からファイルの種類を選択します。

左の「Hint」を参照。

Hint PDFファイルを開く

Wordでは、PDFファイルをWord形式に変換して開き、編集できます。ただし、Word形式に変換する際、レイアウトが崩れる場合があるので注意してください。

21 [ファイルの変換]ダイアログ

[ファイルの変換]ダイアログは、テキストファイルを開くときに表示される、テキストファイルの開き方を確認、設定する画面です。

エンコード

パソコンの画面に文字として表示されるものは、実際のデータでは数値として保存されています。パソコンの内部のはたらきで、数値が表示可能な文字に変換されます。エンコードとは、各文字を数値に割り当てる番号体系のことをいいます。

エンコード方法を選択する

パソコンではさまざまな文字や言語を表示することができます。つまり、さまざまなエンコードが存在するということです。そのファイルに合ったエンコード形式を選択しないと、正しく表示することができません。右の手順9では[Windows(既定値)]を選択しています。

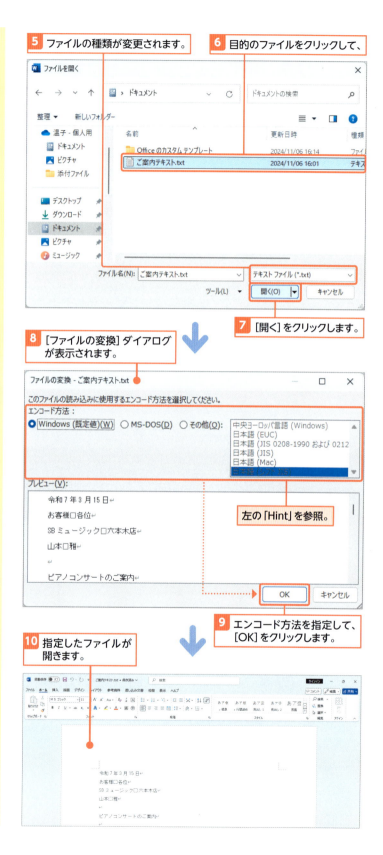

5 ファイルの種類が変更されます。
6 目的のファイルをクリックして、
7 [開く]をクリックします。
8 [ファイルの変換]ダイアログが表示されます。
  左の「Hint」を参照。
9 エンコード方法を指定して、[OK]をクリックします。
10 指定したファイルが開きます。

4 保存しないで閉じた文書を回復する

 解説　自動回復用ファイル

文書の変更内容が保存されていない状態でWordが異常終了した場合、Wordを再起動すると終了前に編集していた文書の回復したファイルが表示されます。内容を確認し、残したい場合は右の手順❷をクリックして保存し直します。

Memo　保存しないで閉じた場合の復元

文書を保存しないで閉じようとすると、以下のメッセージが表示されます。[保存しない]をクリックするとそのまま閉じますが、一時ファイルとして自動で保存されます。次にその文書を開いたときに、[ファイル]タブ→[情報]の[文書の管理]に一時ファイルが表示され、クリックすると開きます。誤って保存しなかった場合に復元できます。

異常終了後、Wordを再起動します。

❶ タイトルバーのファイル名の後ろに[自動回復済み]と表示されたファイルが開きます。

❷ [保存]をクリックして保存し直します。

❸ 保存し直され、[保存済み]と表示されます。

 使えるプロ技！　自動保存されたファイルと保存する時間間隔を確認する

Wordでは、初期設定で文書を編集している間、回復用ファイルが一定の間隔で自動的に保存されます。突然停電した場合など、パソコンが異常終了した場合、保存できなかった文書をある程度復活させることができます。
編集中の文書の自動保存の状態は、[ファイル]タブ→[情報]①の[文書の管理]②で確認できます。一覧から開くファイルをクリックすると、自動保存されたファイルが読み取り専用で開きます。なお、文書を保存して閉じ、正常に終了した場合は、これらのファイルは自動的に削除されます。
また、自動保存する時間間隔は[Wordのオプション]ダイアログ(p.43の「使えるプロ技」を参照)の[保存]③の[次の間隔で自動回復用データを保存する]④で確認、変更できます。初期設定では、10分間隔で自動保存されます。

● 自動保存されたファイルを確認する

● 自動保存の間隔を確認・変更する

Section 22 印刷する

練習用ファイル: 22_ご案内.docx、22_自己免疫力講座.docx

ここで学ぶのは
- 印刷プレビュー
- 印刷設定
- 印刷範囲の指定

文書を印刷するときには、[印刷]画面で設定します。[印刷]画面で印刷イメージを確認し、印刷部数や印刷ページなどの設定をして印刷を実行します。また、1枚の用紙に2ページ分印刷したり、用紙サイズがA4の文書をB5用紙に縮小して印刷したり、両面印刷したりとさまざまな設定もできます。

1 印刷画面を表示し、印刷イメージを確認する

解説 印刷前に印刷プレビューで確認する

[印刷]画面には、印刷プレビューが表示されます。印刷プレビューで、印刷結果のイメージが確認できます。

ショートカットキー
- [印刷]画面を表示する
  Ctrl + P

Hint 印刷イメージを拡大／縮小する

印刷プレビューでは、10〜500%の範囲で表示を拡大／縮小できます。倍率のパーセントをクリックすると①、[ズーム]ダイアログで倍率が調整できます。[-][+]をクリックすると②、10%ずつ縮小／拡大します。また、スライダーを左右にドラッグしてサイズ調整できます③。[ページに合わせる]をクリックすると④、1ページが収まる倍率に調整して表示されます。

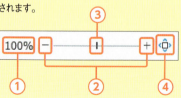

1 [ファイル]タブ→[印刷]をクリックすると、

2 [印刷]画面が表示され、

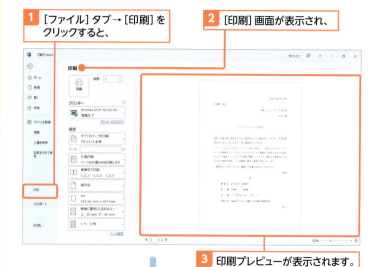

3 印刷プレビューが表示されます。

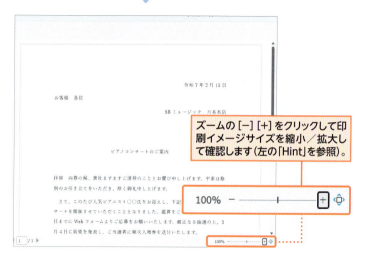

ズームの[-][+]をクリックして印刷イメージサイズを縮小／拡大して確認します（左の「Hint」を参照）。

2 印刷を実行する

解説 印刷を実行する

印刷を実行するには、[印刷] 画面で [印刷] をクリックします。文書を印刷する前に、プリンターを接続し、用紙を設定しておきます。複数枚印刷する場合は、右の手順 2 で枚数を指定してください。

1 [ファイル] タブ→ [印刷] をクリックし、

2 プリンターと印刷部数を指定して、

3 [印刷] をクリックします。

3 印刷するページを指定する

解説 印刷ページを指定する

指定したページだけを印刷したい場合は、[印刷] 画面の [ページ] 欄でページを指定します。連続するページを指定する場合は「2-3」のように「-」(半角のハイフン) で指定し、連続していない場合は、「1,3,5」のように「,」(半角のカンマ) で指定します。また、「1-3,5」のように組み合わせることもできます。

1 [ページ] 欄に印刷するページ範囲を半角数字で入力し、

2 [印刷] をクリックします。

印刷ページを指定すると、自動的に [ユーザー指定の範囲] に認定されます。

Memo その他の印刷範囲の指定方法

印刷範囲は、初期設定で [すべてのページを印刷] になっており①、全ページが印刷されます。[現在のページを印刷] を選択すると②、印刷プレビューで表示しているページだけが印刷されます。また、文書内で選択した範囲だけを印刷したい場合は、[選択した部分を印刷] を選択します③。

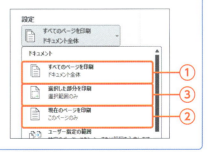

4 部単位とページ単位で印刷単位を変更する

解説 部単位で印刷する

複数ページの文書を複数部数印刷する場合、[部単位で印刷]を選択すると1部ずつ印刷され、[ページ単位で印刷]にするとページごとに印刷されます。

● 部単位

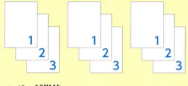

● ページ単位

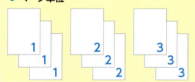

1 [印刷]画面で印刷部数を確認し、

2 [部単位で印刷]をクリックして、

3 印刷方法を選択します。

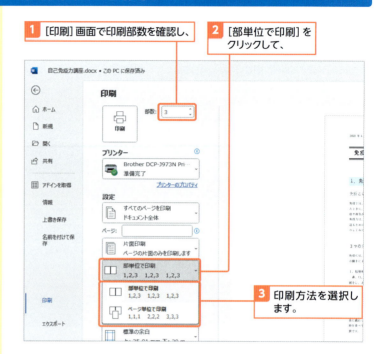

5 1枚の用紙に複数のページを印刷する

解説 用紙1枚に複数のページを印刷する

1枚の用紙に複数のページを印刷したい場合は、[印刷]画面の[1ページ/枚]をクリックして、一覧から用紙1枚あたりに印刷するページ数を選択します。指定したページ数に収まるようにページが自動的に縮小されます。

Hint ページを移動する

複数ページの文書の場合は、[印刷]画面下にある[◀](前のページ)をクリックするとページが戻り、[▶](次のページ)をクリックするとページが進みます。また、ページボックスにページを直接入力してEnterキーを押すと指定したページに進みます。

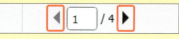

1 [印刷]画面で[1ページ/枚]をクリックし、

2 用紙1枚あたりに印刷するページ数をクリックします。

左の「Hint」を参照。

6 用紙サイズに合わせて拡大／縮小印刷する

解説　用紙サイズに合わせて拡大／縮小印刷する

例えば、ページ設定で用紙サイズをA4にして作成した文書をB5用紙に印刷したい場合など、設定した用紙サイズと印刷する用紙サイズが異なる場合、［1ページ/枚］の［用紙サイズの指定］で、印刷する用紙サイズを選択します。ここで選択した用紙サイズに合わせて文書が自動的に拡大／縮小されて印刷できます。

1 ［印刷］画面で［1ページ/枚］をクリックし、

2 ［用紙サイズの指定］をクリックして、

3 印刷で使用する用紙サイズを選択します。

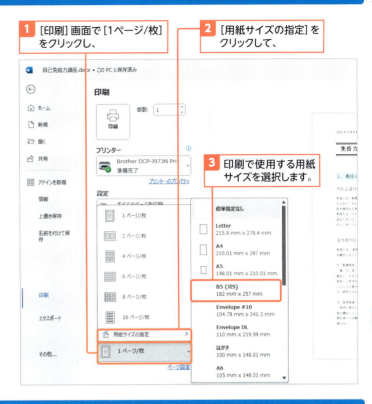

7 両面印刷する

解説　1枚の用紙に両面印刷する

両面印刷するには、［片面印刷］をクリックして一覧から両面印刷の種類を選択します。プリンターが両面印刷に対応していて、用紙の長辺でページを綴じる場合は［長辺を綴じます］①を選択し、用紙の短辺でページを綴じる場合は［短辺を綴じます］②を選択します。プリンターが両面印刷に対応していない場合は、［手動で両面印刷］③を選択してください。

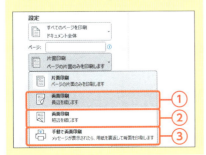

1 ［印刷］画面で［片面印刷］をクリックし、

2 両面印刷の方法を選択します。

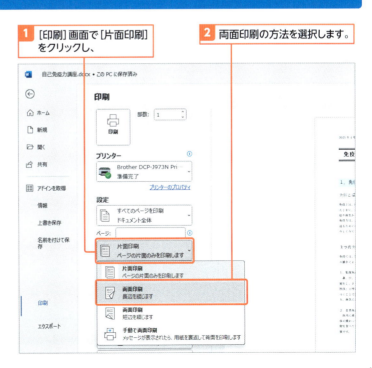

縦書き文書の基本構成

縦書き文書は、より儀礼的な社交文書として使用され、構成が以下のようになります。ここでは、縦書き文書の基本構成をまとめます。縦書きにすると半角の英数記号は横に回転して表示されます。縦に表示したい場合は全角にしてください。なお、縦書きでは日付などの数字は漢数字を使います。しかし、「18」のように半角で横に並べたい場合は、「縦中横」という書式を設定します（p.164の「使えるプロ技」を参照）。

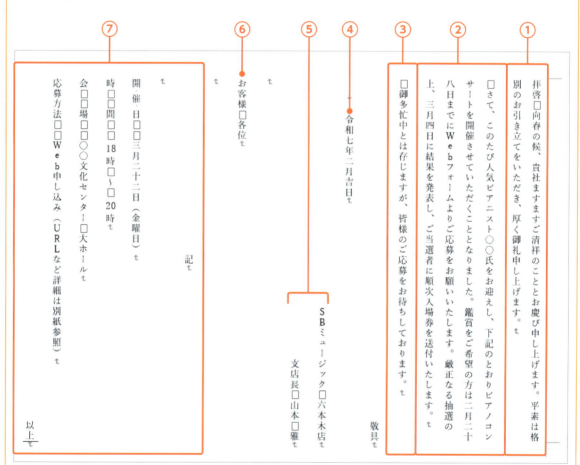

番号	名称	機能
①	前文	頭語、時候の挨拶、慶賀（安否）の挨拶、感謝の挨拶の順の定型文
②	主文	伝えたい内容
③	末文	結びの挨拶、最後に結語を下揃えで配置
④	発信日付	文書を発信する日付を漢数字にする。祝いごとなど、発信日が重要でない場合は「吉日」として日付を明記しない。本文より少し下げる
⑤	発信者名	発信者を指定。正式名称、部署名、役職名、氏名の順に書き、下揃えで配置
⑥	宛先	相手先を指定。正式名称、部署名、役職名、氏名の順に書く。相手が複数の場合は、「各位」などをつける。上揃えで配置
⑦	記書き	必要な場合のみ、別記で要点を箇条書きする。中央揃えの「記」ではじまり、箇条書きを記述したら、最後に「以上」を下揃えで配置

第 4 章

文書を自由自在に編集する

　ここでは、文字の選択、修正、削除、コピー、移動など、文書作成時に欠かせない基本操作を説明します。また、実行した操作を取り消す操作、文字の検索／置換方法も説明しています。基本的な編集方法をまとめていますので、しっかり身につけましょう。

Section 23 ▶ カーソルの移動と改行

Section 24 ▶ 文字を選択する

Section 25 ▶ 文字を修正／削除する

Section 26 ▶ 文字をコピー／移動する

Section 27 ▶ いろいろな方法で貼り付ける

Section 28 ▶ 操作を取り消す

Section 29 ▶ 文字を検索／置換する

Section 23 カーソルの移動と改行

練習用ファイル： 23_ご案内.docx

Wordで文字を入力するには、まず、文字を入力する位置にカーソルを移動します。**カーソルは縦に点滅する棒**で、クリックで簡単に移動できます。ここでは、カーソルの移動の基本を確認し、クリックアンドタイプによる**カーソルの移動**、**改行と空行の挿入**についてまとめます。

ここで学ぶのは
- カーソル
- クリックアンドタイプ
- 改行と空行

1 文字カーソルを移動する

解説　カーソルの移動

カーソルとは、文字の入力位置を示すものです。文字が入力されている場合は、マウスポインターの形が I の状態のときにクリックすると、その位置にカーソルが移動します。また、↑↓←→キーで移動することもできます。

クリックでカーソルを移動する

1 カーソルを表示したい位置にマウスポインターを移動し、クリックすると、

2 カーソルが移動します。

クリックアンドタイプでカーソルを移動する

1 2ページ目の何も入力されていない領域にマウスポインターを移動し、形状が変わったらダブルクリックすると、

2 ダブルクリックした位置にカーソルが表示されます。

Hint　クリックアンドタイプ機能

何も入力されていない空白の領域にマウスポインターを移動するとマウスポインターが I˟ I˭ I̤ ˟I の形に変化します。この状態のときにダブルクリックするとその位置にカーソルが表示されます。マウスポインターの形状によって右の表のように書式が設定されます。なお、何も入力しなかった場合は任意の場所でクリックすれば解除できます。

● マウスポインターの形状と内容

形状	内容
I˟	1文字分を字下げされた位置から文字入力される
I˭	行頭または、ダブルクリックした位置に左揃えタブが追加され、その位置から文字入力される
I̤	中央揃えの位置から文字入力される
˟I	右揃えの位置から文字入力される

ショートカットキーでカーソル移動する

ショートカットキーを使うと、文書内のいろいろな場所にマウスを使わずにカーソルを移動できます。カーソル移動のショートカットの表をまとめておきます。

● カーソル移動のショートカットキー一覧

ショートカットキー	移動先
Ctrl + Home	文頭
Ctrl + End	文末
Home	行頭
End	行末
Page Up	前ページ
Page Down	次ページ
Ctrl + →、←	単語単位
Ctrl + ↑、↓	段落単位
Ctrl + G	指定ページ

2 改行する

 改行する

文字を入力し、次の行に移動することを「改行」といいます。改行するには、改行したい位置で Enter キーを押します。Enter キーを押して改行した位置に段落記号↵が表示されます。

Memo 間違えて改行した場合

間違えて改行したときは、すぐに Back space キーを押して段落記号↵を削除します。

1 2ページ目の先頭行にカーソルを移動し、「123」と入力して、

2 Enter キーを押します。

3 改行されて、次の行にカーソルが移動します。

3 空行を挿入する

 空行を挿入する

文字が入力されていない、段落記号だけの行のことを「空行」といいます。空行を挿入して文と文の間隔を広げることができます。

1 空行を挿入したい行の行頭にカーソルを移動し、

2 Enter キーを押すと、

3 空行が挿入されます。

Section 24 文字を選択する

練習用ファイル：24_ご案内.docx

サイズや色を変更するなど、指定した範囲の文字に対して書式の設定をしたり、コピーや移動などの編集作業をしたりするときには、**対象となる文字を選択**します。ここでは、いろいろな文字の選択方法を確認しましょう。

ここで学ぶのは
- 文字選択
- 行選択／文選択
- 段落選択／文章全体選択

1 文字を選択する

解説　文字を選択する

マウスポインターの形が の状態でドラッグすると、文字が選択できます。また、マウスポインターが の状態で別の場所でクリックすると選択解除できます。

Hint　Shift キー＋クリックで範囲選択する

選択範囲の先頭でクリックしてカーソルを移動し①、選択範囲の最後で Shift キーを押しながらクリックすることでも②、範囲選択できます③。選択する文字が多い場合に便利です。

Hint　単語を選択する

単語の上でダブルクリックすると、その単語だけが選択されます。

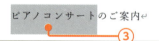

---

1 選択したい文字の先頭にマウスポインターを合わせて、

2 選択したい文字の末尾までドラッグすると、

3 文字が選択されます。

時短のコツ　キーボードを使って範囲選択する

マウスを使わずに範囲選択することができます。マウスに持ち替える必要がないので時短につながります。操作に慣れたら少しずつ使ってみましょう。
選択範囲の先頭となる位置にカーソルを移動してから以下のキー操作をします。

● キー操作でできる選択範囲の方法一覧

キー操作	選択範囲
Shift ＋矢印キー	現在のカーソル位置から文字単位で選択
Shift ＋ Home	現在のカーソル位置から行頭まで選択
Shift ＋ End	現在のカーソル位置から行末まで選択
Shift ＋ Ctrl ＋ Home	現在のカーソル位置から文頭まで選択
Shift ＋ Ctrl ＋ End	現在のカーソル位置から文末まで選択
Ctrl ＋ A	文書全体を選択

2 行を選択する

解説　行を選択する

選択したい行の左余白にマウスポインターを合わせ、の形になったらクリックします。

Memo　連続する複数行を選択する

選択したい先頭行の左余白にマウスポインターを移動し、縦方向にドラッグします。

ショートカットキー

- 行選択
  行の先頭にカーソルを移動して、
  [Shift]+[↓]

1 選択したい行の左余白にマウスポインターを移動し、

2 ポインターがの形のときにクリックすると、

3 行が選択されます。

3 文を選択する

解説　一文を選択する

句点（。）またはピリオド（.）で区切られた文を選択するには、[Ctrl]キーを押しながら、選択したい文をクリックします。ドラッグする必要がないため、覚えておくと便利です。

1 選択したい文の上にマウスポインターを移動し、

2 [Ctrl]キーを押しながらクリックすると、

3 句点（。）で区切られた一文が選択されます。

4 段落を選択する

解説　段落単位で選択する

選択したい段落の左余白にマウスポインターを合わせ、の形になったらダブルクリックします。

Key word　段落

文章の先頭から改行するまでのひとまとまりの文章を「段落」といいます。Enter キーを押して改行をした先頭から、次に Enter キーを押して改行したときに表示される段落記号までを1段落と数えます。

ショートカットキー

● 段落選択
段落の先頭にカーソルを移動し、
Ctrl + Shift + ↓

1　選択したい段落の左余白にマウスポインターを移動し、

2　ポインターが の形のときにダブルクリックすると、

3　段落が選択されます。

5 離れた文字を同時に選択する

解説　離れた文字を同時に選択する

離れた複数の文字を同時に選択するには、1箇所目はドラッグして選択し、2箇所目以降は、Ctrl キーを押しながらドラッグして選択します。

1　1つ目の文字をドラッグして選択し、

2　2つ目の文字を Ctrl キーを押しながらドラッグすると、追加して選択されます。

6 ブロック単位で選択する

解説　ブロック単位で選択する

Alt キーを押しながらドラッグすると、四角形に範囲選択できます。項目名のような縦方向に並んだ文字に同じ書式を設定したい場合に便利です。

1 選択範囲の左上端にマウスポインターを合わせ、

```
→  開・催・日：3 月 22 日（金曜日）↵
→  時　　間：18:00 ～ 20:00↵
→  会　　場：○○文化センター 大ホール↵
→  応募方法：Web 申し込み（URL など詳細は別紙参照）↵
```

2 Alt キーを押しながらドラッグすると、

```
→  開・催・日：3 月 22 日（金曜日）↵
→  時　　間：18:00 ～ 20:00↵
→  会　　場：○○文化センター 大ホール↵
→  応募方法：Web 申し込み（URL など詳細は別紙参照）↵
```

3 ブロック単位で選択されます。

7 文書全体を選択する

解説　文書全体を選択する

文書全体を一気に選択するには、左余白にマウスポインターを合わせ、の形になったらすばやく3回クリックします。

1 選択したい左余白にマウスポインターを移動し、

2 ポインターがの形のときにすばやく3回クリックすると、

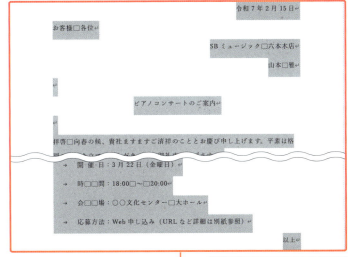

3 文書全体が選択されます。

ショートカットキー

● 文書全体を選択
　Ctrl + A

Section 25 文字を修正／削除する

練習用ファイル： 25_ご案内.docx

文字を打ち間違えた場合の修正方法には、文字と文字の間に**文字を挿入**したり、文字を**別の文字に置き換え**たり、**不要な文字を削除**したりと、いろいろな方法があります。ここでは、文字を修正したり、削除したりする方法をまとめます。

ここで学ぶのは
- 文字の挿入
- 文字の上書き
- 文字の削除

1 文字を挿入する

解説 文字の挿入と上書き

Wordの初期設定では、「挿入モード」になっており、カーソルのある位置に文字が挿入されます。また、挿入モードに対して、「上書きモード」があります。上書きモードでは、下図のように、カーソルのある位置に文字を入力すると、カーソルの右側（後ろ）の文字が上書きされます。挿入モードと上書きモードを切り替えるには、Insertキーを押します。

● 上書きモードの場合

ここで「い」と入力すると、

「す」が「い」に上書きされる

Webフォームよりご応募をお願いいたします。厳正なる抽選結果を発表し、ご当選者に順次入場券を送付いたします。中とは存じますが、皆様のご応募をお待ちしております。

1 文字を挿入したい位置にカーソルを移動し、

2 挿入する文字（ここでは「心より」）を入力すると、

⬇

Webフォームよりご応募をお願いいたします。厳正なる抽選結果を発表し、ご当選者に順次入場券を送付いたします。中とは存じますが、皆様のご応募を心よりお待ちしておりま

3 入力した文字が挿入されます。

2 文字を上書きする

解説 文字の上書き

文字を別の文字に書き換えることを「上書き」といいます。Insertキーを押して上書きモードに切り替えて上書きすることもできますが、文字を選択した状態で、文字を入力すると、選択された文字が入力された文字に置き換わります。ある単語を文字数の異なる別の単語に置き換えたいときに使うと便利です。

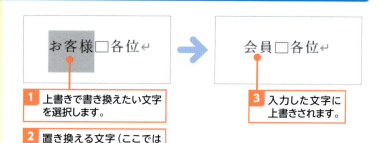

1 上書きで書き換えたい文字を選択します。

2 置き換える文字（ここでは「会員」）を入力すると、

3 入力した文字に上書きされます。

3 文字を削除する

解説　文字の削除

文字を削除する場合、1文字ずつ削除する方法と、複数の文字をまとめて削除する方法があります。カーソルの前の文字を削除するには Back space キー、後ろの文字を削除するには Delete キーを押します。文字を範囲選択し、Back space キーまたは Delete キーを押せば、選択された複数の文字をまとめて削除できます。

1 削除したい文字（ここでは「応募方法」行）を選択し、選択します。

2 Delete キーを押すと、

3 選択した文字がまとめて削除されます。

モードの表示と切り替え

現在の状態が挿入モードか上書きモードかをステータスバーに表示することができます。ステータスバーを右クリックし①、表示されたメニューから[上書き入力]をクリックしてチェックを付けます②。すると、ステータスバーに現在の状態が表示されます③。モードの表示をクリックするか④、Insert キーを押すとモードが切り替わります。

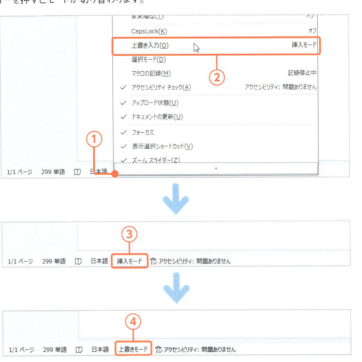

Section 26 文字をコピー／移動する

練習用ファイル： 26_コンサートのタイムテーブル.docx

入力した文字を別の場所で使いたい場合は、**コピーと貼り付け**の機能を使うと便利です。コピーした内容は何度でも貼り付けられます。移動したい場合は、**切り取りと貼り付け**の機能を使います。また、ボタンを使う以外に、マウスのドラッグ操作のみでも移動やコピーが可能です。

ここで学ぶのは
- 文字のコピー
- 文字の移動

1 文字をコピーする

 解説　文字のコピー

コピーする文字を選択して、[コピー]をクリックすると、文字がクリップボード（下の「Keyword」を参照）に保管されます。[貼り付け]をクリックすると、クリップボードにある文字を何度でも貼り付けることができます。

Keyword　クリップボード

[コピー]や[切り取り]をクリックしたときにデータが一時的に保管される場所です。[貼り付け]の操作でデータが指定の場所に貼り付けられます。

 ショートカットキー

- コピー
  Ctrl + C
- 貼り付け
  Ctrl + V

1 コピーしたい文字（ここでは「コンサート開始」）を選択し、

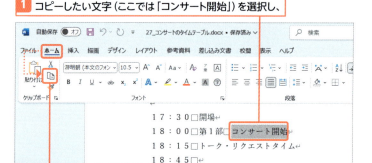

2 [ホーム]タブ→[コピー]をクリックします。

3 コピー先をクリックしてカーソルを移動し、

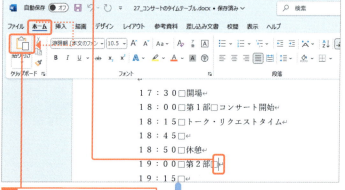

4 [ホーム]タブ→[貼り付け]をクリックすると、

5 文字がコピーされます。

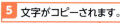

2 文字を移動する

解説　文字の移動

移動する文字を選択して、[切り取り]をクリックすると、文字が切り取られてクリップボード（前ページの「Keyword」を参照）に保管されます。[貼り付け]をクリックすると、クリップボードにある文字を何度でも貼り付けることができます。

Memo　移動の操作を取り消すには？

[切り取り]をクリックすると、選択中の文字が削除されます。このときに移動の操作を取りやめたい場合は、クイックアクセスツールバーの[元に戻す]をクリックします。[切り取り]の操作が取り消され、削除された文字が復活します（p.126参照）。

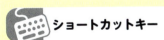
ショートカットキー

● 切り取り
　Ctrl + X

1 移動したい文字（ここでは「トーク・リクエストタイム」）を選択し、

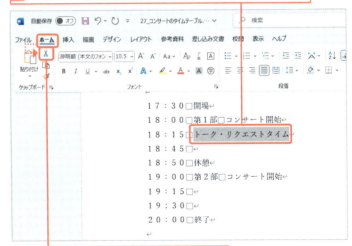

2 [ホーム]タブ→[切り取り]をクリックすると、

3 選択した文字が削除されます。　**4** 移動先にカーソルを移動し、

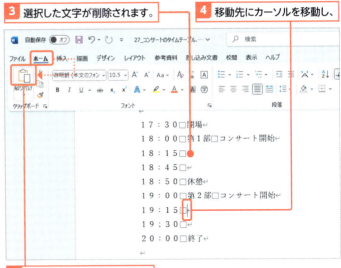

5 [ホーム]タブ→[貼り付け]をクリックすると、

6 文字が移動します。

Section 27 いろいろな方法で貼り付ける

練習用ファイル： 27_コンサートのタイムテーブル-1～2.docx

ここで学ぶのは
- 形式を選択して貼り付け
- 貼り付けのオプション
- Office クリップボード

［貼り付け］をクリックした場合、初期設定では元のデータの書式が保持されて貼り付けられます。［貼り付けのオプション］を利用すると、貼り付ける内容を指定できます。また、［クリップボード］作業ウィンドウを表示すると、Officeクリップボードに保管されているデータを選択して貼り付けることができます。

1 形式を選択して貼り付ける

解説　形式を選択して貼り付ける

［貼り付け］の下の⌄をクリックすると、［貼り付けのオプション］が表示され、貼り付け形式（下の表を参照）を選択できます。各ボタンをポイントすると、貼り付け結果をプレビューで確認できます。

● 貼り付けのオプションの種類

ボタン	説明
	元の書式を保持：コピー元の書式を保持して貼り付ける
	書式を結合：貼り付け先の書式が適用されるが、貼り付け先に設定されていない書式があれば、その書式はそのまま適用される
	図：図として貼り付ける
	テキストのみ保持：コピー元の文字データだけを貼り付ける

Memo　貼り付け後に貼り付け方法を変更する

貼り付けの後、［貼り付けのオプション］が表示されます。［貼り付けのオプション］①をクリックするか Ctrl キーを押し、一覧から貼り付け方法をクリックして変更できます②。

1 コピーする文字を選択し、

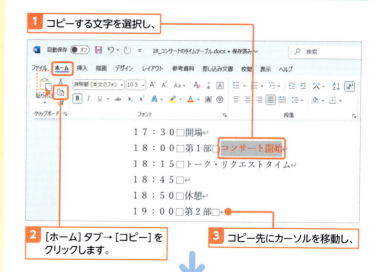

2 ［ホーム］タブ→［コピー］をクリックします。

3 コピー先にカーソルを移動し、

4 ［ホーム］タブ→［貼り付け］の⌄をクリックし、

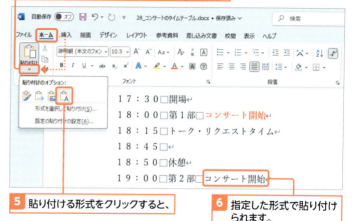

5 貼り付ける形式をクリックすると、

6 指定した形式で貼り付けられます。

2 [クリップボード]作業ウィンドウを表示して貼り付ける

解説 クリップボードの内容を表示してコピーする

Officeクリップボードには、コピーまたは切り取りしたデータが最大24個一時保管できます。[クリップボード]作業ウィンドウを表示すると、[コピー]または[切り取り]によるデータが追加されます。コピー先にカーソルを移動してOfficeクリップボードに表示されている文字をクリックすれば何度でも貼り付けられます。

Memo 画像や他アプリのデータも保管される

Officeクリップボードには、文字だけでなく、画像①やExcel②など他のOfficeアプリケーションで[コピー]または[切り取り]したデータも保管され、文書内に貼り付けることができます。

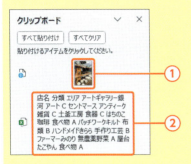

Memo 保管されたデータの管理

Officeクリップボードに保管されたデータをポイントすると右端に表示される[▼]をクリックして①、メニューから[削除]をクリックすると②、指定したデータのみ削除できます。すべてのデータをまとめて削除するには[クリップボード]作業ウィンドウの[すべてクリア]をクリックします③。

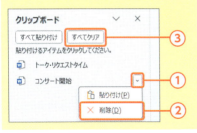

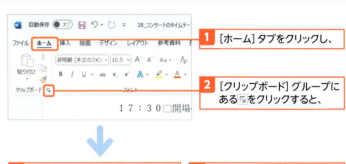

1 [ホーム]タブをクリックし、
2 [クリップボード]グループにある⬚をクリックすると、

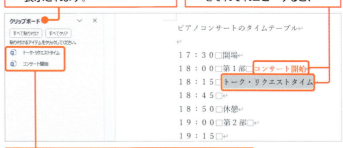

3 [クリップボード]作業ウィンドウが表示されます。
4 前ページの手順①～②で文字をそれぞれコピーすると、

5 コピーした文字が[クリップボード]に表示されます。

6 コピー先にカーソルを移動し、
7 貼り付けたい文字をクリックすると、

8 文字が貼り付けられます。

Section 28 操作を取り消す

練習用ファイル: 28_健康通信.docx

ここで学ぶのは
- 元に戻す
- やり直し
- 繰り返し

操作を間違えた場合は、[元に戻す]で**直前の操作を取り消す**ことができます。また、**元に戻した操作をやり直したい**場合は、[やり直し]をクリックします。**同じ操作を繰り返す**場合は、[繰り返し]をクリックすると直前の操作が繰り返されます。

1 元に戻す／やり直し／繰り返し

解説 操作を元に戻す／やり直し

直前の操作を取り消したい場合は、クイックアクセスツールバーの[元に戻す]をクリックします。元に戻した操作をやり直したい場合は、[やり直し]をクリックします。[元に戻す]の右にある▽をクリックすると、操作の履歴が表示されます。目的の操作をクリックすると、それまでの操作をまとめて取り消すことができます。なお、[やり直し]は[元に戻す]をクリックした後で表示されます。

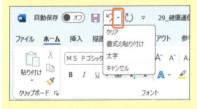

Memo 入力オートフォーマットを取り消す

Wordでは、入力オートフォーマットやオートコレクトの機能により、文字を入力するだけで、自動で変換されたり、続きの文字が入力されたりすることがあります。これらの機能が不要で、入力した通りの文字を表示したい場合は、[元に戻す]をクリックすれば、自動で実行された機能を取り消すことができます。

元に戻す

1 文字を選択し、

2 Delete キーを押して削除します。

3 クイックアクセスツールバーの[元に戻す]をクリックすると、

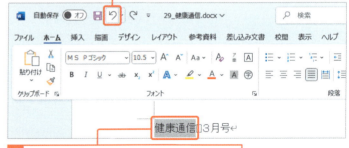

4 削除した操作が取り消され、文字が復活します。

やり直し

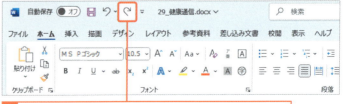

1 クイックアクセスツールバーの[やり直し]をクリックすると、元に戻した操作がやり直され、再び文字が削除されます。

解説　直前の操作を繰り返す

直前の操作を別の場所で実行したい場合、[繰り返し]をクリックします。例えば、太字の設定をした後に、別の箇所で同じ太字の設定を実行したいときに[繰り返し]が使えます。なお、[繰り返し]は何らかの操作を実行した後に表示されます。

繰り返し

1 文字（ここでは「心臓や血管の健康促進効果」）を選択し、

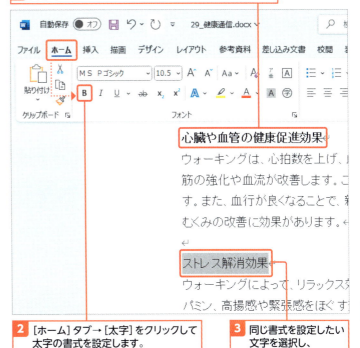

2 [ホーム]タブ→[太字]をクリックして太字の書式を設定します。

3 同じ書式を設定したい文字を選択し、

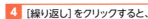

4 [繰り返し]をクリックすると、

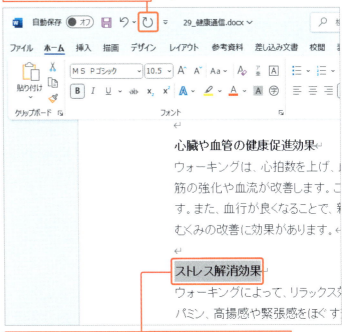

5 操作が繰り返され、文字に同じ書式（太字）が設定されます。

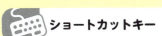 ショートカットキー

- 元に戻す
  Ctrl + Z
- やり直し
  Ctrl + Y
- 繰り返し
  F4

28 操作を取り消す

4 文書を自由自在に編集する

Section 29 文字を検索／置換する

練習用ファイル： 29_健康通信.docx

ここで学ぶのは
- 文字の検索
- 文字の置換
- ナビゲーションウィンドウ

文書の中にある特定の文字をすばやく見つけるには [検索] 機能を使います。また、特定の文字を別の文字に置き換えたい場合は [置換] 機能を使います。検索はナビゲーションウィンドウ、置換は [検索と置換] ダイアログで便利に操作できます。

1 指定した文字を探す

解説 文字の検索

文書内の文字を探す場合は、[検索] 機能を使います。ナビゲーションウィンドウの検索ボックスに探している文字を入力すると、検索結果が一覧で表示され、文書内の該当する文字に黄色のマーカーが付きます。

Memo 検索結果の削除と終了

検索ボックスの右にある [×] をクリックすると①、検索結果の一覧と文字の黄色のマーカーが消えます。ナビゲーションウィンドウ自体を閉じるときは、右上の [閉じる] をクリックします②。

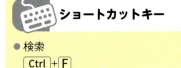

ショートカットキー
● 検索
Ctrl + F

1 [ホーム] タブをクリックして、
2 [検索] をクリックすると、
3 ナビゲーションウィンドウが表示されます。
4 検索したい文字を入力すると、
5 文字が検索され、見つかった文字に黄色いマーカーが表示されます。
6 [結果] をクリックすると、
7 検索結果の一覧が表示されます。
8 検索結果をクリックすると、
9 文書内の該当する検索文字が選択されます。

2 指定した文字を別の文字に置き換える

解説　文字の置換

文書内の文字を別の文字に置換する場合は、[置換]機能を使います。[検索と置換]ダイアログで、検索する文字と、置換する文字を指定し、1つずつ確認しながら置換できます。検索は現在のカーソル位置から開始されます。

Memo　まとめて置換する

1つひとつ確認する必要がない場合は、右の手順6で[すべて置換]をクリックします。文書内にある検索文字が一気に置換文字に置き換わります。

Hint　[検索と置換]ダイアログで検索する

[ホーム]タブの[検索]の右にある⌄をクリックして①、[高度な検索]をクリックすると②、[検索と置換]ダイアログの[検索]タブが表示されます③。[検索する文字列]に検索したい文字を入力し④、[次を検索]をクリックすると⑤、検索された文字が選択されます。

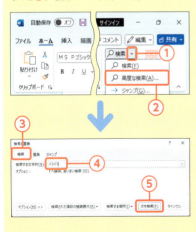

ショートカットキー

● 検索と置換
　[Ctrl]+[H]

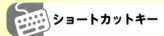

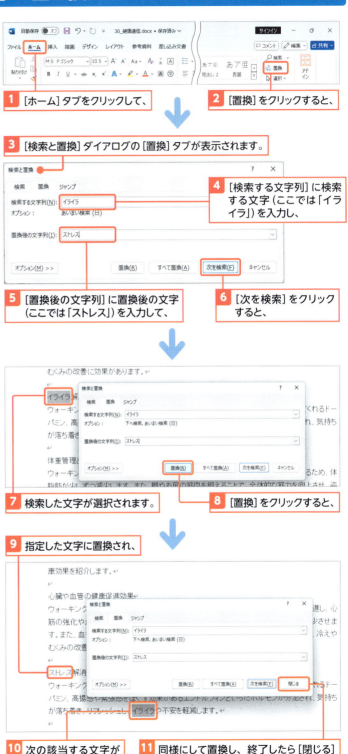

1 [ホーム]タブをクリックして、

2 [置換]をクリックすると、

3 [検索と置換]ダイアログの[置換]タブが表示されます。

4 [検索する文字列]に検索する文字（ここでは「イライラ」）を入力し、

5 [置換後の文字列]に置換後の文字（ここでは「ストレス」）を入力して、

6 [次を検索]をクリックすると、

7 検索した文字が選択されます。

8 [置換]をクリックすると、

9 指定した文字に置換され、

10 次の該当する文字が選択されます。

11 同様にして置換し、終了したら[閉じる]をクリックして終了します。

[検索と置換]ダイアログのオプションで検索方法を詳細に設定する

[検索と置換]ダイアログの[オプション]をクリックすると、検索方法を指定する画面が表示されます。例えば、[あいまい検索（英）]と[あいまい検索（日）]のチェックをオフにすると、[大文字と小文字を区別する][半角と全角を区別する][完全に一致する単語だけを検索する]などが有効になり、それぞれにチェックをオンにして大文字／小文字、半角／全角の区別をつけたり、完全一致する単語だけを検索したりできるようになります。また、[書式]や[特殊文字]で検索や置換の対象に書式を加えたり、段落記号のような特殊記号を対象にしたりできます。

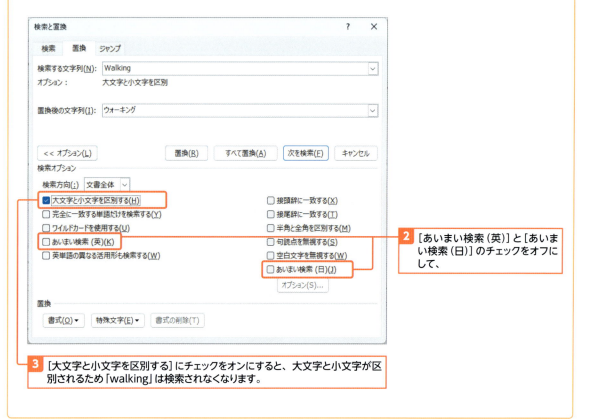

第 5 章

文字／段落の書式設定

　ここでは、文字サイズや色、配置などを変更して、文書を整え、読みやすくするための書式の設定方法を説明します。書式には、文字書式と段落書式があります。それぞれの違いと設定方法をマスターすれば、思い通りの文書が作成できるようになります。

Section 30	▶ 文字の書体やサイズを変更する
Section 31	▶ 文字に太字／斜体／下線を設定する
Section 32	▶ 文字に色や効果を設定する
Section 33	▶ 文字にいろいろな書式を設定する
Section 34	▶ 段落の配置を変更する
Section 35	▶ 文章の行頭や行末の位置を変更する
Section 36	▶ 行間や段落の間隔を設定する
Section 37	▶ 段組みと改ページを設定する
Section 38	▶ セクション区切りを挿入する

Section 30

文字の書体やサイズを変更する

練習用ファイル：📁 30_健康通信-1～2.docx

ここで学ぶのは
- フォント
- プロポーショナルフォント
- フォントサイズ

フォントとは、文字の書体のことで、文書全体で使用するフォントによって、文書のイメージがガラリと変わります。また、タイトルや項目など強調したい文字だけ異なるフォントにしたり、サイズを変更したりすれば、文書にメリハリがつき、読みやすさが増加します。

1 文字の書体を変更する

解説　フォント（書体）の変更

Word 2024の既定のフォントは「游明朝」です。フォントは、文字単位で部分的に変えることもできますが、文書全体で使用するフォントを指定することもできます（p.135の「使えるプロ技」を参照）。

Memo　明朝体とゴシック体

明朝体は、筆で書いたような、とめ、はね、払いがあるフォントです。ゴシック体は、マジックで書いたような、太く直線的なフォントです。

●明朝体　　●ゴシック体

ショートカットキー

●フォント変更
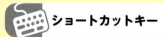

1　フォントを変更したい文字を選択し、

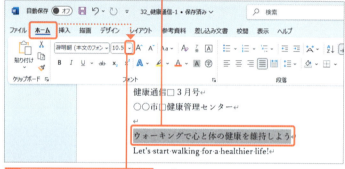

2　[ホーム]タブ→[フォント]の ▽ をクリックして、

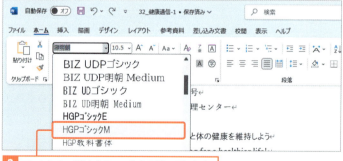

3　フォントの一覧からフォントをクリックします。

4　文字が指定したフォントに変更されます。

2 文字のサイズを変更する

 フォントサイズの変更

文字の大きさをフォントサイズといい、ポイント(pt)単位(1ポイント=約0.35mm)で指定します。Word 2024の既定のフォントサイズは「11pt」です。文字を選択してから文字サイズの一覧をポイントすると、イメージが事前確認できます(リアルタイムプレビュー)。

 フォントサイズを数値で指定する

[フォントサイズ]ボックスに数値を入力してフォントサイズを指定することもできます。

 フォントサイズの拡大／縮小ボタンで変更する

[ホーム]タブの[フォントサイズの拡大][フォントサイズの縮小]は、クリックするごとに少しずつ拡大／縮小できます。

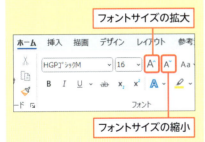

フォントサイズの拡大
フォントサイズの縮小

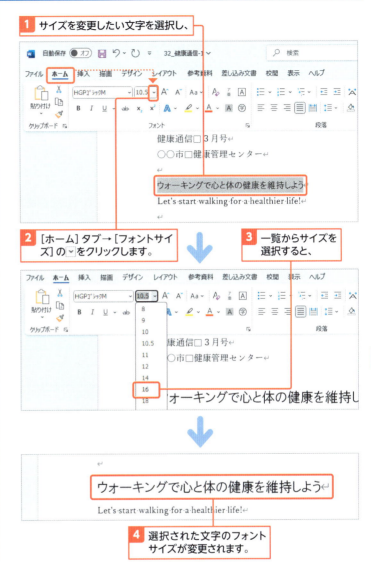

1 サイズを変更したい文字を選択し、
2 [ホーム]タブ→[フォントサイズ]の▽をクリックします。
3 一覧からサイズを選択すると、
4 選択された文字のフォントサイズが変更されます。

 「等幅フォント」と「プロポーショナルフォント」

フォントの種類は「等幅フォント」と「プロポーショナルフォント」の2種類に分けられます。「等幅フォント」は文字と文字が同じ間隔で並ぶフォントです。「プロポーショナルフォント」は文字の幅によって間隔が自動調整されるフォントです。プロポーショナルフォントにはフォント名に「P」が付加されています。なお、ページ設定(p.99)で1行の文字数を指定している場合は、プロポーショナルフォントでは指定通りにならないため、等幅フォントを使うようにしましょう。

● 等幅フォント(例：MS 明朝)　　● プロポーショナルフォント(例：MS P 明朝)

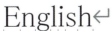

設定できるフォントについて

フォントの一覧表示は、[テーマのフォント][最近使用したフォント][すべてのフォント]の3つに分かれています。[テーマのフォント]は初期設定のフォントで、フォントを変更しない場合に使われるフォントです。[最近使用したフォント]には最近使用したことのあるフォントが表示され、[すべてのフォント]は使用できるすべてのフォントが表示されます。

フォント一覧

日本語用のフォントと英数字用のフォント

[テーマのフォント]の項目には4つのフォントが表示されますが、上2つが半角英数字に設定されるフォントで、下2つがひらがなや漢字などの日本語に設定されるフォントです。右側に[見出し][本文]と表示されていますが、通常は[本文]と表示されているフォントが自動的に設定されます。[見出し]は見出し用です（p.224参照）。

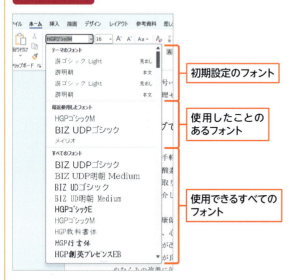

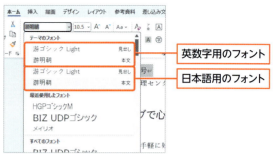

[テーマのフォント]について

フォント一覧に表示される[テーマのフォント]には、文書に設定されているテーマに対応したフォントが表示されます。次のように[デザイン]タブの[テーマのフォント]を変更すると、[ホーム]タブのフォント一覧に表示されるフォントの種類も変わり、自動的に文書全体のフォントが変更されます。ページ設定で指定した行数どおりにしたい場合は、MSゴシックやMS明朝で構成される[Office 2007-2010]に変更するといいでしょう。

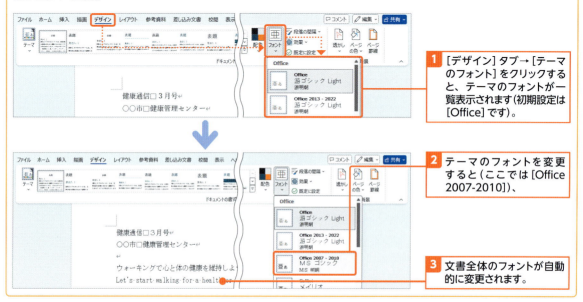

1 [デザイン]タブ→[テーマのフォント]をクリックすると、テーマのフォントが一覧表示されます(初期設定は[Office]です)。

2 テーマのフォントを変更すると(ここでは[Office 2007-2010])、

3 文書全体のフォントが自動的に変更されます。

文書全体の既定のフォントやフォントサイズを変更する

文書全体で使用したいフォントやフォントサイズを、別のフォントやフォントサイズに変更するには、次の手順で変更します。既定のフォントを指定すると、テーマを変更してもフォントは変更されません。

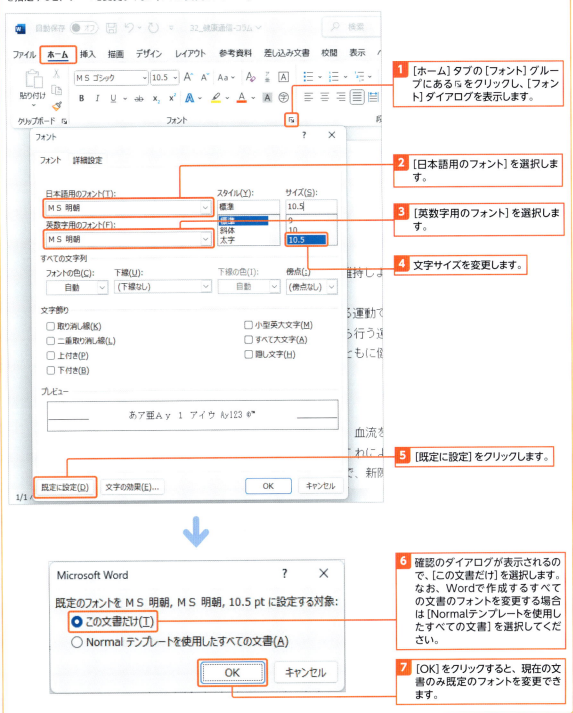

1. [ホーム]タブの[フォント]グループにある⌐をクリックし、[フォント]ダイアログを表示します。
2. [日本語用のフォント]を選択します。
3. [英数字用のフォント]を選択します。
4. 文字サイズを変更します。
5. [既定に設定]をクリックします。
6. 確認のダイアログが表示されるので、[この文書だけ]を選択します。なお、Wordで作成するすべての文書のフォントを変更する場合は[Normalテンプレートを使用したすべての文書]を選択してください。
7. [OK]をクリックすると、現在の文書のみ既定のフォントを変更できます。

Section 31 文字に太字／斜体／下線を設定する

練習用ファイル：31_健康通信-1～3.docx

文字に**太字**、*斜体*、下線を設定することができます。それぞれを1つずつ設定することも、1つの文字に太字と斜体の両方を同時に設定することも可能です。また、下線は、種類や色を選択することができ、特定の文字を強調するのに便利です。

ここで学ぶのは
- 太字
- 斜体
- 下線

1 文字に太字を設定する

解説　太字を設定する

文字を選択して、[太字]をクリックすると太字に設定され、[太字]がオンの状態（濃い灰色）になります。再度[太字]をクリックすると解除され、オフ（標準の色）になります。

ショートカットキー

● 太字
Ctrl + B

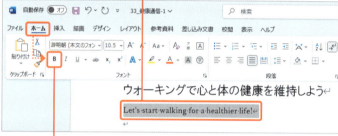

1 太字にしたい文字を選択して、

2 [ホーム]タブ→[太字]をクリックすると、

3 選択した文字が太字になります。

2 文字に斜体を設定する

解説　斜体を設定する

文字を選択して、[斜体]をクリックすると太字に設定され、[斜体]がオンの状態（濃い灰色）になります。再度[斜体]をクリックすると解除され、オフ（標準の色）になります。

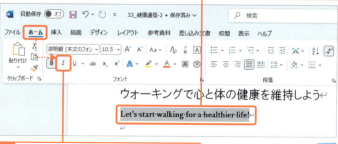

1 斜体にしたい文字を選択して、

2 [ホーム]タブ→[斜体]をクリックすると、

ショートカットキー

● 斜体
Ctrl + I

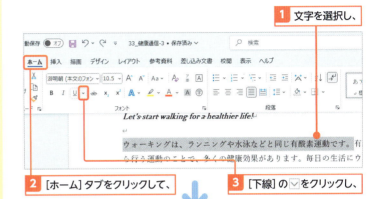

3 選択した文字が斜体になります。

3 文字に下線を設定する

解説　下線を設定する

文字を選択し、[下線]の⌄をクリックして、表示される下線の種類を選択して設定すると、[下線]がオンの状態（濃い灰色）になります。再度[下線]をクリックすると解除され、オフ（標準の色）になります。また、直接[下線]Ｕをクリックすると、1本下線、または直前に設定した種類の下線が設定されます。

1 文字を選択し、

2 [ホーム]タブをクリックして、

3 [下線]の⌄をクリックし、

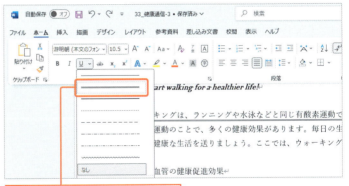

4 一覧から下線の種類を選択すると、

Memo　ミニツールバーで設定する

文字を選択したときに表示されるミニツールバーにある[太字]①、[斜体]②、[下線]③で設定することもできます。

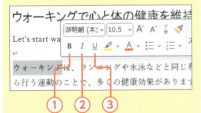

5 選択した種類の下線が設定されます。

ショートカットキー

● 一重下線
Ctrl + U

● 二重下線
Ctrl + Shift + D

Section 32 文字に色や効果を設定する

練習用ファイル：32_健康通信-1～2.docx

文字や文字の背景に色を付けて目立たせたり、影や反射などの効果を付けたりして特定の文字を見栄えよくデザインすることができます。文字の色は**フォントの色**、文字の背景は**蛍光ペンの色**や**文字の網かけ**を使います。

ここで学ぶのは
- フォントの色
- 蛍光ペン
- 文字の網かけ

1 文字に色を付ける

解説 文字に色を設定する

文字に色を付けるには[フォントの色]で色を選択します。[フォントの色]の∨をクリックし、カラーパレットから色を選択します。カラーパレットの色にマウスポインターを合わせると設定結果がプレビューで確認できます。色をクリックすると実際に色が設定されます。

Memo 同じ色を続けて設定する

フォントの色を一度設定した後、[フォントの色]Aには前回選択した色が表示されます。続けて同じ色を設定したい場合は、直接[フォントの色]をクリックしてください。

Memo 元の色に戻すには

文字を選択し、フォントの色の一覧で[自動]をクリックします。

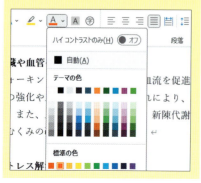

1 文字を選択して、

2 [ホーム]タブ→[フォントの色]の∨をクリックし、

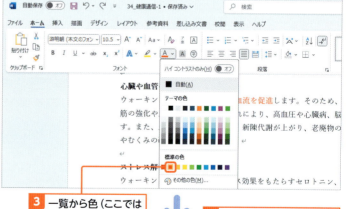

3 一覧から色(ここでは「赤」)を選択すると、

4 文字に色が設定されます。

2 文字に蛍光ペンを設定する

解説　蛍光ペンを設定する

[ホーム] タブの [蛍光ペンの色] を使うと、文字に蛍光ペンのような明るい色を付けて目立たせることができます。先に蛍光ペンの色を選択し、マウスポインターの形状が になったら、文字上をドラッグして色を付けます。マウスポインターの形が の間は続けて設定できます。[Esc] キーを押すと終了し、マウスポインターが通常の形に戻ります。

Hint　文字を選択してから蛍光ペンの色を設定する

先に文字を選択してから、蛍光ペンの色を選択しても色を設定できます。

Memo　蛍光ペンを解除する

蛍光ペンが設定されている文字を選択し、蛍光ペンの色の一覧で [色なし] を選択します。

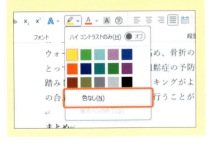

1 [ホーム] タブをクリックし、
2 [蛍光ペンの色] の ▼ をクリックして、
3 一覧から色をクリックします。
4 マウスポインターの形が となったら、蛍光ペンを設定したい文字上をドラッグすると、
5 文字に蛍光ペンの色が設定されます。
6 [Esc] キーを押して蛍光ペンを解除します。

Hint　文字に網かけを設定する

蛍光ペンでは、文字にカラフルな色を設定できますが、[文字の網かけ] A を使うと、シンプルに薄い灰色の網かけを簡単に設定できます。文字を選択してから①、[ホーム] タブ→ [文字の網かけ] をクリックして設定します②。

Section 33 文字にいろいろな書式を設定する

練習用ファイル: 📁 33_健康通信-1〜5.docx

文書を読みやすくするために、読みにくい文字に**ふりがな**を付けたり、文字幅の大きさを変えたりしてみましょう。また、**均等割り付け**で文字を均等に配置したり、**文字間隔**を調整すると、見た目もきれいな文書になります。

ここで学ぶのは
- ルビ
- 均等割り付け
- 文字間隔

1 文字にふりがなを表示する

解説 文字にふりがなを付ける

難しい漢字などの文字にふりがなを付けるには[ルビ]を設定します。[ルビ]ダイアログの[ルビ]欄にはあらかじめ読みが表示されますが、間違っている場合は書き換えられます。また、カタカナで表示したい場合は、[ルビ]欄にカタカナで入力し直します。

Key word ルビ

文字に付けるふりがなのことを「ルビ」といいます。

Memo ふりがなを解除する

ふりがなが表示されている文字を選択し、[ルビ]ダイアログを表示して[ルビの解除]をクリックします。

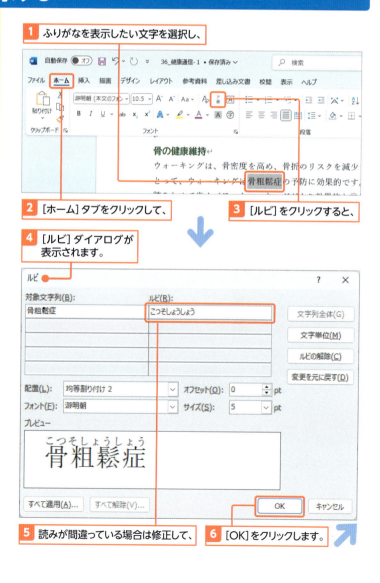

1 ふりがなを表示したい文字を選択し、
2 [ホーム]タブをクリックして、
3 [ルビ]をクリックすると、
4 [ルビ]ダイアログが表示されます。
5 読みが間違っている場合は修正して、
6 [OK]をクリックします。

2 文字を均等割り付けする

解説 文字に均等割り付けを設定する

文字の間隔を、指定した文字数の幅になるように均等に配置するには、文字に均等割り付けを設定します。箇条書きなどの項目名の文字幅を揃えたい場合によく使用されます。[ホーム]タブの[拡張書式]にある[文字の均等割り付け]で設定します。

Hint 均等割り付けを解除する

均等割り付けを解除するには、均等割り付けした文字を選択し、[文字の均等割り付け]ダイアログを表示して[解除]をクリックします。

Memo 複数箇所にある文字をまとめて均等割り付けする

同じ幅に揃えたい文字を同時に選択してから、均等割り付けを設定できます。離れた文字を同時に選択してから(p.118参照)、右の手順❷以降の操作をします。

1箇所目はドラッグ、2箇所目以降はCtrl+ドラッグで同時に選択し、

4文字の幅で均等割り付けして、項目の幅を揃えます。

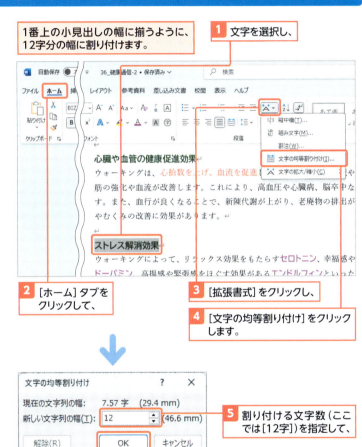

7 選択した文字にふりがなが表示されます。

1番上の小見出しの幅に揃うように、12字分の幅に割り付けます。

1 文字を選択し、
2 [ホーム]タブをクリックして、
3 [拡張書式]をクリックし、
4 [文字の均等割り付け]をクリックします。
5 割り付ける文字数(ここでは[12字])を指定して、
6 [OK]をクリックすると、
7 指定した文字数の幅になるように文字間隔が調整されます。

3 文字幅を横に拡大／縮小する

解説 文字幅を2倍にしたり、半分にしたりする

文字幅を2倍にしたり、半分にしたりするには［ホーム］タブの［拡張書式］にある［文字の拡大／縮小］で設定します。右の手順❹で［200%］で2倍、［50%］で半分にできます。ひらがなや漢字を半角で表示したい場合は、この方法で半角にします。

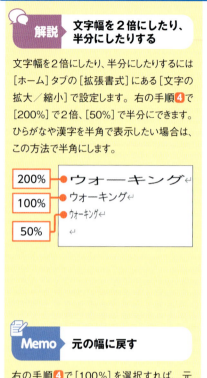

Memo 元の幅に戻す

右の手順❹で［100%］を選択すれば、元の幅に戻せます。

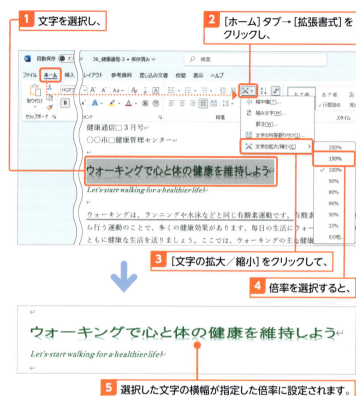

1 文字を選択し、
2 ［ホーム］タブ→［拡張書式］をクリックし、
3 ［文字の拡大／縮小］をクリックして、
4 倍率を選択すると、
5 選択した文字の横幅が指定した倍率に設定されます。

使えるプロ技！ 倍率を自由に設定するには

文字幅の倍率を自由に設定したい場合は、上の手順❹で［その他］を選択し、表示される［フォント］ダイアログの［詳細設定］タブの［倍率］欄で倍率を手入力し、［OK］をクリックします。なお、［倍率］欄に直接数字を手入力した場合には、他の設定項目に移動するか、［詳細設定］タブをクリックしないと、［プレビュー］に結果が表示されませんので注意してください。

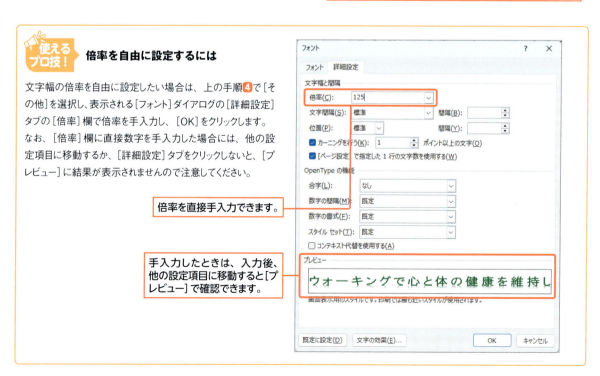

倍率を直接手入力できます。

手入力したときは、入力後、他の設定項目に移動すると［プレビュー］で確認できます。

4 文字間隔を調整する

解説 文字間隔を調整する

文字の間隔を広げたり狭くしたりするには、[フォント]ダイアログの[詳細設定]タブの[文字間隔]で設定します。[広く]で広く、[狭く]で狭くなります。さらに、[間隔]で微調整が可能です。下表を参考に字間を調整してください。また、[標準]を選択すると元の間隔に戻ります。

● 文字間隔の例

文字間隔	間隔	例
広く	1.5pt	１ ２ ３ ４ ５ あ い う え お
広く	1pt	１ ２ ３ ４ ５ あいうえお
広く	0.5pt	１２３４５ あいうえお
標準		１２３４５あいうえお
狭く	0.5pt	12345あいうえお
狭く	1pt	12345あいうえお
狭く	1.5pt	12345あいうえお

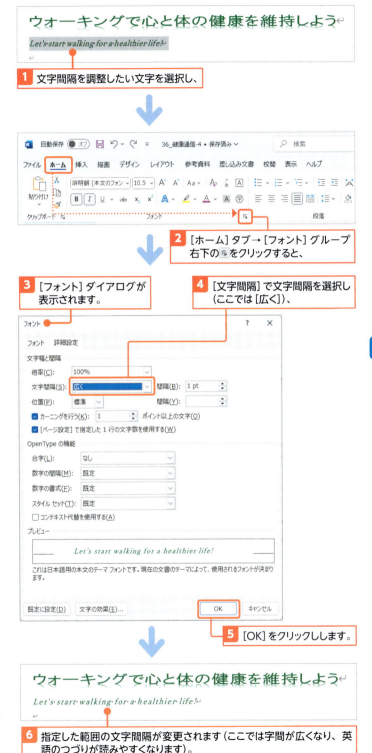

1 文字間隔を調整したい文字を選択し、

2 [ホーム]タブ→[フォント]グループ右下の をクリックすると、

3 [フォント]ダイアログが表示されます。

4 [文字間隔]で文字間隔を選択し（ここでは[広く]）、

5 [OK]をクリックしします。

6 指定した範囲の文字間隔が変更されます（ここでは字間が広くなり、英語のつづりが読みやすくなります）。

5 設定した書式を解除する

解説　書式をまとめて解除する

文字や段落に設定されている書式をまとめて解除したい場合は、[ホーム] タブの [すべての書式をクリア] を使います。選択範囲の文字書式、段落書式がまとめて解除されます。

Hint　一部の書式は解除されない

[ホーム] タブの [すべての書式をクリア] では、蛍光ペンやルビなどの一部の書式は解除できません。その場合は、個別に解除する必要があります。

ショートカットキー

- 全文書の範囲選択
  [Ctrl]+[A]
- 文字書式のみ解除
  [Ctrl]+[Space]
- 段落書式のみ解除
  [Ctrl]+[Q]

Memo　操作のやり直しにはならない

ここで解除されるのは書式だけです。文字入力など書式以外の操作をやり直したい場合は、[ホーム] タブの [元に戻す] を使用します。

---

1 書式を解除したい部分を範囲選択し、

2 [ホーム] タブ→ [すべての書式をクリア] をクリックすると、

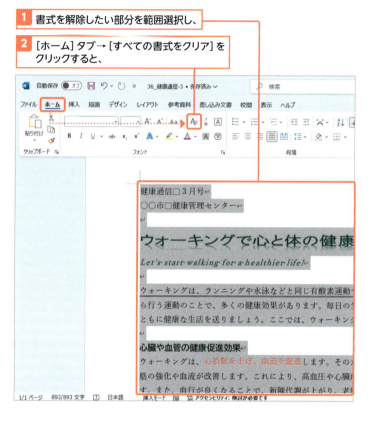

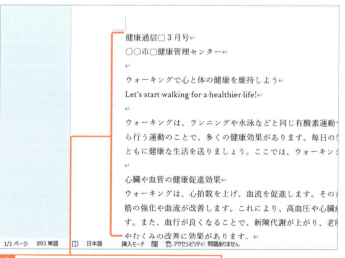

3 設定されていた書式がまとめて解除されます。

その他の主な文字書式

Wordには、ここまでに説明した以外にもさまざまな文字書式が用意されています。ここに、主なものをまとめておきます。

● [ホーム]タブの[フォント]グループ

文字書式		説明	例
取り消し線	ab	取り消し線を1本線で引く	変更 100 → 150
下付き	x₂	文字を縮小して下付きに変換する	H_2O
上付き	x²	文字を縮小して上付きに変換する	10^3
囲い文字	字	全角1文字(半角2文字)を○、△、◇、□で囲む	注、特、50
囲み線	A	指定した文字を□で囲む	特別講座
文字種の変換	Aa	文字を選択した文字種(全角、半角、すべて大文字にする、等)に変換する	全角変換の場合 Abc → Ａｂｃ

● [ホーム]タブの[拡張書式]

文字書式	説明	例
縦中横	文字の方向が縦書きの場合に使用。縦書きの中で半角英数文字を横並びに変換する	徒歩10分
組み文字	最大6文字を組み合わせて1文字のように表示する	株式会社
割注	1行内に文字を2行で配置し、括弧で囲むなどして表示する	[先着順では ありません]

● [フォント]ダイアログ

文字書式	説明	例
傍点	文字の上に「．」や「、」を表示する	締切日厳守
二重取り消し線	取り消し線を二重線で引く	定価 2500 円
隠し文字	画面では表示されるが、印刷されない	(印刷されません)

Section 34 段落の配置を変更する

練習用ファイル：34_健康通信-1～2.docx

ここで学ぶのは
- 中央揃え／右揃え
- 均等割り付け
- 左揃え／両端揃え

段落ごとに配置を変えて見た目を整えると、読みやすさが増します。タイトルにしたい段落を中央揃えにしたり、作成者の段落を右揃えにして、文書の体裁を整えます。行全体に均等に配置する均等割り付けを行うこともできます。

1 文字を中央／右側に揃える

解説 段落書式を設定する

段落書式は段落全体（改行の段落記号で区切られた文字）に対して設定される書式です。段落書式を設定する段落を選択するには、段落全体または一部を選択するか、段落内にカーソルを移動します。

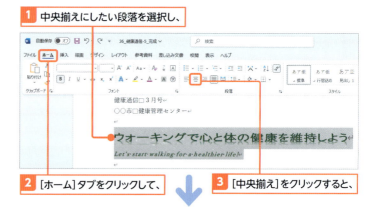

Hint 中央揃え／右揃えの設定と解除

段落を選択し、[中央揃え]をクリックしてオンにすると、段落全体が中央揃えされます。再度[中央揃え]をクリックしてオフにすると解除され、[両端揃え]に戻ります。同様にして右揃えも設定と解除ができます。

Memo 段落書式は継承される

段落書式を設定した段落の最後でEnterキーを押して改行すると、前の段落の段落書式が引き継がれます。引き継がれた段落書式を解除するには、改行してすぐにBackspaceキーを押します。

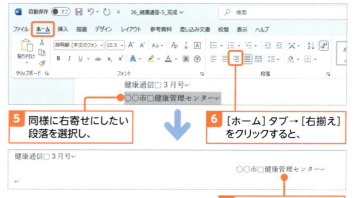

2 文字を行全体に均等に配置する

 行全体の均等割り付けと解除

段落を選択し、[均等割り付け]をクリックしてオンにすると、段落内の各行の文字が行全体に均等割り付けされます。再度[均等割り付け]をクリックしてオフにすると解除されます。

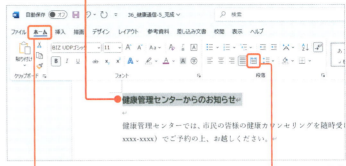

1 文字を行全体に均等に割り付けたい段落を選択し、
2 [ホーム]タブをクリックして、
3 [均等割り付け]をクリックすると、

4 段落内の文字が行全体に均等に配置されます。

 [文字の均等割り付け]ダイアログの表示

改行の段落記号を含めずに文字を選択してから[均等割り付け]をクリックすると、[文字の均等割り付け]ダイアログが表示されます（p.141参照）。

 左揃え／両端揃え／均等割り付けの違い

Wordの初期設定では、文字の配置は「両端揃え」が設定されており、「左揃え」とほぼ同じで、文字は行の左に揃っています。1行のみの場合は違いがありませんが、複数行の場合、行末の状態が異なります。また、「均等割り付け」は、各行の文字が行全体で均等に配置されるため、右下図の最終行のような文字数が1行に満たない行も文字が均等に配置されます。

● 両端揃え

段落の文字が行の左端と右端に合わせて配置される。そのため、行によっては文字の間隔が広がる場合がある。

● 左揃え

段落の文字が行の左端に合わせて配置される。そのため、行末の右端が揃わない場合があるが、文字の間隔は揃う。

● 均等割り付け

文字が各行ごとに均等に配置される。そのため、最終行の字間が間延びすることがある。通常は、項目名のように1行で1段落の場合に使用する。

Section 35 文章の行頭や行末の位置を変更する

練習用ファイル： 35_フリーマーケット-3〜4.docx

文章の左右の幅を段落単位で調整するには、**インデント**という機能を使用します。インデントには4種類あります。ここでは、それぞれの違いや設定方法を確認してください。また、インデントの状態を確認したり、変更したりするために、**ルーラー**を表示しておきましょう。

ここで学ぶのは
- ルーラー
- インデント
- ぶら下げインデント

1 ルーラーを表示する

インデントを設定するときは、ルーラーを表示しておきます。ルーラー上で、インデントの設定や確認ができます。

1 [表示] タブをクリックして、[ルーラー] のチェックボックスをオンにすると、

2 ルーラーが表示されます。

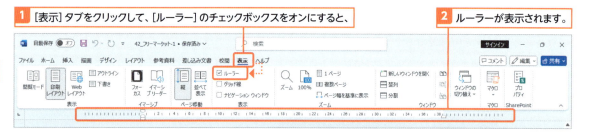

2 インデントの種類を確認する

インデントには、「左インデント」「1行目のインデント」「ぶら下げインデント」「右インデント」の4種類があります。現在カーソルのある段落のインデントの状態は、ルーラーに表示されるインデントマーカーで確認・変更できます。

インデントマーカー

ルーラー上にあるインデントマーカーには、インデントの種類に対応して、次の4種類があります。名称と位置を確認してください。

● インデントマーカーの種類

番号	名称
①	左インデントマーカー
②	1行目のインデントマーカー
③	ぶら下げインデントマーカー
④	右インデントマーカー

左インデント

段落全体の行頭の位置を設定します。

右インデント

段落全体の行末の位置を設定します。

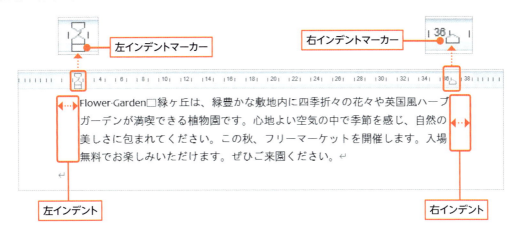

1行目のインデント

段落の1行目の行頭の位置を設定します。

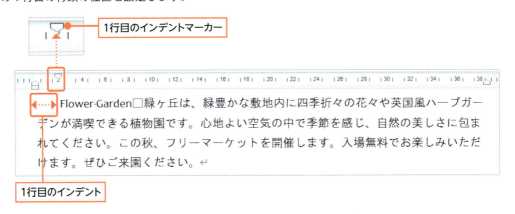

ぶら下げインデント

段落の2行目以降の行頭の位置を設定します。

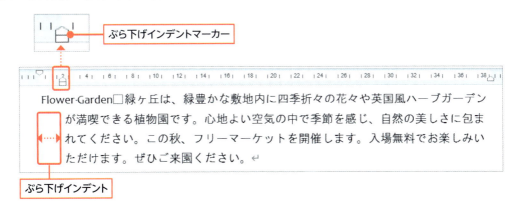

3 段落の行頭の位置を変更する

解説　左インデントを変更する

段落全体の行頭の位置を設定するには、左インデントを変更します。[レイアウト]タブの[左インデント]を使うと0.5文字単位で変更できます。数値で正確に変更できるので便利です。

Hint　左インデントを解除する

右の手順❸で[左インデント]の数値を「0」に設定します。

Memo　左インデントマーカーをドラッグして変更する

段落選択後、左インデントマーカー □ をドラッグしても段落の行頭位置を変更できます。左インデントマーカーをドラッグすると、1行目のインデントマーカーとぶら下げインデントマーカーも一緒に移動します。

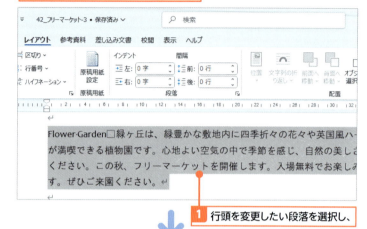

行頭の位置を2文字分右にずらします。

❶ 行頭を変更したい段落を選択し、

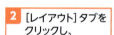

❷ [レイアウト]タブをクリックし、

❸ [左インデント]の △ を「2文字」になるまでクリックすると、

❹ 段落の行頭が2文字分右にずれます。

❺ 左インデントマーカーの位置も変更されていることを確認します。

Hint　[ホーム]タブの[インデントを増やす][インデントを減らす]で左インデントを変更する

[ホーム]タブの[段落]グループにある[インデントを増やす] をクリックすると、約1文字分だけ行頭を右に移動できます。また、[インデントを減らす] をクリックするとインデントを左に戻します。

インデントを減らす

インデントを増やす

4 段落の行末の位置を変更する

解説 右インデントを変更する

段落の行末の位置を変更するには、右インデントを変更します。[レイアウト] タブの [右インデント] を使うと0.5文字単位で変更できます。また、ルーラー上にある右インデントマーカー△をドラッグしても変更できます。

Memo 右インデントを解除する

右の手順3で [右インデント] の数値を「0」に設定します。

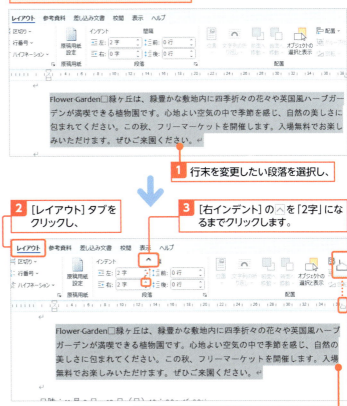

Memo 新規行でインデントが設定されてしまう

インデントが設定されている段落で、Enterキーを押して改行すると、新規行も自動的に同じインデントが設定されます。インデントが不要な場合は、Back spaceキーを押してください。

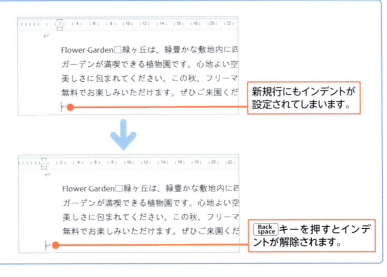

Section 36

行間や段落の間隔を設定する

練習用ファイル： 📁 36_マナー研修-1～2.docx

ここで学ぶのは

▶ 行間
▶ 段落前の間隔
▶ 段落後の間隔

行と行の間隔や段落と段落の間隔は段落単位で変更できます。箇条書きの部分や文書内の一部の段落だけ行間を広げたり、段落と段落の間隔を広げたりして、ページ内の行や段落のバランスを整えることができます。

1 行間を広げる

解説 行間を変更する

行間とは、行の上側から次の行の上側までの間隔です。Word 2024では、既定の行間は「1.08行」に設定されています。行間は、使用されているフォントやフォントサイズ、ページ内の行数によって自動的に調整されます。段落単位で変更されるため、同じ段落内の一部の行のみ行間を変更することはできません。

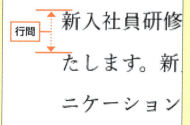

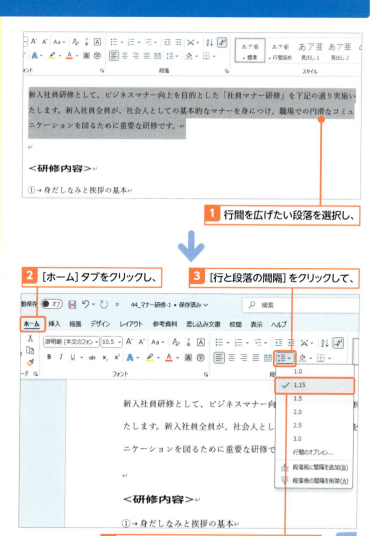

1 行間を広げたい段落を選択し、
2 ［ホーム］タブをクリックし、
3 ［行と段落の間隔］をクリックして、
4 一覧から行間（ここでは［1.5］）を選択すると、

Hint 行間を元に戻すには

行間を元に戻すには行間設定を解除したい段落を選択し、下のMemoの[段落]ダイアログで[行間]を[倍数]、[間隔]を[1.08]に設定します。

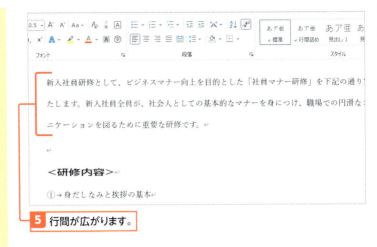

5 行間が広がります。

Memo 行間のオプションで間隔を数値で変更する

前ページの手順❹のメニューで[行間のオプション]を選択すると、[段落]ダイアログが表示され、ここで行間や段落間を数値で変更できます。行間は、[行間]と[間隔]で設定できます。[行間]の⌄をクリックすると表示されるリスト項目の内容を確認しておいてください。[最小値][固定値][倍数]は、[間隔]にポイントの数値を指定します。

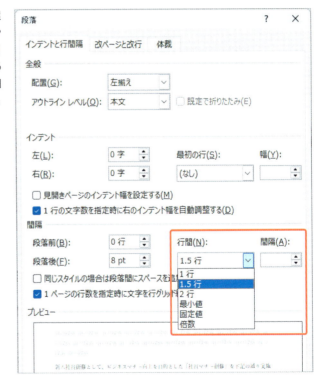

● 行間の種類

行間	内容
最小値	行間を[間隔]で指定したポイント以上に設定する。フォントサイズを大きくすればそれに応じて行間は広がる
固定値	行間を[間隔]で指定したポイントに固定する。フォントサイズを大きくしても行間は広がらない。そのため、文字が重なり合ってしまう場合がある
倍数	行間を標準の行間(1行)に対して、[間隔]で指定した倍数に設定する

2 段落と段落の間隔を調整する

解説　段落の間隔を変更する

段落の間隔は、段落ごとに設定できます。段落の前や後の間隔を調整することで、文書全体のバランスを整えることができます。Word 2024では、既定で段落後間隔が8pt（1pt:約0.35mm）に設定されていますので、全体のバランスをみて、段落間を調整する必要があります。

Hint　段落の間隔を元に戻す

段落の間隔を削除した後、次に同じ手順で操作すると、右の手順❹のメニューが[段落後の間隔を追加]のように変わっています。これをクリックして、段落の間隔を元に戻します。

Memo　段落の間隔を数値で指定して変更する

[レイアウト]タブの[前の間隔]や[後の間隔]で、段落の前後の間隔を「0.5行」のように行単位で指定できます。また、「6pt」のように「pt」を付けて入力すれば、ポイント単位（1ポイント:約0.35mm）で指定できます。ここを「0」にすれば段落の間隔設定を解除できます。

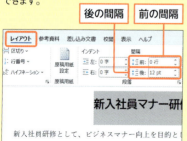

ここでは、研修案内の項目間の段落後の間隔を削除します。

1 段落間隔を狭くしたい段落を選択し、

2 [ホーム]タブをクリックして、

3 [行と段落の間隔]をクリックします。

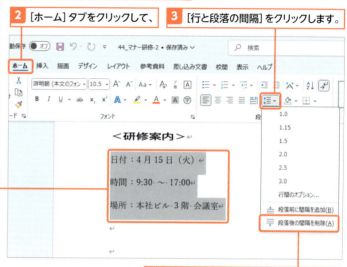

4 [段落後の間隔を削除]をクリックすると、

5 段落後の間隔が削除されます。

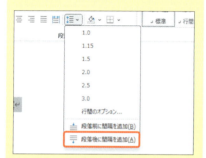

Hint　文書全体で段落後間隔を削除するには

Word 2024では、初期設定で段落後間隔が8pt設定されています。Word 2021までは、段落後間隔が設定されていなかったので違和感を覚えるかもしれません。今まで通り使いたい場合は、文書全体の段落後間隔を削除するといいでしょう。[デザイン]タブの[段落の間隔]をクリックし、[段落間隔なし]をクリックします（次ページ参照）。

グリッド線と行間隔の調整方法

グリッド線は、行間隔の目安の線で、通常は表示されていません。［表示］タブの［グリッド線］のチェックをオンにすると表示できます（図1）。グリッド線に合わせて文字を入力したい場合は、フォントサイズ「10.5pt」、段落後間隔「0pt」、行間「1行」に調整してください（図2）。また、初期設定で文字はグリッド線に沿っています。グリッド線に合わせる設定を解除することで、行間隔をより狭くすることができます。フォントの種類やフォントサイズによって行間隔が調整しづらい場合に試してみるといいでしょう（p.99の「使えるプロ技」参照）。

● 図1 グリッド線を表示する

● 図2 グリッド線に合わせて文字を表示する

・文書全体のフォントサイズを10.5pに変更

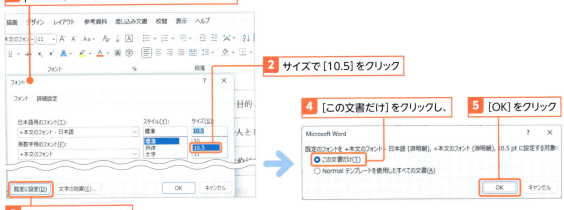

・段落後間隔の削除（段落後間隔を0pt、行間を1行に変更）

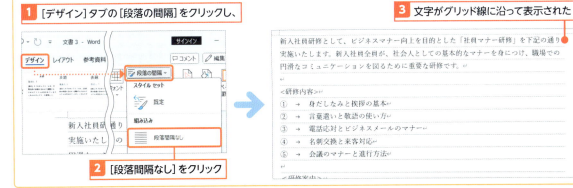

Section 37 段組みと改ページを設定する

練習用ファイル：37_フリーマーケット-1〜3.docx

ここで学ぶのは
- 段組み
- 段区切り
- 改ページ

段組みを設定すると、文書を複数の段に分けて配置できます。1行の文字数が多い文書を段組みに設定することで、1行の文字数が少なくなり、読みやすくなります。また、切れ目のいいところで**改段**したり、**改ページ**したりすることで、より読みやすい文書に整えられます。

1 文書の一部分を段組みに設定する

解説 段組みを設定する

段組みは、文書全体に設定することも、文書の一部分に設定することもできます。文書の一部を段組みにする場合は、対象範囲を選択してから操作します。文書の一部分に段組みが設定されると、開始位置と終了位置に、自動的にセクション区切りが挿入され、文書の前後が区切られます。

Key word セクション

セクションとは、ページ設定ができる単位となる区画です（p.160参照）。

Hint 段組みを解除する

段組み内にカーソルを移動し、右の手順 4 で［1段］を選択します。なお、セクション区切りは残るので、区切り記号の前にカーソルを移動し、Delete キーで削除してください。

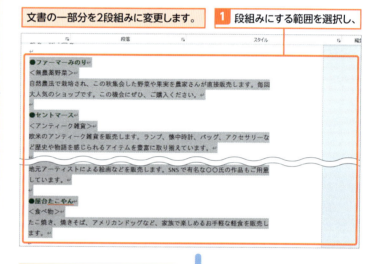

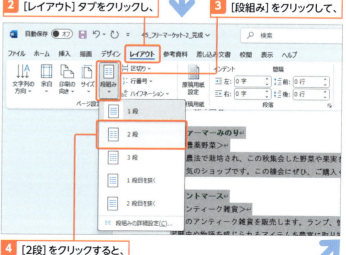

Hint 段組みの詳細設定をする

段組み内にカーソルを移動し、前ページの手順④で[段組みの詳細設定]を選択して、[段組み]ダイアログを表示します。ここでは、段組みの種類、段数、段と段の間隔、境界線などの設定ができます。

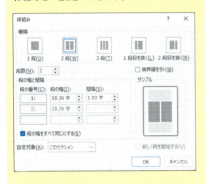

⑤ 選択した範囲が2段組みに設定されます。

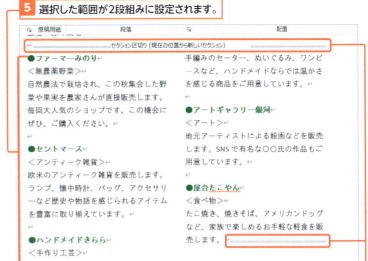

⑥ 段組みの前後にセクション区切りが挿入されていることを確認します。

2 任意の位置で段を改める

解説 段区切りを挿入する

中途半端な位置で文章が次の段に分けられると、バランスが悪く、読みづらいものです。段区切りを挿入すれば、文章の切れ目のいいところで、次の段に文章を送られます。

① 段を改めたい位置にカーソルを移動し、

② [レイアウト]タブをクリックし、

③ [ページ/セクション区切りの挿入]をクリックして、

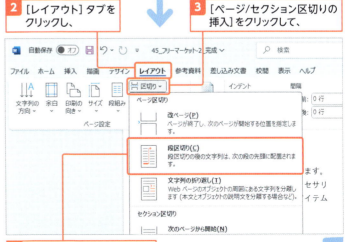

④ [段区切り]をクリックすると、

Hint 段区切りを削除する

挿入された段区切りは、文字と同様に扱えます。段区切りの区切り線をダブルクリックして選択するか、区切り線の前にカーソルを移動し、Deleteキーを押して削除します。区切り線の後にカーソルを移動し、Backspaceキーを押しても削除できます。

● 段区切りの挿入
Ctrl + Shift + Enter

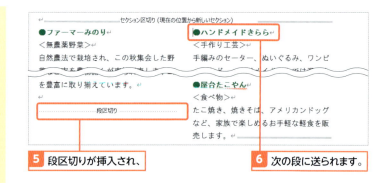

3 任意の位置で改ページする

解説 ページ区切りを挿入する

任意の位置から強制的に次のページに送りたい場合は、ページ区切りを挿入します。ページ区切りを挿入すると、改ページされた位置に改ページの区切り線が表示され、カーソル以降の文字が次ページに送られます。

Hint 改ページを解除する

区切り線は文字と同様に扱えます。改ページの区切り線をダブルクリックして選択するか、区切り線の前にカーソルを移動し、Delete キーを押して削除します。区切り線の後にカーソルを移動し、Back space キーを押しても削除できます。

● ページ区切りを挿入する
Ctrl + Enter

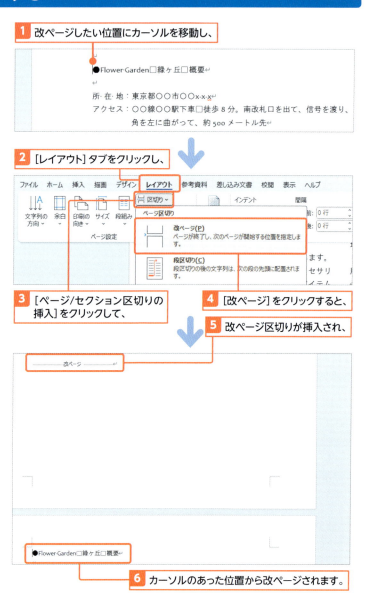

禁則処理の設定

文章を入力していて、「（」のような開くカッコは行末にこないようにしたり、「ー」のような長音や「ゅ」のような拗音（ようおん）が行頭にこないようにしたりする処理を「禁則処理」といいます。Wordでは、「、」や「。」のような句読点は初期設定で行頭にこないようにされていますが、長音や拗音などは設定を変更しないと行頭に配置されてしまうことがあります。［Wordのオプション］ダイアログで行頭や行末にこないようにする文字（禁則文字）の設定レベルを変更することで対応することができます。

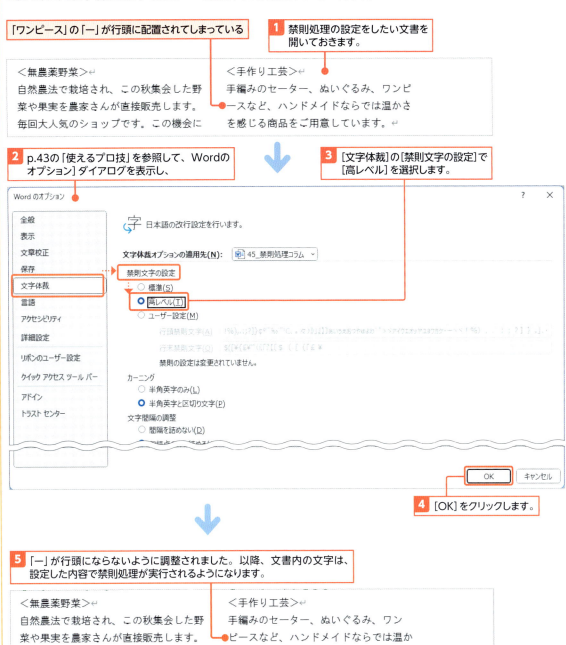

Section 38 セクション区切りを挿入する

練習用ファイル: 📁 38_フリーマーケット-2〜3.docx

通常、1つの文書は1つの**セクション**で構成されています。セクションは、ページ設定の単位です。文書内に**セクション区切り**を挿入すると、セクション区切りの前と後でセクションが分けられ、それぞれのセクションで異なるページ設定ができます。

ここで学ぶのは
▶ セクション
▶ セクション区切り

1 セクションとセクション区切り

 セクションとセクション区切り

1つの文書内に、用紙がA4とB5のものを混在させたり、横書きと縦書きのページを混在させたりしたい場合は、セクション区切りを挿入してセクションを分けます。

通常の文書

1つの文書はもともと1セクションで構成されています。すべてのページに同じページ設定が適用されています。

セクション1

 長文の文書にも便利

レポートなど長文の文書の場合、章単位でセクション区切りを設けると、区切りが明確になるので目次を作成するときに便利です。

Memo 現在のセクションをステータスバーに表示する

画面下のステータスバーを右クリックし①、メニューから［セクション］をクリックすると②、ステータスバーに現在カーソルがある場所のセクションが表示されます③。

セクション区切り挿入後

文書の一部に段組みを設定すると（p.156参照）、段組みの開始位置と終了位置にセクション区切りが挿入されます。そのため、文書が3つのセクションに区切られます。

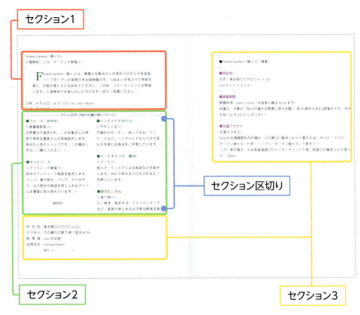

セクション単位でページ設定を変更できる

セクション区切りを挿入すると、セクション単位で文字の方向や用紙の向きやサイズなどのページ設定を変更できます。例えば、2ページ目をセクションで区切れば、以下のように2ページ目だけ縦書きに変更することができます。

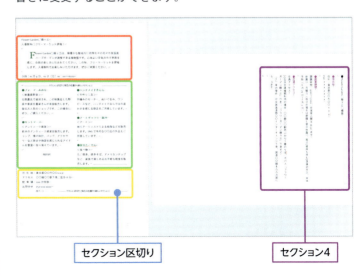

Memo 段区切りやページ区切りとは異なる

段区切りやページ区切りはセクションを分けるものではありません。任意の位置で段を改めたり、ページを改めたりするものです。段区切りやページ区切りでは、ページ設定の変更を行うことはできません。

Memo セクション区切りなどの区切り線が表示されない

区切り線は編集記号です。［ホーム］タブの［編集記号の表示/非表示］をクリックしてオンにすると、セクション区切りなどの編集記号が表示されます。

2 文書にセクション区切りを挿入する

解説 セクション区切りを挿入する

セクション区切りを挿入するには、[レイアウト]タブの[ページ/セクション区切りの挿入]をクリックします。セクション区切りには、次の4種類があります。

● セクション区切りの種類

セクション区切り	説明
次のページから開始	改ページし、次のページの先頭から新しいセクションを開始する
現在の位置から開始	改ページしないで、現在カーソルがある位置から新しいセクションを開始する
偶数ページから開始	次の偶数ページから新しいセクションを開始する
奇数ページから開始	次の奇数ページから新しいセクションを開始する

2ページ目の先頭にセクション区切りを挿入し、別セクションに分割します。

1 2ページ目の先頭にカーソルを移動して、

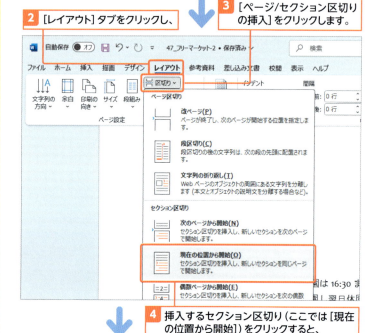

2 [レイアウト]タブをクリックし、

3 [ページ/セクション区切りの挿入]をクリックします。

4 挿入するセクション区切り(ここでは[現在の位置から開始])をクリックすると、

5 セクション区切りが挿入され、2ページ目が別セクションに分けられます。

Memo ここで挿入するセクション区切り

ここで使用しているサンプルは、Section37の操作後のファイルであるため、「●Flower Garden　緑ヶ丘　概要」の前で改ページしています。そのため、セクション区切り[現在の位置から開始]を挿入しています。ページ区切りを削除して改ページを解除し、[次のページから開始]を挿入しても結果は同じです。

3 セクション単位でページ設定をする

解説　セクション単位でページ設定をする

文書をセクションで区切ると、セクションごとに異なるページ設定などができます。設定できるものは主に、次の通りです。
- 文字列の方向
- 余白
- 印刷の向き
- 用紙サイズ
- 段組み
- 行番号
- ページ罫線
- ヘッダーとフッター
- ページ番号
- 脚注と文末脚注

2ページ目のページ設定を縦書きに変更します。

1 2ページ目の任意の位置にカーソルを移動し、

2 [レイアウト]タブ→[文字列の方向を選択]をクリックし、

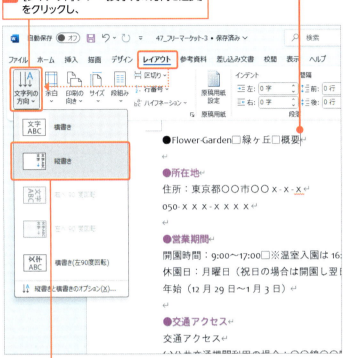

3 [縦書き]をクリックすると、

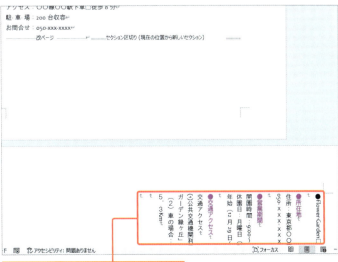

4 2ページ目が縦書きに変更されます。

縦書き文書にした場合に必要となる修正

半角文字を全角に変換する

横書きの文書を縦書きにすると、半角の英数文字は横に回転した状態で表示されます。半角英数文字を全角に変換すれば、縦書きに変更できます。

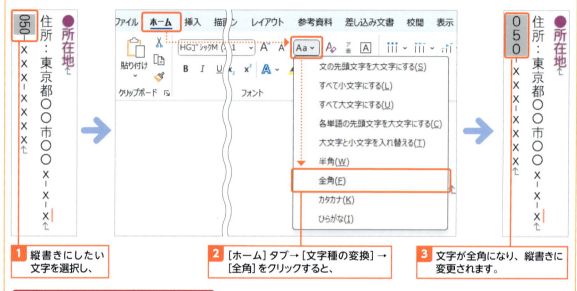

1. 縦書きにしたい文字を選択し、
2. [ホーム]タブ→[文字種の変換]→[全角]をクリックすると、
3. 文字が全角になり、縦書きに変更されます。

書式「縦中横」で部分的に横書きにする

縦書きにすると読みづらくなる場合は、拡張書式の[縦中横]を使って部分的に横書きに修正します。

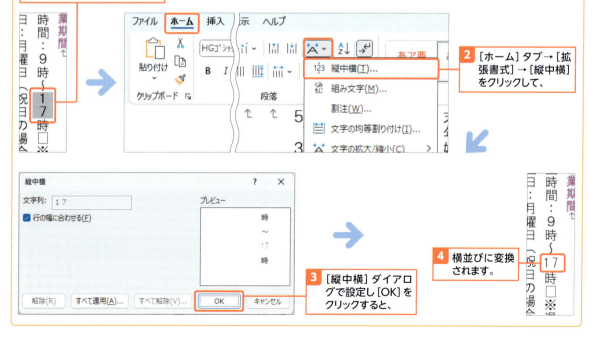

1. 横に並べたい文字を選択し、
2. [ホーム]タブ→[拡張書式]→[縦中横]をクリックして、
3. [縦中横]ダイアログで設定し[OK]をクリックすると、
4. 横並びに変換されます。

第 **6** 章

表の基本的な
作り方と実践ワザ

　ここでは、表の作成から編集方法まで、表作成に必要な操作を一通り紹介しています。表内の操作や書式設定方法も紹介していますので、試してみてください。また、Excelの表やグラフを文書にコピーして利用する方法も紹介しています。

Section 39	▶	表を作成する
Section 40	▶	表内の移動と選択
Section 41	▶	行や列を挿入／削除する
Section 42	▶	列の幅や行の高さを調整する
Section 43	▶	セルを結合／分割する
Section 44	▶	表の書式を変更する
Section 45	▶	Excel の表を Word に貼り付ける

Section 39 表を作成する

練習用ファイル：39_予約注文申込書-1～4.docx

名簿などの一覧表や申込書の記入欄などを作成するには、**表作成の機能**を使います。表を作成する方法には、①行数と列数を指定して表を作成する方法、②タブなどで区切られている文字を表に変換する方法、③鉛筆で書くようにドラッグで作成する方法の3種類があります。

ここで学ぶのは
- 表の挿入
- 文字を表にする
- 罫線を引く

1 行数と列数を指定して表を作成する

解説　行数と列数を指定して表を作成する

[挿入]タブの[表の追加]をクリックすると、マス目が表示されます。作成する表の列数と行数の位置にマウスポインターを合わせて、クリックするだけです。8行×10列までの表が作成できます。

Memo　行数と列数を指定して表を作成する

右の手順❸で[表の挿入]をクリックすると、[表の挿入]ダイアログが表示され、行数と列数を指定し、列幅の調節方法を選択できます。8行×10列より大きな表を作成できます。

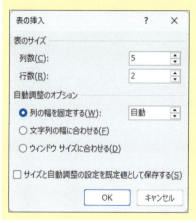

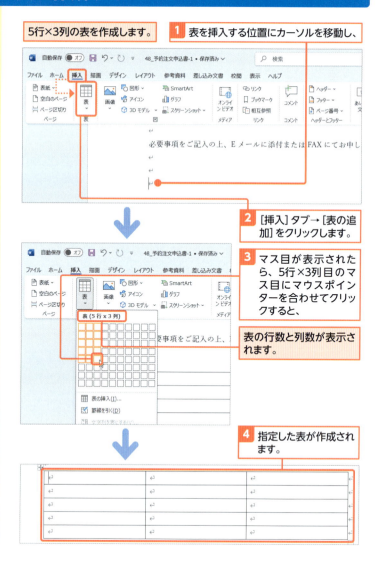

2 文字を表に変換する

解説　文字を表に変換する

文字がタブやカンマなどで区切られて入力されている場合、タブやカンマを列の区切りにし、段落記号を行の区切りとして表組に変換できます。[文字列を表にする]ダイアログでは、列数と区切り記号を指定して文字を表に変換します。右の手順のように指定した列数に対してタブで区切られた文字が少なくても自動的に補われ、指定した列で表に変換されます。

時短のコツ　文字をすばやく表に変換する

タブで区切られた文字であれば、[表の挿入]ですばやく表に変換できます。この場合、タブの数は各行同じだけ挿入されている必要があります。

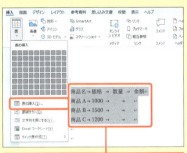

同数のタブで区切られた文字を選択し、[表の挿入]をクリックするだけで、すばやく表に変換できます。

タブで区切られた文字を表に変換します。

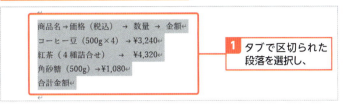

1 タブで区切られた段落を選択し、

2 [挿入]タブ→[表の追加]をクリックして、

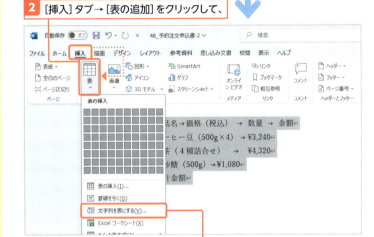

3 [文字列を表にする]をクリックします。

4 [文字列を表にする]ダイアログが表示されます。

5 列数(ここでは[4])を指定し、

6 文字の区切り(ここでは[タブ])を選択し、

7 [OK]をクリックすると、

8 タブを列の区切りにして表が作成されます。

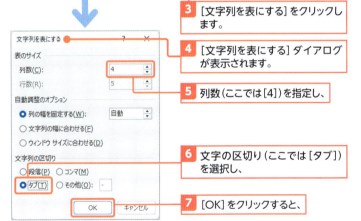

3 ドラッグして表を作成する

解説 ドラッグで表を作成する

[表の追加]のメニューで[罫線を引く]をクリックすると、マウスポインターの形が鉛筆✐になります。この状態で斜めにドラッグして外枠を挿入し、続いて外枠内で左右にドラッグして横罫線、上下にドラッグして縦罫線が引けます。罫線モードを終了するには[Esc]キーを押します。

Memo 一時的に削除モードに切り替える

マウスポインターの形が鉛筆✐のとき、[Shift]キーを押している間だけ消しゴムの形に変わり、罫線削除モードになります。この間に罫線をクリックすれば削除できます。

Hint 表のテンプレートもある

[表の追加]の[クイック表作成]には表のテンプレートが用意されています。デザインされた表の他にカレンダーなどを手軽に作成することができます。

外枠を挿入する

1 [挿入]タブ→[表の追加]をクリックして、

2 [罫線を引く]をクリックします。　左の「Hint」を参照。

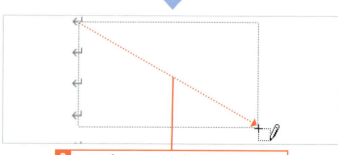

3 マウスポインターの形が鉛筆の形になったら、罫線を引きたい位置まで斜めにドラッグすると、

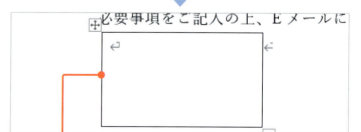

4 表の外枠が挿入されます。

39 横線、縦線を引く

表作成後に罫線を追加する

表作成後に、カーソルを表の中に移動し①、コンテキストタブの［テーブルレイアウト］タブをクリックして②、［罫線を引く］をクリックすると③、カーソルの形が鉛筆 ✐ になり④、ドラッグで罫線が引けます。解除するには、［罫線を引く］を再度クリックするか、Escキーを押します。

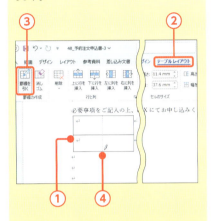

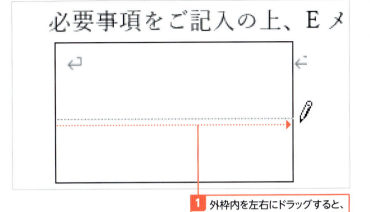

1 外枠内を左右にドラッグすると、

2 横線が引かれます。　**3** 同様に外枠内を上下にドラッグすると、

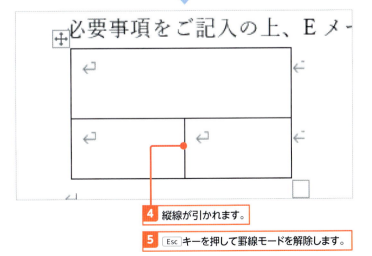

4 縦線が引かれます。
5 Escキーを押して罫線モードを解除します。

罫線の種類を変更する

罫線の太さや色、種類などは後から変更できます。詳細はp.186で解説します。

表のコンテキストタブ

表内にカーソルがあるとき、青字で［テーブルデザイン］タブと［テーブルレイアウト］タブが表示されます。これは表のコンテキストタブで、クリックして表を編集するためのボタンが集められているリボンに切り替えます。表の外にカーソルが移動すると非表示になります。

4 罫線を削除する

解説　罫線を削除する

表の中にカーソルがあるとき、コンテキストタブの[テーブルレイアウト]タブにある[罫線の削除]をクリックすると、マウスポインターが消しゴムの形 に変わります。この状態で罫線をクリックするかドラッグします。終了するには[Esc]キーを押します。

Hint　[削除]で罫線は削除できない

コンテキストタブの[テーブルレイアウト]タブにある[削除](表の削除)を使うと、行や列や表、セルを削除できますが(p.178の「Hint」を参照)、罫線は削除できません。

Memo　罫線を削除するとセルは結合する

罫線を削除すると、その隣り合ったセル同士は結合します。セルの結合についての詳細は、p.182を参照してください。

Keyword　セル

表内の1つひとつのマス目のことを「セル」といいます(p.172参照)。

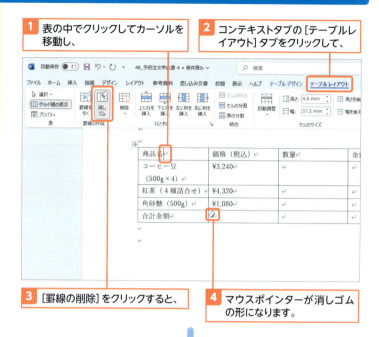

1 表の中でクリックしてカーソルを移動し、

2 コンテキストタブの[テーブルレイアウト]タブをクリックして、

3 [罫線の削除]をクリックすると、

4 マウスポインターが消しゴムの形になります。

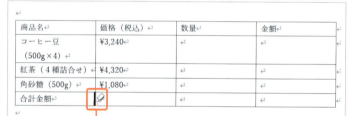

5 削除する罫線の上にマウスポインターを合わせ、クリックすると、

6 罫線が削除されます。

7 同様にして他の罫線も削除します。

8 [Esc]キーを押して終了します。

Hint 罫線を削除しても点線が表示される

罫線を削除した後、点線が表示される場合があります。これは、「グリッド線」と呼ばれる線で、表内のマス目（セル：p.172参照）の境界線を表しています。グリッド線は印刷されません。表は、実際にはグリッド線という枠で構成され、そのグリッド線上に罫線が引かれています。罫線を引いたり、削除したりすると、罫線と同時にグリッド線を引いたり削除したりしているということになります。表内の1つひとつのマス目は四角形である必要があるため、罫線を削除しても四角形にならない場合は、罫線だけが削除され、グリッド線が残ります。グリッド線の表示／非表示は、コンテキストタブの［テーブルレイアウト］タブ→［グリッド線の表示］のオン／オフで切り替えられます。

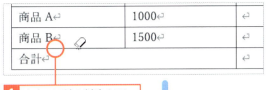

1 表内の罫線を削除すると、

2 罫線だけが消去されて、セルの境界を示すグリッド線が表示されます。

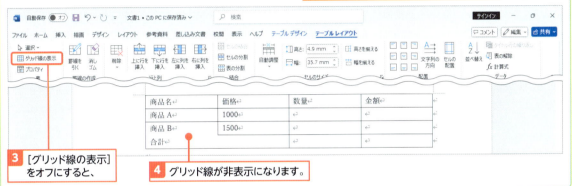

3 ［グリッド線の表示］をオフにすると、

4 グリッド線が非表示になります。

使えるプロ技！ 別々に作成した表を横に並べる

別々に作成した表を横に並べるには、表の移動ハンドル田を移動先までドラッグして表全体を移動します。表の移動ハンドルをドラッグすることで、表を自由な位置に配置できます。Altキーを押しながらドラッグすると、表を文書のグリッド線に合わせることができます。なお、文書のグリッド線が表示されている場合は、動作が逆になりますので、気をつけてください。この文書のグリッド線は表内のグリッド線（上の「Hint」を参照）とは異なり、［表示］タブ→［グリッド線］にチェックを付けると表示されるグリッド線のことです。

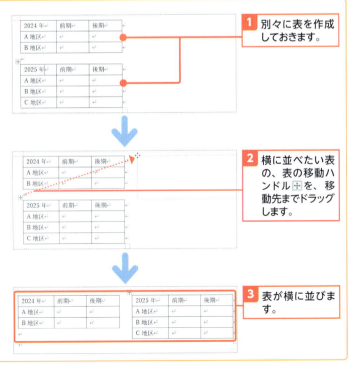

1 別々に表を作成しておきます。

2 横に並べたい表の、表の移動ハンドル田を、移動先までドラッグします。

3 表が横に並びます。

Section 40 表内の移動と選択

練習用ファイル：40_予約注文申込書.docx

表を構成する1つひとつのマス目のことを**セル**といいます。表内に文字を入力するには、セルにカーソルを移動します。また、書式を設定するには、対象となるセルを選択します。ここでは、表の構成を確認し、カーソルの移動方法と文字入力、セル、行、列、表全体の選択方法を確認しましょう。

ここで学ぶのは
- セル
- 行
- 列

1 表の構成

解説　表の構成

表は、横方向の並びの「行」、縦方向の並びの「列」で構成されています。表の1つひとつのマス目のことを「セル」といいます。セルの位置は、「2行3列目のセル」というように行と列を組み合わせて表現します。表内にカーソルがある場合、表の左上角に [表の移動ハンドル] 、右下角に [表のサイズ変更ハンドル] が表示されます。

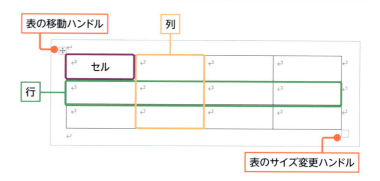

2 表内のカーソル移動と文字入力

解説　表内のカーソル移動

表内でカーソルを移動するには、Tab キーまたは→←↑↓キーを使います。Tab キーを押すと、左から右へと表内を順番にカーソルが移動します。Shift + Tab キーで逆方向に移動します。

Hint　セルの中にタブを挿入する

セルの中にタブを挿入したいときは、Ctrl キーを押しながら Tab キーを押します。

Ctrl + Tab キーを押すと、セル内にタブが挿入されます。

4 「会員番号」と入力し、

5 Tab キーを押すと次の行の先頭のセル（2行1列目）にカーソルが移動します。

6 「氏名」と入力し、

7 同様にして他のセルに文字を入力します。

 右下角のセルで Tab キーを押すと行が追加される

表の右下角のセルで Tab キーを押すと表の下に行が自動的に追加されます。名簿などの表にデータを続けて追加する場合に便利です。間違えて追加された場合は、直後に Ctrl + Z キーを押すか、p.177の手順で行を削除してください。

 行の高さは自動で広がる

セル内で文字を入力し、確定した後に Enter キーを押すと改行され、行の高さが変わります。間違えて改行した場合は、Backspace キーを押し段落記号を削除してください。また、セル幅より長い文字を入力すると自動的に行の高さが広がります。1行に収めたい場合は、文字サイズを調整するか、p.180の手順で列幅を広げてください。

3 セルの選択

解説 セルの選択

選択したいセルの左端にマウスポインターを合わせると、の形に変わります。クリックするとセルが選択されます。なお、連続した複数のセルを選択する場合は、セルの形に関係なく、選択したいセル上をドラッグしてください。

1 セル内の左端にマウスポインターを合わせて、の形に変わったらクリックします。

2 セルが選択されます。

 離れた複数のセルを選択する

1つ目のセルを選択した後、Ctrl キーを押しながら別のセルをクリックまたはドラッグすると、離れた場所にある複数のセルを選択できます。

Memo 選択の解除

文書内のいずれかの場所をクリックすると、選択が解除されます。

4 行の選択

解説　行の選択

選択したい行の左側にマウスポインターを合わせると、の形に変わります。その状態でクリックすると行が選択されます。なお、連続した複数の行を選択する場合は、の形で縦方向にドラッグします。

1 選択したい行の左側にマウスポインターを合わせ、の形に変わったときにクリックすると、

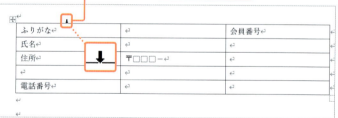

2 行が選択されます。

5 列の選択

解説　列の選択

選択したい列の上側にマウスポインターを合わせると、↓の形に変わります。その状態でクリックすると列が選択されます。なお、連続した複数の列を選択する場合は、↓の形で横方向にドラッグします。

1 選択したい列の上側にマウスポインターを合わせ、↓の形に変わったときにクリックすると、

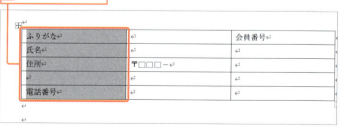

2 列が選択されます。

選択時にミニツールバーが表示されてしまう

セル、行、列を選択すると、選択範囲の近くにミニツールバーが表示されます。マウスポインターを選択範囲から離すと非表示になりますが、気になる場合は Esc キーを押せば非表示になります。

6 表全体の選択

解説　表の選択

表内でクリックし、表の左上角にある[表の移動ハンドル]にマウスポインターを合わせると、の形に変わります。その状態でクリックすると表全体が選択されます。

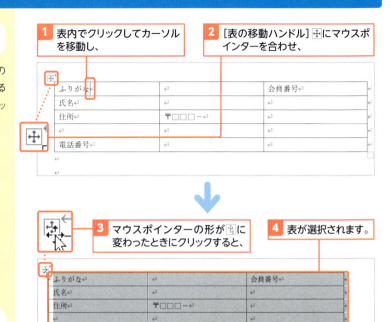

Hint　表を移動する

手順❸でドラッグすると、表を任意の位置に移動できます(p.185参照)。

Memo　その他の選択方法

セル、行、列、表全体は、メニューを使用して選択することもできます。表の選択したい箇所にカーソルを移動し、コンテキストタブの[テーブルレイアウト]タブの[表の選択]をクリックして表示されるメニューから、それぞれ選択します。

1 コンテキストタブの[テーブルレイアウト]タブ→[表の選択]をクリックすると、

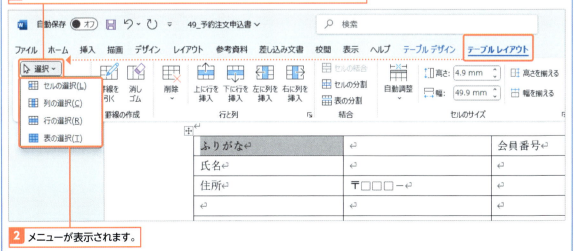

2 メニューが表示されます。

Section 41 行や列を挿入／削除する

練習用ファイル： 41_予約注文申込書-1～2.docx

ここで学ぶのは
- 行の挿入／列の挿入
- 行の削除／列の削除
- 表の削除

表を作成した後で、必要に応じて**行や列を追加**することができます。操作は簡単で、追加したい行や列の位置にある⊕をクリックするだけです。また、**不要な行や列の削除**も簡単です。削除したい行や列、表を選択して Back space キーを押すだけです。

1 行や列を挿入する

解説 行や列を挿入する

表を作成した後で行を追加するには、表の左側で行を追加したい位置にマウスポインターを合わせると表示される⊕をクリックします。列を挿入する場合は、表の上側で列を追加したい位置に表示される⊕をクリックします。

行を挿入する

1 表の左側で行を挿入したい位置にマウスポインターを移動すると⊕が表示され、行間が二重線になったら、クリックすると、

2 行が挿入されます。

Hint 1行目の上に行、1列目の左に列を挿入するには

1行目の上には⊕が表示されません。ここに行を挿入するには、1行目にカーソルを移動し、コンテキストタブの［テーブルレイアウト］タブをクリックし、［上に行を挿入］をクリックします①。同様に1列目の左に列を挿入するには、1列目にカーソルを移動し、［左に列を挿入］をクリックします②。

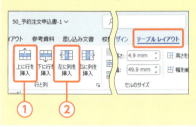

列を挿入する

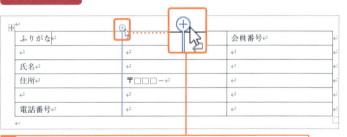

1 表の上側で列を挿入したい位置にマウスポインターを移動すると⊕が表示され、列間が二重線になったら、クリックすると、

Memo 挿入された部分が選択されている

行や列は選択された状態で挿入されます。

2 列が挿入されます。

2 行や列や表を削除する

解説 行や列、表を削除する

行を削除する

表を作成した後で行や列、表を削除するには、[Back space] キーを押します。

または、削除したい行、列、表を選択し、選択範囲内で右クリックして、それぞれ、[行の削除][列の削除][表の削除]をクリックしても削除できます。

なお、セルをドラッグして行を選択した状態（行末記号を含めない）で右クリックすると[表の行/列/セルの削除]メニューが表示されます。この場合は、このメニューで表示されるダイアログで削除方法を指定します（p.178の「Hint」を参照）。

1 削除したい行を選択し、[Back space] キーを押すと、

2 行が削除されます。

Hint 行や列、表の選択

行や列を選択する方法についてはp.174、表を選択する方法についてはp.175をそれぞれ参照してください。

列を削除する

Memo [Delete] キーだと文字が削除される

行や列を選択し、[Delete] キーを押した場合は、選択範囲に入力されている文字が削除されます。

1 削除したい列を選択し、[Back space] キーを押すと、

177

Hint [削除]を使って削除する

削除したいセル、行や列内にカーソルを移動し、コンテキストタブの[テーブルレイアウト]タブにある[削除]（表の削除）をクリックし①、表示されるメニューからそれぞれ削除できます②。メニューで[セルの削除]をクリックすると、[表の行/列/セルの削除]ダイアログが表示され③、削除対象（セルまたは行全体・列全体）、および削除後に表を詰める方向を指定できます。

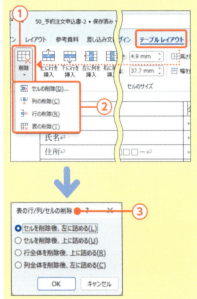

2 列が削除されます。

表を削除する

1 [表の移動ハンドル]⊞をクリックして表を選択し、Back spaceキーを押すと、

2 表が削除されます。

使えるプロ技！ 表は残して、罫線だけを削除する方法

「表は残したいけど、罫線は削除したい」といった場合は、表全体を選択し①、コンテキストタブの[テーブルデザイン]タブで[罫線]の▽をクリックし②、一覧から[枠なし]をクリックします③。すると、罫線のみ削除されてグリッド線が表示されます④。グリッド線は印刷されません。グリッド線が表示されない場合は、[テーブルレイアウト]タブの[グリッド線の表示]をクリックします。クリックするごとに表示／非表示を切り替えられます。

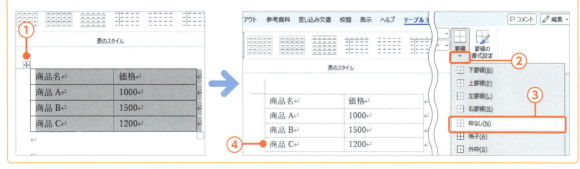

表を解除する

表を削除すると、表内に入力されていた文字も含めてすべて削除されます。表だけ削除して文字は残したい場合は、次の手順で表を解除します。表内でクリックし①、コンテキストタブの［テーブルレイアウト］タブをクリックして②、［表の解除］をクリックします③。表示される［表の解除］ダイアログで文字の区切り（ここではタブで区切るので［タブ］）を選択し④、［OK］をクリックします⑤。すると表が解除され、列の区切りにタブが挿入され、文字だけが残ります⑥。なお、タブ記号が見えない場合は、［ホーム］タブの［編集記号の表示 / 非表示］をクリックして表示できます。

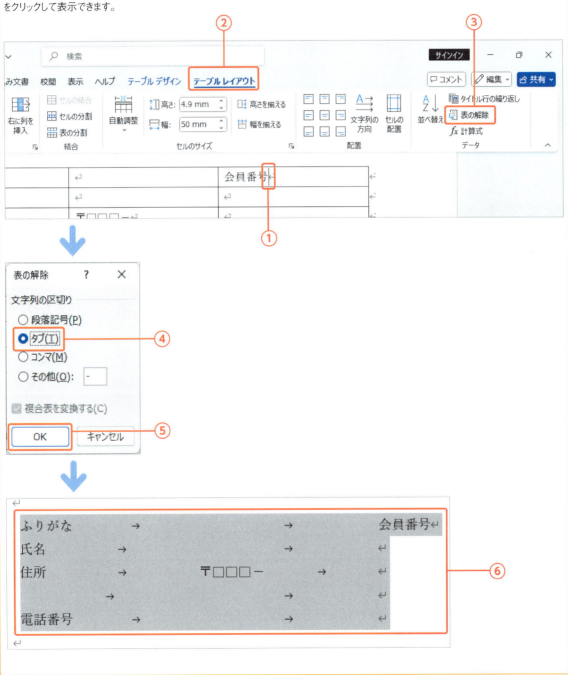

Section 42 列の幅や行の高さを調整する

練習用ファイル：📁 42_予約注文申込書.docx

表の列幅を変更するには**列の境界線**をドラッグし、行の高さを変更するには**行の下側の境界線**をドラッグすれば任意の幅や高さに変更できます。境界線をダブルクリックすると自動調整されます。また、表全体のサイズを調整したり、複数の列の幅や行の高さを均等に揃えたりして、表の形を整えられます。

ここで学ぶのは
- 列の幅
- 行の高さ
- 表のサイズ

1 列の幅や行の高さを調整する

解説 列幅や行高を変更する

表の列幅を変更するには、列の右側の境界線をドラッグするかダブルクリックします。ドラッグした場合は、表全体の幅は変わりません。ダブルクリックした場合は、列内の最長の文字数に合わせて列幅が自動調整されます。このとき、表全体の幅も変更になります。また、行の高さは、行の下側の境界線をドラッグします。行は文字に合わせて高さが自動調整されます。

使えるプロ技！ Shift キーを押しながらドラッグする

Shift キーを押しながら列の境界線をドラッグすると、右側の列の列幅を変更せずに、列幅を調整できます。

Hint セルの幅だけが変わってしまった

セルが選択されている状態でドラッグすると、セル幅だけが変更されてしまいます。その場合は、[ホーム]タブの[元に戻す]をクリックして元に戻し、セルの選択を解除してから操作します。

ドラッグして列幅を変更する

1 幅を変更する列の境界線にマウスポインターを合わせ、の形になったらドラッグすると、

2 列幅が変更されます。

3 右側の列幅が広くなり、表全体の幅は変わりません。

ダブルクリックで列幅を変更する

1 幅を変更する列の右側の境界線にマウスポインターを合わせ、の形になったらダブルクリックすると、

Memo 数値で列幅や行高を変更する

列幅や行高が決まっている場合は、数値で指定することもできます。変更したい列または行内にカーソルを移動し、コンテキストタブの［テーブルレイアウト］タブの［行の高さの設定］または［列の幅の設定］で数値を指定します。

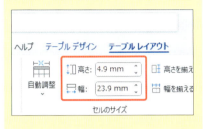

Memo 表のサイズを変更する

表全体のサイズを変更するには、表の右下に表示される［表のサイズ変更ハンドル］ をドラッグします。行の高さや列の幅が均等な比率で変更されます。

Memo 複数の列の幅や行の高さを均等にする

連続する複数の列の幅や、行の高さを揃えるには、揃えたい列または行を選択し①、コンテキストタブの［テーブルレイアウト］タブの［幅を揃える］または［高さを揃える］をクリックします②。

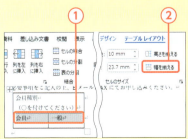

2 列に入力されている文字に合わせて列幅が自動調整されます。

3 表全体の幅が変わります。

4 同様にして1列目をダブルクリックして列幅を自動調整し、

5 4列目をドラッグして列幅を変更します。

行の高さを変更する

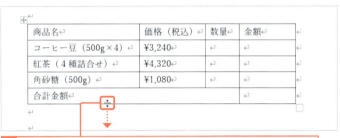

1 高さを変更する行の下側の境界線にマウスポインターを合わせて、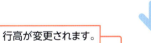の形になったらドラッグすると、

2 行高が変更されます。

Section 43 セルを結合／分割する

練習用ファイル：43_予約注文申込書-1～2.docx

ここで学ぶのは
- セルの結合
- セルの分割
- 表の分割

2行分の高さを使って項目を入力したいとか、会員番号の数字を1つずつ入力するため、1つのセルを6つに仕切りたいといった場合、セルの結合やセルの分割の機能を使うと便利です。また、1つの表を分割して2つの表に分けることも可能です。

1 セルを結合する

解説　セルを結合する

連続する複数のセルを1つにまとめるには、コンテキストタブの[テーブルレイアウト]タブの[セルの結合]をクリックします。

Memo　F4キーで効率的に結合する

右の手順❸でセルの結合の後、手順❹で他のセルを結合する際、結合するセルを選択後、F4キーを押すと、直前の結合の機能が繰り返され、すばやくセルを結合できます。

ショートカットキー

● 繰り返し
F4

❶ 1つにまとめたい連続するセルを選択し、

❷ コンテキストタブの[テーブルレイアウト]タブ→[セルの結合]をクリックすると、

❸ セルが結合され、1つにまとまります。

❹ 同様にして、3行目の2～3列目、4行目の2～3列目、5行目の2～3列目を、それぞれ下図のようにセルを結合しておきます。

2 セルを分割する

解説　セルの分割

1つのセル、または連続する複数のセルを、指定した行数、列数に分割できます。分割したいセルを選択し、コンテキストタブの[テーブルレイアウト]タブの[セルの分割]をクリックし、[セルの分割]ダイアログで、分割後の列数、行数を指定します。

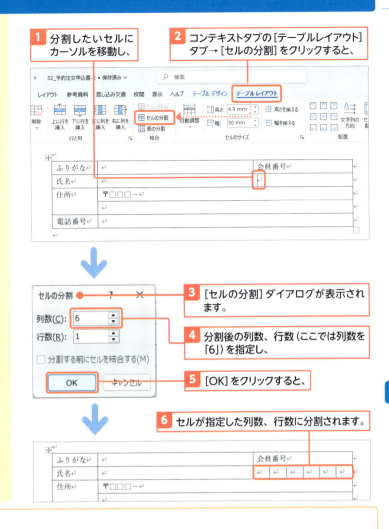

1. 分割したいセルにカーソルを移動し、
2. コンテキストタブの[テーブルレイアウト]タブ→[セルの分割]をクリックすると、
3. [セルの分割]ダイアログが表示されます。
4. 分割後の列数、行数（ここでは列数を「6」）を指定し、
5. [OK]をクリックすると、
6. セルが指定した列数、行数に分割されます。

使えるプロ技！ 表を分割する

表を上下の2つに分割することができます。分割したい行内にカーソルを移動し①、コンテキストタブの[テーブルレイアウト]タブで[表の分割]をクリックすると②、カーソルのある行が表の先頭行になるように表が上下に分割されます③。なお、表を左右の2つに分割することはできません。

Section 44 表の書式を変更する

練習用ファイル: 44_予約注文申込書-1〜4.docx

ここで学ぶのは
- 文字の配置／表の配置
- ペンの種類／色／太さ
- セルの背景色

表内に入力した文字の配置を整えたり、表全体をページの中央に配置したりして、表を整えることができます。また、表の周囲を**太線**にするとか、縦線を**点線**にするとかして線種を変更したり、**セルに色**を付けたりして、体裁や見た目を整える手順を確認していきましょう。

1 セル内の文字配置を変更する

解説 セル内の文字の配置を変更する

セル内の文字は、上下と左右で配置を変更できます。初期設定では、［上揃え（左）］に配置されています。配置を変更したいセルを選択し、コンテキストタブの［テーブルレイアウト］タブの［配置］グループにあるボタンを使います。

Memo 文字を上下中央に配置

セル内の文字を上下で中央に配置するだけの場合は、揃えたいセルを選択し①、コンテキストタブの［テーブルレイアウト］タブ→［中央揃え（左）］をクリックします。

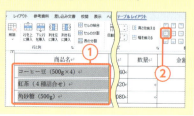

上下、左右で中央揃えにする

1 配置を揃えたいセルを選択し、

2 コンテキストタブの［テーブルレイアウト］タブ→［中央揃え］をクリックすると、

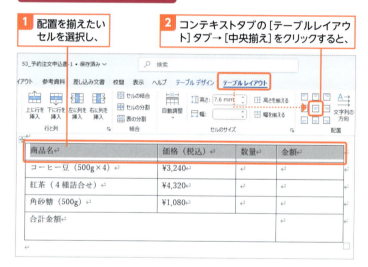

3 選択したセル内の文字が上下、左右で中央に揃います。

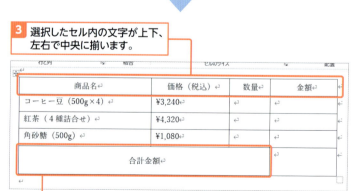

4 同様に「合計金額」のセルも上下、左右で中央揃えにします。

44 表の書式を変更する

上下で中央、左右で右揃えにする

1 右揃えにしたいセルを選択し、

2 コンテキストタブの[テーブルレイアウト]タブ→[中央揃え(右)]をクリックすると、

3 文字がセルの上下で中央、右揃えに設定されます

4 同様にして右下角のセルも上下で中央、右揃えに設定します。

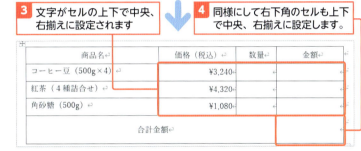

Memo セル内で均等割り付けするには

セル内の文字をセル幅に均等に配置したい場合は、[ホーム]タブ→[均等割り付け]をクリックします①。セル幅いっぱいに文字が広がります②。[均等割り付け]をクリックするごとに設定と解除が切り替わります。

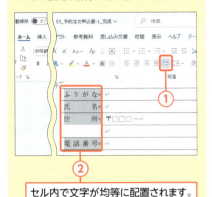

セル内で文字が均等に配置されます。

Memo セルの選択

セルを選択する方法については、p.173を参照してください。

---

2 表を移動する

解説 表の移動

表全体の配置を変更するには、表全体を選択し、[ホーム]タブの[段落]グループにある配置ボタン（≡ ≡ ≡）をクリックします。

1 [表の移動ハンドル]⊞をクリックして表全体を選択し、

2 [ホーム]タブ→[右揃え]をクリックすると、

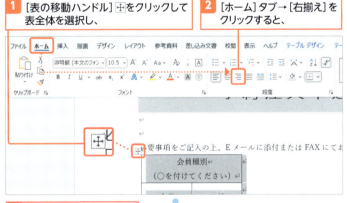

3 表全体が文書に対して右揃えになります。

Memo ドラッグで移動する

[表の移動ハンドル]⊞にマウスポインターを合わせ、ドラッグしても任意の場所に移動できます。

3 線の種類や太さを変更する

解説　表の罫線を変更する

表の罫線を後から変更するには、コンテキストタブの[テーブルデザイン]タブにある[ペンのスタイル]で線の種類、[ペンの太さ]で太さ、[ペンの色]で色を選択して、変更後の罫線の種類を指定します。マウスポインターがペンの形 に変更されるので、1本ずつドラッグして変更できます。また、外枠を変更する場合は、[罫線]で[外枠]を選択すればすばやく変更できます。

Hint　[塗りつぶし]

[塗りつぶし]ではセルの色を変更することができます（p.188参照）。

Memo　罫線の変更を終了するには

ペンのスタイル、太さ、色を変更すると、マウスポインターの形が に変わり、ドラッグでなぞると罫線が変更されます。変更を終了するには Esc キーを押すか、コンテキストタブの[テーブルデザイン]タブの[罫線の書式設定]をクリックします。

外枠を太線に変更する

表の外枠の線の種類を「実線」、太さ「1.5pt」、色を「黒」に設定します。

1 [表の移動ハンドル] をクリックして表全体を選択し、

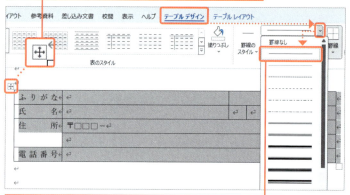

2 コンテキストタブの[テーブルデザイン]タブ→[ペンのスタイル]の をクリックし、罫線の種類をクリックします。

3 [ペンの太さ]の をクリックし、

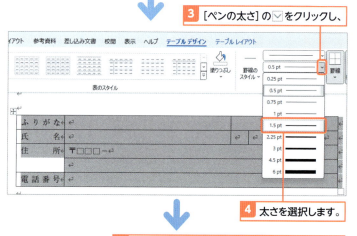

4 太さを選択します。

5 [ペンの色]をクリックして、色をクリックします。

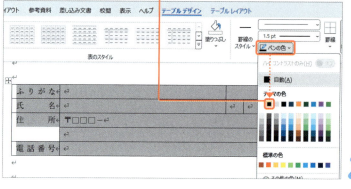

時短のコツ ［罫線］を使った変更

［罫線］をクリックして表示されるメニューを使うと、右の手順のように外枠の罫線を一気に変更することができる他に、セルすべてに同種の罫線を引くことのできる［格子］や、逆にセルすべての罫線を消去する［枠なし］などで、表全体の罫線をすばやく変更できます。クリックするごとに設定と解除が切り替わります。

Memo 同じ設定で罫線を引く

罫線の設定は、直前に指定した設定内容が保持されます。同じ罫線に変更したい場合は、コンテキストタブの［テーブルデザイン］タブの［罫線の書式設定］をクリックしてオンにし①、罫線をなぞるようにドラッグしてください②。

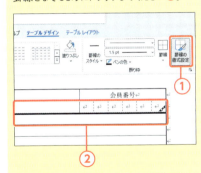

Hint 罫線のスタイルを使う

コンテキストタブの［テーブルデザイン］タブにある［罫線のスタイル］①には、種類、太さ、色がセットになった罫線のスタイルが用意されています。一覧からクリックするだけですぐに設定できます。また、一覧の最後に最近使った罫線のスタイルが履歴として残っています。

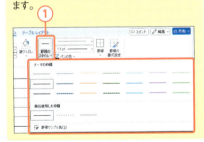

44 表の書式を変更する

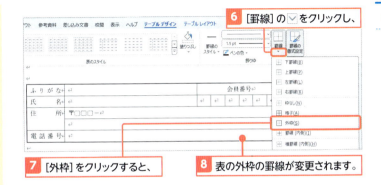

6 ［罫線］の ∨ をクリックし、

7 ［外枠］をクリックすると、

8 表の外枠の罫線が変更されます。

1本ずつ変更する

「会員番号」の区切りの種類を「点線」、太さを「0.5pt」、色を「黒」に設定します。

1 表内にカーソルを移動し、

2 コンテキストタブの［テーブルデザイン］タブ→［ペンのスタイル］で点線を選択します。

3 ［ペンの太さ］で「0.5pt」を選択し、［ペンの色］で「黒」を選択します。

4 マウスポインターがペンの形に変更になったら、変更したい罫線上をドラッグすると、

5 罫線が変更になります。

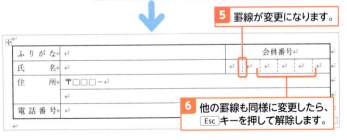

6 他の罫線も同様に変更したら、Escキーを押して解除します。

6 表の基本的な作り方と実践ワザ

187

4 セルの色を変更する

解説 セルの色を変更する

セルの色は、コンテキストタブの[テーブルデザイン]タブにある[塗りつぶし]で変更します。

Hint 色を解除するには

色を解除するには、手順4で[色なし]を選択します。

Hint セルに網かけ模様を設定する

[罫線]を使うと、セルに網かけ模様を設定できます。設定したいセルを選択し、コンテキストタブの[テーブルデザイン]タブ→[罫線]①→[線種とページ罫線と網かけの設定]をクリックして②表示されるダイアログの[網かけ]タブで、背景の色や網かけの種類と色を選択します③。

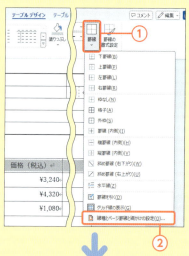

1 色を変更したいセルを選択し、

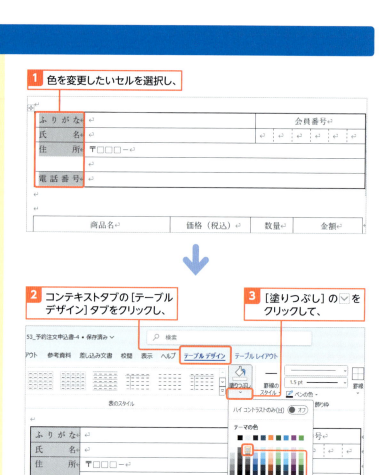

2 コンテキストタブの[テーブルデザイン]タブをクリックし、

3 [塗りつぶし]の▽をクリックして、

4 色をクリックすると、

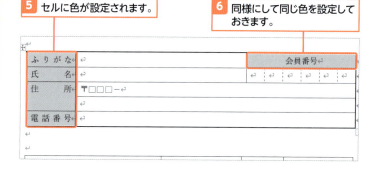

5 セルに色が設定されます。

6 同様にして同じ色を設定しておきます。

表にスタイルを適用する

表のスタイルは、表全体に対して罫線、塗りつぶしの色などの書式を組み合わせたものです。一覧からスタイルをクリックするだけで簡単に表の見栄えを整えられます。行を追加、削除しても自動的に行の色が調整されるため、わざわざ設定し直す必要がなく、便利です。表内にカーソルを移動し①、コンテキストタブの[テーブルデザイン]タブの[表のスタイル]グループで[その他]をクリックして②、一覧からスタイルを選択すると③、表全体にスタイルが適用されます④。

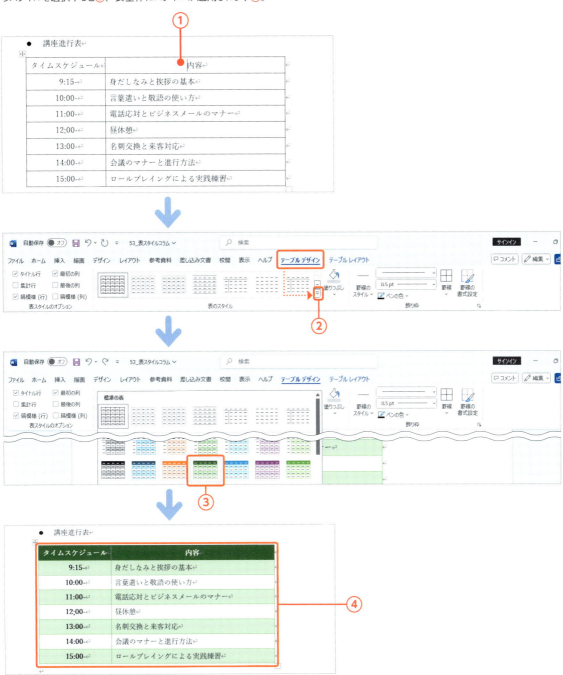

Section 45 Excelの表をWordに貼り付ける

練習用ファイル：📁 45_売上報告-1〜3.docx、45_集計.xlsx

ここで学ぶのは
▶ Excelの表の貼り付け
▶ Excelのグラフの貼り付け
▶ 形式を選択して貼り付け

Excelで作成した**表**や**グラフ**をWordの文書に貼り付けて利用することができます。Wordで作成する報告書の資料として文書内にExcelで集計した表を貼り付ければ、Wordで作り直す必要がなく、効率的に資料作成ができます。

1 Excelの表をWordに貼り付ける

解説 Excelの表を文書に貼り付ける

Excelで作った表をコピーし、Wordの文書で貼り付けするだけで簡単に表が作成できます。貼り付け後は、元のExcelのデータとは関係なく、Wordの表として編集できます。

Excelを起動して使用するファイルを開き、Wordの文書も開いておきます。

1 Excelのファイル（ここでは「集計.xlsx」）を開き、表を選択して、

2 [ホーム] タブ→ [コピー] をクリックします。

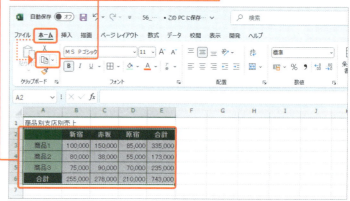

3 Wordの文書で表を挿入する位置にカーソルを移動し、

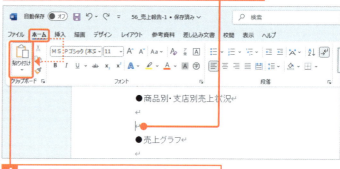

4 [ホーム] タブ→ [貼り付け] をクリックすると、

Memo ExcelとWordを切り替えるには

起動中のExcelとWordを切り替えるには、Windowsのタスクバーに表示されているExcel、Wordのアイコンをクリックします。

Memo: Excelの計算式は貼り付けられない

Excelの表で設定されていた計算式はコピーされず、計算結果の数値が貼り付けられます。

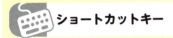

ショートカットキー

● コピー
　Ctrl + C

● 貼り付け
　Ctrl + V

Hint: 表の選択と移動

表の選択についてはp.175を、表の移動についてはp.185を参照してください。

5 Excelの表がWordの表として貼り付けられます。

下の「使えるプロ技」を参照。

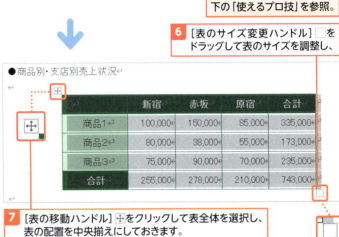

6 [表のサイズ変更ハンドル] □ をドラッグして表のサイズを調整し、

7 [表の移動ハンドル] ⊞ をクリックして表全体を選択し、表の配置を中央揃えにしておきます。

使えるプロ技！ Excelの表を[貼り付けのオプション]で貼り付ける方法

[貼り付け]の ▽ をクリックすると、貼り付け方法を選択できます。また、貼り付け直後に表の右下に表示される[貼り付けのオプション]をクリックしても同じメニューが表示され、貼り付け方法を変更できます。なお、前ページの手順❹の[貼り付け]では、[元の書式を保持]で貼り付けられます。[リンク(元の書式を保持)]❸と[リンク(貼り付け先のスタイルを適用)]❹は、元のExcelデータと連携しています。表示される値は数字ではなくフィールドです。そのため、表の数字をクリックし、F9 キーを押すと値が更新され、Shift + F9 キーを押すとフィールド内のフィールドコードが表示されます。

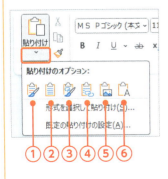

● 貼り付けのオプション一覧

ボタン	名前	内容
①	元の書式を保持	Wordの表として貼り付けられ、Excelで設定した書式がそのまま残る
②	貼り付け先のスタイルを使用	Wordの表として貼り付けられ、Wordの標準的な表のスタイルが適用される
③	リンク(元の書式を保持)	Excelのデータと連携された状態で貼り付けられ、Excelで設定した書式がそのまま残る
④	リンク(貼り付け先のスタイルを適用)	Excelのデータと連携された状態で貼り付けられ、Wordの標準的な表のスタイルが適用される
⑤	図	Excelの表をそのまま図として貼り付ける。そのためデータの変更はできない
⑥	テキストのみ保持	データの区切りをタブにして、文字だけを貼り付ける

2 Excel形式で表を貼り付ける

解説　Excelのワークシートオブジェクトとして貼り付ける

Excelの表を、ワークシートオブジェクトとして貼り付けると、表をダブルクリックするとExcelがWordの中で起動し、Excelの表としてデータの修正や書式の設定などの編集ができます。
表をコピーしたときの元のExcelのデータとは関係なく、Word内のデータとして編集できます。

Hint　表を図として貼り付ける

Excelの表を編集できない形式で貼り付けたいときは、右の手順 7 で[図（拡張メタファイル）]を選択すると、図として貼り付けられます。他の人に文書を渡すときなどに便利です。

Memo　[リンク貼り付け]を選択した場合

[リンク貼り付け]を選択すると、元のExcelのデータと連携された状態で貼り付けられます。貼り付けた表をダブルクリックすると、コピー元のExcelファイルが開きます。
元のExcelの表を修正すると、その修正がWordの表に反映します。そのため、データを常に最新の状態に保つことができます。この表は、実際にはフィールドが設定されており、Shift + F9 でフィールド内のフィールドコードを確認、F9 キーでデータが更新されます。なお、元のExcelファイルが移動された場合は、再度リンクし直す必要があります。

Excelの表をワークシートオブジェクトとして貼り付ける

Excelを起動して使用するファイルを開き、Wordの文書も開いておきます。

1 p.190の手順 1 ～ 2 でWordに貼り付ける表をコピーしておきます。

2 Wordの文書で表を挿入する位置にカーソルを移動し、

3 [ホーム]タブをクリックして、

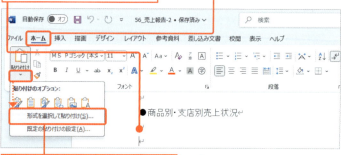

4 [貼り付け]の →[形式を選択して貼り付け]をクリックします。

5 [形式を選択して貼り付け]ダイアログが表示されます。

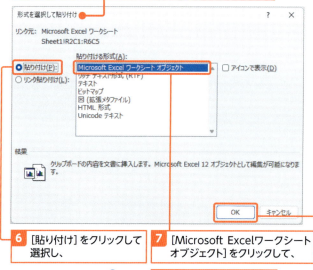

6 [貼り付け]をクリックして選択し、

7 [Microsoft Excelワークシートオブジェクト]をクリックして、

8 [OK]をクリックします。

9 Excelの表が、Excelのワークシートオブジェクトとして貼り付けられます。

Memo ダブルクリックで Excelが起動する

表の内容を編集したいときは表を選択してダブルクリックすると、ExcelがWordの中で起動します。そのままExcelと同じようにデータの修正や書式の設定などを行うことができます。

表の内容を編集する

1 貼り付けた表をダブルクリックすると、

	新宿	赤坂	原宿	合計
商品1	100,000	150,000	85,000	335,000
商品2	80,000	38,000	55,000	173,000
商品3	75,000	90,000	70,000	235,000
合計	255,000	278,000	210,000	743,000

2 Excelが起動し、表がワークシート内に表示され、Excelのリボンが表示されます。

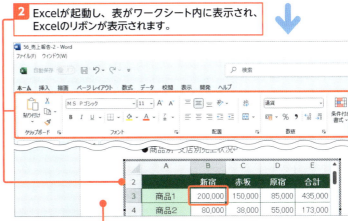

3 データを修正して、Wordの文書をクリックすると、

Hint ダブルクリックしてもExcelのリボンが表示されない場合

右の手順❶で表をダブルクリックしてもExcelのリボンが表示されない場合は、文書を保存し、いったん閉じてから開き直して、再度ダブルクリックしてみてください。

	新宿	赤坂	原宿	合計
商品1	200,000	150,000	85,000	435,000
商品2	80,000	38,000	55,000	173,000
商品3	75,000	90,000	70,000	235,000
合計	355,000	278,000	210,000	843,000

4 Excelが終了してWordの画面に戻り、表の内容が修正されます。

3 ExcelのグラフをWordに貼り付ける

解説 Excelのグラフを文書に貼り付ける

Excelのグラフをコピーし、Wordの文書で、[貼り付け]の ▽ をクリックして貼り付け方法を選択すれば、埋め込み、リンク、図のいずれかの方法で貼り付けられます(p.194の「Memo」を参照)。
ここでは「集計.xlsx」のグラフをWord文書にWordのグラフとして貼り付けます。

Excelを起動して使用するファイルを開き、Wordの文書も開いておきます。

1 Excelのファイル(ここでは「集計.xlsx」)を開き、グラフをクリックして、

2 [ホーム]タブ→[コピー]をクリックします。

Key word グラフの埋め込み

埋め込みとは、作成元のデータと連携しないでデータを貼り付けることで、作成元のデータが変更されても、埋め込まれたデータは変更されません。Excelのグラフを埋め込むと元のExcelのデータとは関係なくWord文書内で自由に編集できます。

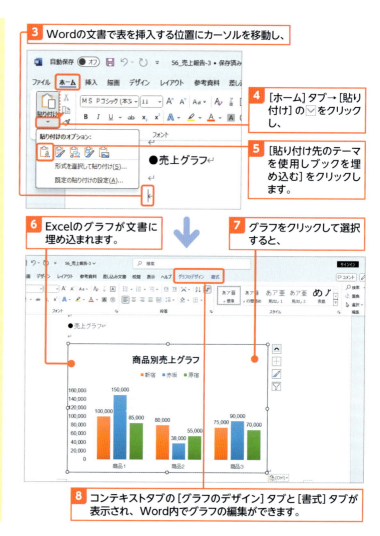

3 Wordの文書で表を挿入する位置にカーソルを移動し、

4 [ホーム]タブ→[貼り付け]の▽をクリックし、

5 [貼り付け先のテーマを使用しブックを埋め込む]をクリックします。

6 Excelのグラフが文書に埋め込まれます。

7 グラフをクリックして選択すると、

8 コンテキストタブの[グラフのデザイン]タブと[書式]タブが表示され、Word内でグラフの編集ができます。

Memo グラフの貼り付け方法の選択肢

[貼り付け]の▽をクリックして表示されるメニューの一覧です。

● 貼り付けのオプション一覧

ボタン		名前	内容
①		貼り付け先のテーマを使用しブックを埋め込む	Excelで設定した書式を削除し、Wordのテーマを適用してグラフが埋め込まれる
②		元の書式を保持しブックを埋め込む	Excelで設定した書式がそのまま残り、Wordにグラフが埋め込まれる
③		貼り付け先テーマを使用しデータをリンク	Excelで設定した書式を削除し、Wordのテーマを適用してグラフがExcelのコピー元ファイルと連携した状態で貼り付けられる
④		元の書式を保持しデータをリンク	Excelで設定した書式がそのまま残り、WordにグラフがExcelのコピー元ファイルと連携した状態で貼り付けられる
⑤		図	グラフをそのまま図として貼り付ける。そのためデータの変更はできない

第 **7** 章

図形を作成する

　ここでは、四角形や直線などの図形の作成と編集方法を説明します。複数の図形を配置した場合は、整列したり、グループ化したりしてレイアウトを整えることもできます。また、文字を任意の位置に表示できるテキストボックスの扱い方も紹介しています。

Section 46 ▶ 図形を挿入する

Section 47 ▶ 図形を編集する

Section 48 ▶ 図形の配置を整える

Section 49 ▶ 文書の自由な位置に文字を挿入する

Section 46 図形を挿入する

ここで学ぶのは
- 図形の描き方
- 四角形／直線
- フリーフォーム

文書中に図形を描いて挿入することができます。四角形や円、直線や矢印などの基本的なものをはじめとして、さまざまな図形を作成し、挿入できます。ここでは、基本的な図形として四角形と直線を例に、作成方法を解説します。

1 図形を描画する

解説 図形を描画する

図形を描画するには、[挿入]タブの[図形の作成]をクリックし、一覧から作成したい図形をクリックして、ドラッグします。初期設定では、青色で塗りつぶされた図形が作成されます。作成後、色やサイズなどを変更して目的の図形に整えます。

Memo 中心から描画する

Ctrlキーを押しながらドラッグすると、図形が中心から描画されます。

Keyword レイアウトオプション

図形を作成後、図形の右上に[レイアウトオプション]が表示されます。クリックすると、図形に対する文字列の折り返しや配置などのメニューが表示されます。

Memo 図形の選択と解除

図形の中または境界線でマウスポインターの形が の状態でクリックすると図形が選択され、周囲に白いハンドル が表示されます。図形以外をクリックすると選択が解除されます。

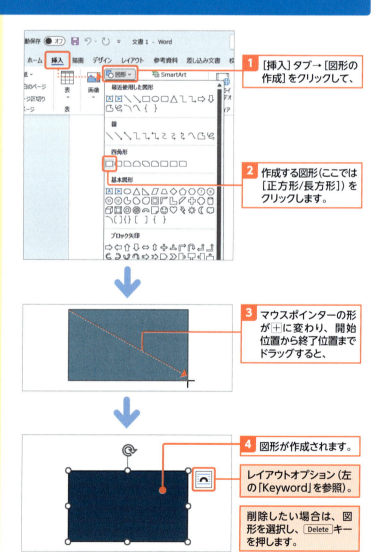

1 [挿入]タブ→[図形の作成]をクリックして、

2 作成する図形(ここでは[正方形/長方形])をクリックします。

3 マウスポインターの形が ╋ に変わり、開始位置から終了位置までドラッグすると、

4 図形が作成されます。

レイアウトオプション(左の「Keyword」を参照)。

削除したい場合は、図形を選択し、Deleteキーを押します。

2 直線を引く

 解説　直線を描画する

直線はドラッグした方向に自由な角度で引くことができます。線には、直線だけでなく、矢印の付いた直線や、コネクタなどさまざまな種類が用意されています。

 Memo　正方形や水平線を描画する

Shift +ドラッグで正方形や正円など縦と横の比率が1対1の図形を描画できます。また、直線の場合は、水平線、垂直線、45度の斜線が描画できます。

Key word　オブジェクト

文書に作成された図形を「オブジェクト」といいます。オブジェクトは、図形の他に、ワードアート、画像、アイコン、SmartArt、スクリーンショットなどがあります。

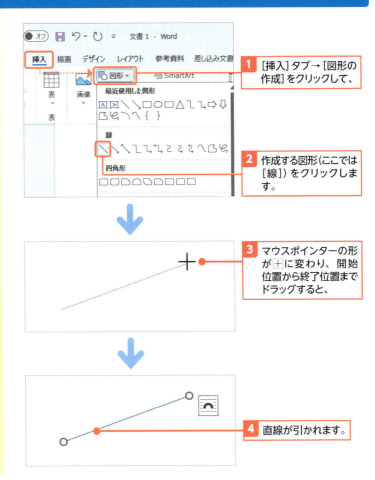

1. [挿入]タブ→[図形の作成]をクリックして、
2. 作成する図形(ここでは[線])をクリックします。
3. マウスポインターの形が+に変わり、開始位置から終了位置までドラッグすると、
4. 直線が引かれます。

使えるプロ技！　フリーフォームで自由な図形を描く

自由な形で図形を描きたい場合は、[フリーフォーム：図形]を使います。[フリーフォーム：図形]を使うと、ドラッグの間はペンで書いたような自由な線が引けます。また、マウスを動かしてクリックすると、その位置まで直線が引かれます。クリックする位置を角にしてギザギザの線が引けます。終了位置でダブルクリックすると描画が終了します。開始位置を終了位置にすると、自由な形の多角形が描けます。

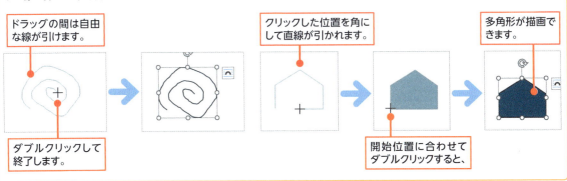

ドラッグの間は自由な線が引けます。
ダブルクリックして終了します。
クリックした位置を角にして直線が引かれます。
開始位置に合わせてダブルクリックすると、
多角形が描画できます。

Section 47 図形を編集する

ここで学ぶのは
- 図形のサイズ変更
- 図形の回転／変形／効果
- 図形のスタイル／色

作成した図形は、初期設定では濃い青緑色で表示されます。作成後に**目的の図形になるように編集**します。大きさや色、回転、変形、影などの効果など、さまざまな設定が行えます。ここでは、これらの基本的な操作を確認しましょう。

1 図形のサイズを変更する

解説　図形のサイズ変更

図形を選択すると周囲に白いハンドル○が表示されます。このハンドルにマウスポインターを合わせ、の形になったらドラッグします。 Shift キーを押しながら角にあるハンドルをドラッグすると、縦横同じ比率を保ったままサイズ変更できます。

1 図形をクリックして選択し、
2 白いハンドルにマウスポインターを合わせ、の形になったらドラッグすると、
3 ドラッグの間は＋の形になり、サイズが変わります。

2 図形を回転する

解説　図形の回転

図形を選択すると、回転ハンドル◎が表示されます。回転ハンドルにマウスポインターを合わせ、の形になったらドラッグすると、回転します。

Memo　上下・左右反転や90度回転させる

上下や左右の反転や90度ごとに回転する場合は、コンテキストタブの［図形の書式］タブ→［オブジェクトの回転］をクリックして、メニューから［右へ90度回転］［左へ90度回転］［上下反転］［左右反転］で設定できます。

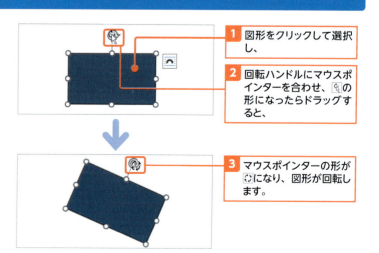

1 図形をクリックして選択し、
2 回転ハンドルにマウスポインターを合わせ、の形になったらドラッグすると、
3 マウスポインターの形がになり、図形が回転します。

Memo 数値で正確に変更する

ハンドルを使用する方法以外にも、数値を直接入力して、図形のサイズの変更や回転角度の変更を正確に行うことができます。

図形のサイズ

図形を選択し、コンテキストタブの[図形の書式]タブの[図形の高さ]と[図形の幅]で数値を指定してサイズ変更できます。

図形の回転角度

コンテキストタブの[図形の書式]タブの[サイズ]グループにある🔽をクリックし①、表示される[レイアウト]ダイアログの[回転角度]で数値を入力すると②、指定した角度に回転します。

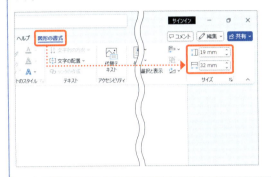

3 図形を変形する

解説 図形を変形する

図形の中には、選択すると黄色い変形ハンドルが表示されるものがあります。変形ハンドルをドラッグすると、図形を変形できます。

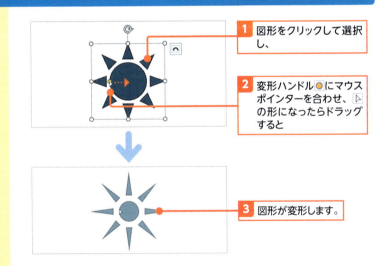

1 図形をクリックして選択し、

2 変形ハンドル🟡にマウスポインターを合わせ、▷ の形になったらドラッグすると

3 図形が変形します。

4 図形に効果を設定する

解説 図形に効果を設定する

図形に影、反射、光彩、ぼかしなどの効果を設定することができます。複数の効果を重ねることもできます。また、[標準スタイル]から複数の効果がセットされたスタイルを選択することもできます。

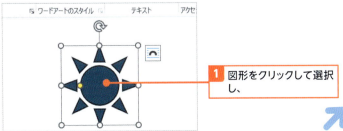

1 図形をクリックして選択し、

> **Memo** 設定した効果を取り消す
>
> 右の手順❸で[標準スタイル]をクリックし、[標準スタイルなし]①をクリックしてすべての効果を取り消します。また、個別の効果の先頭にある[面取りなし]などを選択すると、選択した効果のみ取り消せます。

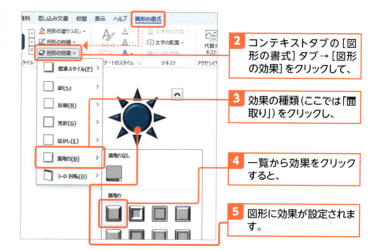

2 コンテキストタブの[図形の書式]タブ→[図形の効果]をクリックして、

3 効果の種類(ここでは「面取り」)をクリックし、

4 一覧から効果をクリックすると、

5 図形に効果が設定されます。

5 図形にスタイルを設定する

> **解説** 図形にスタイルを設定する
>
> 図形のスタイルを使うと、図形の塗りつぶし、枠線、グラデーション、影などをまとめて設定できます。

1 図形をクリックして選択し、

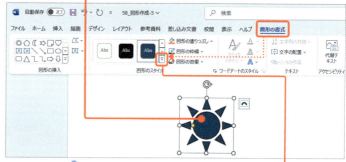

2 コンテキストタブの[図形の書式]タブ→[図形のスタイル]グループの[その他]をクリックし、

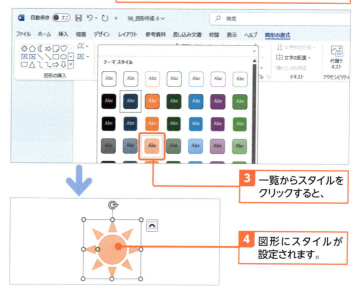

3 一覧からスタイルをクリックすると、

4 図形にスタイルが設定されます。

6 図形の色を変更する

解説　図形の塗りつぶしと枠線の色を変更する

図形の内部の色は［図形の塗りつぶし］①、枠線の色は［図形の枠線］でそれぞれ変更できます②。一覧から選択した後、続けて同じ色を設定したい場合は、左側のアイコンを直接クリックします。

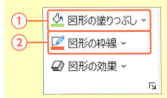

Memo 図形の塗りつぶしを透明にするには

右の手順③で［塗りつぶしなし］をクリックすると、図形の内部が透明になります。

Hint ［塗りつぶし］メニューの内容

① カラーパレットを表示し、一覧にない色を指定できます。
② 指定した画像を表示します。
③ グラデーションを指定します。
④ 紙や布などの素材の画像を指定します。

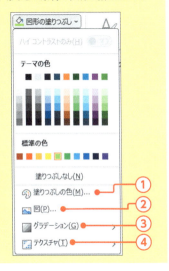

塗りつぶしの色を変える

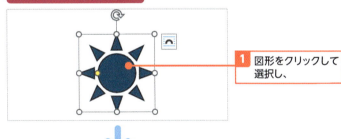

1 図形をクリックして選択し、

2 コンテキストタブの［図形の書式］タブ→［図形の塗りつぶし］をクリックして、

3 一覧から色をクリックすると、

4 図形の塗りつぶしの色が変わります。

枠線の色を変える

1 コンテキストタブの［図形の書式］タブ→［図形の枠線］をクリックし、

2 一覧から色をクリックすると、

3 図形の枠線の色が変わります。

Section 48 図形の配置を整える

練習用ファイル：48_図形練習-1〜3.docx

ここで学ぶのは
- 図形の移動／コピー
- グループ化

図形の**移動**や**コピーの方法**、複数の図形を**整列する方法**や**重なり順の変更方法**を覚えておくと図形の配置を整えるのに便利です。また、複数の図形を**グループ化**するとレイアウトを崩すことなく移動できます。

1 図形を移動／コピーする

解説　図形を移動する

図形を選択し、図形の中または境界線上にマウスポインターを合わせ、の形のときにドラッグすると移動します。Shiftキーを押しながらドラッグすると、水平、垂直方向に移動できます。また、↑↓←→キーを押しても移動できます。

解説　図形をコピーする

図形を選択し、図形の中または境界線上にマウスポインターを合わせ、になったら、Ctrlキーを押しながらドラッグします。また、CtrlキーとShiftキーを押しながらドラッグすると水平、垂直方向にコピーできます。

Memo　連続して同じ図形を作成する

Section46（p.196）の手順②で、作成する図形を右クリックし、[描画モードのロック]をクリックすると、同じ図形を連続して描画できます。描画を終了するには、Escキーを押します。

図形を移動する

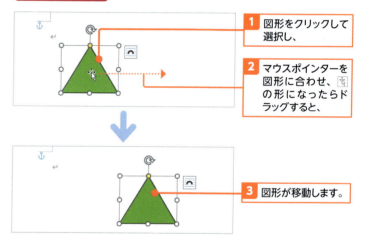

1. 図形をクリックして選択し、
2. マウスポインターを図形に合わせ、の形になったらドラッグすると、
3. 図形が移動します。

図形をコピーする

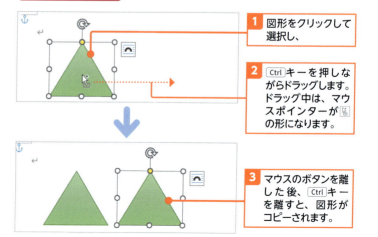

1. 図形をクリックして選択し、
2. Ctrlキーを押しながらドラッグします。ドラッグ中は、マウスポインターがの形になります。
3. マウスのボタンを離した後、Ctrlキーを離すと、図形がコピーされます。

2 図形の配置を揃える

解説 複数の図形の配置を揃える

複数の図形を上端や左端など、指定した位置に配置を揃えるには、コンテキストタブの[図形の書式]タブの[オブジェクトの配置]で揃える方法を指定します。複数の図形を選択するには1つ目の図形をクリックして選択し、2つ目以降の図形を Shift キーを押しながらクリックします。

Memo 図形をグループ化する

図形をグループ化すると、複数の図形をまとめて1つの図形といて扱えるようになります。グループ化したい複数の図形を選択し①、[図形の書式]タブの[オブジェクトのグループ化]をクリックして[グループ化]をクリックします②。

1 2つ目以降の図形は Shift キーを押しながらクリックして選択し、
2 コンテキストタブの[図形の書式]タブ→[オブジェクトの配置]をクリックして、

3 揃える方法をクリックすると、

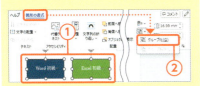

4 図形が指定した方法で揃います。

3 図形を整列する

解説 図形を整列する

複数の図形の左右の間隔や上下の間隔を均等に配置するには、コンテキストタブの[図形の書式]タブの[オブジェクトの配置]で整列方法を指定します。

Memo 整列の基準

初期設定では、[オブジェクトの配置]のメニューの[選択したオブジェクトを揃える]にチェックが付いており、選択した図形を基準に位置を揃えたり、整列したりします。[用紙に合わせて配置]をクリックしてチェックを付けてから整列すると、用紙サイズを基準に図形が揃います。

1 整列したい図形を選択し、
2 コンテキストタブの[図形の書式]タブをクリックし、

3 [オブジェクトの配置]をクリックして、整列方法をクリックすると、

4 図形が等間隔に整列します。

Section 49 文書の自由な位置に文字を挿入する

練習用ファイル：📁 49_フリーマーケット-1～3.docx

ここで学ぶのは
▶ テキストボックス
▶ テキストボックスの余白／枠線
▶ [図形の書式設定]作業ウィンドウ

チラシなど、自由な位置に文字を配置する文書を作成したい場合は、**テキストボックス**を使います。テキストボックスは図形と同じように作成し、編集することができますが、余白の設定や、枠線などのより詳細な設定は**[図形の書式設定]作業ウィンドウ**で行います。

1 テキストボックスを挿入して文字を入力する

解説　テキストボックスを挿入する

テキストボックスを作成すると、文書中の任意の場所に文字を配置できます。[挿入]タブの[図形の作成]をクリックし、[テキストボックス]または[縦書きテキストボックス]をクリックし、ドラッグで作成します。テキストボックスは図形と同様に移動（p.202）やサイズ変更（p.198）ができます。

サンプルファイルのページの下部にテキストボックスを配置します。

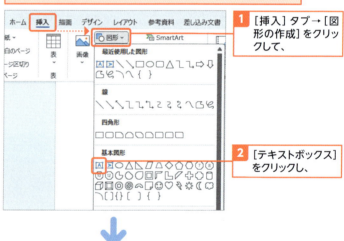

1. [挿入]タブ→[図形の作成]をクリックして、
2. [テキストボックス]をクリックし、

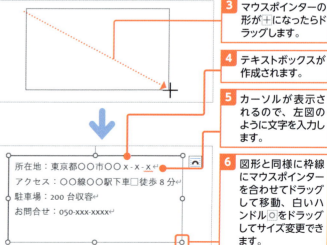

3. マウスポインターの形が＋になったらドラッグします。
4. テキストボックスが作成されます。
5. カーソルが表示されるので、左図のように文字を入力します。
6. 図形と同様に枠線にマウスポインターを合わせてドラッグして移動、白いハンドル○をドラッグしてサイズ変更できます。

Memo　テキストボックスを挿入する別の方法

[挿入]タブの[テキストボックス]で[横書きテキストボックスの描画]または[縦書きテキストボックスの描画]をクリックしてもテキストボックスを作成できます。ここでは、組み込みのデザインされたテキストボックスのテンプレートを使用することができます。

2 テキストボックス内の余白を調整する

 テキストボックスの余白を変更する

テキストボックスの枠線と文字の間隔をもっと狭くしたいとか、広くしたい場合は、[図形の書式設定]作業ウィンドウを表示して、上下左右の余白をミリ単位で変更します。この設定は、四角形や吹き出しなどの図形でも同じ手順で設定できます。

 垂直方向の配置や文字列の方向を変更する

右の手順⑥で、[垂直方向の配置]で上下の配置変更、[文字列の方向]で縦書きなどへの変更ができます。

テキストボックスの行間を狭くしたい

テキストボックスの行間を狭くするには、テキストボックス内のすべての文字を選択し、[ホーム]タブの[段落]グループの▼をクリックして[段落]ダイアログを表示し、[1ページの行数を指定時に文字を行グリッド線に合わせる]のチェックをオフにします(p.99の「使えるプロ技」を参照)。

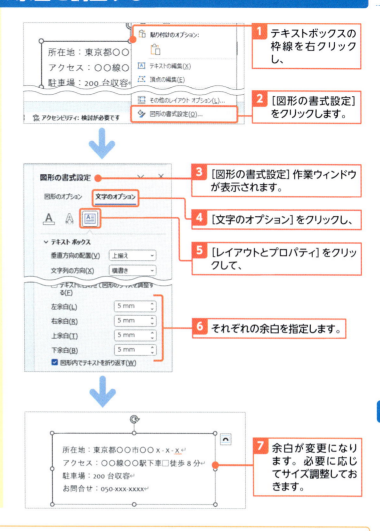

1. テキストボックスの枠線を右クリックし、
2. [図形の書式設定]をクリックします。
3. [図形の書式設定]作業ウィンドウが表示されます。
4. [文字のオプション]をクリックし、
5. [レイアウトとプロパティ]をクリックして、
6. それぞれの余白を指定します。
7. 余白が変更になります。必要に応じてサイズ調整しておきます。

テキストボックスの枠線を二重線に変更する

テキストボックスも図形の枠線と同じで、色、太さ、種類などをコンテキストタブの[図形の書式]タブの[図形の枠線]で変更できます(p.201参照)。二重線にする場合は[図形の書式設定]作業ウィンドウで設定します。
上記の手順で[図形の書式設定]作業ウィンドウを表示し、[図形のオプション]をクリックし①、[塗りつぶしと線]をクリックして②、[線]をクリックして③、[幅]を変更(ここでは「3pt」)し④、[一重線/多重線]で二重線をクリックします⑤。

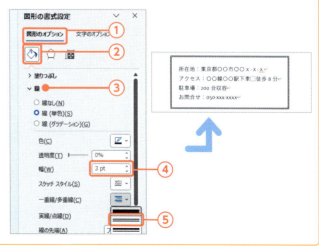

3 テキストボックスのページ内の位置を設定する

解説 テキストボックスをページ内の特定の位置に配置する

テキストボックスは、他の図形と同様にドラッグで自由に移動できますが（p.202）、［オブジェクトの配置］を使うと、本文の状態に関係なく、ページ内の決まった位置に配置できます。配置すると、本文のテキストはテキストボックスの周囲で折り返されるようになります。なお、これは他の図や図形などのオブジェクトでも同様に設定できます。

Memo その他のレイアウトオプション

右の手順③で［その他のレイアウトオプション］をクリックすると、［レイアウト］ダイアログが表示され、オブジェクトの配置位置を詳細に設定できます。

テキストボックスをページの右下に配置します。

1. テキストボックスを選択し、
2. コンテキストタブの［図形の書式］タブ→［オブジェクトの配置］をクリックし、
3. 一覧からページ内の配置（ここでは［右下］）をクリックすると、
4. テキストボックスがページの右下角に配置されます。

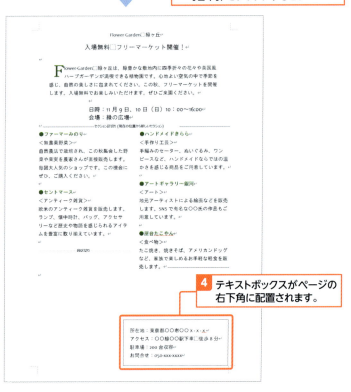

第 **8** 章

文書に表現力を付ける

　ここでは、写真やイラストを挿入したり、デザインされた文字や図表を挿入したりする方法を紹介します。透かし文字を表示する方法も紹介します。これらの機能を使えば、文書をよりきれいにデザインし、表現力豊かになります。

Section 50　▶　写真を挿入する

Section 51　▶　SmartArt を挿入する

Section 52　▶　いろいろな図を挿入する

Section 50 写真を挿入する

練習用ファイル： 50_フリーマーケット-1～3.docx

ここで学ぶのは
- 写真の挿入
- トリミング
- アート効果

パソコンに保存した**写真を文書に挿入**することができます。挿入した写真のサイズを変更したり、切り抜いたり、ぼかしなどの効果を付けたりして、文書の中で効果的に見せるように加工する機能も多数用意されています。

1 写真を挿入する

解説　写真を挿入する

保存されている写真を文書に取り込むには、[挿入]タブの[画像]→[ファイルから]([このデバイス])をクリックします。写真の横幅が文書の横幅より長い場合は、自動的にサイズ調整されて挿入されます。

Memo　サイズ変更や移動は図形と同じ

挿入された写真は、図形と同じオブジェクトとして扱われます。写真をクリックして選択すると、白いハンドルや回転ハンドルが表示されます。図形と同じ操作でサイズ変更、移動、回転ができます(p.198参照)。

Hint　画像の挿入元の種類

画像の挿入元には次の3種類あります。

このデバイス	PCに保存されている画像ファイル
ストック画像	ロイヤリティフリー(無料)の画像(p.214参照)
オンライン画像	Bing検索によって集められたインターネット上の画像(p.215のHint参照)

1 画像を挿入する位置にカーソルを移動し、

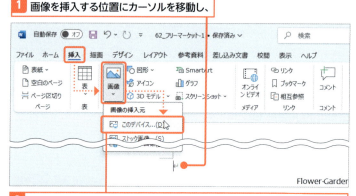

2 [挿入]タブ→[画像]→[ファイルから]([このデバイス])をクリックします。

3 [図の挿入]ダイアログが表示されます。

4 写真が保存されているフォルダーを選択して、写真をクリックし、

5 [挿入]をクリックすると、

6 写真が挿入されます。

2 写真を切り抜く

解説　写真をトリミングする

写真を文書に取り込んだ後、トリミング機能を使えば、必要な部分だけを残すことができます。

1 写真をクリックして選択し、

2 コンテキストタブの[図の形式]タブをクリックして、

3 [トリミング]をクリックします。

Key word　トリミング

写真などの画像で必要な部分だけ残して切り抜くことを「トリミング」といいます。

4 写真の周囲に黒いマークが表示されます。

Memo　実際の写真は切り抜かれない

トリミングが行われるのはWord文書に挿入した写真上のみです。元の写真データの大きさは変わりません。

5 ここでは上辺の黒いマークにマウスポインターを合わせて、⊥の形になったらドラッグすると、

図形に合わせてトリミングする

[トリミング] の ▽ をクリックして①、[図形に合わせてトリミング] をクリックし②、図形をクリックすると③、図形の形に写真を切り抜くことができます④。

6 写真の上部がトリミングされ、表示されない部分がグレーになります。

7 同様に下部をトリミングして、

8 写真以外の場所をクリックするとトリミングが確定します。

Memo 写真の上に文字を表示する

オブジェクトに対する文字列の折り返し方法を変更することができます。例えば写真の上に文字が表示されるようにするには、レイアウトオプション ▽ クリックし①、[背面] をクリックします②。

3 写真に効果を設定する

解説 写真に効果を設定する

写真の明るさを調整したり、ぼかしなどの効果を付けるには、コンテキストタブの[図の形式]タブにある[修整][色][アート効果]を使います。これらの効果は組み合わせることもできます。

Memo 明るさ／コントラストをリセットするには

右の手順④で、[明るさ：0%（標準）コントラスト：0%（標準）]をクリックします。

Memo アート効果をリセットするには

右の手順②で[なし]をクリックします。

Memo 写真に設定したすべての効果をリセットするには

写真を選択し、コンテキストタブの[図の形式]タブをクリックし①、[図のリセット]をクリックします②。

明るさとコントラストを調整する

1 写真をクリックして選択し、

2 コンテキストタブの[図の形式]タブをクリックして、

3 [修整]をクリックします。

4 一覧から目的の明るさ／コントラストをクリックすると、

5 写真の明るさとコントラストが変更されます。

アート効果を設定する

1 コンテキストタブの[図の形式]タブ→[アート効果]をクリックし、

2 一覧から目的の効果をクリックすると、

3 写真に効果が追加されます。

Section 51 SmartArtを挿入する

練習用ファイル：51_組織図-1～2.docx

ここで学ぶのは
- SmartArt
- テキストの入力
- SmartArtのスタイル

SmartArtとは、複数の図形を組み合わせて、**組織図**や**流れ図**、**相関関係**などの情報をわかりやすく説明する図表のことです。SmartArtには、8つのカテゴリーの図表が用意されており、内容に合わせて適切なデザインを選択できます。また、必要に応じて図表パーツの追加やデザイン変更も可能です。

1 SmartArtを使って図表を作成する

解説　SmartArtを使って図表を作成する

SmartArtを文書に挿入すると、基本的な図表とテキストウィンドウが表示されます。テキストウィンドウにカーソルが表示されるので、図表に表示したい文字をすぐに入力できます。

Memo　SmartArtのデザインを変更する

文書に挿入したSmartArtは、後から全体的な色合いやデザインを変更することができます。SmartArtをクリックして選択し、コンテキストタブの[SmartArtのデザイン]タブにある[色の変更]で全体的な色合いを変更し①、[SmartArtのスタイル]でデザインを変更できます②。

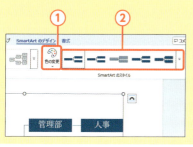

1 SmartArtを挿入する位置にカーソルを移動し、

2 [挿入]タブ→[SmartArt]をクリックすると、

3 [SmartArtグラフィックの選択]ダイアログが表示されます。

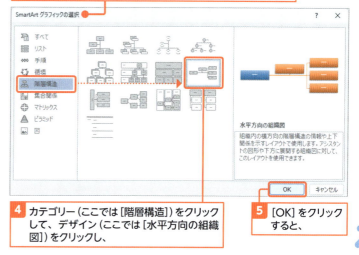

4 カテゴリー（ここでは[階層構造]）をクリックして、デザイン（ここでは[水平方向の組織図]）をクリックし、

5 [OK]をクリックすると、

8　文書に表現力を付ける

212

Memo テキストウィンドウが表示されない場合

SmartArtを選択し、コンテキストタブの[SmartArtのデザイン]タブで[テキストウィンドウ]をクリックします。クリックするごとに表示／非表示が切り替えられます。

6 SmartArtと、カーソルが表示された状態のテキストウィンドウが表示されます。

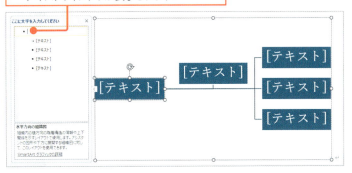

2 SmartArtに文字を入力する

解説 図表に文字を入力する

テキストウィンドウに文字を入力すると、対応する図表パーツに文字が表示されます。図表パーツをクリックしてカーソルを表示して直接入力もできます。なお、図形内の文字サイズは入力された文字長に合わせて自動調節されます。

1 テキストウィンドウにカーソルが表示されている状態で文字（ここでは「社長」）を入力すると、

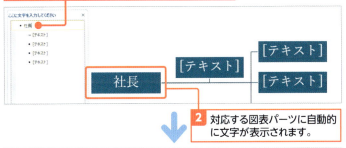

2 対応する図表パーツに自動的に文字が表示されます。

3 ↓キーを押して次の行にカーソルを移動し、文字（ここでは「法務室」）を入力します。

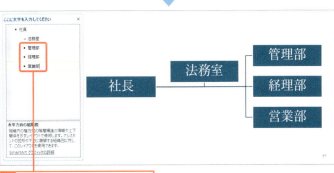

4 同様にして文字を入力します。

Memo Enterキーを押したら、図表パーツが追加された

テキストウィンドウで文字の入力後に、Enterキーを押すと、同じレベルに図表パーツが追加されます。間違えて追加した場合は、Back spaceキーを押すか、Ctrl+Zキーを押して取り消します。

Section 52 いろいろな図を挿入する

練習用ファイル：52_図挿入-1〜4.docx

文書にイラストや画像を取り込むことができます。パソコンに保存したものだけでなくWeb上にあるものも取り込めます。**アイコン**や**3Dモデル**といった特殊な画像も追加できます。また、パソコンで開いている**地図**などの画面を切り取り、文書に挿入することもできます。ここではいろいろな図の利用方法を確認しましょう。

ここで学ぶのは
- イラスト／画像／ストック画像
- アイコン／3Dモデル
- スクリーンショット

1 ストック画像を挿入する

解説 ストック画像を取り込む

ストック画像は、Microsoft社が提供している無料（ロイヤリティフリー）で使える画像やイラストです。文書内に挿入して使用することができます。[ストック画像]ダイアログで表示されているカテゴリーをクリックしてカテゴリー別に表示できますが、手順のようにキーワードで検索して目的に合ったものをすばやく表示することもできます。

Hint ストック画像の使用について

ストック画像は、WordやExcelなどOfficeアプリケーション内で使用する場合は無料で使用することができます。使用についての注意点があります。詳細は、Webサイトで確認してください。

Memo より多くの画像を利用するには

Microsoft 365を使用している場合は、より多くの画像の中から選択し、利用することができます。

---

1 画像を挿入したい位置にカーソルを移動し、

2 [挿入]タブ→[画像]→[ストック画像]をクリックすると、

3 [ストック画像]ダイアログが表示されます。

Memo 3Dモデルを挿入する

3Dモデルとは、3次元の立体型イラストです。ドラッグだけで見る角度を変更することができます。[挿入]タブにある[3Dモデル]をクリックし①、表示される[オンライン3Dモデル]ダイアログでキーワードを入力して Enter キーを押します②。キーワードに関連する画像の中から任意の3Dモデルをクリックして③、[挿入]をクリックすると④、3Dモデルが挿入されます。

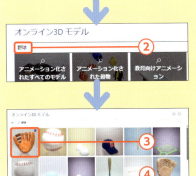

Hint オンライン画像の使用について

手順②で[オンライン画像]を選択すると、[オンライン画像]ダイアログが表示されます。オンライン画像は、インターネット上にある画像やイラストを表示されます。カテゴリーをクリックしてカテゴリー別に表示したり、キーワードで検索したりできます。なお、インターネット上の画像やイラストは、著作権により保護されているものや、使用に際して制限のあるものも含まれます。使用する前に必ず確認し、使用許可を取るなどの対応が必要です。

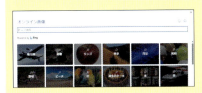

---

4 検索ボックスにキーワード(ここでは「スポーツ」)を入力すると、

5 該当する画像が表示されます。

6 挿入したい画像をクリックしてチェックを付け、

7 [挿入]をクリックすると、

8 画像が挿入されます。

9 取り込んだ画像を調整(ここでは、画像のトリミング、ぼかし効果設定)します。

---

52 いろいろな図を挿入する

8 文書に表現力を付ける

2 アイコンを挿入する

解説 アイコンを挿入する

アイコンは、事象や物などをシンプルに表すイラストです。文書内のアクセントにしたり、絵文字の代わりにしたりして使用することができます。挿入後、サイズ、色などの変更もできます。

Memo アイコンを分解する

アイコンを右クリックし、[図形に変換]をクリックして①、描画オブジェクトに変換すると、アイコンが分解されます②、不要な部品を削除したり、部品ごとに色を付けたりしてアレンジができます③。アレンジが終わったら、部品すべて選択し、グループ化してまとめなおします④（p.203の上のMemo参照）。部品が多い場合は、[ホーム]タブ→[選択]→[オブジェクトの選択]をクリックして、選択モードで囲んで選択すると便利です。

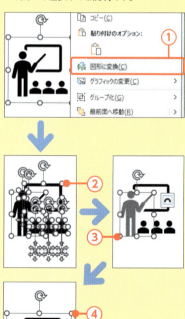

1 アイコンを挿入する位置にカーソルを移動して、

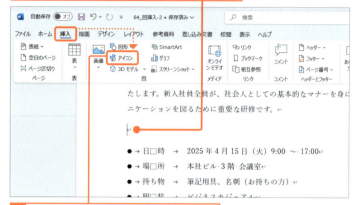

2 [挿入]タブ→[アイコン]をクリックすると、

3 アイコンの一覧が表示されます。

4 分類（ここでは[教育]）をクリックし、

5 アイコンを選択して、[挿入]をクリックすると、

新入社員研修として、ビジネスマナー向上を目的とした「社員マナー研修」を下記の通り実施いたします。新入社員全員が、社会人としての基本的なマナーを身につけ、職場での円滑なコミュニケーションを図るために重要な研修です。

- → 日□時　→　2025年4月15日（火）9:00 ～ 17:00
- → 場□所　→　本社ビル 3 階 会議室
- → 持ち物　→　筆記用具、名刺（お持ちの方）
- → 服□装　　ビジネスカジュアル
- → 講座内容

| タイムスケジュール | 内容 |

6 アイコンが挿入されます。サイズ、文字列の折り返し、位置を調整します。

3 スクリーンショットを挿入する

解説　スクリーンショットを挿入する

スクリーンショットとは、ディスプレイに表示されている全体、または一部分を写した画像のことです。文書にスクリーンショットを取り込むことができます。例えば、インターネットで調べた地図の画面を文書に取り込みたいときに使えます。

Hint　開いているウィンドウ全体を取り込む

手順❹で表示されている画面のサムネイルをクリックすると、開いているウィンドウ全体が取り込まれます。なお、最小化されているウィンドウは表示されないので、操作の前に取り込み対象でないウィンドウは最小化しておくと便利です。

使えるプロ技！　Windows 11 の機能を使ってスクリーンショットを作成する

ディスプレイに画像として使用したい画面を表示しておき、[■]+[Shift]+[S]キーまたは[Print Screen]キーを押すと、スクリーンショット用の画面に切り替わります①。使用する領域をドラッグすると②、クリップボードに保存されるので、貼り付けたい位置にカーソルを移動して[ホーム]タブの[貼り付け]をクリックして貼り付けます。また、ユーザーの[ピクチャ]フォルダー内の[スクリーンショット]フォルダーに自動的に画像ファイルとしても保存されます。

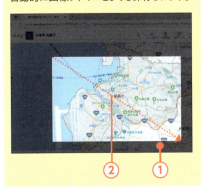

1 文書に取り込みたいウィンドウを開いておきます。

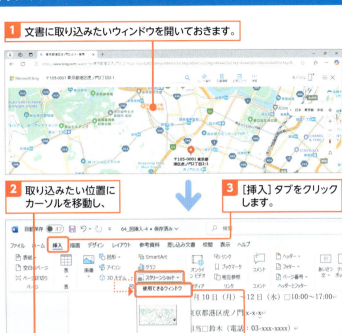

2 取り込みたい位置にカーソルを移動し、

3 [挿入]タブをクリックします。

4 [スクリーンショット]→[画面の領域]をクリックすると、

5 画面が切り替わります。

6 使用する領域をドラッグすると、

7 文書内に貼り付けられます。サイズや位置を調整しておきます。

4 「社外秘」などの透かしを入れる

解説 透かしを挿入する

透かし文字は、文書の背面に表示する文字で、「社外秘」や「複製を禁ず」など取り扱いに注意が必要な文書に設定します。あらかじめ用意されている文字を使用できますが、オリジナルの文字にしたり、図形を挿入したりできます。

1 [デザイン]タブをクリックし、

2 [透かし]をクリックして

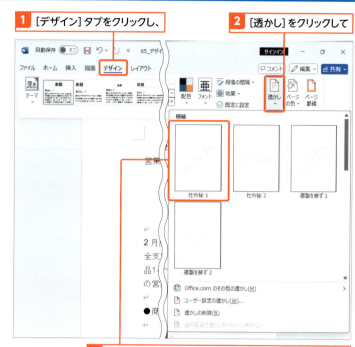

3 一覧から透かし（ここでは[社外秘1]）をクリックします。

使えるプロ技！ オリジナルの文字を透かしにする

右の手順**3**で[ユーザー設定の透かし]をクリックすると、[透かし]ダイアログが表示され、図または、テキストを選択できます。[テキスト]にはリストから選択することも任意の文字を入力することもできます。

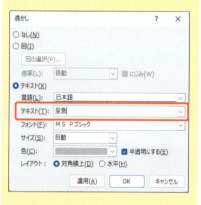

4 文書の背面に透かし文字が表示されます。

Memo 透かしを削除する

透かしを削除するには、右の手順**3**で[透かしの削除]をクリックします。

第9章

文書作成に便利な機能

　ここでは、文書作成時に便利な機能を紹介します。ヘッダーとフッター、誤字や脱字のチェック、目次の自動作成、翻訳機能など、使ってみると実用的で便利です。また、コメントの挿入や変更履歴を記録する方法も覚えておくとよいでしょう。

Section 53 ▶	ヘッダー／フッターを挿入する
Section 54 ▶	長い文書を作成するのに便利な機能
Section 55 ▶	誤字、脱字、表記のゆれをチェックする
Section 56 ▶	翻訳機能を利用する
Section 57 ▶	コメントを挿入する
Section 58 ▶	変更履歴を記録する
Section 59 ▶	2つの文書を比較する
Section 60 ▶	ワードアートを挿入する

Section 53 ヘッダー／フッターを挿入する

練習用ファイル： 📁 53_免疫力アップ講座-1〜3.docx

ここで学ぶのは
▶ ヘッダー
▶ フッター
▶ ページ番号

ヘッダーはページの上余白、**フッター**はページの下余白の領域です。ヘッダーやフッターには、ページ番号、日付、タイトルやロゴなどを挿入でき、その内容は、すべてのページに印刷されます。また、組み込みのスタイルを使用してすばやく作成することもできます。

1 左のヘッダーにタイトルを入力する

解説　ヘッダーとフッター

ヘッダーはページの上余白の領域で、一般的に文書のタイトルや日付、ロゴなどを表示します。フッターはページの下余白の領域で、一般的にページ番号などを表示します。ヘッダー／フッターともに、設定した内容はすべてのページに共通に表示されます。組み込みのサンプルを使えば効率的に設定できます。

Memo　ヘッダー領域と本文の編集領域

ヘッダー領域を表示すると、本文の編集領域が淡色で表示され、編集できなくなります。また、本文の編集領域に戻ると、ヘッダー領域が淡色表示になり編集できなくなります。なお、フッターについても同様です。

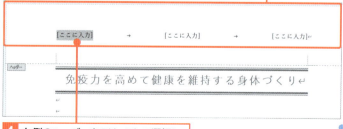

1 [挿入] タブ→ [ヘッダーの追加] をクリックして、

2 一覧からヘッダーのスタイル（ここでは「空白（3か所）」）をクリックすると、

3 ヘッダー領域が表示され、ヘッダーの入力位置に「[ここに入力]」と表示されます。

4 左側のヘッダーをクリックして選択し、

Hint ヘッダーを編集・削除するには

前ページの手順1で[ヘッダーの追加]をクリックして表示されるメニューで[ヘッダーの編集]をクリックすると①、ヘッダー領域が表示され編集できます。また、[ヘッダーの削除]をクリックして削除できます②。

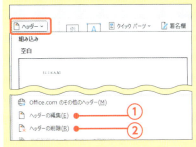

Key word プレースホルダー

「[ここに入力]」はクリックするだけで選択され、文字を入力すると置き換わります。このような入力用のパーツを「プレースホルダー」といいます。

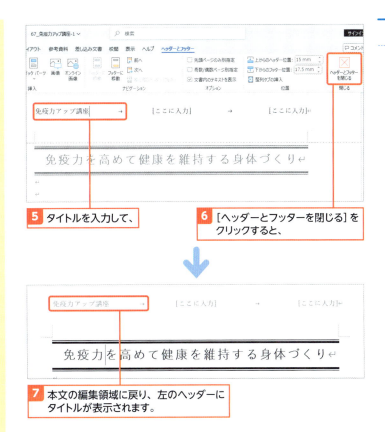

5 タイトルを入力して、

6 [ヘッダーとフッターを閉じる]をクリックすると、

7 本文の編集領域に戻り、左のヘッダーにタイトルが表示されます。

2 右のヘッダーにロゴを挿入する

Hint 画像をヘッダーに表示する

ヘッダーにロゴなどの画像を挿入するには、コンテキストタブの[ヘッダーとフッター]タブで[ファイルから](画像)をクリックして画像ファイルを選択します。挿入された画像は、本文で挿入する画像と同様にサイズ変更など編集ができます。

Memo 不要なヘッダーは削除しておく

使用しないヘッダーは、そのままにしておくと、仮の文字「[ここに入力]」が印刷されてしまいます。使用しないヘッダーは次ページの手順11のようにして削除します。削除してもタブを残しておけば、クリックするとカーソルが表示され、ヘッダーを追加できます。

1 ヘッダー領域をダブルクリックして、ヘッダーを編集できるようにします。

2 右側のヘッダーをクリックして選択し、

3 コンテキストタブの[ヘッダーとフッター]タブ→[ファイルから](画像)をクリックすると、

53 ヘッダー/フッターを挿入する

時短のコツ ヘッダー領域と編集領域をすばやく切り替える

本文の編集中にヘッダー領域をダブルクリックすると、ヘッダーを編集できる状態になります。本文の編集に戻るには、編集領域をダブルクリックします。

Memo ファイル名や作成者などの文書情報を表示する

ヘッダーを挿入する位置をクリックし①、コンテキストタブの[ヘッダーとフッター]タブで[ドキュメント情報]をクリックして②、挿入したい項目をクリックします③。

Memo ヘッダーに日付を表示する

コンテキストタブの[ヘッダーとフッター]タブで[日付と時刻]をクリックすると、[日付と時刻]ダイアログが表示されます。一覧から日付のパターンをクリックし、[OK]をクリックします。[自動的に更新する]のチェックをオンにすると①、文書を開くたびに現在の日付が表示されます。

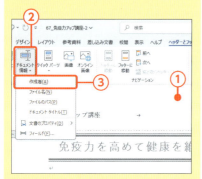

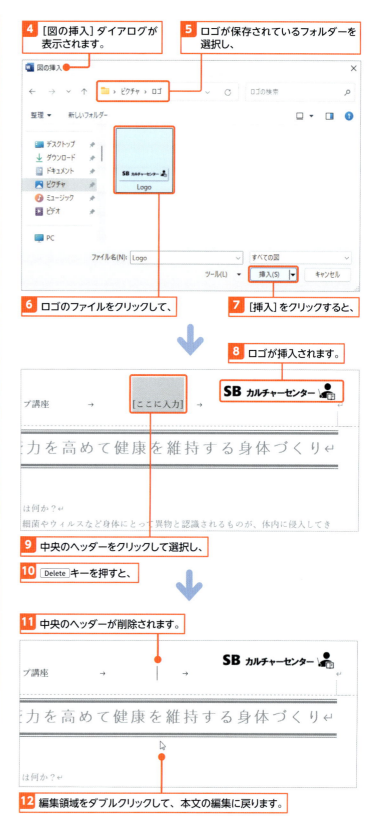

4 [図の挿入]ダイアログが表示されます。

5 ロゴが保存されているフォルダーを選択し、

6 ロゴのファイルをクリックして、

7 [挿入]をクリックすると、

8 ロゴが挿入されます。

9 中央のヘッダーをクリックして選択し、

10 Delete キーを押すと、

11 中央のヘッダーが削除されます。

12 編集領域をダブルクリックして、本文の編集に戻ります。

222

3 中央のフッターにページ番号を挿入する

Hint　フッターを編集／削除するには

[挿入]タブの[フッターの追加]をクリックして表示されるメニューで[フッターの編集]①をクリックするとフッター領域が表示され、編集できます。また、[フッターの削除]②をクリックして削除します。

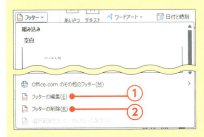

Memo　ページ番号を2から始めるには

[挿入]タブの[ページ番号の追加]をクリックし①、表示されるメニューで[ページ番号の書式設定]をクリックすると②、[ページ番号の書式]ダイアログが表示されます③。[開始番号]に「2」を入力します④。

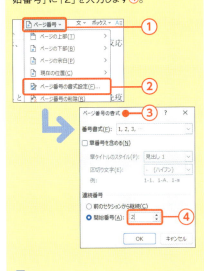

Memo　ページ番号を削除する

[挿入]タブの[ページ番号の追加]をクリックし、[ページ番号の削除]をクリックします。

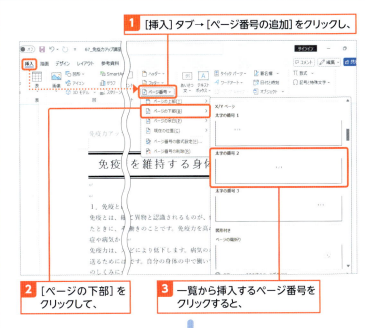

1 [挿入]タブ→[ページ番号の追加]をクリックし、

2 [ページの下部]をクリックして、

3 一覧から挿入するページ番号をクリックすると、

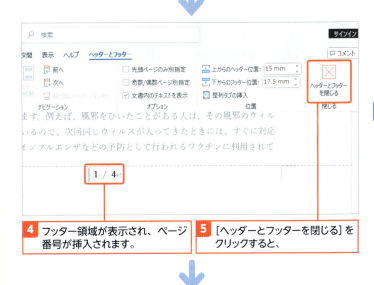

4 フッター領域が表示され、ページ番号が挿入されます。

5 [ヘッダーとフッターを閉じる]をクリックすると、

6 本文の編集領域に戻り、フッターにページ番号が表示されます。

Section 54 長い文書を作成するのに便利な機能

練習用ファイル: 📁 54_免疫力アップ講座-1〜5.docx

論文などページ数が多い文書を作成する場合、見出しとなる文字に**見出しスタイル**を設定するとよいでしょう。見出しスタイルには「見出し1」「見出し2」…があり、見出しのレベルに合わせたスタイルを設定すると、全体的な構成の確認や入れ替え、目次作成など、文書の整理が容易になります。

ここで学ぶのは
- ナビゲーションウィンドウ
- 見出しスタイル
- 目次

1 見出しスタイルを設定する

解説　見出しスタイルを設定する

見出しスタイルは、「見出し1」、「見出し2」などがあり、見出し1が一番上のレベルです。見出しは、[ホーム]タブの[スタイル]グループから選択します。見出しスタイルが一覧に表示されていない場合は、[その他]をクリックして一覧を表示して選択してください。

Memo　見出しスタイルを解除する

見出しスタイルを解除するには、右の手順❷で[標準]をクリックします。

Memo　見出しスタイルの書式を変更する

見出しスタイルを設定した段落で書式変更し、その設定を他の見出しスタイルにも適用するには、書式設定後①、設定されている見出しスタイルを右クリックして②、[選択個所と一致するように見出しを更新する]をクリックします③。

❶ 大見出しを設定する行にカーソルを移動し、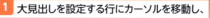

❷ [ホーム]タブ→[見出し1]をクリックすると、

❸ [見出し1]が設定されます。行頭に表示される「・」は見出しを表す編集記号で印刷されません。

❹ [見出し2]を設定する行にカーソルを移動し、

❺ [見出し2]をクリックして、

ショートカットキー

- 見出し1
  Ctrl + Alt + 1
- 見出し2
  Ctrl + Alt + 2
- 見出し3
  Ctrl + Alt + 3

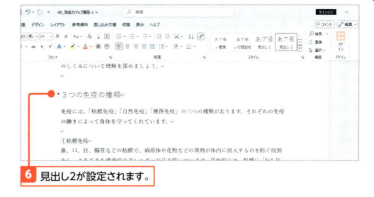

6 見出し2が設定されます。

2 ナビゲーションウィンドウで文書内を移動する

解説 ナビゲーションウィンドウを使って文書内を移動する

ナビゲーションウィンドウを表示すると、見出しスタイルが設定されている段落が階層構造で一覧表示されます。表示された見出しをクリックするだけで、文書内を移動できます。

Key word ナビゲーションウィンドウ

文書の構成を確認したり、検索結果を表示したりするウィンドウです。

Memo 下位レベルを表示／非表示する

ナビゲーションウィンドウの見出しの先頭に付いているは、下位のレベルの見出しを含んでいることを示しています。クリックすると、下位レベルの見出しが折りたたまれ①、▷をクリックすると再表示されます②。

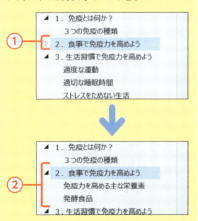

1 [表示] タブをクリックし、

2 [ナビゲーションウィンドウ] をクリックしてチェックをオンにすると、

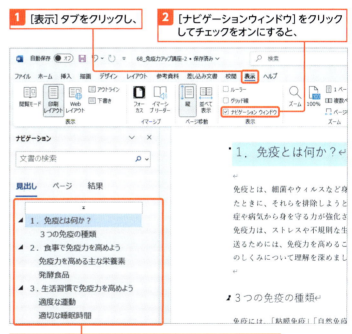

3 ナビゲーションウィンドウが表示され、見出しスタイルが設定されている段落が階層表示されます。

4 ナビゲーションウィンドウで見出しをクリックすると、

5 本文中の見出しが表示されます。

225

3 見出しを入れ替える

解説　見出しの入れ替え

ナビゲーションウィンドウで見出しをドラッグするだけで、下位レベルの見出しや本文も一緒に入れ替えることができます。

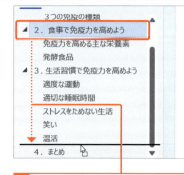

1 移動したい見出しにマウスポインターを合わせ、移動先までドラッグすると、

2 下位レベルの見出しも含めて移動します。

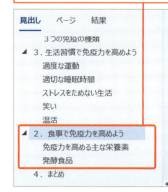

Memo　見出しを削除する

ナビゲーションウィンドウで見出しを右クリックして、[削除]をクリックすると、見出しとその見出しに含まれる下位レベルの見出しと本文も同時に削除されます。

4 目次を自動作成する

解説　目次を自動作成する

見出しスタイルが設定されていると、その項目を使って目次を自動作成できます。手間なく正確に目次が作成できるため便利です。

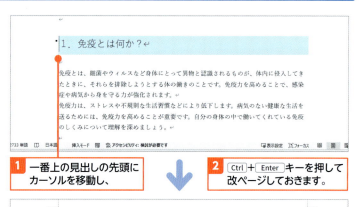

1 一番上の見出しの先頭にカーソルを移動し、

2 [Ctrl]+[Enter]キーを押して改ページしておきます。

3 目次を挿入する位置にカーソルを移動し、

Key word 目次フィールド

作成された目次の部分を「目次フィールド」といいます。Ctrlキーを押しながら、目次フィールドをクリックすると、本文内の見出しに移動します。

Memo 目次を更新する

目次作成後に、見出しやページの変更などがあった場合は目次を更新します。目次内をクリックし、先頭にある[目次の更新]をクリックします①。[目次の更新]ダイアログで[目次をすべて更新する]をクリックして②、[OK]をクリックします③。

④ [参考資料] タブ→ [目次] をクリックして、

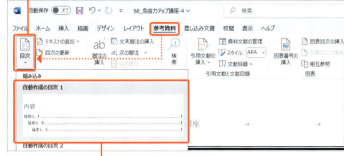

⑤ 一覧から目次のスタイルをクリックすると、

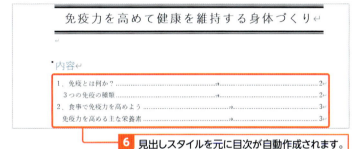

⑥ 見出しスタイルを元に目次が自動作成されます。

5 画面を分割する

解説 画面の分割

[表示]タブの[分割]をクリックすると、画面の中央に分割線が表示され、文書が上下に分割されます。分割した文書はそれぞれ独立してスクロールでき、画面を見比べながら編集できます。

Hint 分割の割合を変更する

分割線にマウスポインターを合わせ、の形になったらドラッグします。

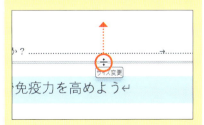

① [表示] タブ→ [分割] をクリックすると、

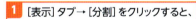

② 画面中央に分割線が表示され、画面が上下2つに分割されます。

[分割の解除] をクリックすると、分割が解除され元の表示に戻ります。

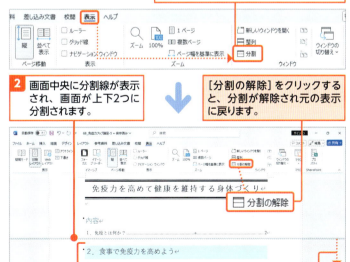

③ 下の画面をスクロールすると、文書の表示範囲が変わります。

Section 55 誤字、脱字、表記のゆれをチェックする

練習用ファイル：📁 55_アロマテラピー入門.docx

ここで学ぶのは
- スペルチェック
- 文章校正
- 表記のゆれ

誤字や脱字、英単語のスペルチェックなど、入力した文章を校正するには、「スペルチェックと文章校正」を使います。スペルミスや「い」抜き言葉や「ら」抜き言葉、文法的におかしい文を検出し、赤波線や青二重線が表示されて確認、修正が行えます。

1 スペルチェックと文章校正を行う

Hint 次の修正候補が表示されなくなった場合

本文内で直接修正した場合、[文章校正]作業ウィンドウに修正候補が表示されなくなります。[再開]をクリックすると①、次の修正候補が表示されます。

Memo スペルチェック

英単語のスペルミスや、日本語の句読点のダブりや入力ミスなどに赤い波線が表示されます。赤い波線は印刷されません。

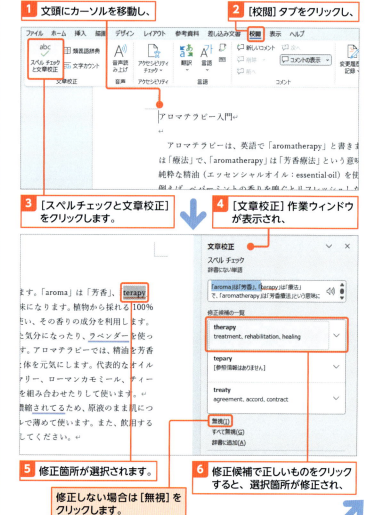

Memo　文章校正と表記のゆれ

「い」抜きや「ら」抜きのような文法が間違っている可能性がある箇所や「ペクチン」「ﾍﾟｸﾁﾝ」のように表記が統一されていない箇所には、青の二重線が表示されます。青の二重線は印刷されません。

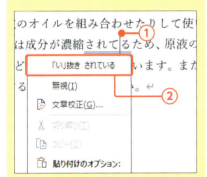

Memo　1つずつ修正するには

赤の波線または青の二重線が表示されている箇所を右クリックし①、メニューに表示される修正候補(ここでは[「い」抜き　されている])をクリックすると②、文字が修正され下線が消えます③。該当する箇所を入力し直して修正しても消えます。また、[無視]をクリックすると下線のみ消えます。

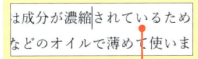

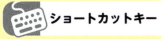

ショートカットキー

- スペルチェックと文章校正
  F7

55　誤字、脱字、表記のゆれをチェックする

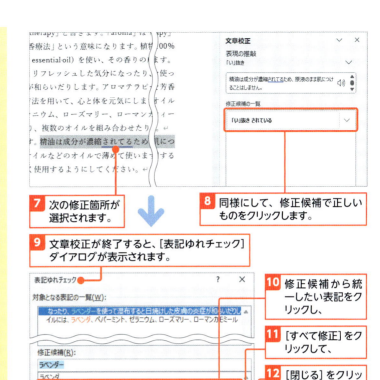

7 次の修正箇所が選択されます。

8 同様にして、修正候補で正しいものをクリックします。

9 文章校正が終了すると、[表記ゆれチェック]ダイアログが表示されます。

10 修正候補から統一したい表記をクリックし、

11 [すべて修正]をクリックして、

12 [閉じる]をクリックします。

13 終了のメッセージが表示されたら、[OK]をクリックします。

使えるプロ技！　文章校正の設定

「い」抜き言葉や「ら」抜き言葉が文章内にあってもチェックされない場合があります。それは、校正レベルが「くだけた文」に設定されているためです。「通常の文」に変更するとチェックされるようになります。このような文章校正の設定は、[Wordのオプション]ダイアログの[文章校正]で行います。

p.43の「使えるプロ技」の方法で[Wordのオプション]ダイアログを表示して[文章校正]をクリックし①、[文書のスタイル]で[通常の文]を選択します②。
また、[この文書のみ、結果を表す波線を表示しない]と[この文書のみ、文章校正の結果を表示しない]のチェックをオンにすると③、現在の文書のみ赤の波線や青の二重線が表示されなくなります。

9　文書作成に便利な機能

229

Section 56 翻訳機能を利用する

ここで学ぶのは
- 翻訳
- 選択範囲の翻訳
- ドキュメントの翻訳

練習用ファイル：📁 56_翻訳.docx

英文の意味がわからない場合、**翻訳機能**が便利です。翻訳機能は多言語に対応しているので、英語だけでなく中国語やフランス語などを翻訳することもできます。また、翻訳範囲を指定することも、文書全体を翻訳することもできます。

1 英文を翻訳する

解説　英語の文書を翻訳する

文書の翻訳はMicrosoft翻訳ツールというオンラインサービスで行います。そのためインターネットが使用できる環境で利用できます。右の手順❸の[ドキュメントの翻訳]では、開いている文書を別の言語に翻訳し、新規文書に表示します。英語をはじめとする外国語を日本語に翻訳するだけでなく、日本語を外国語に翻訳することもできます。

Memo　翻訳後は必ずチェックする

翻訳された文書は、翻訳ツールによる自動翻訳です。翻訳ミスも見受けられますので、うのみにすることなく、必ずチェックし、必要な修正をするようにしましょう。

Hint　[翻訳ツール]作業ウィンドウの見方

[翻訳元の言語]に選択した言語（この場合は英語）が表示され、[翻訳先の言語]に翻訳された言語（この場合は日本語）が表示されます。

ここでは、英文を日本語に翻訳します。

1. 翻訳したい英語の文書を開き、
2. [校閲]タブ→[翻訳]をクリックして、
3. [ドキュメントの翻訳]をクリックします。

4. [翻訳ツール]作業ウィンドウの[ドキュメント]タブが表示されます。
5. 翻訳元の言語を選択し、
6. 翻訳語の言語を選択して、
7. [翻訳]をクリックすると、

Hint 翻訳言語の指定

翻訳元の言語は自動的に検出されます。翻訳先の言語を他の言語に変更したい場合は、［翻訳先の言語］の［▼］をクリックして①、一覧から言語を選択し直してください②。

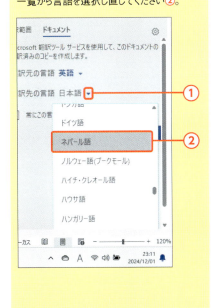

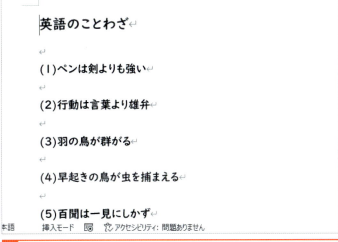

8 指定された言語に翻訳され、新規文書に表示されます。

Memo 文書内の語句をスマート検索（Web）で調べる

スマート検索は、文書内で選択した語句をネット検索できる機能です。調べたい語句を選択し①、［参考資料］タブをクリックし②、［検索］をクリックすると③、［検索］作業ウィンドウが表示され、Bing検索された結果が表示されます。

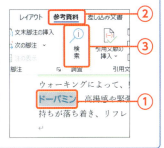

使えるプロ技！ 選択範囲を翻訳する

文書全体ではなく、文書内の選択した範囲だけを翻訳したい場合は、翻訳したい文字列を範囲選択し①、［校閲］タブの［翻訳］で［選択範囲の翻訳］をクリックします②。［翻訳ツール］作業ウィンドウの［選択範囲］タブで、［翻訳元の言語］に選択した文字列が表示され③、［翻訳先の言語］に指定した言語に翻訳されたものが表示されます④。［挿入］をクリックすると⑤、選択されていた文字列が翻訳先の文字列に置き換わります。

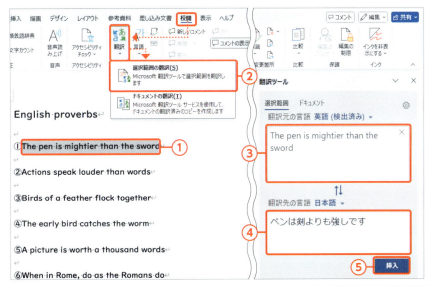

9 文書作成に便利な機能

231

Section 57 コメントを挿入する

練習用ファイル：57_健康通信-1～3.docx

ここで学ぶのは
- コメントの挿入
- コメントの表示／非表示
- コメントの返答

コメント機能を使うと、文書中の語句や内容について、確認や質問事項を欄外に残しておけます。文書内でコメント間を移動しながら、内容を確認し、返答ができます。共有した文書についての意見交換のツールとして使ったり、作成者の確認用の覚書として使ったりと、文章校正時に便利です。

1 コメントを挿入する

解説　コメントの挿入

コメント機能を使うと、文書中の語句や内容について、確認や質問事項を欄外に残しておけます。共有された文書を複数人で校正する場合にやり取りするのに使えます。

Memo　コメントを削除する

削除したいコメントをクリックして選択し、[校閲]タブをクリックして①、[削除]をクリックします②。

ショートカットキー

● コメントの挿入
　Ctrl + Alt + M

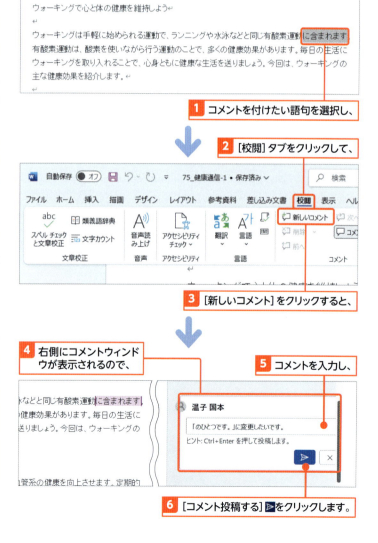

1 コメントを付けたい語句を選択し、
2 [校閲]タブをクリックして、
3 [新しいコメント]をクリックすると、
4 右側にコメントウィンドウが表示されるので、
5 コメントを入力し、
6 [コメント投稿する]をクリックします。

2 コメントの表示／非表示を切り替える

解説 コメントの表示／非表示を切り替える

[校閲]タブの[コメント表示]をクリックするごとにコメントの表示／非表示を切り替えられます。非表示のときはコメント位置に💬が表示されます①。クリックするとコメントが表示され、内容確認や編集ができます。

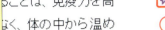

1 [校閲]タブをクリックし、

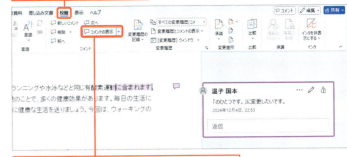

2 [コメントの表示]をクリックしてオフにすると、

3 コメントが非表示になり、コメントが挿入されていた位置に💬が表示されます。

3 コメントに返答する

解説 コメントに返信する

コメントに対する返信をするには、コメントウィンドウにある[返信]ボックスに入力し、[返信を投稿する]➤をクリックします。

Memo 自分が入力したコメントを修正・削除する

自分が入力したコメントを削除するには、ユーザー名の右側に表示される…をクリックし、メニューから[コメントを削除]をクリックします①。また、修正するには、🖉をクリックします②。

コメントが非表示になっている場合は、表示しておきます。

1 返信内容を入力し、　　**2** [返信を投稿する]➤をクリックします。

3 返信が投稿されます。

Section 58 変更履歴を記録する

練習用ファイル：📁 58_健康通信-1〜3.docx

ここで学ぶのは
- 変更履歴の記録
- 変更履歴の承諾
- [変更履歴]ウィンドウ

変更履歴とは、文書内で変更した内容を記録したものです。複数の人数で文書を変更する際に、変更履歴を記録しておくと、誰がどのような変更をしたのか確認できます。変更された内容は、1つずつ確認しながら、承諾したり、元に戻したりして文書への反映を選択できます。

1 変更履歴を記録する

解説 変更履歴を記録する

文書内で変更内容を記録するには、[校閲]タブの[変更履歴の記録]をクリックしてオンにします。ボタンが濃色表示になり、変更内容が記録されるようになります。また、[変更内容の表示]を[すべての変更履歴/コメント]にしておくと、変更内容がすべて表示されるので、どのような変更を行ったのかが一目瞭然です（次ページの「Hint」を参照）。

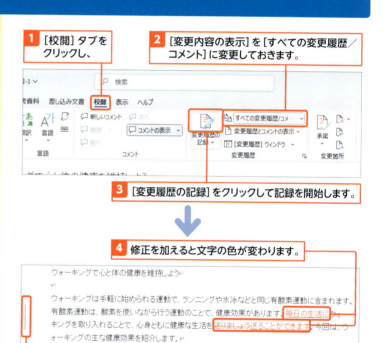

1. [校閲]タブをクリックし、
2. [変更内容の表示]を[すべての変更履歴/コメント]に変更しておきます。
3. [変更履歴の記録]をクリックして記録を開始します。
4. 修正を加えると文字の色が変わります。
5. 変更した行の左余白に灰色の線が表示されます。
6. 変更履歴の記録を終了するには、[校閲]タブ→[変更履歴の記録]をクリックします。

Memo 文字の追加と削除

追加文字には下線が引かれ、削除すると取り消し線が引かれます。

● 追加

健康通信□3月号
○○市□健康管理セン

● 削除

健康通信□3月号
○○市□健康センター

2 変更履歴を非表示にする

解説 変更履歴の表示／非表示

変更履歴の表示／非表示は、変更のあった行の左余白に表示される線をクリックします。灰色の線をクリックすると変更履歴が非表示になり、赤線に変わります。また、赤線をクリックすると変更履歴が表示され、灰色の線に変わります。

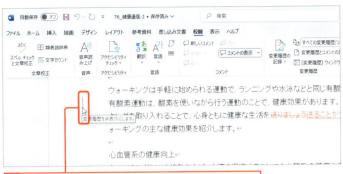

1 変更した行の左余白にある灰色の線をクリックすると、

Memo 変更内容の詳細を確認する

変更履歴が表示されているとき、変更箇所にマウスポインターを合わせると、変更の詳細が表示されます。

2 灰色の線が赤色に変わり、　**3** 変更内容が非表示になり、

4 [変更内容の表示] が [シンプルな変更履歴/コメント] に変更になります。

Hint 変更内容の表示

[校閲] タブの [変更内容の表示] の選択項目によって変更履歴やコメントの表示方法が変わります①。表示方法を切り替えて、変更内容を確認したり、変更前の状態を表示したりできます。

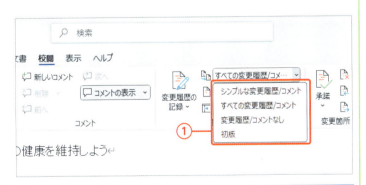

項目	表示内容
シンプルな変更履歴/コメント	変更した結果のみが表示される。変更のあった行の左余白に赤線が表示される
すべての変更履歴/コメント	すべての変更内容が色付きの文字で表示される。変更のあった行の左余白に灰色の線が表示される
変更履歴/コメントなし	変更結果のみが表示される
初版	変更前の文章が表示される

3 変更履歴を文書に反映する

解説　変更履歴の反映

変更内容を1つずつ確認しながら、承諾したり、元に戻したりして、変更履歴を反映していきます。

Memo　変更箇所の確認

[校閲]タブの[変更箇所]では、文書に行った変更履歴を1つずつ確認できます。[前の変更箇所]、[次の変更箇所]で変更箇所の移動を行います。変更を反映する場合は[承諾して次へ進む]を、変更を破棄する場合は[元に戻して次に進む]をクリックします。

使えるプロ技！　変更履歴のオプション

[校閲]タブの[変更履歴]グループの🔽をクリックすると、[変更履歴オプション]ダイアログが表示され、変更履歴に表示するものを編集することができます。さらに[詳細オプション]①をクリックして表示される[変更履歴の詳細オプション]ダイアログでは、変更履歴の色や書式などの変更も行えます。

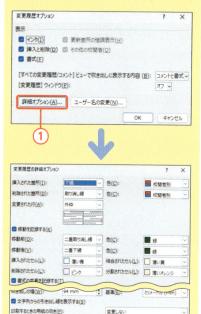

1 文頭にカーソルを移動し、　**2** [校閲]タブをクリックし、

3 [次の変更箇所]をクリックすると、

4 最初の変更箇所が選択されます。

5 ここでは変更を取り消します。[元に戻して次へ進む]をクリックします。

6 変更内容が破棄され、　**7** 次の変更箇所が選択されます。

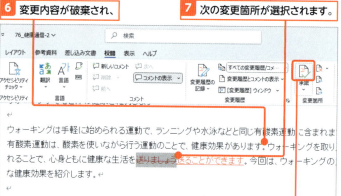

8 ここでは変更を反映します。[承諾して次へ進む]をクリックします。

Memo 変更をまとめて承諾する

変更内容をまとめて承諾して一気に反映するには、[校閲]タブの[承諾して次へ進む]の∨をクリックして①、[すべての変更を反映]をクリックします②。

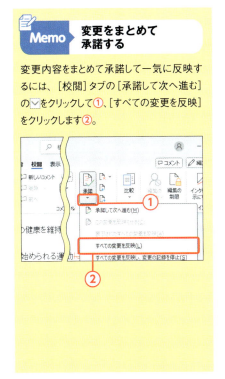

⑨ 変更が反映されます。

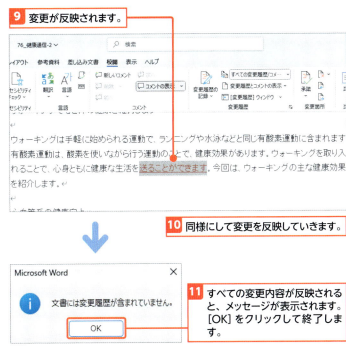

⑩ 同様にして変更を反映していきます。

⑪ すべての変更内容が反映されると、メッセージが表示されます。[OK]をクリックして終了します。

使えるプロ技！ 変更履歴を一覧表示する

[校閲]タブの[[変更履歴]ウィンドウ]をクリックすると①、[変更履歴]作業ウィンドウが表示され②、変更履歴が一覧表示されます。変更内容をまとめて確認したいときに便利です③。

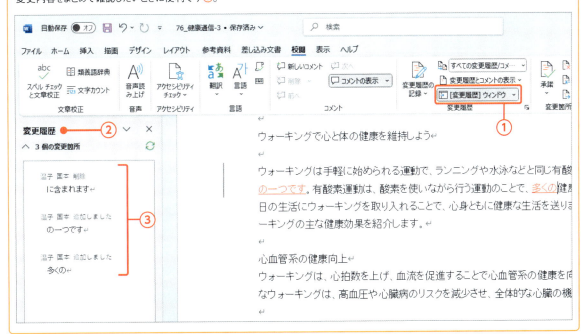

Section 59 2つの文書を比較する

練習用ファイル：59_研修案内.docx、59_研修案内2.docx

ここで学ぶのは
- 比較
- 文書の比較
- 組み込み

比較の機能を使うと、元の文書と変更を加えた文書を比較して、変更点を変更履歴にして比較結果の文書に表示します。変更履歴を記録しないで修正した文書がどこに変更を加えているか確認でき、変更内容をそのまま反映させるか、取り消すか選択できます。

1 2つの文書を表示して比較する

解説　文書の比較

元の文書と変更後の文書を比較して、新規文書に変更点を変更履歴として表示します。どの部分が変更されたのかチェックでき、変更履歴で反映するかどうかも指定できます。

● 元の文書　● 変更された文書

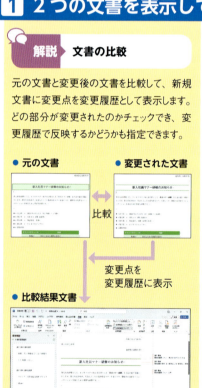

比較
変更点を変更履歴に表示

● 比較結果文書

ここでは、元の文書「59_研修案内」、変更された文書「59_研修案内2」を比較します。それぞれのファイルを開いておいてください。

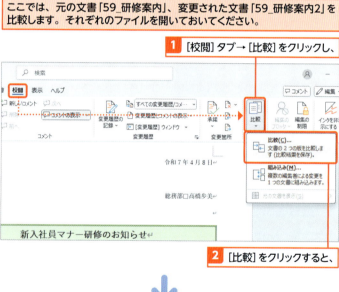

1 [校閲] タブ→ [比較] をクリックし、

2 [比較] をクリックすると、

3 [文書の比較] ダイアログが表示されます。

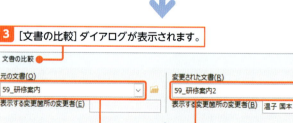

4 [元の文書] の ✓ をクリックして、一覧から [59_研修案内] を選択します。

5 [変更された文書] の ✓ をクリックして、一覧から [59_研修案内2] を選択して、

6 [OK] をクリックします。

2つの文書を比較する

Memo 変更履歴が保存されている文書を比較する

[比較]機能では、2つの変更履歴が保存されていない文書同士を比較します。変更履歴が保存されている文書でも比較したい場合は、前ページの手順❷で[組み込み]をクリックして、両方の文書が持つ変更履歴を1つの文書にまとめます。

Memo 比較する文書を開いていない場合

前ページの手順❹❺で[元の文書]や[変更された文書]の横にあるをクリックすると、[ファイルを開く]ダイアログが表示され、比較する文書を指定できます。

時短のコツ 比較結果だけを表示する

右の手順❾のように[元の文書]と[変更された文書]を閉じて、比較結果だけを表示すれば、変更履歴を確認しながら、反映の作業が行えます。

Memo 非表示にした比較元の文書を再表示する

右の手順❾で[両方の文書を表示]をクリックすると、比較元の文書を再表示できます。

---

7 比較された結果が中央の[比較結果文書]に新規文書として、表示されます。

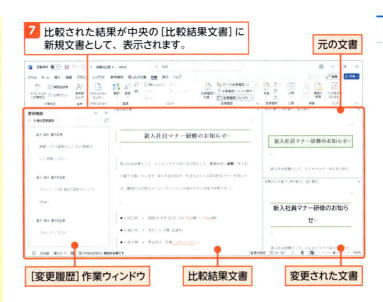

[変更履歴]作業ウィンドウ　　比較結果文書　　変更された文書　　元の文書

8 [校閲]タブ→[比較]をクリックして、

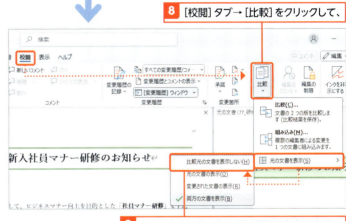

9 [元の文書を表示]→[比較元の文書を表示しない]をクリックすると、

10 元の文書、変更された文書が非表示になり、比較結果の文書のみ表示されます。

Section 60 ワードアートを挿入する

練習用ファイル：📁 60_フリーマーケット-1〜2.docx

ここで学ぶのは
- ワードアート
- オブジェクト
- 効果

ワードアートとは、文字に色や影、反射などの効果を付けて**デザインされたオブジェクト**です。タイトルなど、強調したい文字に対してワードアートを使うと便利です。用意されているスタイルを選択するだけで作成できますが、効果を追加・変更して独自にデザインすることもできます。

1 ワードアートを挿入する

 ワードアートの挿入

文字を選択してから［ワードアートの挿入］をクリックすると、その文字がワードアートに変換され、本文とは別のオブジェクトになります。図形と同様にサイズ変更、移動、回転などの操作ができます。

1 ワードアートに変換する文字を選択して、［挿入］タブをクリックします。

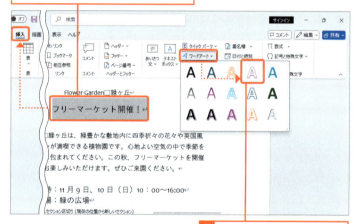

2 ［ワードアートの挿入］をクリックして、ワードアートの種類をクリックすると、

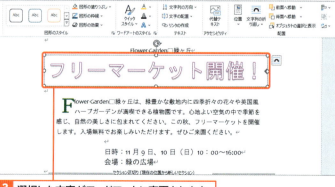

3 選択した文字がワードアートに変更されます。

Memo 先にワードアートを挿入する

文字を選択せずに［ワードアートの挿入］をクリックすると、「ここに文字を入力」と仮の文字が表示されます。そこに表示する文字を入力しましょう。

240

2 ワードアートを編集する

解説 ワードアートのフォントや文字サイズ変更

ワードアートの境界線をクリックして選択してから、フォントや文字サイズを変更すると、ワードアート内の文字全体が変更できます。部分的に変更したい場合は、文字を選択後、変更します。

Hint ワードアートの文字の折り返し設定

ワードアートは、オブジェクトとして扱われます。初期設定では、文字列の折り返しは［四角形］に設定されており、オブジェクトの周囲に文字が回り込みます。右の手順では、領域を横に広げて回り込まないようにしています。

Hint ワードアートを移動する

ワードアートの境界線をドラッグすると、移動できます。

解説 ワードアートのサイズ変更

ワードアートのサイズを変更するには、ワードアートを選択した際に表示される白いハンドル○をドラッグします。この場合、枠のサイズが変更されるのみで文字サイズは変わりません。

Key word レイアウトオプション

文字列の折り返しは、ワードアートの右上に表示される［レイアウトオプション］ ⌃ をクリックして変更できます。

フォントと文字サイズを変更する

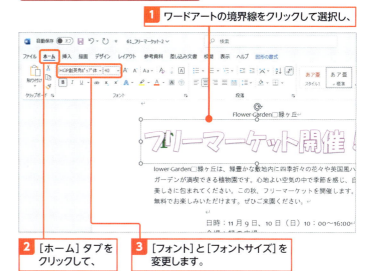

1 ワードアートの境界線をクリックして選択し、

2 ［ホーム］タブをクリックして、

3 ［フォント］と［フォントサイズ］を変更します。

サイズを変更する

レイアウトオプション

1 ワードアートの右の辺上にある白いハンドル○にマウスポインターを合わせ、横幅いっぱいまでドラッグします。

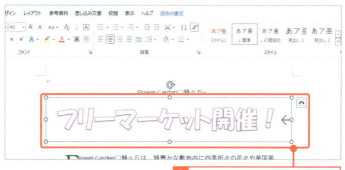

2 ワードアートの領域が広がります。

解説 ワードアートの書式設定

ワードアートの文字の内側の色と枠線を別々に変更できます。コンテキストタブの[図形の書式]タブの[文字の塗りつぶし]で文字の内側の色①、[文字の輪郭]で文字の輪郭を編集できます②。

文字の塗りつぶしを変更する

1 コンテキストタブの[図形の書式]タブ→[文字の塗りつぶし]の▽をクリックして、

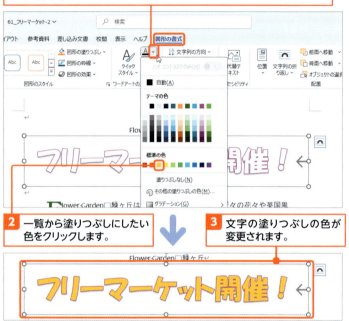

2 一覧から塗りつぶしにしたい色をクリックします。

3 文字の塗りつぶしの色が変更されます。

文字の輪郭を変更する

1 コンテキストタブの[図形の書式]タブ→[文字の輪郭]の▽をクリックして、

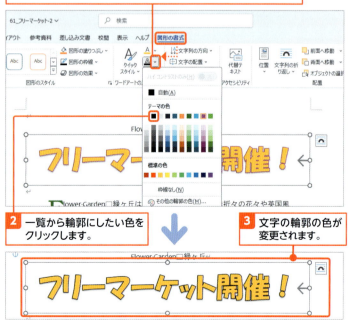

2 一覧から輪郭にしたい色をクリックします。

3 文字の輪郭の色が変更されます。

第 **1** 章

Excel 2024の
基本操作を知る

この章では、Excelを使ううえで知っておきたい基本的な事柄を紹介します。Excelの画面構成や、Excel全体の設定画面などを知りましょう。

目標は、Excelを使うとどんなことができるのかイメージできるようになることと、ファイルを開くなどの基本操作を覚えることです。

Section 01 ▶	Excel って何？
Section 02 ▶	Excel を起動／終了する
Section 03 ▶	Excel の画面構成を知る
Section 04 ▶	Excel ブックを保存する
Section 05 ▶	Excel ブックを開く
Section 06 ▶	Excel の表示方法を指定する
Section 07 ▶	わからないことを調べる
Section 08 ▶	Excel のオプション画面を知る

Section 01 Excelって何?

ここで学ぶのは
- 表計算ソフト
- Excel でできること
- ファイルとブック

Excelとは、計算表を作ったり、表を基にグラフを作ったり、集めたデータを活用・集計したりすることが得意な**表計算ソフト**です。

この章では、Excelでできることをイメージしましょう。また、Excelの起動方法など、最初に知っておきたい基本操作を紹介します。

1 表計算ソフトとは

Excelの主な機能

Microsoft Office (Office)

Officeとは、Microsoft社の複数のソフトをセットにしたパッケージソフトです。セットの内容によってOfficeにはいくつか種類があります。Excelは、どのOfficeにも入っているソフトです。

Excelのバージョン

Officeは、数年に一度、新しいバージョンのものが発売されます。2025年2月時点で一番新しいOfficeは、Office 2024です。Office 2024のExcelは、Excel 2024というバージョンです。

Microsoft 365

Officeを使う方法の中には、Microsoft 365サービスを利用する方法があります。これは、1年や1カ月契約などでOfficeを使う権利を得るサブスクリプション契約のことです。Microsoft 365サービスでOfficeを使用している場合、最新のExcelを利用できます。

小さなマス目を使って表を作れます。

表を基にグラフを作れます。

データを集めて活用できます。

2 表を作れる

Memo 表を作る

Excelでは、「セル」というマス目にデータを入力して表を作れます。また、表のデータを基に計算できます。表のデータが変更された場合、計算結果も自動的に変わります。主に、第2章から第4章で紹介します。

表のデータを使って計算できます。

Memo 表を見やすくする

表を作った後は、見やすいように線を引いたり、文字の大きさを調整したりしましょう。また、表のデータを強調するには、指定した条件に一致するデータを自動的に目立たせる機能を使うと便利です。主に、第5章から第6章で紹介します。

数値の大きさに応じて、異なるアイコンを自動表示できます。

Hint 複数のシートを使える

Excelでは、1つのブックに複数のシートを追加できます（ブックについては下のKeyword参照）。たとえば、シートを12枚用意して、1月～12月までの集計表をまとめて作ることもできます。主に、第10章で紹介します。

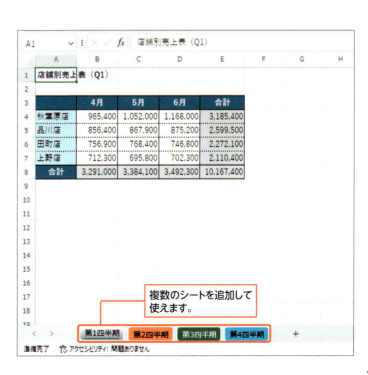

複数のシートを追加して使えます。

Keyword ファイルとブック

パソコンで作ったデータは、ファイルという単位で保存します。Excelでは、ファイルのことをブックともいいます。「ファイル」＝「ブック」と思ってかまいません。

245

3 グラフを作れる

Memo　グラフを作る

表のデータを基に、さまざまなグラフを簡単に作れます。グラフに表示する内容も自由に選択できます。また、わかりやすいように色を付けたりもできます。主に、第7章で紹介します。

Excelではさまざまな種類のグラフを作れます。

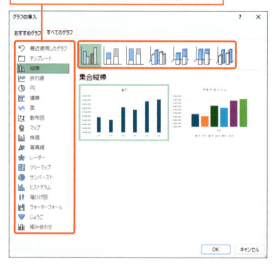

Hint　表とグラフの関係

グラフは、表のデータを基に作ります。表のデータが変わった場合は、グラフにもその変更が反映されるしくみになっています。

表を基に簡単にグラフを作れます。グラフに追加する要素も指定できます。

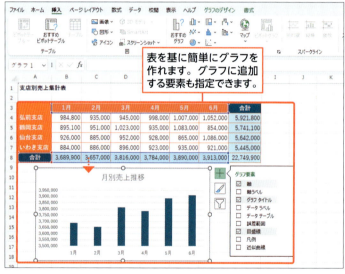

グラフの種類を変更したり、表示内容を変更したりできます。

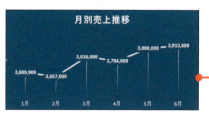

Hint　小さなグラフで推移を表示する

スパークラインの機能を使うと、行ごとのデータの大きさの推移を行の横に表示したりできます。p.394で紹介しています。

4 データを活用できる

Memo データを活用する

決められたルールに沿ってデータを集めると、データを活用できます。データの並べ替え、絞り込み表示なども簡単に実行できます。主に、第8章で紹介します。

データを集めたリストを作り、簡単に活用できる状態に変換できます。

上図のリストから、データを自動的に集計できます。

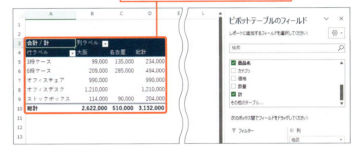

Hint データを集計する

集めたデータを基に、集計表を自動的に作れます。主に、第9章で紹介します。

集計表と連動するグラフを作成できます。

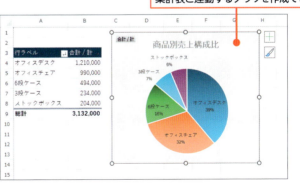

Hint AI機能も使える

AIとは、人工知能といってコンピューターが人間のようにさまざまなことを考えたりする技術です。Microsoft社が提供するさまざまなアプリでも、AIの技術を使った機能が搭載されています。それらの機能をCopilotといいます。
たとえば、Excelで、Microsoft 365 CopilotのCopilot in Excelを利用すると、AI機能によってExcelの操作を手伝ってもらうことができます。強調したいデータを目立たせたり、リストを集計表にまとめたりできます。
なお、ExcelやWordなどでAI機能を利用するための契約方法などは、お使いのMicrosoft 365サービスの種類などによって異なります。

Section 02

Excelを起動／終了する

ここで学ぶのは

▶ Excelの起動
▶ Excelの終了
▶ スタートメニュー

早速、Excelを**起動**してみましょう。Excelを起動すると最初に**スタート画面**が表示されます。スタート画面でこれからすることを選べます。
また、Excelの操作が終わったら、Excelを**終了**してExcelのウィンドウを閉じましょう。

1 Excelを起動する

解説　Excelを起動する

スタートメニューからExcelを起動します。Excelを起動すると最初にスタート画面が表示されます。ここでは、スタート画面から白紙のブックを開きます。

1 スタートボタンをクリックし、
2 ここをクリックします。

3 ここをドラッグするか、画面をスクロールして[Excel]の項目を探します。
4 [Excel]をクリックします。

Memo　Windows 10の場合

Windows 10の場合、スタートボタンをクリックし、表示されるスタートメニューから[Excel]の項目をクリックします。

5 Excelが起動し、スタート画面が表示されます。
6 [空白のブック]をクリックします。

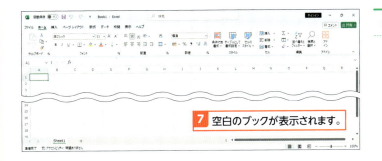

7 空白のブックが表示されます。

2 Excelを終了する

解説 Excelを終了する

Excelの終了時、編集中のブックがある場合は、下図のメッセージが表示されます。[保存]をクリックすると、ブックが上書き保存されます。ブックを一度も保存していない場合は、ブックに名前を付けて保存をする画面に切り替わります（p.252）。

1 [閉じる]をクリックすると、Excelが終了します。

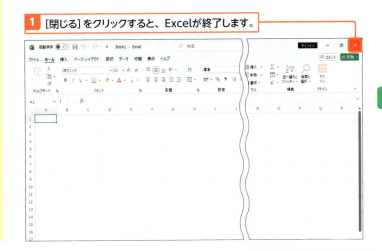

時短のコツ Excelを簡単に起動できるようにする

スタートメニューにピン留めする

スタートメニューのExcelの項目を右クリックし、[スタートにピン留めする]をクリックすると、Excelがスタートメニューの[ピン留め済み]の領域に追加されます。

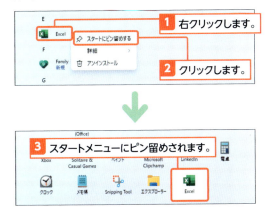

1 右クリックします。
2 クリックします。
3 スタートメニューにピン留めされます。

タスクバーにピン留めする

スタートメニューのExcelの項目を右クリックし、[詳細]→[タスクバーにピン留めする]をクリックすると、タスクバーに常にExcelのアイコンが表示されます。スタートメニューにピン留めしたExcelの項目をタスクバーにドラッグしてピン留めすることもできます。

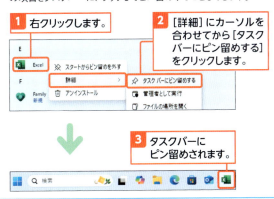

1 右クリックします。
2 [詳細]にカーソルを合わせてから[タスクバーにピン留めする]をクリックします。
3 タスクバーにピン留めされます。

Section 03 Excelの画面構成を知る

ここで学ぶのは
- Excelの画面構成
- シートについて
- セル番地

Excelの画面を見てみましょう。各部の名称は、操作手順の解説の中でも紹介するので一度に覚える必要はありません。
なお、画面の上部に表示されるタブやリボンの表示は、お使いのパソコンによって違う場合もあります。

1 Excelの画面を見る

下図はExcelで新しいブックを用意したときの画面です。ここでは、[ホーム]タブが選択されている状態の画面を例に紹介しています。
なお、パソコンの画面の解像度やExcel画面のウィンドウの大きさなどによって、リボンのボタンの表示内容は異なります。また、お使いのExcelの種類によってボタンの絵柄は若干異なります。

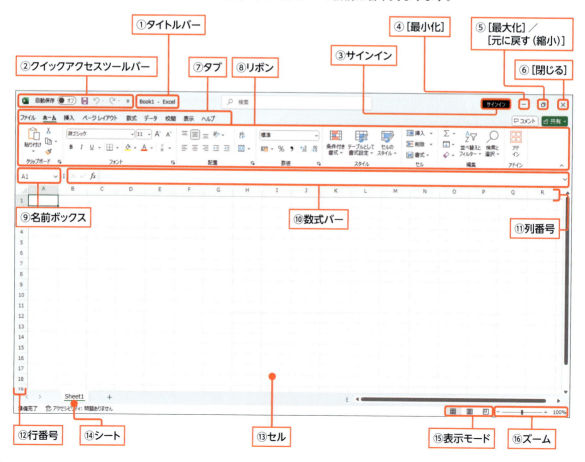

各部の役割を知る

名称	役割
①タイトルバー	開いているブックの名前が表示されます。タイトルバーをダブルクリックすると、Excel画面の最大化と縮小表示が交互に切り替わります。
②クイックアクセスツールバー	頻繁に使用する機能のボタンが表示されています。ボタンを追加して利用することもできます。
③サインイン	Microsoftアカウントにサインインします。
④[最小化]	ウィンドウをタスクバーに折りたたんで表示します。タスクバーのExcelのアイコンをクリックすると、ウィンドウが再び表示されます。
⑤[最大化]／[元に戻す(縮小)]	Excel画面の最大化と縮小表示を切り替えます。画面が小さく表示されている場合は[最大化]が表示されます。画面を最大化しているときは、[元に戻す(縮小)]が表示されます。
⑥[閉じる]	クリックすると、Excelを終了してウィンドウを閉じます。
⑦タブ	タブをクリックすると、リボンの表示内容が変わります。タブをダブルクリックすると、リボンの表示／非表示が切り替わります。
⑧リボン	さまざまな機能のボタンが表示されます。
⑨名前ボックス	アクティブセルのセル番地が表示されます。セルに名前を付けるときなどにも使います。
⑩数式バー	アクティブセルに入力されているデータの内容が表示されます。
⑪列番号	列を区別するための番号です。
⑫行番号	行を区別するための番号です。
⑬セル	表の項目や数値などを入力する枠です。太枠で囲まれているセルは、現在選択しているセルです。アクティブセルといいます。
⑭シート	表やグラフを作る作業用のシートです。
⑮表示モード	Excelの表示モードを切り替えます(p.259参照)。
⑯ズーム	表示倍率を変更します(p.258参照)。

> **Memo　シートの数**
>
> 新しいブックを開くと1つのシートを含むブックが表示されます。1つのブックには、複数のシートを追加できます。複数のシートの扱いについては、第10章で紹介します。

> **Hint　シートの大きさ**
>
> シートの大きさは、16384列、1048576行もあります。白紙のブックを用意したときは、シートの左上隅のほんの一部分が見えている状態です。

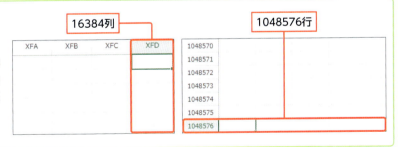

> **Memo　セルの場所のいい方**
>
> シートには、たくさんのセルが並んでいます。個々のセルを区別するためには、セルの位置を列番号と行番号で表すセル番地を使います。たとえば、B列の3行目のセルは、「セルB3」「B3セル」のようにいいます。

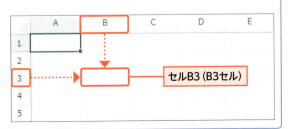

Section 04 Excelブックを保存する

ここで学ぶのは
- 名前を付けて保存
- 上書き保存
- フォルダー

Excelで作った表やグラフを繰り返し使えるようにするには、データを**ブックという単位で保存**しておきます。
なお、一度保存したブックは、**上書き保存**をすると、最新の状態に更新されて保存されます。

1 ブックを保存する

解説 ブックを保存する

Windowsのドキュメントフォルダーに「保存の練習」という名前のブックを保存します。保存するときは、保存する場所とブックの名前を指定します。手順 5 で[ドキュメント]が見えない場合は、[PC]の左の ▷ をクリックして表示を展開します。

Key word フォルダー

フォルダーとは、ファイルを入れて整理する箱のようなものです。ドキュメントフォルダーは、Windowsに最初からあるフォルダーで、ファイルを保存するときによく使う場所です。

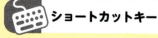

ショートカットキー

● [名前を付けて保存] ダイアログの表示
保存するブックが開いている状態で、
F12

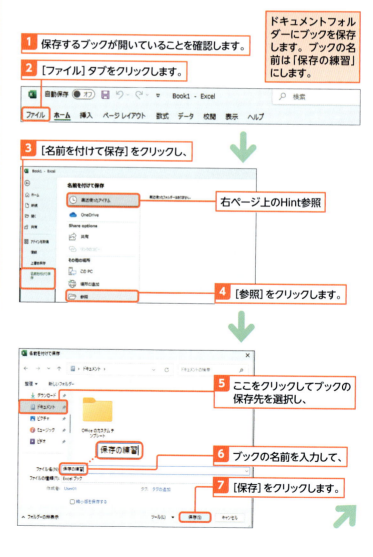

1 保存するブックが開いていることを確認します。
2 [ファイル] タブをクリックします。
3 [名前を付けて保存] をクリックし、
4 [参照] をクリックします。
5 ここをクリックしてブックの保存先を選択し、
6 ブックの名前を入力して、
7 [保存] をクリックします。

ドキュメントフォルダーにブックを保存します。ブックの名前は「保存の練習」にします。

右ページ上のHint参照

Hint 最近使った場所に保存する

ブックを保存するとき、[最近使ったアイテム]をクリックすると、最近使ったフォルダーが表示されます。フォルダーをクリックし、ブックの名前を指定して保存することもできます。

8 「保存の練習」という名前のブックが保存されます。

2 ブックを上書き保存する

解説 上書き保存する

ここでは、ドキュメントフォルダーに保存した「保存の練習」ブックに文字を入力し、最新の状態に更新して保存します。[上書き保存]をクリックすると、タイトルバーに「このPCに保存済み」や「保存しました」の文字が表示されます。ただし、Excelのバージョンによっては、何も表示されません。それでも、上書き保存は完了しています。ブックの編集中は、万が一に備えてこまめに上書き保存をしましょう。
なお、一度も保存していないブックを編集中に、[上書き保存]をクリックすると、名前を付けて保存する画面に切り替わります。

ショートカットキー

● 上書き保存
上書き保存するブックが開いている状態で、Ctrl + S

Hint 元のブックとは別に保存する

現在開いているブックはそのままで、別のブックとしてブックを保存する場合は、ブックに名前を付けて保存します（前ページ参照）。

1 セルA1をクリックして「100」と入力し、Enter キーを押します。

2 [上書き保存]をクリックします。

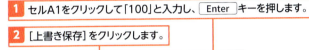

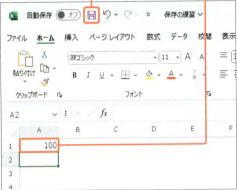

↓

3 ブックが上書き保存されます。

4 ここでは、[閉じる]をクリックしてExcelを終了します。

上書き保存しても画面表示は変わりません。

Hint ブックを閉じる

Excelを終了せずに開いているブックを閉じるには、p.262の方法でBackstageビューを表示して、[その他] → [閉じる]をクリックします。

Section 05 Excelブックを開く

ここで学ぶのは
- ブックを開く
- 新規ブック
- テンプレート

保存したブックを使うには、**ブックを開きます**。ブックを開くときは、保存されている場所とブックの名前を指定します。
また、**新しいブックを用意する**こともできます。白紙のブック以外に、テンプレートを使って新しいブックを作ることもできます。

1 ブックを開く

解説　ブックを開く

前のセクションでドキュメントフォルダーに保存した「保存の練習」ブックを開きます。ブックを開くときは、ブックの保存先とブック名を指定します。手順 5 で[ドキュメント]が見えない場合は、[PC]の左の ▷ をクリックして表示を展開します。

1 Excelを起動しておきます。

2 [ファイル]タブをクリックします。

ドキュメントフォルダーに保存した「保存の練習」ブックを開きます。

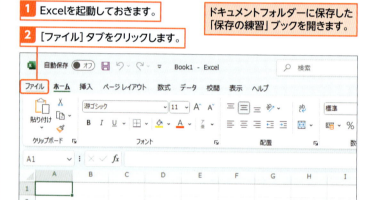

3 [開く]をクリックし、

左のHint参照

Hint　最近使ったブックを開く

最近使ったブックを開くときは、[最近使ったアイテム]をクリックします。すると、最近使ったブックの一覧が表示されます。ブックをクリックすると、ブックが開きます。

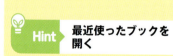

4 [参照]をクリックします。

ショートカットキー

● ブックを開く画面に切り替え
[Ctrl] + [O]

**スタート画面から
ブックを開く**

Excelを起動した直後に表示されるスタート画面からファイルを開くには、スタート画面の[開く]をクリックします。[最近使ったアイテム]をクリックすると、最近使ったブックが表示されます。ブックの項目をクリックするとブックが開きます。

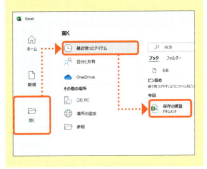

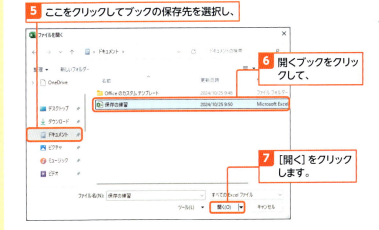

5 ここをクリックしてブックの保存先を選択し、

6 開くブックをクリックして、

7 [開く]をクリックします。

8 ドキュメントフォルダーに保存してある「保存の練習」ブックが開きます。

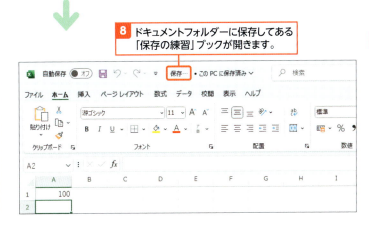

ブックをピン留めする

「開く」をクリックした画面で、[最近使ったアイテム]をクリックすると、最近使ったブックの一覧が表示されます。頻繁に使うブックは、ブックの右側のピンをクリックします。すると、そのブックの項目が一覧の上部の「ピン留め」の項目に固定されます。ピン留めされたブックをクリックすると簡単にブックを開けます。

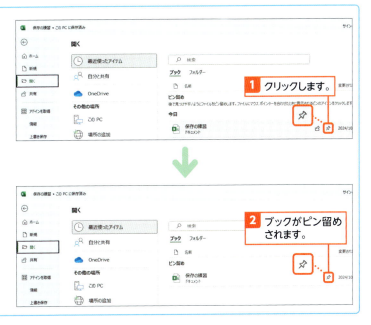

1 クリックします。

2 ブックがピン留めされます。

2 新しいブックを用意する

解説　新しいブックを用意する

白紙のブックを用意します。それには、[空白のブック]を選択します。白紙のブックを開くと、「Book1」「Book2」のような仮の名前が付いたブックが表示されます。

1 [ファイル]タブをクリックします。

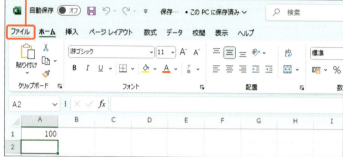

2 [ホーム]、または[新規]をクリックし、

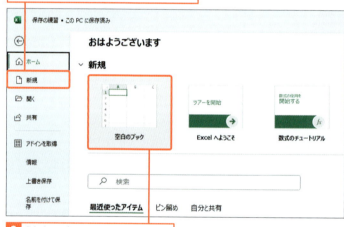

3 [空白のブック]をクリックします。

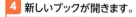

4 新しいブックが開きます。

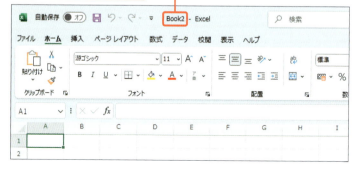

ショートカットキー

● 新しいブックを開く
　Ctrl + N

Memo　スタート画面から用意する

Excelを起動した直後に表示されるスタート画面からも、白紙のブックを用意できます。[空白のブック]をクリックします。

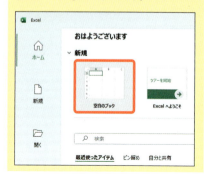

3 テンプレートを利用する

解説　テンプレートからブックを作る

Excelには、Excelでよく使われるようなブックのテンプレートがいくつも用意されています。新しくブックを作るとき、テンプレートを元に作ることもできます。テンプレートを元にブックを作ると、「テンプレート名1」のような仮の名前が付いた新しいブックが用意されます。ブックを保存するには、p.252の方法で保存します。

Key word　テンプレート

テンプレートとは、Excelで作るさまざまなブックの見本のようなサンプルです。サンプルのブックは、原本として保存されています。一般的に原本を修正することはしません。原本を元にしたコピーを開き、コピーを編集してブックを作ります。
なお、この原本は、自分で作ることもできます。たとえば、請求書を作るための原本を用意して使ったりできます。

Memo　テンプレートを探す

テンプレートには、さまざまなものがあります。テンプレートのカテゴリを指定するには、上部の項目名をクリックします。

1 [ファイル]タブをクリックします。

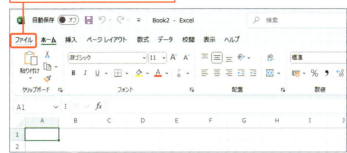

2 [新規]をクリックし、

3 ここを下にスクロールして、

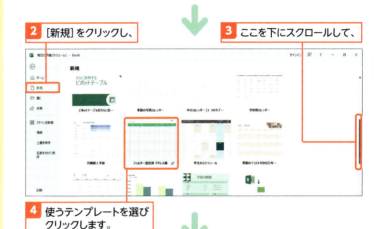

4 使うテンプレートを選びクリックします。

5 [作成]をクリックします。

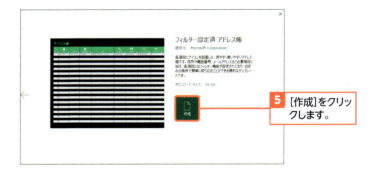

フィルター設定済 アドレス帳1

6 テンプレートを元に新しいブックが作成されます。

Section 06 Excelの表示方法を指定する

ここで学ぶのは
- 拡大／縮小表示
- ズーム
- 表示モード

Excelの画面は、通常100%の表示倍率で表示されますが、表示倍率は変更できます。見やすいように**拡大**／**縮小**する方法を覚えましょう。
また、表やグラフを編集するときの**表示モード**について知っておきましょう。通常は、標準ビューで操作します。

1 表を拡大／縮小する

解説　拡大／縮小する

画面右下のズームの［拡大］をクリックすると拡大されます。［縮小］をクリックすると縮小されます。中央のバーをドラッグして拡大／縮小することもできます。

時短のコツ　マウス操作で拡大／縮小する

Ctrl キーを押しながらマウスのホイールを手前に回転すると、縮小表示になります。
Ctrl キーを押しながら、マウスのホイールを奥に回転すると、拡大表示になります。

Hint　［表示］タブで指定する

［表示］タブ→［ズーム］をクリックすると、［ズーム］ダイアログが表示されます。［ズーム］ダイアログで表示倍率を指定することもできます。

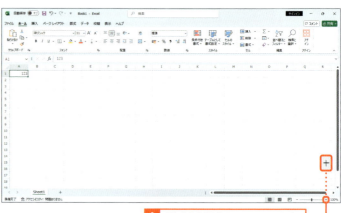

1 ［拡大］を何度かクリックします。

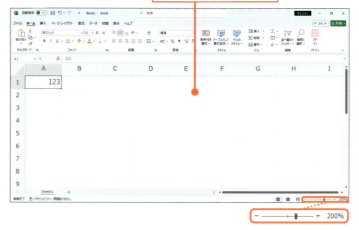

2 拡大して表示されます。

2 表示モードとは？

解説 表示モードを変更する

画面右下のボタンを使うと表示モードを切り替えられます。表やグラフを編集するとき、通常は標準ビューを使います。ページレイアウトビューは、シートの印刷イメージを見ながら編集ができる表示モードです。改ページプレビューは、印刷時の改ページ位置を調整するときなどに使います（p.494参照）。

Memo ［表示］タブで操作する

表示モードを変更するには、［表示］タブのボタンを使う方法もあります。［改ページプレビュー］や［ページレイアウト］をクリックすると、表示モードが切り替わります。

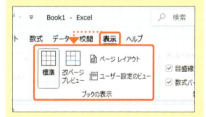

Hint ページの区切りの線

標準ビューからページレイアウトビューや改ページプレビューに切り替えた後、再び、標準ビューに切り替えると、シートを印刷したときのページの区切り位置を示す点線が表示されます。この点線自体は印刷されません。

標準ビュー

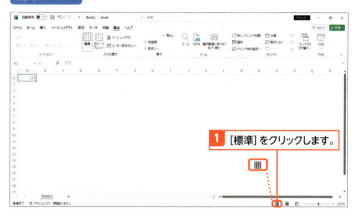

1 ［標準］をクリックします。

ページレイアウトビュー

1 ［ページレイアウト］をクリックします。

改ページプレビュー

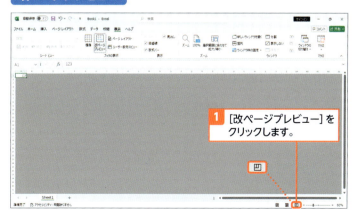

1 ［改ページプレビュー］をクリックします。

Section 07 わからないことを調べる

ここで学ぶのは
- Microsoft Search ボックス
- ヘルプを見る
- 作業ウィンドウ

Excelの操作中に操作方法がわからない場合などは、**ヘルプ機能**を使って調べられます。Excel 2021以降は**Microsoft Search**ボックス（Excel 2016/2019では[**操作アシスト**]**ボックス**）を使って、実行したい操作を入力すると、その機能を呼び出したりできます。

1 わからないことを調べる

解説　Microsoft Searchボックスを使う

ここでは、「拡大する」と入力し、[ズーム]ダイアログ（p.258のHint参照）を表示します。実行したい内容を入力するとき、機能名がわかっている場合は機能名を入力すると目的の項目が見つかりやすいでしょう。機能名がわからない場合は、実行したい内容を簡潔に入力しましょう。

Hint　ブック内を検索する

Microsoft Searchボックスでブック内の文字や最近使用したブックの検索もできます。ブック内の文字を検索するには、検索するキーワードを入力し、「ワークシート内を検索」の項目をクリックすると、[検索と置換]ダイアログが表示されます。また、最近使用したブックを手早く開くには、Microsoft Searchボックスにブック名を入力します。目的のブックが表示されたら、ブックの項目をクリックします。

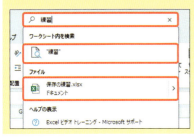

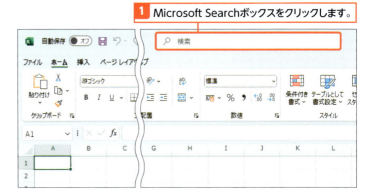

1 Microsoft Searchボックスをクリックします。

2 実行したい内容を入力すると、

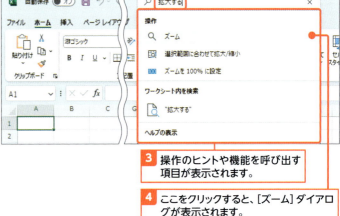

3 操作のヒントや機能を呼び出す項目が表示されます。

4 ここをクリックすると、[ズーム]ダイアログが表示されます。

2 ヘルプの内容を確認する

解説　ヘルプを表示する

ヘルプの項目から、わからないことを調べてみましょう。ここでは、ブックを作る方法を調べています。

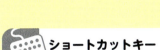

ショートカットキー

● [ヘルプ] 作業ウィンドウの表示 　F1

Key word　作業ウィンドウ

ブックの編集中に画面の右側に表示されるウィンドウを作業ウィンドウといいます。作業ウィンドウの幅を調整するには、作業ウィンドウの左の境界線をドラッグします。また、作業ウィンドウを閉じるには、右上の [閉じる] をクリックします。

クリックすると作業ウィンドウが閉じます。

ドラッグして作業ウィンドウの幅を調整できます。

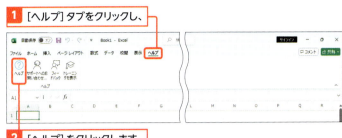

1. [ヘルプ] タブをクリックし、
2. [ヘルプ] をクリックします。

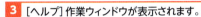

3. [ヘルプ] 作業ウィンドウが表示されます。
4. 見たい項目をクリックします。

5. ヘルプの内容が表示されます。

07　わからないことを調べる

1 Excel 2024の基本操作を知る

261

Section 08 Excelのオプション画面を知る

ここで学ぶのは
- Excel の設定画面
- Excel のオプション
- Backstage ビュー

Excelに関するさまざまな設定を変更するには [Excelのオプション] ダイアログを使います。
[Excelのオプション] ダイアログを開く方法を知っておきましょう。左側の項目を選択すると、右側の設定項目が切り替わります。

1 オプション画面を開く

解説 設定画面を開く

[Excelのオプション]ダイアログを表示します。[Excelのオプション]ダイアログは、本書の中でも、さまざまな場面で使います。設定を変更後に[OK]をクリックすると、設定が変更されて[Excelのオプション]ダイアログが閉じます。

Key word Backstage ビュー

[ファイル]タブをクリックすると表示される画面をBackstage(バックステージ)ビューといいます(下図)。Backstageビューは、ブックを開く、保存するなど、ブックに関する基本的な操作を行うときなどに使います。なお、Backstageビューの表示内容は、Excelのバージョンなどによって若干異なります。

1 [ファイル] タブをクリックします。

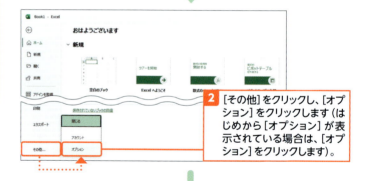

2 [その他] をクリックし、[オプション] をクリックします (はじめから [オプション] が表示されている場合は、[オプション] をクリックします)。

3 [Excelのオプション] ダイアログが表示されます。

第 2 章

表作りの基本を
マスターする

　この章では、基本的な表の作り方を覚えましょう。Excelでは、主に文字や日付、数値で表の項目やデータを入力します。

　目標は、データのコピーや置換などの機能を利用しながら、効率よくデータを入力できるようになることです。

Section 09 ▶	表を作る手順を知る
Section 10 ▶	セルを選択する
Section 11 ▶	表の見出しを入力する
Section 12 ▶	数値や日付を入力する
Section 13 ▶	データを修正する
Section 14 ▶	列幅や行の高さを調整する
Section 15 ▶	データを移動／コピーする
Section 16 ▶	行や列を追加／削除する
Section 17 ▶	行や列を表示／非表示にする
Section 18 ▶	セルを追加／削除する
Section 19 ▶	セルにコメントを追加する
Section 20 ▶	データを検索／置換する
Section 21 ▶	操作をキャンセルして元に戻す

Section 09 表を作る手順を知る

ここで学ぶのは
- 表の作成
- データの入力
- 移動やコピー

Excelで計算表を作るには、セルというマス目に文字や数値、日付などのデータを入力したり、計算結果を表示するための計算式を入力したりします。
この章では、**データを入力する方法**を紹介します。データをコピーしたり、置き換えたりしながら効率よく入力しましょう。

1 表を作るには？

Memo 表を作る

表を作るには、セルに文字や日付、数値などを入力し、必要に応じて計算式を入力します。また、表が見やすいように文字の配置や文字の色などを変更します。

Hint 文字の配置について

文字を入力すると、通常は文字がセルの左に詰めて表示されます。これに対して日付や数値はセルの右に詰めて表示されます。数値は、数値の桁がわかりやすいように通常は、右詰めのままにしておきます。

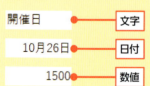

文字や日付、数値を入力します。

必要に応じて計算式を作って計算結果を表示します。

文字やセルの色を変えたり、線を引いたりして見栄えを整えます。

2 データの入力方法を知る

09

Memo データの入力

表にデータを入力するときは、効率よく入力したいものです。この章では、複数のセルに同じデータをまとめて入力する方法や、選択したセル範囲の中でアクティブセルを移動させる方法などを紹介します。

同じデータをまとめて入力

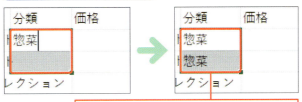

複数のセルに同じデータをまとめて入力できます。

指定したセル範囲に連続して入力

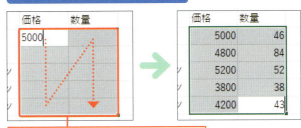

指定したセル範囲に連続して入力できます。

Memo データの移動やコピー

入力したデータを移動したりコピーしたりする方法を覚えましょう。キー操作やドラッグ操作を覚えると便利です。

データを移動／コピー

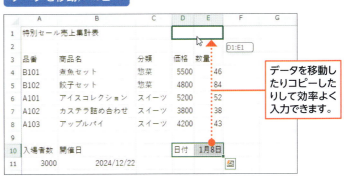

データを移動したりコピーしたりして効率よく入力できます。

Memo 検索や置換

入力したデータを検索したり、指定した文字を別の文字に置き換えたりできます。検索や置換の機能を紹介します。

データを検索／置換

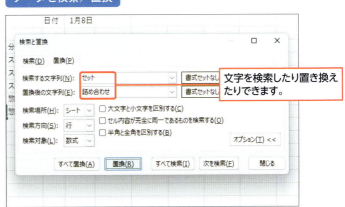

文字を検索したり置き換えたりできます。

Section 10 セルを選択する

ここで学ぶのは
- セルの選択
- セル範囲の選択
- 複数セルの選択

Excelでセルを操作するときは、最初に、対象のセルやセル範囲を正しく選択することが重要です。

まずは、Excel操作の最も基本となる**セルの選択方法**を覚えましょう。離れた場所にあるセルを同時に選択することもできます。

1 セルやセル範囲を選択する

解説　セルを選択する

現在選択されているセルをアクティブセルといいます。たとえばセルC2をクリックすると、セルC2がアクティブセルになります。また、キーボードの←→↑↓キーを押しても、アクティブセルを移動できます。
続いて、セルB3からセルC5までの複数セルを選択してみましょう。範囲で選択されたセルを、セル範囲といいます。本書では、セル範囲を「B3:C5」のように「:」（コロン）で区切って表します。

1 セルC2をクリックします。

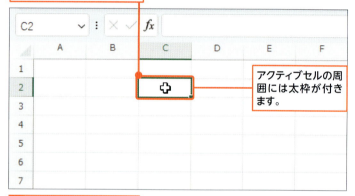

アクティブセルの周囲には太枠が付きます。

2 セルC2が選択されます。

3 セルB3からC5までドラッグします。

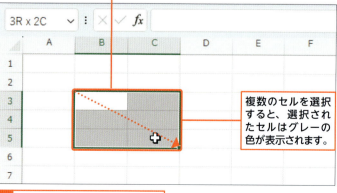

複数のセルを選択すると、選択されたセルはグレーの色が表示されます。

4 セル範囲B3:C5が選択されます。

Hint　名前ボックスを使う

名前ボックスにセル番地を入力して Enter キーを押しても、アクティブセルを移動できます。たとえば、名前ボックスに「B7」と入力して Enter キーを押すと、セルB7がアクティブセルになります。

名前ボックス

2 複数のセルを選択する

解説 複数セルを選択する

複数のセルやセル範囲を選択するときは、1つ目のセルやセル範囲を選択後、Ctrlキーを押しながら同時に選択するセルやセル範囲を選択します。また、セルの選択を解除するには、いずれかのセルをクリックします。

Memo 行や列を選択する

行や列単位でセルを選択するには、選択する行番号や列番号をクリックします。複数行、複数列を選択するには、行番号を縦方向にドラッグ、列番号を横方向にドラッグします。

Hint セルに名前を付ける

セルには、独自の名前を付けられます。名前を付けるには、名前を付けるセルやセル範囲を選択し、名前ボックスに名前を入力してEnterキーを押します。名前の登録後は、名前ボックスの ⌄ をクリックして名前を選択すると、その名前のセルを選択できます。また、セルの名前は、計算式の中でも使えます。

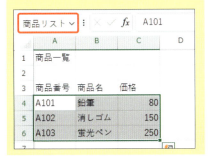

セルA5、セルB2、セル範囲D3：E5を同時に選択します。

1 セルA5をクリックします。

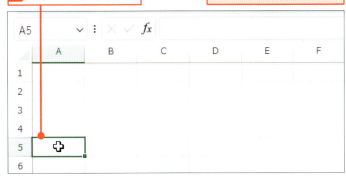

2 Ctrlキーを押しながら、セルB2をクリックします。

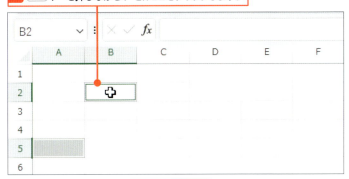

3 これでセルA5とセルB2が選択されます。

4 続いてCtrlキーを押しながら、セルD3からセルE5までドラッグします。

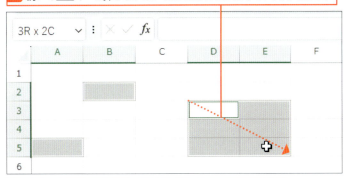

5 これでセルA5とセルB2、セル範囲D3:E5が選択されます。

6 いずれかのセルをクリックすると、セルの選択が解除されます。

Section 11 表の見出しを入力する

練習用ファイル: 11_特別セール売上集計表.xlsx

ここで学ぶのは
- アクティブセル
- セルの選択
- 文字の入力

セルに文字を入力するには、まずは、入力するセルをアクティブセルにします。続いて文字を入力します。

なお、Excelを起動した直後は、日本語入力モードがオフになっています。日本語を入力するときは、日本語入力モードをオンにします。

1 セルに文字を入力する

解説 文字を入力する

表のタイトルや表の内容を入力します。セルを選択してから文字を入力しましょう。文字を確定した後、Enterキーを押すと、セルの中にデータが入ります。セルの幅に文字が収まらない場合、右のセルに文字が溢れて表示されます。その場合、右のセルにデータを入力すると左のセルの文字が隠れますが、列幅を広げることで調整できます。（p.276）。

Memo 入力中に文字が表示されたら

上のセルに入力してあるデータと同じデータを入力しようとすると、オートコンプリート機能が働き、同じデータが自動的に表示されます（下図参照）。同じデータを入力する場合は、そのままEnterキーを押します。違うデータを入力する場合は、表示されたデータを無視してデータを入力します。

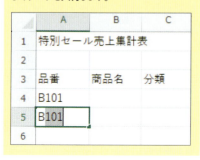

1 セルA1をクリックして、セルA1をアクティブセルにします。

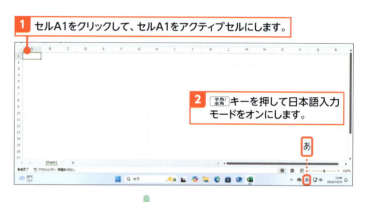

2 半角/全角キーを押して日本語入力モードをオンにします。

3 表のタイトルを入力して確定し、

4 Enterキーを押します。

5 同様の方法で、左図のように文字を入力してみましょう。

2 同じ文字をまとめて入力する

解説　同じ文字を入力する

複数のセルに同じデータを入力するときは、データをコピーしたりする必要はありません。同じデータを入力するセルをすべて選択してデータを入力後、Ctrlキーを押しながらEnterキーを押します。

Memo　データをコピーする

既存のデータと同じデータを入力するときは、データをコピーする方法があります（p.278）。

Hint　Enterキーを押した後の移動方向

文字を入力してEnterキーを押すと、アクティブセルがすぐ下のセルに移動します。文字の入力後にセルを右にずらしたい場合などは、[Excelのオプション]ダイアログ（p.262）を表示し、[詳細設定]をクリックし、[Enterキーを押したら、セルを移動する]の[方向]欄で移動する方向を指定します。

Hint　Tabキーでセルを移動する

データを入力後、Tabキーを押した場合は、アクティブセルが右方向に移動します。

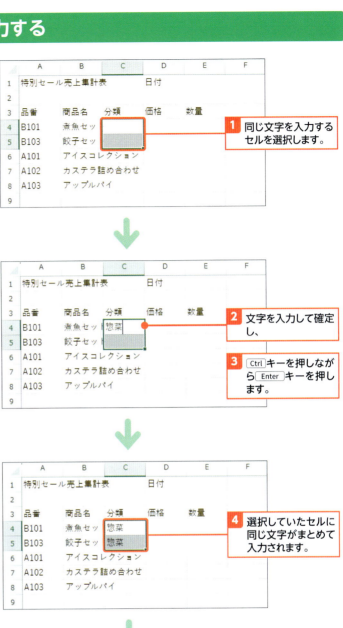

① 同じ文字を入力するセルを選択します。

② 文字を入力して確定し、

③ Ctrlキーを押しながらEnterキーを押します。

④ 選択していたセルに同じ文字がまとめて入力されます。

⑤ 同様の方法で、左図のように文字を入力してみましょう。

Section 12

数値や日付を入力する

練習用ファイル：📁 12_特別セール売上集計表.xlsx

ここで学ぶのは
- 数値の入力
- 日付の入力
- 連続データ

数値や**日付**を入力するときは、日本語入力モードをオフにしてから入力しましょう。表の数値を連続して効率よく入力するには、入力するセル範囲を選択してから操作します。

1 数値を入力する

解説 数値を入力する

数値を入力します。数値は、セルの幅に対して右揃えで表示されます。なお、「1,500」のように桁区切りの「,」(カンマ)を表示する場合、「,」(カンマ)を入力する必要はありません。表示方法は、後で設定します(p.368)。また、セルに「####」と表示される場合は、数値や日付が表示しきれずに隠れてしまっていることを意味します。列幅を広げて表示します(p.276)。

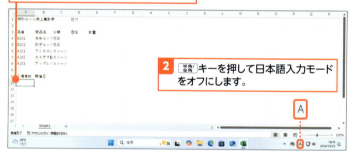

1 数値を入力するセルをクリックします。

2 [半角/全角]キーを押して日本語入力モードをオフにします。

3 数値を入力して[Enter]キーを押します。

Memo 日本語入力モード

数値や日付を入力するとき、日本語入力モードがオンになっていると、数値や日付を入力するのに[Enter]キーを1回ではなく2回押す手間が発生します。そのため、数値や日付を続けて入力するときは、日本語入力モードをオフにしておくとよいでしょう。

4 数値が入力されます。

2 数値を連続して入力する

 数値を連続して入力する

表の数値を効率よく続けて入力するには、最初にセル範囲を選択し、左上から順に入力します。そうすると、選択したセル範囲内でアクティブセルがぐるぐると回るので、アクティブセルを移動する手間が省けて便利です。

 同じ数値を入力する

複数セルに同じ数値を入力するには、まずは複数のセルを選択します。続いて、数値を入力後、Ctrlキーを押しながらEnterキーを押します。

 0から始まる数字の入力方法

数字を入力すると、通常は計算の対象になる数値として入力されます。計算対象ではない「050」などの数字を入力すると、数値とみなされ先頭の0が消えてしまいます。0から始まる数字を入力するには、「'050」のように先頭に「'」(アポストロフィ)を付けて数字を文字として入力する方法があります。なお、数字を文字として入力すると、エラーインジケーター(p.320)が表示されます。

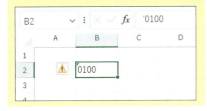

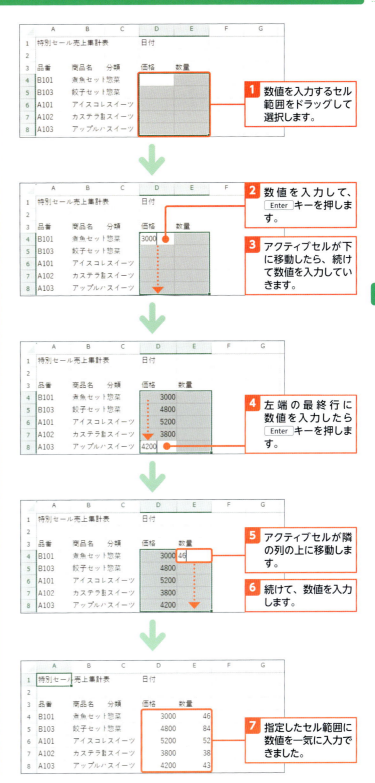

3 今年の日付を入力する

解説 今年の日付を入力する

日付を入力するには、「/」(スラッシュ)または「-」(ハイフン)で区切って入力します。年を省略して月と日を入力すると今年の日付が入力されます。

1 日付を入力するセルをクリックします。

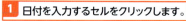

2 月と日を「/」(スラッシュ)で区切って入力します。

3 Enter キーを押します。

4 日付が入力されます。

Memo 入力した日付を確認する

月と日を入力すると、「1月8日」のように表示されますが、実際は、今年の日付が入力されています。日付を入力したセルをクリックすると、実際のデータを数式バーで確認できます。

使えるプロ技! 今日の日付を自動で入力する

今日の日付を入力するには、Ctrl + ; キーを押す方法があります。この場合、「2024/10/25」のように年から表示されます。日付の表示形式は後で変更できます (p.374)。

1 セルをクリックして、Ctrl + ; キーを押します。

2 今日の日付が自動で入力されます。

4 過去や未来の日付を入力する

解説 過去や未来の日付を入力する

日付を入力するときに年の入力を省略すると、今年の日付が入力されます。今年以外の日付を入力するときは、年月日を入力しましょう。年、月、日を「/」（スラッシュ）または「-」（ハイフン）で区切って入力すると、「2024/12/22」のように表示されます。日付をどのように表示するかは、後で指定できます（p.374）。

1 日付を入力するセルをクリックします。

2 年月日を「/」（スラッシュ）で区切って入力します。

3 Enter キーを押します。

4 日付が入力されます。

Memo 日付の表示方法

「2025/1/15」の日付は、「2025年1月15日」「1月15日（水）」「令和7年1月15日」「R7.1.15」などさまざまな表示方法があります。日付をどのように表示するかは、後で指定します（p.374）。曜日などを直接入力してしまうと、Excelが日付として正しく認識してくれないため注意が必要です。

Hint 連続した日付を入力する場合

今日、明日、明後日など連続した日付を入力するときは、1つずつ入力する必要はありません。オートフィル機能を使って簡単に入力できます（p.300）。

Section 13 データを修正する

練習用ファイル： 13_特別セール売上集計表.xlsx

ここで学ぶのは
- データの修正
- データの消去
- 数式バー

入力したデータを**修正**するには、**データを上書きしてまるごと変更**する方法と、**データの一部を修正**する方法があります。
上書きして修正する場合はセルに直接入力します。データの一部を修正する場合はセルか数式バーを使って修正します。

1 データを上書きして修正する

解説 データを上書きする

データを上書きして修正するには、修正するセルをクリックしてデータを入力します。すると、前に入力されていたデータが新しく入力したデータに変わります。

「3000」を「5500」に書き換えます。

1. データを書き換えるセルをクリックします。
2. データを入力し、Enter キーを押します。
3. データが修正されます。

Memo データを消す

セルに入力されているデータを消すには、削除するデータが入っているセルやセル範囲を選択して Delete キーを押します。

2 データの一部を修正する

解説　データの一部を修正する

入力されているデータの一部だけを修正したい場合は、修正したいデータが入っているセルをダブルクリックして、セル内にカーソルを表示して操作します。カーソルを移動するには、←→キーを押すか、マウスで移動先をクリックします。

また、文字を消すときには、Delete キー、またはBack spaceキーを使います。カーソル位置の右の文字を消すにはDelete キー、左の文字を消すにはBack spaceキーを押します。

ショートカットキー

● セル内にカーソルを表示
　カーソルを表示するセルをクリックし、F2

Hint　数式バーを使う

修正したいデータの入っているセルをクリックすると、データの内容が数式バーに表示されます。数式バーをクリックすると、数式バーにカーソルが表示されますので、数式バーでデータを修正することもできます。

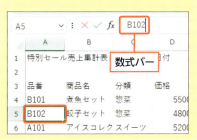

「B103」を「B102」に修正します。

1 データを修正するセルをダブルクリックします。

2 セル内にカーソルが表示されます。

3 カーソルを移動して修正したい文字を入力し、

4 Delete キーを押して不要な文字を消します。

5 Enter キーを押します。

6 データが修正されます。

Section 14 列幅や行の高さを調整する

練習用ファイル: 14_特別セール売上集計表.xlsx

ここで学ぶのは
- 列幅や行の高さ
- 列幅の調整
- 列幅の自動調整

セルに入力した文字の長さや大きさなどに合わせて、**列幅**や**行の高さ**を調整しましょう。
列幅や行の高さは、ドラッグ操作で調整する方法、文字の長さや大きさに合わせて自動調整する方法、数値で指定する方法があります。

1 列幅を調整する

解説　列幅や行の高さを変更する

列幅を変更するには、列の右側境界線を左右にドラッグします。複数の列幅を同時に変更するには、最初に対象の列を選択します。たとえば、A列とB列を選択する場合は、A列の列番号にマウスポインターを移動して、B列の列番号に向かって右方向にドラッグして選択します。続いて、A列またはB列の右側境界線をドラッグして指定します。行の高さを変更するには、行の下境界線を上下にドラッグします。
なお、セルに「####」と表示される場合は、数値や日付が隠れてしまっていることを意味します。列幅を広げて表示しましょう。

Hint　列幅や行の高さを数値で指定する

列幅や行の高さを数値で指定するには、列幅や行の高さを変更する列や行を選択後、選択した列番号や行番号を右クリックし、[列の幅]または[行の高さ]をクリックします。次に、表示される画面(下図)で数値を入力します。列の場合は半角文字の文字数、行の場合はポイント単位で指定します。

B列の列幅を広げます。

1 B列の列番号をクリックしてB列を選択します。

2 B列の右側の境界線にマウスポインターを移動して、マウスポインターの形が に変わったらドラッグします。

3 B列の列幅が変わります。

2 列幅を自動調整する

解説　列幅を自動調整する

列幅を文字の長さに合わせて自動調整するには、列の右側境界線をダブルクリックします。ここでは、C列からE列の列幅を同時に変更するため、最初にC列からE列を選択しておきます。

C列からE列の列幅を自動調整します。

1 C列からE列の列番号をドラッグして、C列からE列を選択します。

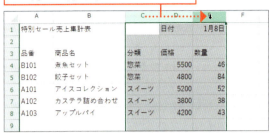

2 選択した列のいずれかの右側境界線部分をダブルクリックします。

3 文字数に合わせて列幅が自動調整されます。

Memo　行の高さを自動調整する

行の高さを文字の大きさに合わせて自動調整するには、行の下境界線をダブルクリックします。

Hint　表のタイトル文字の長さを無視する

表のタイトルを除いて、表の内容部分を対象に列幅を調整するには、最初に表部分のセルのみを選択します。続いて、[ホーム]タブ→[書式]→[列の幅の自動調整]をクリックします。

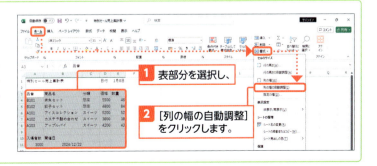

1 表部分を選択し、

2 [列の幅の自動調整]をクリックします。

Section 15 データを移動／コピーする

練習用ファイル： 15_特別セール売上集計表.xlsx

ここで学ぶのは
- データの移動
- データのコピー
- 貼り付け

表の内容を効率よく編集するために、セルに入力したデータを**移動**したり**コピー**したりする方法を覚えましょう。
ボタン操作、マウス操作、ショートカットキーで行う3つの方法を知り、状況に応じて使い分けられるようにしましょう。

1 データを移動／コピーする

解説　セル範囲を移動／コピーする

セル範囲を移動したりコピーしたりする方法は複数あります（下表参照）。ここでは、[ホーム]タブのボタンを使って移動します。この方法は、移動先が離れているときでも失敗なく移動できます。

セル範囲をコピーするときは、セルやセル範囲を選択した後、[ホーム]タブ→[コピー] をクリックします。その後は、コピー先を選択して[ホーム]タブ→[貼り付け]をクリックします。

方法	参照
[貼り付け]	p.278
キー操作	p.278
マウス操作	p.279
フィルハンドル	p.298

ショートカットキー

- 選択しているセルやセル範囲を切り取る
  Ctrl + X
- 選択しているセルやセル範囲をコピーする
  Ctrl + C
- コピーしたセルやセル範囲を貼り付け
  移動先やコピー先セルを選択して、
  Ctrl + V

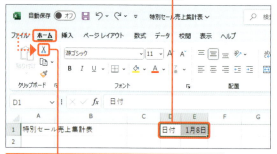

1 移動するセルやセル範囲を選択し、

2 [ホーム]タブ→[切り取り]をクリックします。

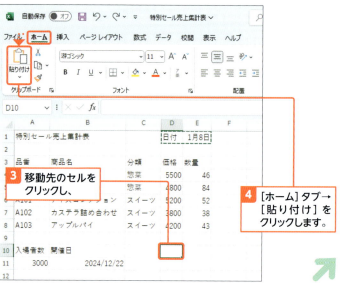

3 移動先のセルをクリックし、

4 [ホーム]タブ→[貼り付け]をクリックします。

2 データをドラッグで移動／コピーする

 セル範囲をドラッグで移動する

ドラッグ操作でセル範囲を移動します。ドラッグするときに、セルやセル範囲の外枠にマウスポインターを移動し、マウスポインターの形が ✣ に変わったことを確認してから操作します。この方法は、移動先が近いときに使うと手早く移動できて便利です。

 セル範囲をドラッグでコピーする

セル範囲をコピーするときは、コピーするセルやセル範囲を選択した後、Ctrlキーを押しながら、セルやセル範囲の外枠部分をドラッグします。マウスポインターの横に表示される「＋」のマークを確認しながら操作します。

Hint 右ドラッグ

選択したセルやセル範囲の外枠を移動先やコピー先に向かって右ドラッグすると、ドラッグ先で移動するかコピーするか選択できます。

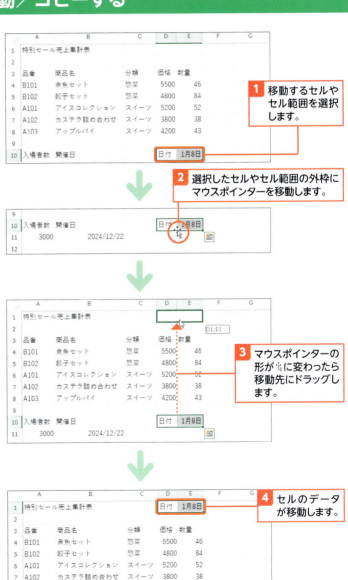

3 行や列を移動／コピーする

解説　行や列を移動する

行や列単位で移動するには、行や列を選択してから操作します。ここでは、行を入れ替えるため、行を切り取った後に、表の途中に切り取ったセルを挿入します。

6行目から8行目を移動します。

1 移動する行の行番号をドラッグして選択し、

2 [ホーム] タブ→ [切り取り] をクリックします。

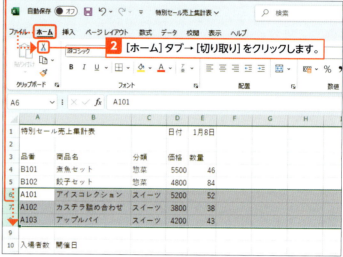

Memo　行や列をコピーする

行や列をコピーするときは、行や列を選択して [ホーム] タブ→ [コピー] をクリックします。続いて、コピー先の行や列の行番号や列番号を右クリックして、[コピーしたセルの挿入] をクリックします。

3 移動先の行の行番号を右クリックし、

4 [切り取ったセルの挿入] をクリックします。

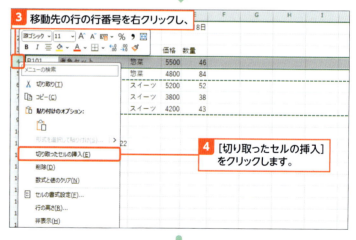

5 行が移動します。

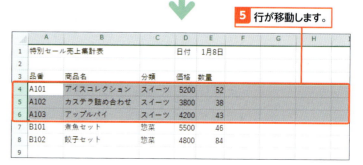

4 行や列をドラッグで移動／コピーする

解説　行や列をドラッグで移動する

ドラッグ操作で行や列を入れ替えるときは、行や列を選択してから行や列の外枠部分にマウスポインターを移動し、マウスポインターの形が に変わったら移動先に向かって Shift キーを押しながらドラッグします。入れ替え先を示す線を確認しながら操作しましょう。

7行目から8行目を移動します。

1 移動する行の行番号をドラッグして選択します。

2 選択した行の外枠にマウスポインターを移動すると、マウスポインターの形が に変わります。

Memo　行や列をドラッグでコピーする

ドラッグ操作で行や列をコピーするときは、まず、行や列を選択します。続いて、行や列の外枠部分を Shift + Ctrl キーを押しながら、コピー先に向かってドラッグします。マウスポインターの横に表示される「＋」とコピー先を示す線を確認しながら操作しましょう。

3 Shift キーを押しながら、移動先にドラッグします。

4 行が移動します。

Section 16 行や列を追加／削除する

練習用ファイル： 16_特別セール売上集計表.xlsx

ここで学ぶのは
- 行や列の追加
- 行や列の削除
- 行や列の選択

表の途中に**行や列を追加**したり、不要になった**行や列を削除**したりするには行や列を操作します。

行や列を操作するときは、行番号や列番号を右クリックする操作から始めると、手早く操作できます。

1 行や列を追加する

解説 行や列を追加する

ここでは、列と列の間に列を追加します。追加先の列の列番号を右クリックすると表示されるメニューから操作を選択します。行と行の間に行を追加するには、追加先の行の行番号を右クリックし、[挿入]をクリックします。複数行、または複数列をまとめて追加するには、追加先で複数の行や列を選択し、選択しているいずれかの行の行番号または列の列番号を右クリックして、[挿入]をクリックします。

B列とC列の間に列を追加します。

1 追加したい列の列番号を右クリックし、

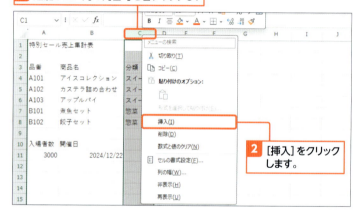

2 [挿入]をクリックします。

3 列が追加されます。

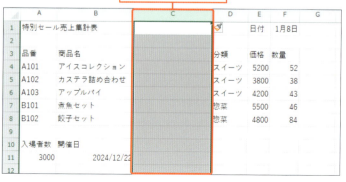

Hint 左右の列の列幅や書式が違う場合

追加した列の左右にある列の列幅やセルの色などの書式が違う場合、列を追加した後に左右どちら側の列の列幅や書式を適用するか選択できます。追加後に表示される[挿入オプション]をクリックして選択します。

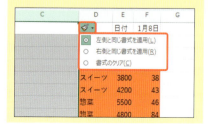

2 行や列を削除する

解説 列を削除する

列を削除するには、削除したい列の列番号を右クリックし、[削除]をクリックします。なお、行や列は削除するのではなく、非表示にする方法もあります。後でまた必要になる可能性があるときは、非表示にしておきましょう（p.284）。

C列を削除します。

1 削除したい列の列番号を右クリックし、

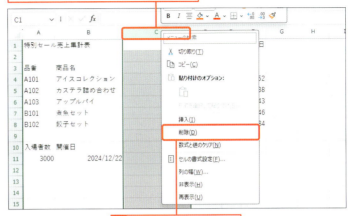

2 [削除]をクリックします。

3 列が削除されます。

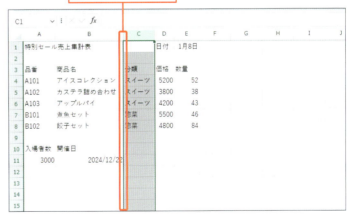

Memo 行を削除する

行を削除するには、削除する行の行番号を右クリックして[削除]をクリックします。

Hint 複数の行や列を削除する

複数の行や列をまとめて削除するには、削除する複数の行や列を選択します。続いて、選択しているいずれかの行の行番号、列の列番号を右クリックして[削除]をクリックします。

Hint 行列内のデータを消す

行や列を削除するのではなく、行や列に入力されている文字や数値などのデータを削除するには、行や列を選択して Delete キーを押します。

1 データを削除したい列の列番号をクリックし、

2 Delete キーを押します。

Section 17 行や列を表示／非表示にする

練習用ファイル： 17_特別セール売上集計表.xlsx

行や列は、表示をせずに隠しておくことができます。**非表示**にした行や列は簡単に**再表示**できます。
不要な行や列は削除してもかまいませんが、後でまた使う可能性がある場合は、非表示にしておくとよいでしょう。

ここで学ぶのは
- 行や列の表示
- 行や列の非表示
- 行や列の選択

1 行を非表示にする

解説 行や列を非表示にする

行や列を非表示にするには、まず非表示にしたい行や列を選択します。続いて、選択しているいずれかの行の行番号や列の列番号を右クリックし、表示されるメニューから操作を選択します。

Hint マウス操作では？

非表示にしたい行の下境界線部分を上方向に向かってドラッグしても行を非表示にできます。また、非表示にしたい列の右境界線部分を左方向に向かってドラッグしても列を非表示にできます。

左方向にドラッグすると、列が非表示になります。

4行目から5行目を非表示にします。

1 非表示にしたい行の行番号をドラッグして選択します。

2 選択した行番号のいずれかを右クリックし、

3 ［非表示］をクリックします。

4 行が非表示になります。

2 行を再表示する

解説　行や列を再表示する

非表示にした行や列を再表示するには、非表示にした行や列を含む上下の行、または左右の列を選択します。右クリックすると表示されるメニューから操作を選択します。

Hint　マウス操作では？

非表示にした行をドラッグ操作で表示するには、非表示になっている行の下境界線部分にマウスポインターを合わせて、マウスポインターの形が ╪（二重線に両方向矢印）に変わったら下方向にドラッグします。列の場合は、非表示にした列の右の境界線部分にマウスポインターを合わせて、右方向にドラッグします。
ポイントは、マウスポインターの形に注意することです。↔（一重線に両方向矢印）の状態でドラッグするとうまくいかないので注意します。

マウスポインターが二重線に両方向矢印の状態でドラッグします。

4行目から5行目を再表示します。

1 非表示にした行を含む上と下の行を選択します。

2 選択した行番号のいずれかを右クリックし、

3 [再表示] をクリックします。

4 非表示にしていた行が再表示されます。

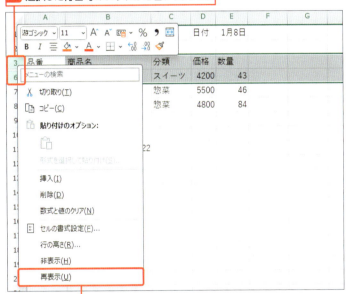

Section 18 セルを追加／削除する

練習用ファイル：📁 18_特別セール売上集計表.xlsx

ここで学ぶのは
- セルの追加
- セルの削除
- セルの選択

セルは後から追加できます。その際、追加した場所にあったセルをどちら側にずらすのか指定できます。
また、セル自体を削除することもできます。その際、隣接するセルがずれて、削除した部分が埋まります。

1 セルを追加する

解説 セルを追加する

セルを後から追加するときは、追加する場所にあるセルをどちらの方向にずらすか指定できます。このとき、[行全体] や [列全体] を選択すると、セルではなく、行や列が追加されます。

Memo リボンのボタン操作では？

セルを追加するには、セルを選択後 [ホーム] タブ→ [挿入] の ▼ → [セルの挿入] をクリックする方法もあります。

1 追加したいセルやセルの範囲を選択し、

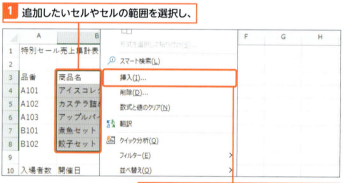

2 選択したセルやセルの範囲のいずれかを右クリックして、[挿入] をクリックします。

3 追加したい場所にあるセルをどちらにずらすか選択し、

4 [OK] をクリックします。

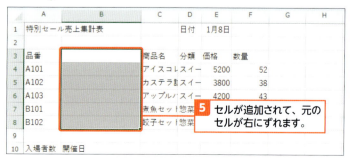

5 セルが追加されて、元のセルが右にずれます。

2 セルを削除する

解説 セルを削除する

セルを後から削除するときは、隣接するセルをずらして削除したセルを埋めます。削除時にセルをどちらの方向からずらすか指定できます。また、[行全体]や[列全体]を選択すると、セルではなく、行や列が削除されます。

1 削除するセルやセルの範囲を選択し、

2 選択したセルやセルの範囲のいずれかを右クリックして、[削除]をクリックします。

3 セルを削除した後、隣接するセルをどちらにずらすか選択し、

4 [OK]をクリックします。

Memo リボンのボタン操作では？

セルを削除するには、セルを選択後[ホーム]タブ→[削除]の → [セルの削除]をクリックする方法もあります。

5 セルが削除されて、右側のセルが左にずれます。

削除対象のセル以外のセルは残っています。

Memo データを消す

セル自体を削除するのではなく、セルに入力されているデータを削除するには、セルを選択して Delete キーを押します。また、セルに設定した飾りを消す方法は、p.358を参照してください。

Section 19 セルにコメントを追加する

練習用ファイル：19_特別セール売上集計表.xlsx

ここで学ぶのは
- コメント
- コメントの表示
- メモ

セルに付せんを貼るように覚え書きを残すには、セルに**コメント**を追加して文字を入力します。コメントには返信もできますので、会話形式で残すことができます。会話形式のコメントは、Excel 2021以降や、Microsoft 365のExcelを使用している場合に利用できます。

1 セルにコメントを追加する

解説　コメントを追加する

セルの内容を補足するコメントを追加します。追加したコメントの内容を変更するには、コメントが入力されているセルにマウスポインターを移動し、表示されるコメント内にマウスポインターを移動します。表示される［コメントの編集］をクリックして文字を入力し、［コメントを投稿する］をクリックします。なお、コメントを追加したときに表示されるユーザー名は、［Excelのオプション］ダイアログ（p.262）→［全般］（［基本設定］）→［Microsoft Officeのユーザー設定］の［ユーザー名］で指定されているユーザー名になります。

Hint　従来のコメント機能について

Excel 2019以前のバージョンでは、セルを右クリックして［コメントの挿入］をクリックすると、コメントが追加され、メモを残すことができます。この機能は、Excel 2021以降では、「メモ」という機能に変わっています。メモを追加するには、セルを右クリックして［新しいメモ］をクリックします。

セルB5にコメントを追加します。

1 コメントを追加するセルを右クリックし、

2 ［新しいコメント］をクリックします。

3 コメントが表示されます。

4 文字を入力します。

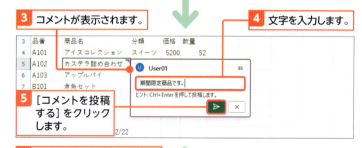

5 ［コメントを投稿する］をクリックします。

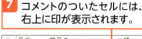

7 コメントのついたセルには、右上に印が表示されます。

6 コメントが追加されました。

8 コメントがついているセルにマウスポインターを移動すると、コメントの内容が表示されます。

2 セルのコメントを削除する

解説　コメントを削除する

コメントを削除するには、コメントが入力されているセルを右クリックすると表示されるメニューから操作します。または、コメントを削除するセルを選択し、[校閲]タブ→[コメントの削除]をクリックします。

Hint　コメントに返信する

コメントに返信するには、コメントが含まれるセルにマウスポインターを移動し、[返信]欄に返信内容を入力して[返信を投稿する]をクリックします。コメントは、会話形式で残ります。内容のやり取りを終了するには、[その他のスレッド操作]をクリックし、[スレッドを解決する]をクリックします。解決したスレッドは、[もう1度開く]をクリックしてメッセージのやり取りを再開することもできます。

Hint　コメントをコピーする

コメントが入力されているセルをコピーすると、コメントごとセルがコピーされます。コメントのみコピーする方法は、p.380を参照してください。

セルB5に追加したコメントを削除します。

1. コメントを追加したセルを右クリックし、

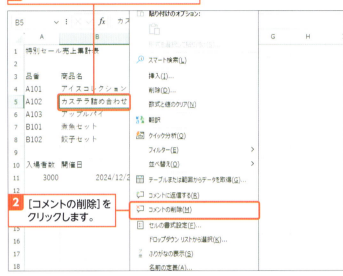

2. [コメントの削除]をクリックします。

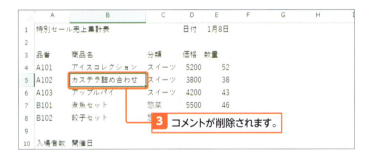

3. コメントが削除されます。

Hint　コメントを確認する

複数のコメントの内容を確認するには、[校閲]タブ→[コメントの表示]をクリックします。すると、[コメント]作業ウィンドウが表示され、コメントの内容が表示されます。

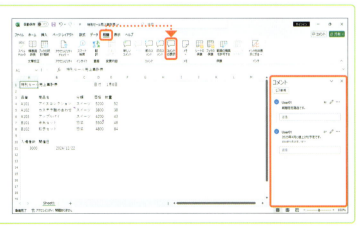

Section 20 データを検索／置換する

練習用ファイル： 20_特別セール売上集計表.xlsx

ここで学ぶのは
- データの検索
- データの置換
- ワイルドカード

表の中から特定の文字を探すには、**検索機能**を使って漏れなくチェックしましょう。検索する文字や検索条件を指定して検索します。
また、検索した文字を別の文字に置き換えるには**置換機能**を使います。検索結果を1つずつ確認しながら置き換えられます。

1 データを検索する

解説 データを検索する

文字を検索するには、検索する文字を入力して検索します。このとき、アクティブセルの位置を基準に検索されますので、最初にセルA1を選択しておくと、上から順に検索結果を確認できます。
また、[検索と置換]ダイアログの[オプション]をクリックすると、検索条件を細かく指定できます。

ショートカットキー

● [検索と置換]ダイアログの[検索]タブを表示
Ctrl + F

Memo 完全に一致するデータを検索する

[検索する文字列]に入力した文字だけが入ったセルを検索する場合は、手順5で[セル内容が完全に同一であるものを検索する]のチェックを付けて検索します。

表の中から「日付」の文字を検索します。

1 セルA1を選択し、

2 [ホーム]タブ→[検索と選択]→[検索]をクリックします。

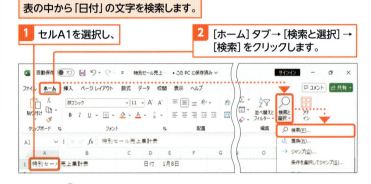

3 [オプション]をクリックします。

4 [検索する文字列]に検索する文字を入力し、

5 検索条件を指定して、

6 [次を検索]をクリックすると、

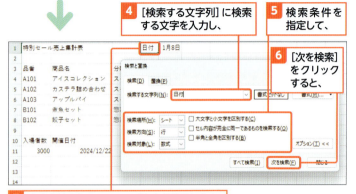

7 文字を検索してアクティブセルが移動します。

2 次のデータを検索する

解説 次の検索結果を表示する

検索を実行した後、続けて次の検索結果を表示するには、[検索と置換]ダイアログの[次を検索]をクリックします。すると、次に検索されたセルにアクティブセルが移動します。[次を検索]をクリックするたびに、次の検索結果が表示されます。

Hint 検索結果一覧を表示する

[検索と置換]ダイアログの[すべて検索]をクリックすると、検索結果の一覧が表示されます。一覧から表示したい項目をクリックすると、クリックした項目のセルがアクティブセルになります。

1 前ページの方法で文字を検索します。

2 [次を検索]をクリックすると、

3 次の検索結果にアクティブセルが移動します。

Hint 飾りが付いたセルを検索する

青字の文字やセルの背景が薄い青のセルなど、セルの飾りを検索条件にするには、[検索と置換]ダイアログで検索するセルに設定されている書式を指定します。たとえば、青字でデータが入力されているセルを検索するには、[検索と置換]ダイアログで[書式]をクリックして右図のように操作します。検索する文字列を空欄にして検索をした場合は、青字でデータが入力されているすべてのセルが検索されます。

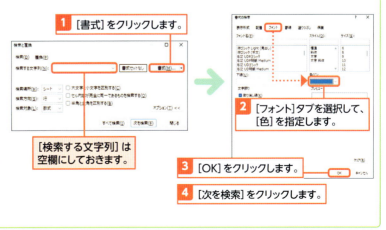

1 [書式]をクリックします。

2 [フォント]タブを選択して、[色]を指定します。

[検索する文字列]は空欄にしておきます。

3 [OK]をクリックします。

4 [次を検索]をクリックします。

3 データを置き換える

解説 データを置き換える

文字を置き換えるには、検索する文字と置き換える文字を入力して検索します。[オプション]をクリックすると検索条件を細かく指定できます。[次を検索]をクリックすると、検索結果が表示されます。[置換]をクリックすると、データが置き換わって次の検索結果が表示されます。

ショートカットキー

● [検索と置換] ダイアログの [置換] タブを表示
 Ctrl + H

使えるプロ技！ ワイルドカード

ワイルドカードとは、複数の文字や何かの1文字などを表す記号のことです。たとえば、「あ」から始まる文字や「あ」で始まる3文字など、曖昧な条件でデータを検索するときに使います。
また、「*」や「?」が入力されているセル自体を探すには、「~」の記号を使います。たとえば、検索する文字列に「~*」や「~?」のように指定して検索します。

ワイルドカード	意味	指定例
*	任意の文字列	「あ*」 「あ」から始まる文字
		「*ら」 「ら」で終わる文字
		「*た*」 「た」を含む文字
?	任意の1文字	「あ??」 「あ」から始まる3文字
		「あ?た」 「あ」から始まり、「た」で終わる3文字

必要に応じて検索オプション[セルの内容が完全に同一であるものを検索する]のチェックとオンにして検索します。

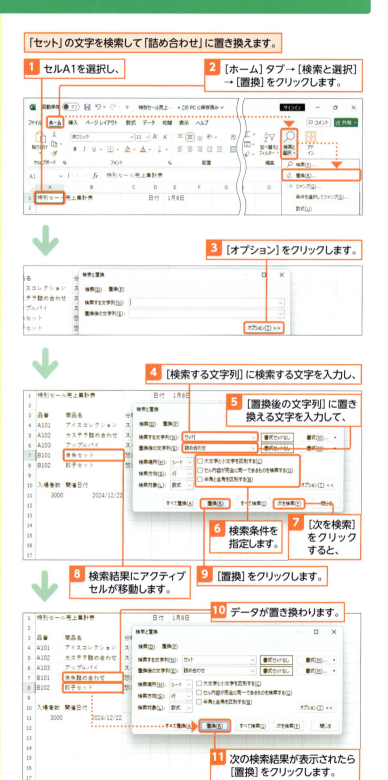

「セット」の文字を検索して「詰め合わせ」に置き換えます。

1 セルA1を選択し、
2 [ホーム]タブ→[検索と選択]→[置換]をクリックします。
3 [オプション]をクリックします。
4 [検索する文字列]に検索する文字を入力し、
5 [置換後の文字列]に置き換える文字を入力して、
6 検索条件を指定します。
7 [次を検索]をクリックすると、
8 検索結果にアクティブセルが移動します。
9 [置換]をクリックします。
10 データが置き換わります。
11 次の検索結果が表示されたら[置換]をクリックします。

4 検索したデータをすべて置き換える

解説　いっぺんに置き換える

データを置き換えるとき、置き換える文字を確認せずにまとめて置き換えるには、検索する文字列と置換後の文字列を指定後、[すべて置換]をクリックします。すると、検索結果がすべて置き換わります。

Hint　完全に一致するデータを置き換える

[検索する文字列]に入力した文字だけが入ったセルを対象に置き換えをする場合は、手順4で[セル内容が完全に同一であるものを検索する]のチェックを付けて置き換えます。

「スイーツ」の文字を検索してすべて「菓子」に置き換えます。

1 前ページの手順2で[検索と置換]ダイアログを表示します。

2 [検索する文字列]に検索する文字を入力し、

3 [置換後の文字列]に置き換える文字を入力し、

4 検索条件を指定し、

5 [すべて置換]をクリックします。

6 検索された文字がすべて置き換わります。

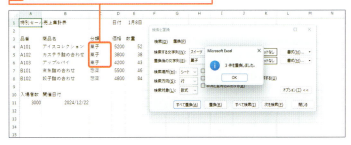

Hint　置換時に文字に飾りを付ける

検索結果を置き換えるときに、セルの文字をオレンジにしたりセルの背景を薄い青にしたりするなど、セルに飾りを付けるには、[検索と置換]ダイアログの[置換後の文字列]の[書式]をクリックして指定します。たとえば、検索された文字をオレンジに置き換えるには、右図のように操作します。[置換後の文字列]を空欄にして置き換えをした場合は、検索されたセルのデータの内容は変わらずに、セルの書式だけが変わります。

1 [書式]をクリックします。

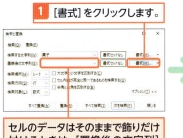

セルのデータはそのままで飾りだけ付けるときは、[置換後の文字列]は空欄でも構いません。

2 [フォント]タブを選択して、[色]を指定します。

3 [OK]をクリックします。

4 [次を検索]をクリックして、検索結果にアクティブセルが移動したら[置換]をクリックします。

Section 21 操作をキャンセルして元に戻す

練習用ファイル：21_特別セール売上集計表.xlsx

Excelを使っているときに、間違ってデータを移動してしまったり間違った操作をしてしまったりした場合は、**操作を元に戻します**。
最大100回前の操作まで戻すことができます。元に戻しすぎた場合は、元に戻す前の状態にも戻せます。

ここで学ぶのは
- 元に戻す
- やり直し
- クイックアクセスツールバー

1 操作を元に戻す

解説　元に戻す

[元に戻す]をクリックすると、操作を行う前の状態に戻ります。何度も[元に戻す]をクリックすると、さらに前の状態に戻ります。元に戻しすぎた場合は、[元に戻す]の横の[やり直し]をクリックします。

間違って消したデータを元に戻します。

1 A列の列番号をクリックして選択します。

2 Deleteキーを押します。

3 データが消えます。

4 クイックアクセスツールバーの[元に戻す]をクリックすると、操作が元に戻ります。

Memo　数回前まで戻す

何度か前の状態に戻すには、クイックアクセスツールバーの[元に戻す]の横の▼をクリックして、戻したい操作をクリックします。

[やり直し]をクリックすると元に戻す前の状態に戻せます。

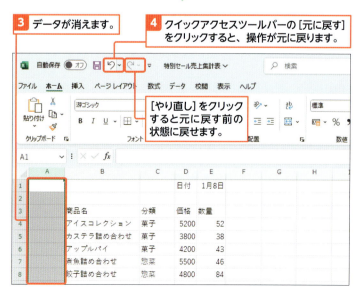

ショートカットキー

- 直前の操作を元に戻す
  Ctrl + Z
- 直前の操作のやり直し
  Ctrl + Y

第 3 章

データを速く、正確に入力する

　この章では、入力をより効率化するワザを紹介します。ドラッグ操作だけで入力する方法や、入力時のルールを指定する方法などを覚えます。

　目標は、データの入力を効率化する機能にはどんな種類があるかを知り、場面によってそれらの機能を使いこなせるようになることです。

Section 22	▶	入力を効率化する機能って何？
Section 23	▶	ドラッグ操作でセルをコピーする
Section 24	▶	日付や曜日の連続データを自動入力する
Section 25	▶	支店名や商品名などを自動入力する
Section 26	▶	入力をパターン化して自動入力する
Section 27	▶	入力時のルールを決める
Section 28	▶	ルールに沿ってデータを効率よく入力する

Section 22

入力を効率化する機能って何？

ここで学ぶのは
- オートフィル
- フラッシュフィル
- 入力規則

この章では、**入力の効率化**に欠かせない機能を紹介します。まずは、どのような機能があるのか見てみましょう。

これらの機能を使うと、データを素早く入力できるだけでなく、入力ミスを減らす効果もあるでしょう。

1 オートフィル

オートフィルを使う

オートフィルは、フィルハンドルをドラッグするだけで、さまざまな項目を自動的に入力できる機能です。たとえば、指定した間隔の数のデータ、連続する日付データ、同じ文字のデータなどを一瞬で入力できます。

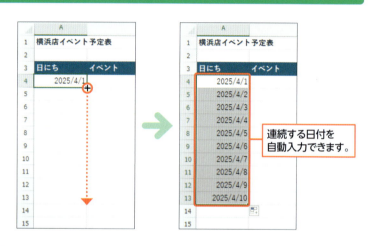

連続する日付を自動入力できます。

2 フラッシュフィル

フラッシュフィルを使う

フラッシュフィル機能を使うと、データの入力パターンを認識して自動的にデータを入力できます。たとえば、文字データを基に決まったパターンの文字を入力したり、日付データを基に年や月、日のデータを入力したりなどを自動で行えます。

B列の氏名には、「姓」と「名」が空白で区切って入力されています。

C列に「姓」、D列に「名」を自動入力できます。

3 入力規則

Memo　入力規則を使う

入力規則機能を使うと、データ入力時のルールを指定できます。たとえば、入力できるデータの種類を制限したり、入力候補からデータを選べるようにしたり、日本語入力モードのオンとオフを自動的に切り替えたりできます。

B列にデータを入力するときは、日本語入力モードをオンにします。

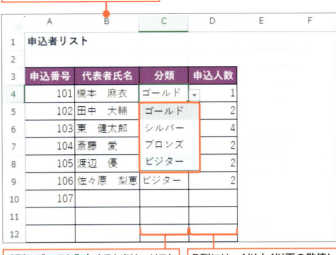

C列にデータを入力するときは、リストから入力候補を選べるようにします。

D列には、1以上4以下の数値しか入力できないようにします。

4 Office クリップボード

Memo　Office クリップボードを使う

Officeクリップボードを表示すると、コピーしたデータを複数ためておくことができます。過去にコピーしたデータを貼り付けたりできます。

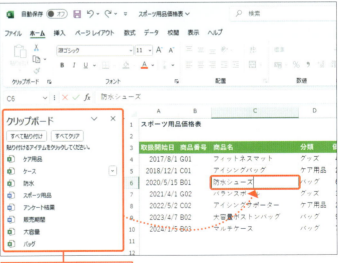

コピーしたデータを選んで貼り付けられます。

Section 23 ドラッグ操作でセルをコピーする

練習用ファイル：23_提携施設一覧.xlsx

ここで学ぶのは
- フィルハンドル
- オートフィル
- 連続データ

データを入力するとき、セルの右下のフィルハンドルをドラッグするだけで、さまざまなデータを**自動入力**できます。
たとえば、同じ文字や連番の数値、連続した月や曜日、日付、独自の項目リストなどを入力できます。

1 ドラッグ操作でデータをコピーする

解説　セルをコピーする

セルをコピーして同じデータを入力するには、選択したセルの右下に表示される［■］のフィルハンドルにマウスポインターを移動します。マウスポインターの形が［+］になったら、コピーしたい方向に向かってドラッグします。

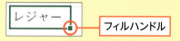
フィルハンドル

Hint　複数のセルをコピーする

複数のセルをコピーするには、複数のセルを選択し、選択したセルの右下のフィルハンドルをドラッグします。

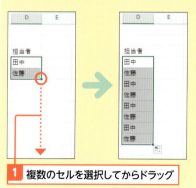

1 複数のセルを選択してからドラッグ

1 セルC4にデータを入力します。

データが入力されている場合はクリックしてアクティブセルにします

2 フィルハンドルにマウスポインターを合わせて、ドラッグします。

3 文字データがコピーされます。

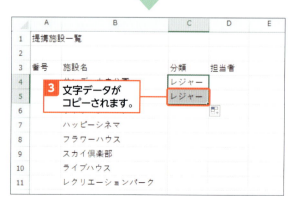

2 ドラッグ操作で連番を入力する

解説　連番を入力する

「10」「11」「12」……のように連続する数値を入力するには、先頭のセルに最初の数値を入力します。フィルハンドルをドラッグすると同じ数値が入力されますが、フィルハンドルをドラッグした直後に表示される[オートフィルオプション]をクリックして[連続データ]を選択します。

Hint　「1」「3」「5」……を入力する

決まった間隔の数値を連続して入力するには、最初のセルと次のセルに、指定する間隔を空けて数値を入力します。続いて、2つの数値が入ったセル範囲を選択し、フィルハンドルをドラッグします。

Hint　「第1」「第2」……のように入力する

「第1課」のように、文字の一部に数字が入っている場合、フィルハンドルをドラッグすると、「第1課」「第2課」……のように1つずつ数字が増えたデータが入力されます。同じデータを入力したい場合は、フィルハンドルをドラッグした直後に表示される[オートフィルオプション]をクリックして[セルのコピー]を選択します。

同じデータにしたいときはここをクリックして[セルのコピー]をクリック

1　セルA4に最初の数値のデータを入力します。

データが入力されている場合はクリックしてアクティブセルにします

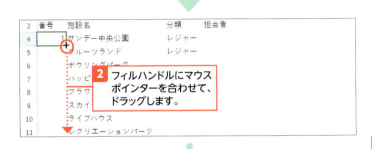

2　フィルハンドルにマウスポインターを合わせて、ドラッグします。

3　[オートフィルオプション]をクリックし、

4　[連続データ]をクリックします。

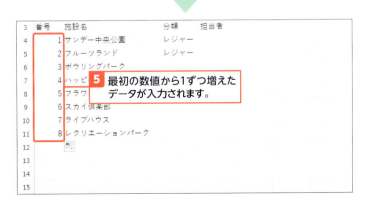

5　最初の数値から1ずつ増えたデータが入力されます。

Section 24

日付や曜日の連続データを自動入力する

練習用ファイル：24_月間予定表.xlsx

ここで学ぶのは
- フィルハンドル
- オートフィル
- 連続データ

連続した月や曜日、日付を入力するときは、オートフィル機能を使って一気にまとめて入力しましょう。
3日おき、1週間おき、1カ月おきの日付なども、フィルハンドルをドラッグするだけで簡単に入力できて便利です。

1 曜日を連続して自動入力する

解説 連続した曜日を入力する

曜日のデータを入力し、オートフィル機能を使って連続した曜日のデータを入力します。曜日は、「月」「月曜日」のように入力します。「月曜」だとうまくいかないので注意します。

1 セルA4に曜日を入力します。

データが入力されている場合はクリックしてアクティブセルにします。

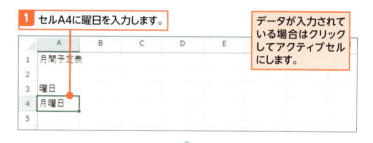

Memo 月の入力

「1月」などの月を入力したセルを選択し、フィルハンドルをドラッグすると、「1月」「2月」「3月」……などの連続した月を入力できます。

2 フィルハンドルにマウスポインターを合わせて、ドラッグします。

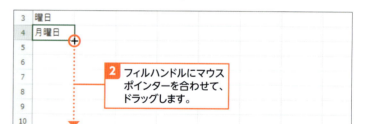

Memo 自動入力できるデータ

オートフィル機能で自動入力できるデータは、ユーザー設定リストというところに登録されています。ユーザー設定リストにデータを登録する方法は、p.302で紹介します。

3 連続した曜日が入力されます。

2 日付を連続して自動入力する

解説　連続した日付を入力する

日付を入力したセルを選択し、フィルハンドルをドラッグすると、1日ずつずれた日付のデータが入力されます。先頭のセルに、最初の日付を入力してから操作します。

Hint　1カ月おきなどの日付を入力する

1週間おき、1カ月おき、1年おきの日付を入力するには、フィルハンドルをドラッグすると表示される[オートフィルオプション]をクリックし、日付の間隔を指定します。下の図では「連続データ（月単位）」を指定しています。

Hint　1日おきなどの日付を入力する

1日おき、2日おきなどの決まった間隔の日付を連続して入力するには、最初のセルと次のセルに、指定する間隔を空けて日付を入力します。続いて、2つの日付が入ったセル範囲を選択し、フィルハンドルをドラッグします。

1 間隔を空けた2つの日付を入力しておき、ドラッグ

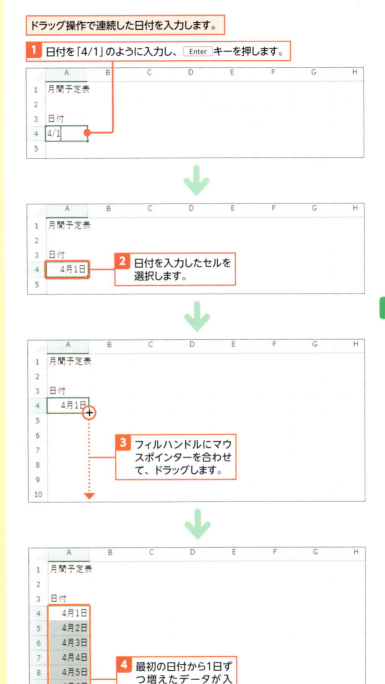

ドラッグ操作で連続した日付を入力します。

1 日付を「4/1」のように入力し、Enterキーを押します。

2 日付を入力したセルを選択します。

3 フィルハンドルにマウスポインターを合わせて、ドラッグします。

4 最初の日付から1日ずつ増えたデータが入力されます。

Section 25 支店名や商品名などを自動入力する

ここで学ぶのは
- フィルハンドル
- オートフィル
- ユーザー設定リスト

規則性のないデータを、オートフィル機能を使って入力するには、入力するデータを**ユーザー設定リスト**に登録しておきます。
ユーザー設定リストに登録したデータは、並べ替えの条件として利用することもできます。

1 連続データを登録する

解説 連続データを登録する

ユーザー設定リストに、規則性のない連続データを登録します。ここでは、商品名を登録します。入力したい順に沿ってデータを入力します。

Hint セルに入力したデータを登録する

登録しようとしているデータがセルに入力されている場合は、データをインポートできます。[リストの取り込み元範囲]をクリックし、登録するデータのセル範囲を選択して[インポート]をクリックします。

1 [リストの取り込み元範囲]をクリック

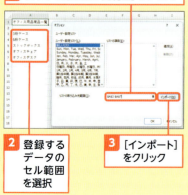

2 登録するデータのセル範囲を選択

3 [インポート]をクリック

独自のユーザー設定リストを登録します。

1 p.262の方法で、[Excelのオプション]ダイアログを表示します。

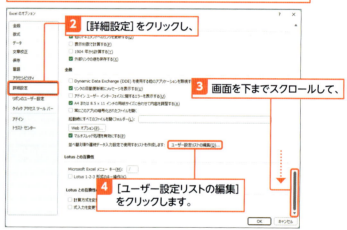

2 [詳細設定]をクリックし、

3 画面を下までスクロールして、

4 [ユーザー設定リストの編集]をクリックします。

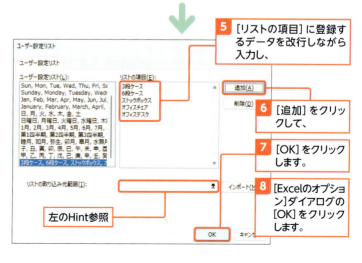

5 [リストの項目]に登録するデータを改行しながら入力し、

6 [追加]をクリックして、

7 [OK]をクリックします。

8 [Excelのオプション]ダイアログの[OK]をクリックします。

左のHint参照

2 連続データを入力する

解説 連続データを入力する

ユーザー設定リストに登録した連続データを入力してみましょう。ここでは、ユーザー設定リストに登録した商品名を自動入力します。

ドラッグ操作でユーザー設定リストのデータを入力します。

1 登録した連続データのいずれかの項目を入力します。

データが入力されている場合はクリックしてアクティブセルにします

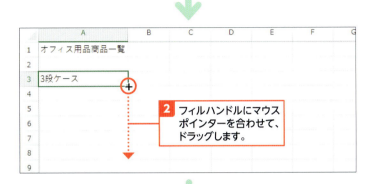

2 フィルハンドルにマウスポインターを合わせて、ドラッグします。

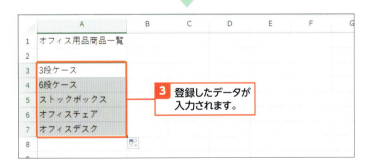

3 登録したデータが入力されます。

Memo 登録した連続データを削除する

ユーザー設定リストに登録した内容を削除するには、前ページの方法で[ユーザー設定リスト]ダイアログを表示し、削除したいリストをクリックし、[削除]をクリックします。

1 削除したいリストをクリック

2 [削除]をクリック

Hint 並べ替え

ユーザー設定リストに登録した内容は、データの並べ替えの条件としても使えます。たとえば、商品名でデータを並べ替えるときに、あいうえお順やあいうえお順の逆以外の順番でデータを並べ替えたいときは、商品名を並べ替えたい順に沿ってユーザー設定リストに登録しておきます。並べ替えの方法は、p.431で紹介します。

並べ替えの基準として「ユーザー設定リスト」のリストの順番を指定できます。

Section 26 入力をパターン化して自動入力する

練習用ファイル：26_登録者一覧.xlsx

ここで学ぶのは
- フラッシュフィル
- 入力パターン
- 自動入力

すでに入力されているデータを基に、隣接するセルにデータを入力するとき、**その内容に規則性がある場合は、自動入力が可能**です。
Excelが入力パターンを自動的に認識して入力候補を表示する**フラッシュフィル**の機能を使います。

1 文字の入力パターンを指定する

 文字の入力パターンを伝える

セルに入力されたデータを基に、隣接するセルにデータを入力します。ここでは、B列にメールアドレスが入力されています。それを基に、C列にユーザー名を入力します。入力パターンが決まっている場合は、Excelがそれを認識して自動的にデータを入力できます。

Hint 日本語の場合うまく動作しないことがある

フラッシュフィルの機能は、日本語の場合、うまく入力できない場合があります。これは、新しいIMEとの互換性の問題と考えられます。タスクバーの日本語入力モードのアイコンを右クリックし[設定]をクリック。表示画面の[全般]をクリックし、[互換性]欄の[以前のバージョンのMicrosoft IMEを使う]をオンにすると、フラッシュフィル機能で日本語を入力できるようになりますが、設定の変更は、ほかのアプリに影響を及ぼす可能性もあるので、お勧めできません。次のページの下のMemoの方法で利用しましょう。

「メールアドレス」を基に「ユーザー名」を自動入力します。

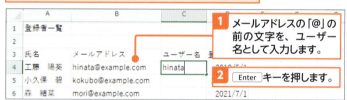

1 メールアドレスの「@」の前の文字を、ユーザー名として入力します。

2 Enter キーを押します。

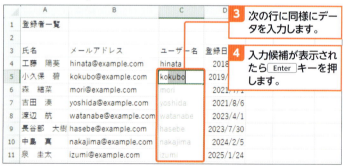

3 次の行に同様にデータを入力します。

4 入力候補が表示されたら Enter キーを押します。

5 B列のメールアドレスを基にC列にユーザー名が自動的に入力されます。

2 日付の入力パターンを指定する

解説 日付の入力パターンを伝える

フラッシュフィル機能は、文字データだけでなく日付のデータを基にデータを入力するときにも使えます。ここでは、D列に入力した登録日の日付を基に、E列に年のデータを入力します。入力パターンをExcelに認識してもらえれば、データを自動入力できます。

Memo 自動入力をキャンセルする

フラッシュフィル機能でデータを自動入力した後に、自動入力をキャンセルするには、フラッシュフィル機能が働いたときに表示される［フラッシュフィルオプション］をクリックし、［フラッシュフィルを元に戻す］を選択します。

「登録日」の年のデータをE列に自動入力します。

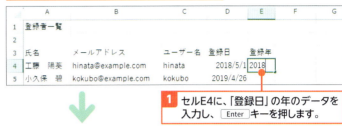

1 セルE4に、「登録日」の年のデータを入力し、Enterキーを押します。

2 次の行に同様のパターンでデータを入力します。

3 入力候補が表示されたらEnterキーを押します。

4 D列の日付を基にE列に登録年が自動入力されます。

Memo 入力パターンが自動認識されないときは

入力パターンをExcelに認識してもらえないときは、入力したセルを選択するか入力したセルを含む自動入力したいセル範囲を選択し、［データ］タブ→［フラッシュフィル］をクリックしてみましょう。入力パターンをExcelが認識できた場合は、データが入力されます。

1 入力したセルを含む自動入力したいセル範囲を選択し、

2 ［データ］タブ→［フラッシュフィル］をクリックします。

Section 27 入力時のルールを決める

練習用ファイル：27_ワークショップ受付表.xlsx

ここで学ぶのは
- 入力規則
- 入力時メッセージ
- エラーメッセージ

セルにデータを入力するときや他の人にデータを入力してもらうときに、間違ったデータが入力されるのを防ぐには、**入力規則**を決めましょう。
入力規則を指定すると、セルに入力できるデータを制限したり、入力時に補足メッセージを表示したりできます。

1 指定できるルールとは？

Memo 入力規則

入力規則の機能を使うと、セルに入力ルールを指定できます。入力できるデータの種類を限定したり、入力する値をリストから選択する方法にしたりできます。

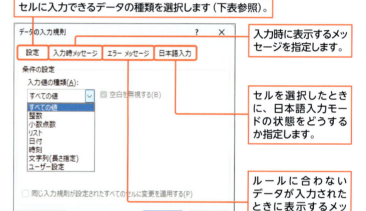

セルに入力できるデータの種類を選択します（下表参照）。
入力時に表示するメッセージを指定します。
セルを選択したときに、日本語入力モードの状態をどうするか指定します。
ルールに合わないデータが入力されたときに表示するメッセージを指定します。

Memo 日本語入力モード

入力規則機能を使うと、セルを選択したときに日本語入力モードのオン／オフを自動的に切り替えられます。日本語入力モードを指定しておくと、手動で日本語入力モードを切り替える手間が省けて便利です。

● 入力値の種類

入力値の種類	内容
すべての値	すべてのデータを入力できる。入力値の種類を指定しない場合はこれが選択される
整数	整数を入力できる。「1から10までの数値」「10以上の数値」など入力できる数値の範囲を細かく指定できる
小数点数	整数や小数を入力できる。「1から10までの数値」「10以上の数値」など入力できる数値の範囲を細かく指定できる
リスト	入力候補を表示して、入力候補からデータを選択できるようにする
日付	日付を入力できる。「いつからいつまで」「いつ以降」など、入力できる日付の範囲を細かく指定できる
時刻	時刻を入力できる。「何時から何時まで」「何時以降」など、入力できる時刻の範囲を細かく指定できる
文字列	文字を入力できる。「何文字」「何文字から何文字まで」「何文字以上」など、入力できる文字の長さを指定できる
ユーザー設定	数式を指定して、入力できる内容を限定するときに使う

2 入力規則を設定する

解説 入力規則を設定する

セルに対して、入力時のルールを指定します。ここでは、指定したセル範囲に「1」から「4」までの整数だけが入力できるようなルールを指定します。

入力規則の設定後は、セルにデータを入力してみましょう。入力規則に合わないデータを入力すると、メッセージが表示されます。

Hint 入力規則をコピーする

セルに設定した入力規則だけをコピーするには、貼り付ける形式を指定します。p.380で紹介します。

Memo 入力規則を削除する

入力規則を削除してすべてのデータを入力できるようにするには、入力規則が設定されているセルやセル範囲を選択し、[データ]タブ→[データの入力規則]をクリックします。[データの入力規則]ダイアログで[すべてクリア]をクリックします。

指定した範囲の数値を入力できるようにします。

1 入力規則を指定するセルやセル範囲を選択し、

2 [データ]タブ→[データの入力規則]をクリックします。

3 [入力値の種類]をクリックし、入力するデータの種類を選択します。

4 [次の値の間]が選択されていることを確認します。

5 [最小値]を指定します。

6 [最大値]を指定します。

7 [OK]をクリックします。

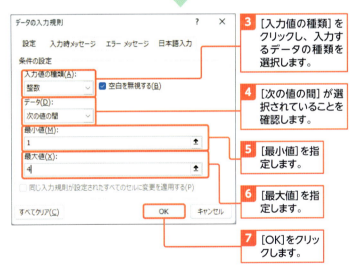

8 入力規則を指定したセルにルール違反のデータを入力すると、

9 エラーメッセージが表示されます。

Section 28 ルールに沿ってデータを効率よく入力する

練習用ファイル: 📁 28_ワークショップ受付表.xlsx

ここで学ぶのは

▶ 入力規則
▶ メッセージ
▶ 日本語入力モード

セルにデータを入力するとき、**入力候補**を表示してそこから入力するデータを選んでもらうには入力規則を使います。
ここでは、入力時に表示するメッセージやルールに合わないデータが入力されたときに表示するメッセージも指定します。

1 入力候補を登録する

解説 入力候補を登録する

セルに入力する値を入力候補から選べるようにします。入力規則の設定で[入力値の種類]から[リスト]を選択し、リストの内容を指定します。[元の値]に入力候補として表示するデータを半角「,」(カンマ)で区切って入力するか、[元の値]欄をクリックして、入力候補が入力されているセル範囲をドラッグして指定します。

Hint 入力規則が設定されているセルを選択する

どのセルに入力規則を設定したかわからなくなってしまった場合は、入力規則が設定されているセルを選択する方法を試してみましょう。[ホーム]タブの[検索と選択]をクリックし、[データの入力規則]をクリックします。

1. 入力規則を指定するセルやセル範囲を選択し、
2. [データ]タブ→[データの入力規則]をクリックします。

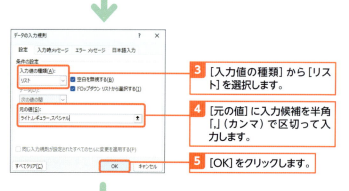

3. [入力値の種類]から[リスト]を選択します。
4. [元の値]に入力候補を半角「,」(カンマ)で区切って入力します。
5. [OK]をクリックします。

6. 入力時に入力候補が表示されるようになります。

2 入力時のメッセージを設定する

解説 メッセージを設定する

入力時メッセージを設定すると、セルを選択したときにメッセージを表示できます。セルにどのような入力ルールが設定されているか表示すると親切です。

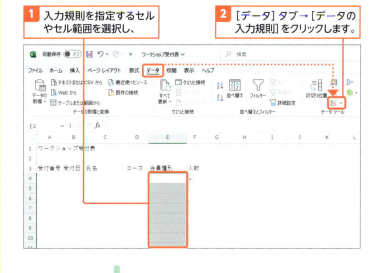

1 入力規則を指定するセルやセル範囲を選択し、

2 [データ] タブ→[データの入力規則] をクリックします。

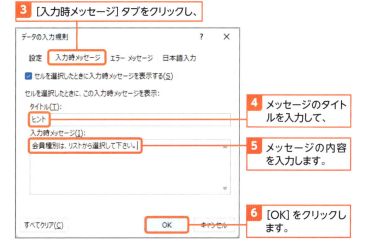

3 [入力時メッセージ] タブをクリックし、

4 メッセージのタイトルを入力して、

5 メッセージの内容を入力します。

6 [OK] をクリックします。

Memo メッセージを確認する

メッセージの設定後は、入力規則を設定したセルをクリックして入力時メッセージが表示されることを確認します。

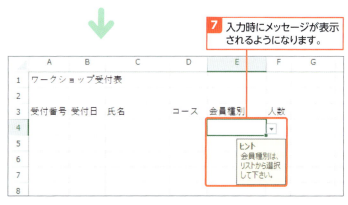

7 入力時にメッセージが表示されるようになります。

Hint メッセージを消す

入力時のメッセージが表示されたとき、メッセージを非表示にするには、Esc キーを押します。

3 ルール違反のメッセージを設定する

解説 メッセージを設定する

入力規則に合わないデータが入力されたときに表示する、エラーメッセージを設定します。

Memo メッセージを確認する

メッセージの設定後は、リスト以外の項目を入力しようとして、エラーメッセージが表示されることを確認します。

Memo エラーメッセージのスタイル

エラーメッセージを指定するときは、入力ルールをどの程度厳しくするかに合わせて［停止］［注意］［情報］のいずれかのスタイルを指定できます。［停止］を選択すると、ルールに合わないデータは入力できなくなります。

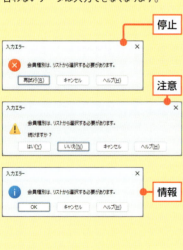

1 入力規則を指定するセルやセル範囲を選択し、

2 ［データ］タブ→［データの入力規則］をクリックします。

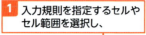

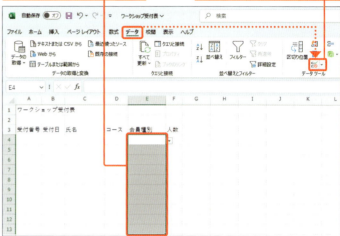

3 ［エラーメッセージ］タブをクリックし、

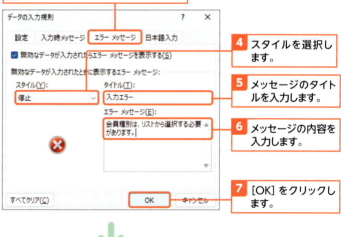

4 スタイルを選択します。

5 メッセージのタイトルを入力します。

6 メッセージの内容を入力します。

7 ［OK］をクリックします。

8 入力規則に合わないデータが入力されると、

9 エラーメッセージが表示されます。

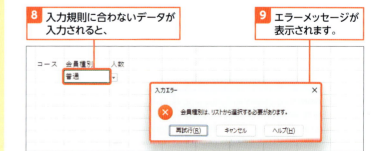

第 4 章

計算式や関数を使って計算する

　この章では、計算式の作り方を紹介します。セルのデータを参照するときの書き方、四則演算、関数を使った計算の仕方などを覚えましょう。

　目標は、表のセルのデータを使って簡単な計算式を作れるようになることと、計算式をコピーして使えるようになることです。

Section 29	▶ 計算式って何？
Section 30	▶ 他のセルのデータを参照して表示する
Section 31	▶ 四則演算の計算式を入力する
Section 32	▶ 計算結果がエラーになった！
Section 33	▶ 計算式をコピーする
Section 34	▶ 計算式をコピーしたらエラーになった！
Section 35	▶ 関数って何？
Section 36	▶ 合計を表示する
Section 37	▶ 平均を表示する
Section 38	▶ 氏名のふりがなを表示する
Section 39	▶ 数値を四捨五入する
Section 40	▶ 条件に合うデータを判定する
Section 41	▶ 商品番号に対応する商品名や価格を表示する
Section 42	▶ スピルって何？

Section 29 計算式って何？

ここで学ぶのは
- 計算式
- データの参照
- 関数

この章では、いよいよExcelで計算式や関数を使った式を入力して目的のデータを得る方法を紹介します。
計算式というと数値を扱うように思うかもしれませんが、Excelでは、文字や日付のデータを基に目的のデータを得たりもできます。

1 計算式を作る

計算式の入力

計算式は、必ず「＝」の記号から入力し始めます。計算結果はセルに表示されます。計算式の内容を確認するには、計算式が入っているセルを選択して、数式バーを見ます。

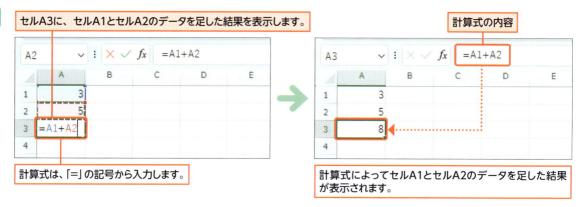

参照元のセル

一般的に計算式は、データが入っているセルを参照する形で作ります。参照元のセルのデータが変わると、計算結果も自動的に変わります。

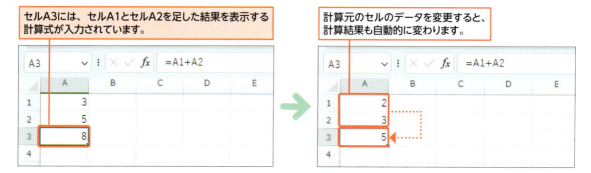

2 計算式の種類を知る

Memo 計算式について

計算式というと、一般的には数値の計算をするものですが、Excelでは、文字や日付データを扱って目的の文字や日付を求める計算式もあります。また、他のセルの値を参照して、その値を表示する計算式もあります。計算式は、「=」の記号から入力します。

Memo 四則演算

足し算、引き算、掛け算、割り算などの四則演算の計算式を入力するには、「+」「-」「*」「/」などの算術演算子を使います (p.316)。

Memo データの参照

他のセルのデータを参照して同じデータを表示するには、セルを参照する計算式を入力します。参照元のセルのデータが変更されると、参照先のセルのデータも変わります。

Keyword 関数

Excelでは、計算の目的に応じて使う関数という公式のようなものが数百種類用意されています。関数には、数値や日付、文字のデータを基に目的のデータを得るもの、条件に一致する場合とそうでない場合とで別々の操作をするもの、別表から該当するデータを探してそのデータを表示するものなど、さまざまなものがあります。

四則演算

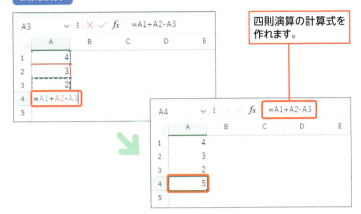

四則演算の計算式を作れます。

データの参照

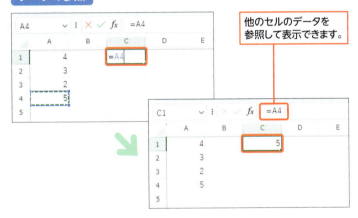

他のセルのデータを参照して表示できます。

関数

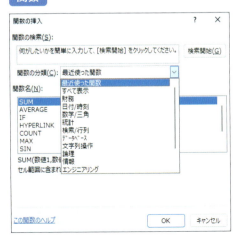

関数を使うと、目的別のさまざまな計算ができます。

Section 30 他のセルのデータを参照して表示する

練習用ファイル：📁 30_計算の練習.xlsx

ここで学ぶのは
- 計算式
- データの参照
- 数式バー

他のセルのデータを参照してそのセルと同じデータを表示するには、**セルを参照する計算式**を入力します。

参照元のセルのデータが変更された場合は、計算式を入力しているセルに表示されるデータも自動的に変わります。

1 セルのデータを参照する

解説　セルのデータを参照する

セルを参照する計算式を入力します。計算式を入力するには、まず、「=」の記号を入力します。次に、参照元のセルをクリックします。すると、「=A4」などの計算式が入力されます。
計算式を削除するには、計算式が入力されているセルをクリックし、Delete キーを押します。

Memo　計算式の内容を見る

計算式を入力すると、セルには、計算結果が表示されます。計算式の内容を表示するには、計算式を入力したセルをクリックします。数式バーを見ると、計算式の内容が表示されます。

💡 Hint　他のシートのセルを参照する

他のシートのセルのデータを参照するには、「=」を入力した後、他のシートのシート見出しをクリックしてシートを切り替え、セルをクリックします。すると、「=シート名!セル番地」のような計算式が入力されます。Enter キーを押すと、計算式が確定します。

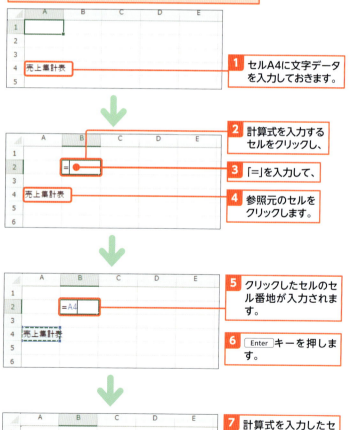

2 参照元のデータを変更する

解説　参照元のデータを変更する

前のページでは、セルを参照する計算式を入力しましたが、ここでは、参照元のセルのデータを変更してみましょう。データを変更すると、そのセルを参照しているセルに表示される内容もすぐに変わります。

セルA4のデータを変更します。

セルB2は、セルA4のデータを参照しています。

1 参照元のセルをクリックします。

2 データを上書きして修正します。

3 Enter キーを押します。

4 セルを参照する式を入力している側の表示も自動的に変わります。

Hint　参照元セルを変更する

計算式が入力されているセルをダブルクリックすると、計算元のセルに枠が付きます。外枠部分にマウスポインターを移動して、外枠をドラッグすると参照元セルを変更できます。

1 計算式が入力されているセルをダブルクリックします。

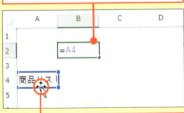

2 外枠をドラッグして参照元セルを変更できます。

Section 31 四則演算の計算式を入力する

練習用ファイル： 31_計算の練習.xlsx、31_参加費集計表.xlsx

ここで学ぶのは
- 計算式の入力
- 演算子の優先順位
- 比較演算子

足し算、引き算、掛け算、割り算など、**四則演算**の基本的な計算式を入力してみましょう。

四則演算の計算式を入力するには、**算術演算子**を使います。また、**比較演算子**についても知っておきましょう。

1 四則演算の計算式を作る

四則演算の計算式を入力する

セルC1に計算式を入力し、セルA1とセルB1のデータを足した結果を表示します。同様にセルC2に、セルA2からセルB2のデータを引いた結果を表示します。セルC3には、セルA3とセルB3のデータを掛けた結果を表示します。セルC4には、セルA4のデータをセルB4のデータで割った結果を表示します。

Memo 算術演算子

Excelで足し算、引き算、掛け算、割り算をするには、次のような算術演算子の記号を使います。

記号	内容
+	足し算
-	引き算
*	掛け算
/	割り算

1 セル範囲A1:B4に数値を入力します。

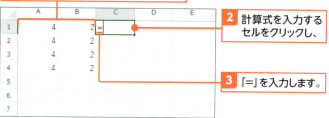

2 計算式を入力するセルをクリックし、

3 「=」を入力します。

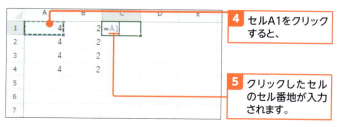

4 セルA1をクリックすると、

5 クリックしたセルのセル番地が入力されます。

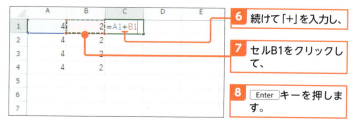

6 続けて「+」を入力し、

7 セルB1をクリックして、

8 Enterキーを押します。

Hint　数値を使った計算

計算式を作るときは、一般的に「=A1+A2」のように計算するデータが入っているセルを参照しますが、数値を直接指定して「=2+3」のように作ることもできます。ただし、数値を直接指定した場合は、計算するデータを変更するには、計算式を書き換える必要があります。

Hint　べき乗の計算

3の2乗などのべき乗の計算をするには、「^」の記号を使います。たとえば、「=A1^A2」のように入力します。

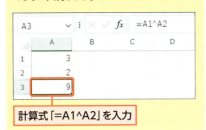

計算式「=A1^A2」を入力

9 計算式が入力され、計算結果が表示されます。

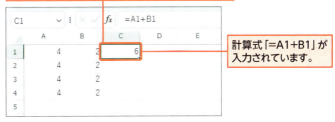

計算式「=A1+B1」が入力されています。

10 同様の方法で、その他の計算式を入力します。

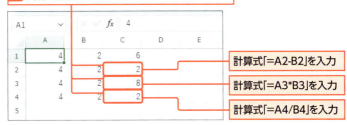

計算式「=A2-B2」を入力
計算式「=A3*B3」を入力
計算式「=A4/B4」を入力

11 計算元のセルのデータを書き換えると、

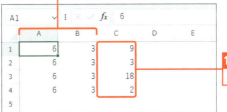

12 計算結果が自動的に変わります。

Hint　計算式を修正する

計算式が入力されているセルをダブルクリックすると、計算式で参照しているセルに色の枠が付きます。色の外枠にマウスポインターを移動してドラッグすると、参照元のセルを変更できます。また、計算式が入力されているセルをクリックし、数式バーをクリックしても同様に操作できます。

1 ダブルクリックします。

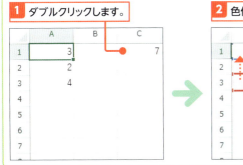

2 色付きの外枠をドラッグします。

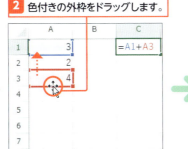

3 参照元を変更できます。

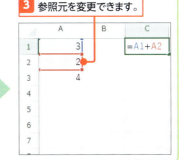

2 算術演算子の優先順位を知る

解説 算術演算子の優先順位

複数のセルを使って計算をするとき、同じ演算子を使う場合は左から右に順番に計算されます。しかし、違う演算子を使う場合は、演算子の優先順位に注意します。演算子の優先順位は算数と同じで、「*（掛け算）」「/（割り算）」は、「+（足し算）」「-（引き算）」より優先されます。「=B3+B4*B5」の計算式で、足し算を優先したい場合は「=(B3+B4)*B5」のように()で囲みます。

体験会の1日目と2日目の参加者数を足して、参加費を掛けた金額を表示します。

1 表の見出しや数値を入力します。

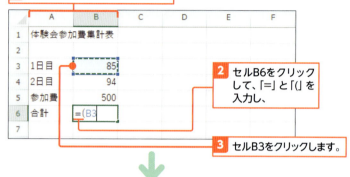

2 セルB6をクリックして、「=」と「(」を入力し、

3 セルB3をクリックします。

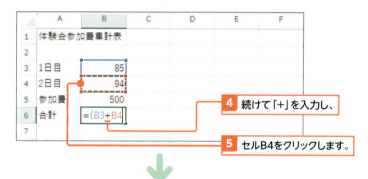

4 続けて「+」を入力し、

5 セルB4をクリックします。

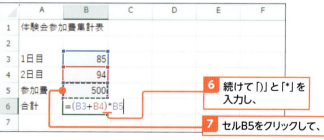

6 続けて「)」と「*」を入力し、

7 セルB5をクリックして、

8 Enter キーを押します。

9 計算結果が表示されます。

Hint 参照元セルの表示

計算式が参照しているセルを表示するには、計算式が入力されているセルをクリックし、[数式]タブ→[参照元のトレース]をクリックします。すると、参照元セルがわかるように矢印が表示されます。矢印を消すには、[トレース矢印の削除]をクリックします。

3 比較演算子を使う

解説　大きさを比較する

データの大きさを比較するには、比較演算子を使います。比較演算子では「TRUE（合っている）」「FALSE（合っていない）」のいずれかの答えが返ります。これらの答えは、指定した条件に合うかどうかで操作を分ける計算式などで使います（p.342）。
使用できる比較演算子は下のMemoを参照してください。

Hint　指数表記と有効桁数

Excelでは、12桁以上の数値を入力すると、「○×10の○乗」のような指数表記になります。たとえば、「123456789012」は、「1.23457×10の11乗」となって「1.23457E+11」のように表示されます。指数表記を通常の表示に戻したい場合は、数値の表示形式を[数値]にします（p.369）。なお、Excelでは、計算対象の数値として扱える有効桁数は15桁までです。

セルA1のデータがセルA2のデータ以上かどうかを判定します。

1 セル範囲A1:A2に数値を入力しておきます。

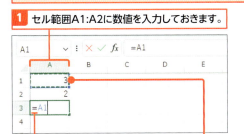

2 計算式を入力するセルをクリックして、「=」を入力し、

3 セルA1をクリックします。

4 続けて「>=」を入力し、

5 セルA2をクリックして、

6 Enterキーを押します。

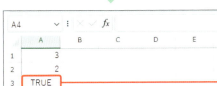

7 判定結果が表示されます。

Memo　比較演算子

比較演算子には、右の表のようなものがあります。

比較演算子	内容	指定例	意味
=	等しい	=A1=A2	セルA1のデータとセルA2のデータが同じ場合は「TRUE」、そうでない場合は「FALSE」を返す
<>	等しくない	=A1<>A2	セルA1のデータとセルA2のデータが違う場合は「TRUE」、そうでない場合は「FALSE」を返す
>	より大きい	=A1>A2	セルA1のデータがセルA2のデータより大きい場合は「TRUE」、そうでない場合は「FALSE」を返す
>=	以上	=A1>=A2	セルA1のデータがセルA2のデータ以上の場合は「TRUE」、そうでない場合は「FALSE」を返す
<	より小さい	=A1<A2	セルA1のデータがセルA2のデータより小さい場合は「TRUE」、そうでない場合は「FALSE」を返す
<=	以下	=A1<=A2	セルA1のデータがセルA2のデータ以下の場合は「TRUE」、そうでない場合は「FALSE」を返す

Section 32 計算結果がエラーになった!

練習用ファイル：📁 32_施設利用費計算表.xlsx

正しい計算式を入力していない場合や、計算式の参照元のセルに計算に必要なデータが見つからない場合などは、**エラー**になります。
ここでは、**エラーの種類**について紹介します。また、**エラーを修正する方法**も知っておきましょう。

ここで学ぶのは
- ▶ エラー値
- ▶ エラーの種類
- ▶ エラーチェックルール

1 エラーとは？

Excelでは、さまざまなエラーを自動的にチェックしています。エラーが疑われるとエラーの可能性を示す緑色のエラーインジケーターが表示されます。エラーを確認して必要に応じて修正します。どのようなエラーをチェックするかは、下のHintを参照してください。

エラーの可能性があるセルには、緑の印が表示されます。

Hint エラーチェックルール

どのようなエラーをチェックするかは、[Excelのオプション]ダイアログ(p.262)で指定できます。[数式]をクリックし、[エラーチェックルール]で確認しましょう。なお、設定内容は、Excelのバージョンなどによって異なります。

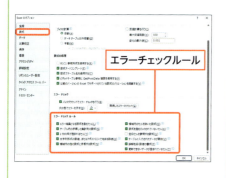

エラーの種類	内容
エラー結果となる数式を含むセル	計算結果にエラー値が表示されたセルなどに表示される
テーブル内の矛盾した集計列の数式	テーブルの列に計算式を入力した場合、他の計算式のパターンと違う計算式が入力されたセルなどに表示される
2桁の年が含まれるセル	文字列として入力した日付の年が2桁のセルなどに表示される
文字列形式の数値、またはアポストロフィで始まる数値	文字列として入力した数字が含まれるセルなどに表示される
領域内の他の数式と矛盾する数式	横方向や縦方向に同じパターンの計算式が入力されているとき、隣接するセルの計算式とは違うパターンの計算式が入力されたセルなどに表示される
領域内のセルを除いた数式	合計を表示する計算式などで、明細データが入力されていると思われるセル範囲が計算対象になっていない場合などに表示される
数式を含むロックされていないセル	計算式が入力されているセルにもかかわらず、セルのロックが外れているセルなどに表示される
空白セルを参照する数式	空白セルを参照した計算式が入力されたセルなどに表示される
テーブルに入力されたデータが無効	テーブルの列に入力されている内容と矛盾する入力規則などが設定されているセルなどに表示される
誤解を招く数値の書式	セルを参照する計算式などに、参照元のセルとは違う表示形式が設定されているなど、誤解を招く可能性があるセルなどに表示される
更新できないデータが含まれているセル	外部のデータで、更新できないデータ型が含まれているときなどに表示される

2 エラー値について

解説 エラーの内容を確認する

[エラーのトレース]をクリックしてエラーの内容を確認します。ここでは、セルB4の1日利用料をセルB5の参加人数で割るはずの計算式が、セルC5(空白のセル)で割り算する計算式になっているためエラーになっています。

セルB7には数式「=B4/C5」が入力されています。

1. エラーインジケーターが表示されているセルをクリックします。
2. [エラーのトレース]にマウスポインターを移動するとヒントが表示されます。

3. [エラーのトレース]をクリックします。

4. エラーの内容を確認します。

Memo エラーとして表示される値

エラーとして表示される値には、右の表のような種類があります。

● エラー値

エラー値	内容
#DIV/0!	0で割り算したり、空白セルを参照して割り算したりすると表示される
#N/A	参照元セルが計算の対象として使えない場合などに表示される
#NAME?	関数の名前が間違っている場合などに表示される
#NULL!	参照元のセルやセル範囲の指定が間違っている場合などに表示される
#NUM!	関数などで答えが見つからない場合などに表示される
#REF!	参照元セルを削除してしまって計算ができない場合などに表示される
#VALUE!	計算対象のデータが参照元セルに入力されていない場合などに表示される
#SPILL!	スピル機能(p.350)を使用して計算式を入力したとき、同じ式が入力される他のセルに何かデータが入力されている場合などに表示される

3 エラーを修正する

解説 エラーを修正する

［エラーのトレース］をクリックしてエラーを修正しましょう。ここでは、セルB4の1日利用料をセルC5ではなくセルB5の参加人数で正しく割り算するようにしましょう。数式バーで修正します。

Memo ［エラーのトレース］で修正する

エラーの内容によっては、［エラーのトレース］をクリックすると、エラーを修正する項目が表示されます。その場合、エラーを修正する項目を選択すると、エラーが修正されます。

Hint 循環参照エラー

計算式を入力しているセル自体を参照して計算式を作ると、循環参照エラーが表示されます。循環参照エラーが表示されたら、［数式］タブ→［エラーチェック］の ∨ →［循環参照］からエラーの原因のセルをクリックして計算式を修正しましょう。

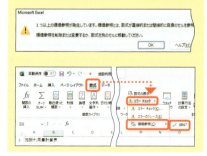

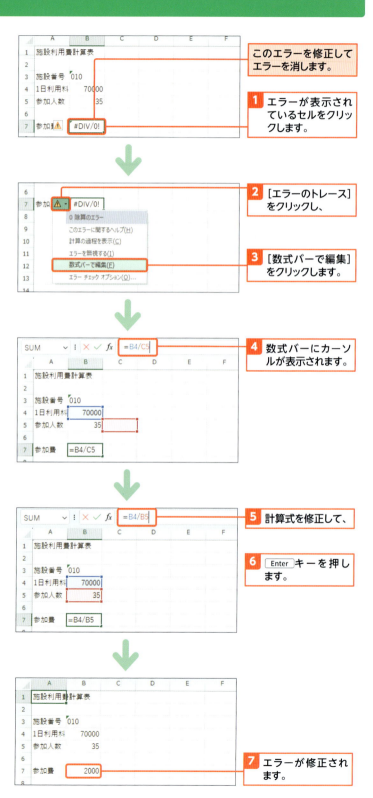

4 エラーを無視する

解説　エラーを無視する

数字を数値としてではなく文字のデータとして入力している場合は、エラーインジケーターが表示されます。ここでは、施設番号として0から始まる数字を入力するため、数字を文字として入力しています（p.271）。エラーの可能性がない場合は、エラーを無視すると、エラーインジケーターが消えます。

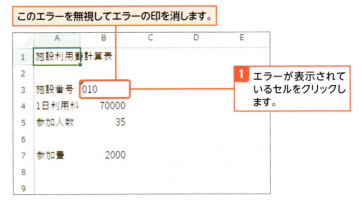

このエラーを無視してエラーの印を消します。

1 エラーが表示されているセルをクリックします。

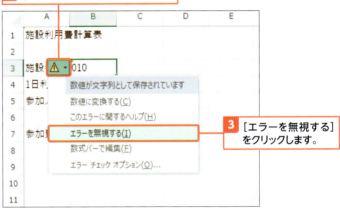

2 ［エラーのトレース］をクリックして、

3 ［エラーを無視する］をクリックします。

Hint　エラーを再表示する

エラーを無視してエラーインジケーターを消した後、再度、エラーインジケーターを表示するには、［Excelのオプション］ダイアログ（p.262）を表示し、［数式］を選択して［エラーチェック］の［無視したエラーのリセット］をクリックします。

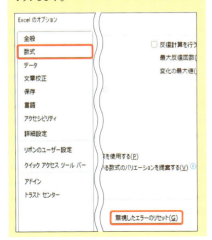

4 エラーが無視され、エラーの印が消えます。

Section 33 計算式をコピーする

練習用ファイル：📁 33_計算の練習.xlsx

同じ行や列に似たような計算式を作るときは、**計算式をコピー**して作ると効率よく入力できます。
計算式をコピーすると、計算式で参照しているセルの位置も自動的に変わります。その様子を確認しながら入力しましょう。

ここで学ぶのは
- 計算式のコピー
- フィルハンドル
- 相対参照

1 計算式をコピーする

解説 計算式をコピーする

セルC1に「=A1+B1」の計算式を入力して下方向にコピーします。計算式が入力されているセルをクリックし、フィルハンドルをコピーしたい方向に向かってドラッグします。

時短のコツ ダブルクリックでコピーする

計算式を下方向にコピーするとき、フィルハンドルをダブルクリックすると、隣接するセルにデータが入力されている最終行まで一気に計算式をコピーできます。

1 フィルハンドルをダブルクリック

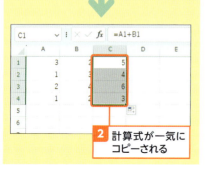

2 計算式が一気にコピーされる

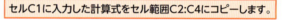
セルC1に入力した計算式をセル範囲C2:C4にコピーします。

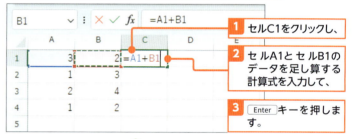

1 セルC1をクリックし、
2 セルA1とセルB1のデータを足し算する計算式を入力して、
3 Enter キーを押します。

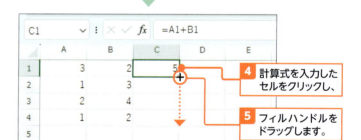

4 計算式を入力したセルをクリックし、
5 フィルハンドルをドラッグします。

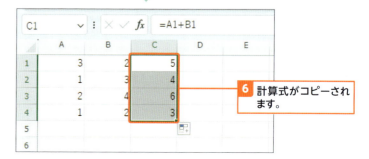

6 計算式がコピーされます。

2 コピーした計算式を確認する

解説　計算式を確認する

セルC1に入力した計算式は、セルA1とセルB1のデータを足し算するものです。式をコピーすると、コピー先に合わせて計算に使う参照元のセルの場所がずれます。

セル範囲C2:C4にコピーした計算式の内容を確認します。

1 セルC2をクリックすると、

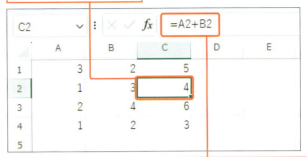

2 コピーした計算式の内容が、「=A2+B2」になっていることが確認できます。

3 セルC3をクリックすると、

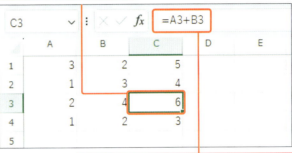

4 コピーした計算式の内容が、「=A3+B3」になっていることが確認できます。

5 セルC4をクリックすると、

6 コピーした計算式の内容が、「=A4+B4」になっていることが確認できます。

Key word　相対参照

セルを参照方法には、相対参照、絶対参照（p.327）、複合参照（p.329）があります。相対参照とは、セルを参照するときに「A1」などのようにセル番地だけを指定する方法です。相対参照で指定されたセルは、計算式をコピーすると、コピー先に応じて自動的にセルの位置がずれます。

Section 34 計算式をコピーしたらエラーになった！

練習用ファイル：📁 34_入場者数集計表.xlsx

ここで学ぶのは
- エラー値
- 相対参照
- 絶対参照

前のセクションで紹介したように、計算式をコピーすると参照元のセルの位置がずれることで、正しい計算結果が表示されます。
ただし、中には、**参照元のセルの位置がずれると困るケース**もあります。ここでは、その対処方法を知りましょう。

1 エラーになるケースとは？

コピーした計算式がエラーになるケース

ここでは、セルに入力した計算式を下方向にコピーします。セルC4には、会社員の入場者数が全体人数の何パーセントを占めるのか、割合を表示するため、会社員の人数を全体の人数で割り算する計算式を入力します。この計算式を下方向にコピーして、学生、自営業、その他の比率を求めようとすると、エラーになります。

1 計算式を入力して、

2 Enter キーを押します。

3 計算式を入力したセルをクリックし、

4 フィルハンドルをドラッグします。

エラーの原因

コピーした計算式のエラーの原因を確認しましょう。原因は、会社員、学生、自営業、その他のそれぞれの人数を、全体の人数のセルで割り算したいのに、全体の人数を参照するセルがずれてしまっているためです。たとえば、セルC5の計算式を見ると、本来は「=B5/B8」としたいのに、「=B5/B9」になっています。空欄のセルB9のデータで割り算しているためエラーが表示されます。

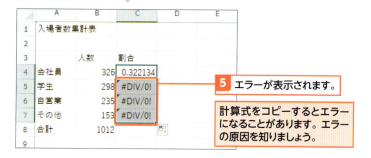

5 エラーが表示されます。

計算式をコピーするとエラーになることがあります。エラーの原因を知りましょう。

2 セルの参照方法を変更する

解説 参照方法を変更する

計算式をコピーしても、参照元のセルの位置をずらさないようにするには、セルの参照方法を絶対参照にします。ここでは、セルC4に、会社員の人数を全体の人数で割り算する計算式「=B4/B8」を入力しています。この計算式を下方向にコピーしても、常にセルB8のデータで割られるようにセルB8の参照方法を変更します。

Memo セルB4は？

会社員の人数を参照しているセルB4は、計算式をコピーしたときに学生の人数、自営業の人数、その他の人数がそれぞれ参照されるように（参照元のセルの位置がずれるように）します。そのため、参照方法は変更せずに相対参照（p.325）のままにします。

Key word 絶対参照

セルの参照方法には、相対参照（p.325）、絶対参照、複合参照（p.329）があります。絶対参照は、セルを参照するときに「$A$1」などのようにセル番地の列と行の前に「$」を付けて指定する方法です。絶対参照で指定されたセルは、計算式を縦方向や横方向にコピーしても参照元のセルの場所がずれません。

前ページの操作に続けて、セルC4の計算式を修正して、計算式をコピーしてもエラーにならないようにします。

1 間違った計算式が入力されているセルの計算式を消します。

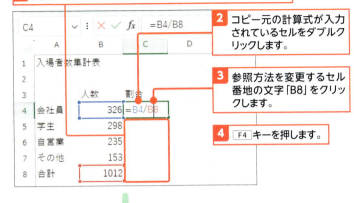

2 コピー元の計算式が入力されているセルをダブルクリックします。

3 参照方法を変更するセル番地の文字「B8」をクリックします。

4 F4 キーを押します。

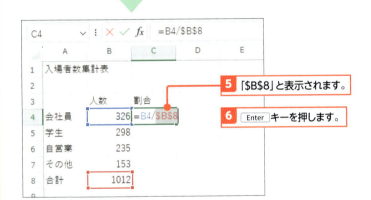

5 「$B$8」と表示されます。

6 Enter キーを押します。

7 計算式が修正されました。

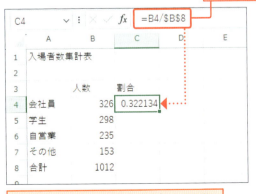

$B$8と指定すると、計算式をコピーしても常にセルB8のデータを参照するようになります。

3 計算式をコピーする

解説　計算式をコピーする

前のページで、計算式をコピーしてもセルB8は参照元がずれないようにセルの参照方法を変更しました。変更した計算式を下方向にコピーします。コピーした計算式の内容を確認しましょう。常にセルB8のデータで割る式になっています。

Hint　スピルの機能を使った場合

スピルの機能を使って、絶対参照の参照方法を使わずに計算式を入力することができます。p.351で紹介します。

Hint　パーセント表示

数値をパーセント表示にする方法は、p.371で紹介します。

前ページの操作に続けて、計算式をコピーして正しい結果になるか確認します。

1 セルC4をクリックし、

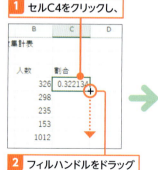

2 フィルハンドルをドラッグします。

3 計算式がコピーされます。

4 セルC5をクリックして、

5 計算式の内容を確認します。

=B5/$B$8

6 セルC6をクリックして、

7 計算式の内容を確認します。

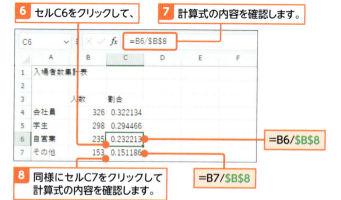

=B6/$B$8

8 同様にセルC7をクリックして計算式の内容を確認します。

=B7/$B$8

使えるプロ技！ 複合参照

複合参照とは、セルを参照するときに「$A1」「A$1」などのようにセル番地の列または行のいずれかの前に「$」を付けて指定する方法です。

複合参照は、計算式を横方向と縦方向の両方にコピーする場合などに知っておくと便利な参照方法です。使う頻度はあまり高くないので、一度にすべて理解する必要はありません。ここでは、こういう参照方法もあるのか、という程度に知っておきましょう。

● 複合参照の指定方法

意味	参照方法	内容
列のみ固定	$A1	列番号の前だけに「$」を付けます。この場合、計算式を横方向にコピーしても、参照元セルの列の位置がずれません。
行のみ固定	A$1	行番号の前だけに「$」を付けます。この場合、計算式を縦方向にコピーしても、参照元セルの行の位置がずれません。

下の例は、セル B4 に入力した計算式をコピーして、プリペイドカードの購入代金（価格×枚数）金額一覧を表示します。

失敗例

1 計算式を横方向にコピーします。　**2** 計算式を縦方向にコピーします。

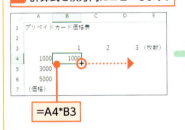
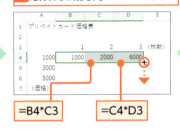
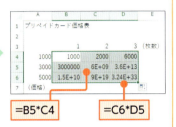

プリペイドカードの購入金額を計算します。セル B4 には、1,000 円のカードを 1 枚購入するときの料金を表示します。セル A4 の価格とセル B3 の枚数を掛けた金額を計算します。

価格のセルは、セル A4 を参照したいのにセル番地がずれてしまい正しい結果になりません。たとえば、セル D4 は、1,000 円のプリペイドカードが 3 枚でいくらかを表示したいのに、答えが「6,000」になってしまっています。

価格のセルは A 列、枚数のセルは 3 行目を参照したいのにセル番地がずれてしまい正しい結果になりません。なお、「6E+09」などの表示は、数値が指数表記で表示されたものです（p.319）。

成功例

1 計算式を横方向にコピーします。　**2** 計算式を縦方向にコピーします。

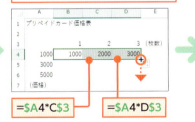
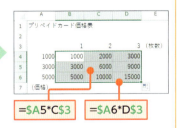

価格を参照するときは、参照元のセルの A 列の位置がずれないように列のみ固定します。枚数を参照するときは、参照元の 3 行目の位置がずれないように行のみ固定します。

価格のセルの参照元は常に A 列と固定されているので正しい結果が表示されます。

価格のセルの参照元は常に A 列、枚数のセルの参照元は常に 3 行目を参照するよう固定されているので正しい結果が表示されます。

なお、スピルの機能を使う場合、複合参照の参照方法を使わずに計算式を入力することができます。p.351 で紹介します。

Section 35 関数って何？

ここで学ぶのは
- 関数の入力方法
- 関数の書式
- 引数

関数を使うと、指定したセルの合計を表示したり漢字のふりがなを表示したりするなど、難しそうな計算も簡単に行えます。
関数の書き方は関数の種類によって違いますので、すべて覚える必要はありません。
必要なときにヘルプや関数の解説書などを利用しましょう。

1 関数とは？

関数とは、計算の目的に応じて使う公式のようなものです。Excelには、数百種類もの関数が用意されています。単純な計算だけでなく、条件に一致する場合とそうでない場合とで別々の操作をするもの (p.342)、別表から該当するデータを探してそのデータを表示するものなど (p.344)、さまざまなタイプのものがあります。

合計を表示するには、SUM関数を使います。

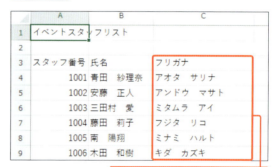

漢字のふりがなを表示するには、PHONETIC関数を使います。

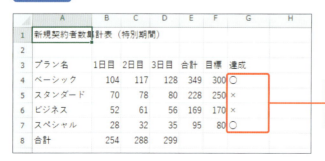

合計のデータが目標以上なら「○」、そうでない場合は「×」を表示するには、IF関数を使います。

関数を入力するときは「＝」の後に関数名を入力します。続いて、()で囲って、計算に必要な引数 (ひきすう) という情報を指定します。

＝ 関数名 (引数)

2 関数の入力方法を知る

> **Memo** 関数の入力方法
>
> 関数を入力する方法は、いくつもあります。たとえば、よく使う関数は、[ホーム]タブから入力できます。また、関数を入力するのを手伝ってくれる[関数の挿入]ダイアログから入力できます。また、[数式]タブのボタンからも入力できます。

[ホーム]タブ

[ホーム]タブ→[オートSUM]から入力できます。

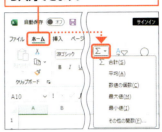

[関数の挿入]ダイアログ

[関数の挿入]ダイアログで入力できます。

 Hint 新しい関数

Excel 2021以降や、Microsoft 365のExcelを使用している場合は、スピル機能 (p.350) に対応した次のような関数を利用できます。

関数名	主な使用用途
FILTER	リストを基に、リスト以外の場所に、指定した条件に一致するデータを抽出して表示する
SORT	リストを基に、リスト以外の場所に、指定した列を基準にデータを並べ替えて表示する
SORTBY	リストを基に、リスト以外の場所に、指定した複数の列を基準にデータを並べ替えて表示する
UNIQUE	リストを基に、リスト以外の場所に、重複しないデータのみを表示する
SEQUENCE	指定した範囲に、連続データをまとめて入力する
RANDARRAY	指定した範囲に、ランダムなデータをまとめて入力する

また、Excel 2024やMicrosoft 365のExcelを使用している場合は、次のような新しい関数を利用できます。文字列の区切り記号を利用して文字列を操作する関数や、配列(セル範囲などの複数の値のまとまりを扱うためのしくみ)のデータを操作する関数、インターネット上の画像を表示する関数、独自の関数を作成する関数などがあります。

関数名	主な使用用途
TEXTBEFORE	指定した区切り文字の前の文字を返す
TEXTAFTER	指定した区切り文字の後ろの文字を返す
TEXTSPLIT	指定した区切り文字を基に文字を分割し、スピル形式で表示する
VSTACK	配列を縦に並べたより大きい配列を返し、スピル形式で表示する
HSTACK	配列を横に並べたより大きい配列を返し、スピル形式で表示する
TOROW	配列を行の形式で返し、スピル形式で表示する
TOCOL	配列を列の形式で返し、スピル形式で表示する
WRAPROWS	1行または1列の配列を指定した列数で折り返し、スピル形式で表示する
WRAPCOLS	1行または1列の配列を指定した行数で折り返し、スピル形式で表示する
TAKE	配列の先頭や末尾から指定した範囲を返し、スピル形式で表示する
DROP	配列の先頭や末尾から指定した範囲を除いた範囲を返し、スピル形式で表示する
CHOOSEROWS	配列から指定した行を返し、スピル形式で表示する
CHOOSECOLS	配列から指定した列を返し、スピル形式で表示する
EXPAND	配列の範囲を広げて、スピル形式で表示する
IMAGE	インターネット上の画像を表示する
LAMBDA	独自の関数を作成する

Section 36 合計を表示する

練習用ファイル：📁 36_契約件数集計表.xlsx　📁 36_レンタル件数集計表.xlsx

ここで学ぶのは
- SUM 関数
- 合計を求める
- ステータスバー

合計を求めて表示する **SUM（サム）関数** は、[ホーム] タブ→ [オートSUM] から簡単に入力できます。

SUM関数の引数には、合計をするセルやセル範囲を指定します。セルやセル範囲は、ドラッグ操作で簡単に指定できます。

1 合計を表示する

解説　合計を表示する

[ホーム] タブ→ [オートSUM] をクリックすると、SUM関数が入力され、合計を求めるセル範囲に色枠が付きます。ここでは、「=SUM(B4:B7)」の計算式が入力されます。これは、セル範囲B4:B7の合計を表示するというものです。
合計を求めるセル範囲が認識されない場合や、セル範囲が意図と違う場合は、Enterキーを押す前に、合計を求めるセル範囲を直接ドラッグして選択し直します。

Memo　計算式をコピーする

関数を使って作った計算式もコピーすることもできます。たとえば、入力した計算式をコピーするには、下図の操作のように、フィルハンドルをドラッグします。

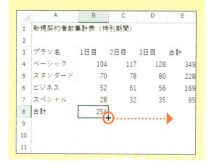

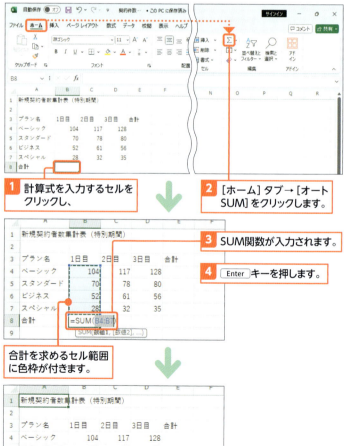

1 計算式を入力するセルをクリックし、

2 [ホーム] タブ→ [オートSUM] をクリックします。

3 SUM関数が入力されます。

4 Enter キーを押します。

合計を求めるセル範囲に色枠が付きます。

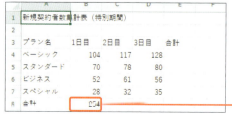

5 1日目の売上合計が表示されます。

2 縦横の合計を一度に表示する

解説 まとめて計算する

縦横の合計を表示するときは、合計を求めるセル範囲と合計を表示するセルを選択してから[ホーム]タブ→[オートSUM]をクリックします。すると、縦横の合計が一気に表示されます。

1 「合計を求めるセル範囲」と「計算結果を表示するセル」を含むセル範囲を選択します。

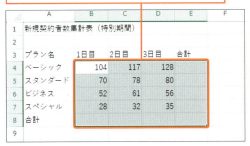

2 [ホーム]タブ→[オートSUM]をクリックします。

Hint 計算式を入力せずに結果を表示する

セルやセル範囲を選択すると、選択したセル範囲のデータの合計や平均、データの個数などが画面下部のステータスバーに表示されます。計算式を入力しなくてもそれらの計算結果を確認できます。また、ステータスバーにどんな内容を表示するかは、ステータスバーを右クリックして表示されるメニューで指定できます。

3 縦横の合計が表示されます。

● SUM関数の書式

書式	=SUM(セル範囲)
引数	セル範囲	合計を求めるセル範囲を入力します。
説明	SUM関数では、引数に合計を求めるセル範囲を入力します。たとえば、セル範囲A1:A5の合計を求める場合は、「=SUM(A1:A5)」と入力します。セル範囲は「,」(カンマ)で区切って複数指定できます。たとえば、セルA1とセルA3の合計を求めるには、「=SUM(A1,A3)」と入力します。

333

3 複数のセルの合計を表示する

解説　複数のセルの合計を計算する

合計を求めるセル範囲は、複数指定することもできます。ここでは、セルE4とセルI4のデータの合計を表示します。セルJ4を選択して[ホーム]タブ→[オートSUM]をクリックすると、「=SUM(I4,E4)」の計算式が入力されます。これは、セルI4とセルE4のデータの合計を表示するものです。

Hint　横か縦だけ合計する

横の合計、または縦の合計をまとめて計算するときは、合計を表示するセル範囲を選択して操作します。たとえば、ここで紹介した表の場合、上期合計を表示する範囲を選択して[ホーム]タブ→[オートSUM]をクリックします。

1 合計を表示するセル範囲を選択します。　**2** クリックします。

上期合計に、4月～6月の合計と7月～9月の合計を足した結果を表示します。

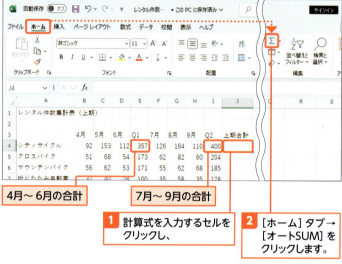

4月～6月の合計　　7月～9月の合計

1 計算式を入力するセルをクリックし、

2 [ホーム]タブ→[オートSUM]をクリックします。

3 SUM関数が入力されます。

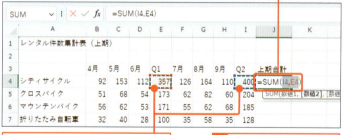

合計を求めるセル範囲に色枠が付きます。

4 Enter キーを押します。

5 2つの合計を足した結果が表示されます。

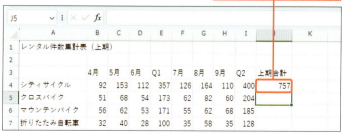

4 関数の計算式を修正する

解説 引数を修正する

合計を求めるセル範囲を変更して、4月～6月、7月～9月のデータの合計を表示します。関数が入力されているセルをダブルクリックすると、引数に指定されているセルに色枠が付きます。色枠の外枠部分をドラッグするとセルをずらせます。四隅のハンドルをドラッグすると、セル範囲を広げたり縮めたりできます。ここでは、前のページにあった4月～6月の合計が表示されているE列と、7月～9月の合計が表示されているI列の計算式を消した場合を想定して、計算式を修正します。

前ページに続けて、SUM関数の計算式を修正して、各月のデータを個別に足した結果が表示されるようにします。

1 関数が入力されているセルをダブルクリックします。

2 合計を求めるセル範囲に色枠が付きます。

3 セルE4に表示されている枠にマウスポインターを移動し、セルB4へドラッグします。

4 枠の右下隅にマウスポインターを移動して、ドラッグしてセルD4まで枠を広げます。

5 同様に、青い色枠の位置と大きさを変更します。

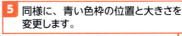

6 Enter キーを押します。

Hint セルやセル範囲を選択する

合計を求めたいセル範囲をうまく指定できないときは、指定されているセル範囲を削除します。続いて、合計を求めるセルやセル範囲を選択します。たとえば、セル範囲A1:B1をドラッグ、Ctrlキーを押しながらセルA3、セルB5をクリックすると、「=SUM(A1:B1,A3,B5)」が指定され、セル範囲A1:B1とセルA3、セルB5の合計が表示されます。

7 各月のデータを足した結果が表示されます。

Section 37 平均を表示する

練習用ファイル：📁 37_店舗別売上表.xlsx

ここで学ぶのは
- AVERAGE関数
- 平均を求める
- 関数のヘルプ

平均を表示するには、平均を求めるセルの合計をセルの数で割り算する方法がありますが、**AVERAGE（アベレージ）関数**を使うともっと簡単に表示できます。AVERAGE関数の書き方は、SUM関数と同じです。引数には、平均を求めるデータが入っているセル範囲を指定します。

1 平均を表示する

解説　平均を表示する

平均を表示するにはAVERAGE関数を入力します。[ホーム]タブ→[オートSUM]の⌄→[平均]をクリックすると、Excelが平均を求めるセル範囲を認識して、そのセル範囲に色枠が付きます。セル範囲が意図と違う場合は、平均を求めるセル範囲を直接ドラッグして選択し直します。

4月の売上の平均を表示します。

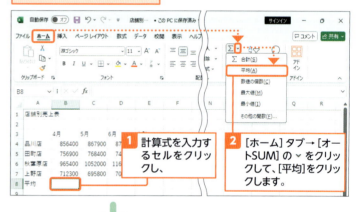

1 計算式を入力するセルをクリックし、

2 [ホーム]タブ→[オートSUM]の⌄をクリックして、[平均]をクリックします。

3 AVERAGE関数が入力され、平均を求めるセル範囲が認識されます。

4 Enter キーを押します。

5 売上平均が表示されます。

6 p.324の方法で計算式をコピーして、5月と6月の平均を表示します。

2 平均を一度に表示する

解説　まとめて入力する

平均を表示する計算式をまとめて入力します。計算式を入力するセルを選択してから操作します。計算式を入力した後は、計算式の内容が間違っていないか必ず確認しましょう。

Hint　空白セルと「0」の扱い

AVERAGE関数では、平均を求めるセル範囲に空白セルが含まれる場合、そのセルは平均を求める対象から外れて無視されます。また、平均を求めるセル範囲に「0」が含まれる場合は、「0」は計算対象になるので注意してください。

Memo　関数のヘルプ

関数の引数の指定方法などを調べるには、関数のヘルプを表示しましょう。入力した計算式からヘルプのページを表示できます。関数が入力されているセルをクリックし、数式バーで関数名をクリックし、表示される関数名をクリックします。

月別の平均をまとめて表示します。

1 平均を表示するセルを選択し、

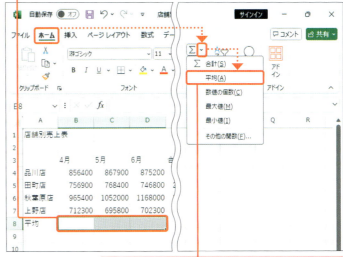

2 [ホーム]タブ→[オートSUM]の ∨ をクリックして、[平均]をクリックします。

3 月別の平均が表示されます。

● AVERAGE関数の書式

書式	=AVERAGE(セル範囲)
引数	セル範囲　平均を求めるセル範囲を入力します。
説明	AVERAGE関数では、引数に平均を求めるセル範囲を入力します。たとえば、セル範囲A1:A5の平均を求める場合は、「=AVERAGE (A1:A5)」と入力します。セル範囲は「,」(カンマ)で区切って複数指定できます。たとえば、セルA1とセルA3の平均を求めるには、「=AVERAGE (A1,A3)」と入力します。

Section 38 氏名のふりがなを表示する

練習用ファイル：📁 38_イベントスタッフリスト.xlsx

ここで学ぶのは
- PHONETIC 関数
- ふりがなの表示
- ふりがなの修正

漢字のふりがなの情報を他のセルに表示するには、**PHONETIC（フォネティック）関数**を使う方法があります。
PHONETIC 関数では、ふりがながカタカナで表示されますが、ひらがななどに変更することもできます。

1 漢字のふりがなを表示する

💬 解説 ふりがなを表示する

PHONETIC 関数を使って漢字のふりがなを表示します。引数には、漢字が入力されているセルを指定します。ここでは、氏名のセルを選択します。

なお、PHONETIC 関数で表示されるのは、Excel に直接入力したときの漢字の読みです。詳しくは右ページ下のHintも参照してください。

氏名のふりがなを表示します。

1 計算式を入力するセルをクリックし、

2 数式バーの［関数の挿入］をクリックします。

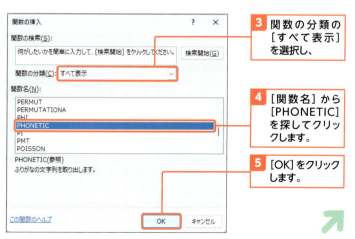

3 関数の分類の［すべて表示］を選択し、

4 ［関数名］から［PHONETIC］を探してクリックします。

5 ［OK］をクリックします。

⌨ ショートカットキー

● ［関数の挿入］ダイアログの表示
関数を入力するセルをクリックし、
[Shift] + [F3]

⏱ 時短のコツ 関数を素早く見つける

［関数の挿入］ダイアログで関数を見つけるときは、［関数名］欄のいずれかの関数をクリックした後、探したい関数名の先頭数文字のキーを押します。すると、探したい関数を素早く見つけられます。

Hint ひらがなで表示する

PHONETIC関数で表示したふりがなをひらがなで表示するには、下図の方法で漢字が入力されているセルのふりがなの表示方法を変更します。ポイントは、漢字が入力されているセルに対して設定を変更することです。

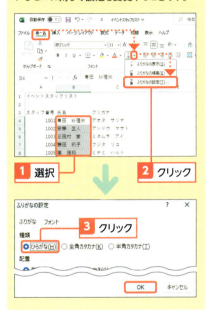

6 [参照]欄をクリックし、セルB4をクリックします。

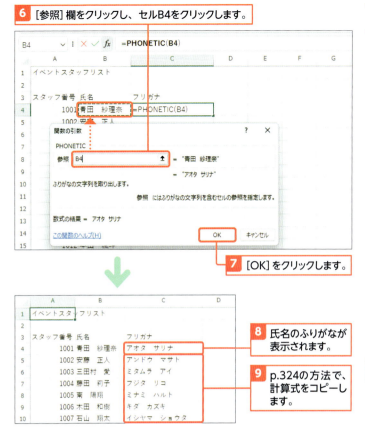

7 [OK]をクリックします。

8 氏名のふりがなが表示されます。

9 p.324の方法で、計算式をコピーします。

Hint ふりがなを修正する

PHONETIC関数を使うと漢字の読みを表示できますが、漢字を入力するときに本来の読みと違う読みで変換した場合は正しい読みが表示されません。また、データを他のアプリからコピーして貼り付けした場合などは、ふりがなの情報がない場合もあります。その場合は、右図の方法でふりがなを編集します。

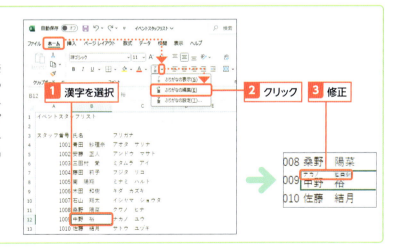

● PHONETIC関数の書式

書式	=PHONETIC(文字列)	
引数	文字列	ふりがなを表示する文字列を指定します。
説明	PHONETIC関数の引数には、漢字が入力されているセルを指定します。	

Section 39 数値を四捨五入する

練習用ファイル: 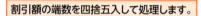 39_タイムセール商品リスト.xlsx

ここで学ぶのは

- ROUND 関数
- ROUNDUP 関数
- ROUNDDOWN 関数

計算をした結果、小数点以下の桁数が表示されるような場合、数値を指定した桁数で四捨五入して処理するには、**ROUND（ラウンド）関数**を使います。
また、数値を指定した桁数で切り捨てて処理するには **ROUNDDOWN 関数**、切り上げて処理するには **ROUNDUP 関数**を使います。

1 四捨五入した結果を表示する

解説 四捨五入する

数値を指定した桁数で四捨五入するには、ROUND 関数を使います。ここでは、価格に割引率を掛けた割引額の小数点以下第1位で四捨五入した結果を表示します。

Memo 他の方法で小数点以下の桁数を変える

小数点以下のデータが入力されているセルを選択して [ホーム] タブ→ [小数点以下の表示桁数を増やす] 、または [小数点以下の表示桁数を減らす] をクリックすると、小数点以下の桁数を四捨五入して、小数点以下何桁まで表示するか見た目を調整できます。ただし、この方法は、あくまで見た目の調整です。実際のデータは変わりません。そのため、計算結果が間違っているように見えることもあるので注意が必要です。端数のある数値の実際のデータを四捨五入してきっちりと処理するには、ROUND 関数などを使います。

割引額の端数を四捨五入して処理します。

1 計算式を入力するセルをクリックし、

2 数式バーの [関数の挿入] をクリックします。

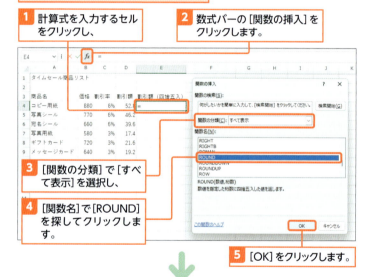

3 [関数の分類] で [すべて表示] を選択し、

4 [関数名] で [ROUND] を探してクリックします。

5 [OK] をクリックします。

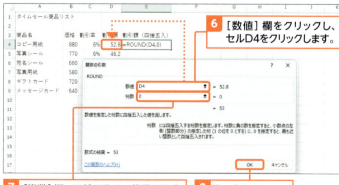

6 [数値] 欄をクリックし、セル D4 をクリックします。

7 [桁数] 欄に四捨五入する桁数を入力します。ここでは、「0」を入力します。

8 [OK] をクリックします。

[9] 割引額の小数点以下の端数を四捨五入した結果を表示します。

[10] p.324の方法で、計算式をコピーします。

● ROUND 関数の書式

書式	=ROUND(数値 , 桁数)		
引数	数値	端数を四捨五入する数値を指定します。	
	桁数	四捨五入した結果の桁数を指定します。以下の表を参照してください。	

桁数	内容	入力例	結果
2	小数点以下第3位で四捨五入する	=ROUND(555.555,2)	555.56
1	小数点以下第2位で四捨五入する	=ROUND(555.555,1)	555.6
0	小数点以下第1位で四捨五入する	=ROUND(555.555,0)	556
-1	1の位で四捨五入する	=ROUND(555.555,-1)	560
-2	10の位で四捨五入する	=ROUND(555.555,-2)	600

● ROUNDDOWN 関数／ROUNDUP 関数の書式

書式	=ROUNDDOWN(数値 , 桁数)／=ROUNDUP(数値 , 桁数)	
引数	数値	端数を切り捨てる(切り上げる)数値を指定します。
	桁数	切り捨てた(切り上げた)結果の桁数を指定します。以下の表を参照してください。

桁数	内容	入力例	結果
2	小数点以下第3位以下を切り捨て／切り上げ	=ROUNDDOWN(999.999,2)	999.99
		=ROUNDUP(111.111,2)	111.12
1	小数点以下第2位以下を切り捨て／切り上げ	=ROUNDDOWN(999.999,1)	999.9
		=ROUNDUP(111.111,1)	111.2
0	小数点以下を切り捨て／切り上げ	=ROUNDDOWN(999.999,0)	999
		=ROUNDUP(111.111,0)	112
-1	1の位以下を切り捨て／切り上げ	=ROUNDDOWN(999.999,-1)	990
		=ROUNDUP(111.111,-1)	120
-2	10の位以下を切り捨て／切り上げ	=ROUNDDOWN(999.999,-2)	900
		=ROUNDUP(111.111,-2)	200

Section 40 条件に合うデータを判定する

練習用ファイル： 📁 40_契約件数集計表.xlsx

ここで学ぶのは
- 条件分岐
- IF 関数
- 比較演算子

セルのデータが指定した条件に一致するかどうかを判定し、判定結果に応じて別々の操作をしたりするには **IF（イフ）関数** を使います。

IF関数は、最初は難しいと感じるかもしれませんが、さまざまな場面で役立つとても便利な関数です。ぜひ覚えましょう。

1 条件分岐とは？

IF関数を使うと、条件分岐を利用した計算式を作成できます。条件分岐とは、指定したセルのデータが指定した条件に一致するかどうかを判定し、その結果によって表示する文字や実行する操作などを変えることです。条件分岐をするには、条件の指定方法がポイントです。多くの場合は、比較演算子（p.319）を使って「TRUE」か「FALSE」の答えを求めて条件に合うかを判定します。

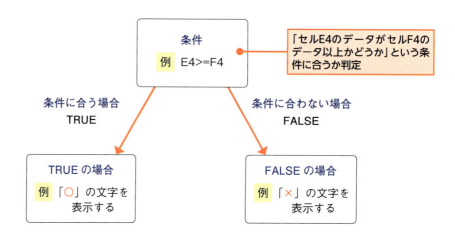

● IF 関数の書式

書式	=IF(論理式 , 値が真の場合 , 値が偽の場合)	
引数	論理式	条件判定に使う条件式を指定します。
	値が真の場合	論理式の結果がTRUEの場合に行う内容を指定します。
	値が偽の場合	論理式の結果がFALSEの場合に行う内容を指定します。
説明	IF関数には、3つの引数があります。最初に条件を指定します。次に、条件に合う場合に行う内容を書きます。続いて、条件に合わない場合に行う内容を書きます。	

2 条件に合うデータを判定する

解説　データを判定する

セルG4に計算式を入力します。ここでは、F列に入力した目標とE列の合計を比較し、セルE4のデータがセルF4のデータ以上だったら「○」と表示し、そうでない場合は「×」を表示します。

論理式　　　E4>=F4
値が真の場合　"○"
値が偽の場合　"×"

Memo　文字を表示する

計算式の中で文字列を指定するときは、文字列を「"」（ダブルクォーテーション）で囲みます。今回の計算式の例では、「=IF(E4>=F4,"○","×")」となっていて、表示する○と×が「"」で囲まれています。なお、［関数の引数］ダイアログで文字を指定した場合は、文字の前後に自動的に「"」が表示されます。

Hint　空欄にする

条件に合う場合や合わない場合に、セルを空欄にするには、「"」（ダブルクォーテーション）を2つ連続して入力します。たとえば、「=IF(E4>=F4,"","×")」のように指定すると、条件に合う場合は空欄、合わない場合は「×」が表示されます。

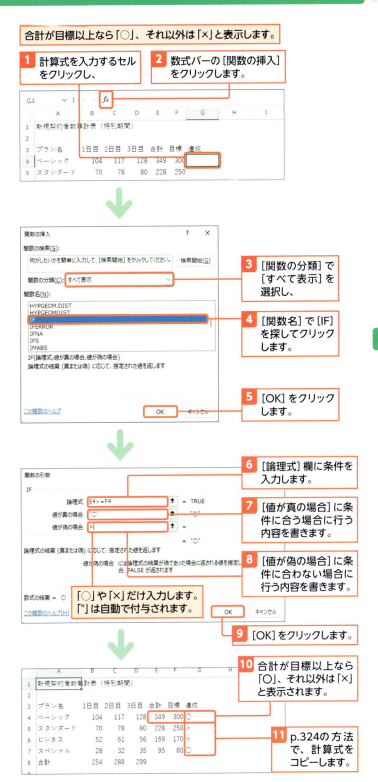

Section 41 商品番号に対応する商品名や価格を表示する

練習用ファイル：📁 41_予約注文リスト.xlsx

ここで学ぶのは
- XLOOKUP 関数
- VLOOKUP 関数
- IF 関数

商品番号などを入力すると、商品名や価格などが自動的に表示されるようにするには、**XLOOKUP関数**や**VLOOKUP関数**を使います。この関数を使うには、IDやコード、商品名や価格などの情報をまとめた**別表**を準備する必要があります。

1 XLOOKUP や VLOOKUP 関数を使ってできること

XLOOKUP関数やVLOOKUP関数では、入力された検索値（商品番号など）に対応するデータ（商品名や価格など）を検索して表示できます。

どちらも同じようなことができますが、引数で指定できる内容などは、若干異なります。

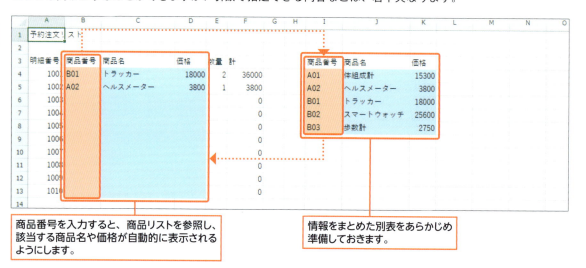

商品番号を入力すると、商品リストを参照し、該当する商品名や価格が自動的に表示されるようにします。

情報をまとめた別表をあらかじめ準備しておきます。

2 別表を準備する

XLOOKUPやVLOOKUPを使用するには、情報を参照するのに使う別表をあらかじめ準備しておく必要があります。

XLOOKUP関数の場合、別表の列の位置を気にする必要はありませんが、VLOOKUP関数の場合は、別表の一番左の列に検索値（検索のキーワードとして使う番号やID、コードなどの内容）を入力します。ここでは、商品番号を左端に入力しています。

3 XLOOKUP関数で商品名や価格を表示する

● XLOOKUP関数の書式

書式	=XLOOKUP(検索値 , 検索範囲 , 戻り値の範囲 , 見つからない場合 , 一致モード , 検索方法)
引数	**検索値** 検索のキーワードとして使うデータを指定します。
	検索範囲 検索するデータが入力されているセル範囲を指定します。
	戻り値の範囲 検索値に対応した戻り値のデータが入力されているセル範囲を指定します。
	見つからない場合 検索値に合うデータが見つからない場合に返すデータを指定します。検索値に合うデータが見つからない場合、この引数のデータを省略している場合は、「#N/A」が返ります。
	一致モード データの検索方法を指定します。省略時は「0」とみなされます。「0」は、完全一致の場合のみデータを返し、見つからない場合、「#N/A」や、引数の「見つからない場合」で指定した内容を返します。その他の設定値については、ヘルプを参照してください。
	検索方法 検索するときの方向などを指定します。省略時は、「1」とみなされます。「1」は、先頭の項目から検索が実行されます。その他の設定値については、ヘルプを参照してください。
説明	XLOOKUP関数は、引数の［一致モード］の指定する内容によって主に2通りの目的で使えます。商品番号を基に商品名や価格などを表示する場合は、完全一致の「0」を指定します。数値の大きさによって成績評価を付ける場合などはそれ以外の値を指定する方法を使います。なお、引数［検索範囲］で指定するセル範囲と、引数［戻り値の範囲］で指定するセル範囲は、同じ行数（列数）で指定します。

解説 データを判定する

XLOOKUP関数を使用して、B列に入力されている商品番号を基に、別表からその商品番号に対応する商品名や価格を表示します。ここでは、式を縦方向にコピーしたときに、［検索範囲］［戻り値の範囲］のセル範囲がずれないように絶対参照で指定しています。また、検索値が見つからない場合は、セルに何も表示されないようにしています。なお、引数の「見つからない場合」に指定した内容は、スピルの機能によって入力される計算式で正しく表示されない場合があります。思うような表示にならない場合は、スピルの機能は使わずに、列ごとに計算式を入力するとよいでしょう。また、セル結合をして作成した表などでは、スピルの機能を利用するとエラーが発生することもあるため注意します。

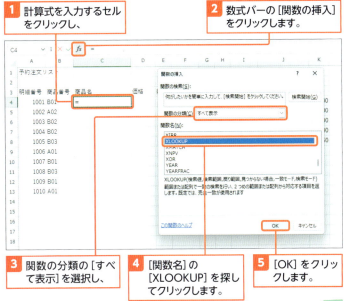

商品番号に対応する商品名を表示します。

1 計算式を入力するセルをクリックし、

2 数式バーの［関数の挿入］をクリックします。

3 関数の分類の［すべて表示］を選択し、

4 ［関数名］の［XLOOKUP］を探してクリックします。

5 ［OK］をクリックします。

Hint　スピルの機能

XLOOKUP関数は、スピル（p.350）の機能に対応する関数なので、この例では、セルC4に商品名を表示する計算式を入力すると、隣接する右の価格のセルに同じ計算式を自動的に入力できます。商品名だけを表示する計算式を入力する場合は、「=XLOOKUP(B4,$I$4:$I$8,$J$4:$J$8,"")」のように指定します。

6 引数の［検索値］欄をクリックし、別表からデータを探すために使う項目（ここではセルB4）を指定します。

7 ［検索範囲］欄をクリックし、別表の検索するデータが入力されているセル範囲（ここでは「セル範囲I4:I8」）を指定します。範囲が入力されたら F4 キーを押して絶対参照にします。

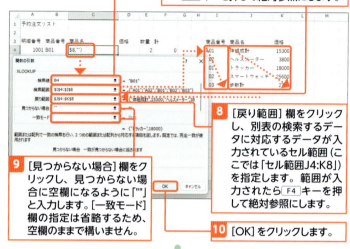

8 ［戻り範囲］欄をクリックし、別表の検索するデータに対応するデータが入力されているセル範囲（ここでは「セル範囲J4:K8」）を指定します。範囲が入力されたら F4 キーを押して絶対参照にします。

9 ［見つからない場合］欄をクリックし、見つからない場合に空欄になるように「""」と入力します。［一致モード］欄の指定は省略するため、空欄のままで構いません。

10 ［OK］をクリックします。

11 結果が表示されます。

12 計算式を入力したセルをクリックします。

13 フィルハンドルをドラッグして計算式をコピーします。

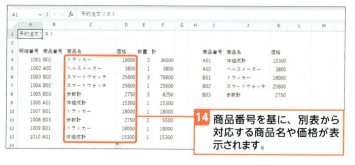

14 商品番号を基に、別表から対応する商品名や価格が表示されます。

4 VLOOKUP関数で商品名や価格を表示する

● VLOOKUP関数の書式

書式	=VLOOKUP(検索値 , 別表の範囲 , 列番号 , 検索方法)	
引数	検索値	検索のキーワードとして使うデータを指定します。
	別表の範囲	別表の範囲を指定します。
	列番号	検索値に合うデータが見つかったとき、別表の左から何列目のデータを返すか指定します。
	検索方法	近似一致の場合は「TRUE」、完全一致の場合は「FALSE」を指定します。省略時は「TRUE」と見なされます。「TRUE」を指定した場合、別表に完全に一致するデータがない場合は、検索値未満で最も大きなデータが検索結果とみなされます。
説明	VLOOKUP関数は、引数の[検索方法]に「TRUE」または「FALSE」を指定することで2通りの目的で使われます。商品番号を基に商品名や価格などを表示する場合は、完全一致の「FALSE」を指定します。数値の大きさによって成績評価を付ける場合などは近似一致の「TRUE」を指定します。	

解説 データを判定する

B列に入力されている商品番号を基に、別表からその商品番号に対応する商品名を表示します。VLOOKUP関数の引数の[検索値]には、商品番号のセルを指定します。[範囲]は別表の範囲を指定します。このときのポイントは、後で計算式をコピーしても別表の範囲がずれないように絶対参照で指定することです。続いて、[列番号]を指定します。商品名は別表の左から2列目なので「2」を指定します。[検索方法]は、「FALSE」です。検索方法については、上の関数の書式を参照してください。

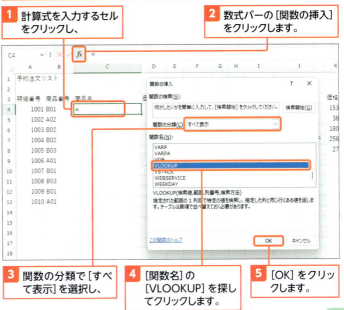

商品番号に対応する商品名を表示します。

1 計算式を入力するセルをクリックし、

2 数式バーの[関数の挿入]をクリックします。

3 関数の分類で[すべて表示]を選択し、

4 [関数名]の[VLOOKUP]を探してクリックします。

5 [OK]をクリックします。

Hint　エラーが表示される場合

VLOOKUP関数では、[検索値]として指定したセルに検索値が入力されていない場合、エラーになります。エラーにならないようにする方法は、左ページのプロ技を参照してください。また、VLOOKUP関数を入力した計算式をコピーしたらエラーが表示される場合は、別表の範囲を絶対参照で指定しているか確認しましょう。

Hint　別表に名前を付ける

セル範囲に独自の名前を付けておくと、計算式の中で使えます。たとえば、VLOOKUP関数を使うとき、別表に「商品リスト」という名前を付けていた場合、別表の範囲を名前で指定できます。セル範囲に付けた名前は、計算式をコピーしてもそのセル範囲がずれないので、別表部分の参照方法を絶対参照にする手間が省けます。

=IF(B4="","",VLOOKUP(B4,
　　商品リスト,2,FALSE))　※1行で入力

6 引数の[検索値]欄をクリックし、別表からデータを探すために使う項目(ここではセルB4)を指定します。

7 [範囲]欄をクリックし、別表の範囲(ここでは「セル範囲I4:K8」)をドラッグして指定します。範囲が入力されたら[F4]キーを押して絶対参照にします。

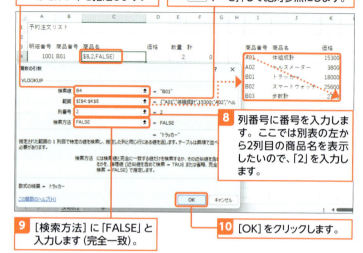

8 列番号に番号を入力します。ここでは別表の左から2列目の商品名を表示したいので、「2」を入力します。

9 [検索方法]に「FALSE」と入力します(完全一致)。

10 [OK]をクリックします。

11 結果が表示されます。

12 同様に価格の計算式を指定します。今度は列番号は「3」を入力します。
=VLOOKUP(B4,$I$4:$K$8,3,FALSE)

13 セル範囲C4:D4を選択します。

14 フィルハンドルをドラッグして計算式をコピーします。

15 商品番号を基に、別表から対応する商品名や価格が表示されます。

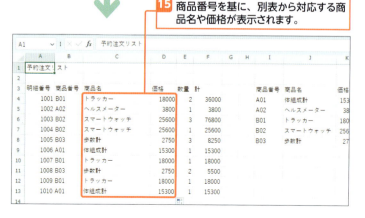

商品名や価格が表示されない場合

商品番号が未入力の場合は、右の画面のようにエラーが表示されます。VLOOKUP関数の計算式を、検索値が入力されていない場合もエラーにならないように修正しましょう。ここでは、IF関数と組み合わせて計算式を作ります。IF関数で検索値のセルが空欄の場合は空欄を表示し、空欄でない場合は、VLOOKUP関数で求めた結果を表示します。また、「計」の計算式も修正します。商品番号が未入力の場合は空欄にして、データが入力されている場合は「価格×数量」の計算結果を表示します。

1 計算式をそれぞれ次のように修正します。
「商品名」の計算式
=IF(B4="","",VLOOKUP(B4,$I$4:$K$8,2,FALSE))
「価格」の計算式
=IF(B4="","",VLOOKUP(B4,$I$4:$K$8,3,FALSE))

2 計算式をコピーします。

3「計」の計算式を次のように修正します。
=IF(B4="","",D4*E4)

4 計算式をコピーします。

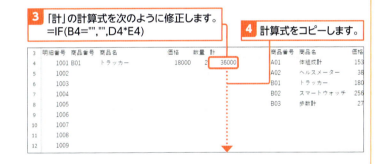

XLOOKUP関数とVLOOKUP関数

XLOOKUP関数とVLOOKUP関数は、いずれも、商品番号に対応する商品名や価格などを表示できますが、次のような違いがあります。XLOOKUP関数は、式の入力方法が感覚的にわかりやすくて便利ですが、Excel 2019以前のバージョンのExcelでは使用できませんので、注意が必要です。XLOOKUP関数が入力されているブックをExcel 2019以前のバージョンのExcelで開くと、結果は表示されますが、式の内容は変換されて表示されます。式の編集には制限があります。

XLOOPUP関数
・Excel 2021以降やMicrosoft 365のExcelを使用している場合に利用できる。
・スピル機能に対応しているので、商品番号に対応する商品名や価格などの計算式をまとめて入力できる。
・検索値が見つからなかった場合のデータを、関数の引数として指定できるため、検索値が未入力だった場合にエラーを回避するための対策が楽になる。
・検索値を見つけるために利用する別表を作るとき、検索値を入力するセルを左端の列にする必要はないため、別表のレイアウトを比較的自由に決められる。

VLOOKUP関数
・Excel 2019以前のバージョンのExcelでも同様に使用できる。

Section 42 スピルって何?

ここで学ぶのは
- 計算式
- スピル
- スピル演算子

Excel 2021以降やMicrosoft 365のExcelを使用している場合は、式をコピーしなくても、隣接するセルに同じ式を一気に入力できるスピルという機能を利用できます。スピルとは、「ものが溢れ出る」「こぼれる」という意味です。入力した計算式が、まるでこぼれだすように隣接する他のセルに自動的に入力されるようなイメージです。

1 四則演算の計算式を入力する

従来の計算方法を使用する

スピルの機能は、Excel 2021以降やMicrosoft 365のExcelを使用している場合に利用できます。ただし、本書では、「スピルの機能は、Excel 2019以前のバージョンのExcelでは利用できないこと」「現在では、従来の式の入力方法の方が一般的に利用されていること」「はじめてExcelを使用する人には式の意味が理解しづらいこと」などの理由で、スピル機能が使える場面でも、従来からの方法で計算式を入力する方法を紹介しています。

スピルの計算式の修正

スピル機能を利用して入力された計算式の中で、実際に式を入力したセル以外のセルをクリックすると、数式バーには、式の内容がグレーで表示されます。グレーの式はゴーストと呼ばれます。計算式を修正する場合は、ゴーストのセルではなく、実際に式を入力したセルを選択して計算式を入力します。

A列とB列の値を足し算する計算式をまとめて入力します。

1 計算式を入力するセルをクリックし、「=」を入力します。

2 セル範囲A1:A4をドラッグし、「+」を入力します。

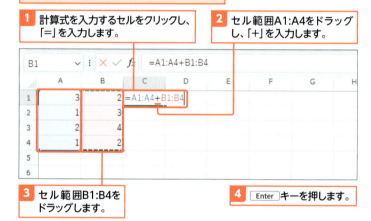

3 セル範囲B1:B4をドラッグします。

4 Enterキーを押します。

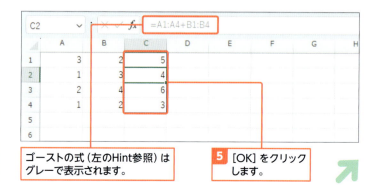

ゴーストの式(左のHint参照)はグレーで表示されます。

5 [OK]をクリックします。

2 絶対参照を使わずに簡単に計算式を入力する

解説 スピル機能を使用した計算式

ここでは、p.328で紹介した計算式（セルの参照方法として絶対参照を使用する例）と同じ計算結果を表示しています。スピルの機能を利用した計算式を入力します。

Hint 「#SPILL！」エラーについて

スピル機能を利用して入力される計算式のセル範囲内に、何か他のデータが入力されている場合は、「#SPILL!」のエラーが表示されます。

Hint スピル範囲演算子「A1#」

関数の中には、スピル機能に対応した関数もあります（p.331参照）。それらの関数を使うとたとえば、指定したリストから条件に一致するデータのみ抽出したり、指定した範囲に自動的に数値を入力したりできます。
これらの関数は計算式の内容によって、計算結果が表示されるセル範囲が変わる場合があります。関数の引数にそのセル範囲を指定すると、「セル番地#」のように表示される場合があります。「#」は、スピル範囲演算子といいます。スピル演算子を利用することで、スピル機能を利用した計算式によって返るセル範囲全体を引数として指定できます。たとえば、COUNTA関数は、引数に指定したセル範囲内の空白ではないセルの個数を数えられますが、COUNTA関数の引数に、スピル機能に対応しているUNIQUE関数を使って求めたセル範囲を指定すると、次のような計算式になります。UNIQUE関数は、複数のデータから重複しない値を返す関数です。

職業別の入場者数の割合を求める計算式をまとめて入力します。

1 計算式を入力するセルをクリックし、「=」を入力します。

2 セル範囲B4:B7をドラッグし、「/」を入力します。

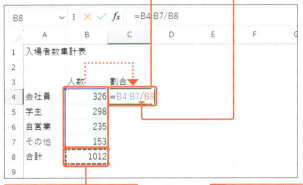

3 セルB8をクリックします。

4 「Enter」キーを押します。

5 複数のセルに同じ式をまとめて入力できました。

6 式を入力したセルをクリックすると、式の内容を確認できます。

3 複合参照を使わずに簡単に計算式を入力する

解説　スピル機能を使用した計算式

ここでは、p.329で紹介した計算式（セルの参照方法として複合参照を使用する例）と同じ計算結果を表示しています。スピルの機能を利用した計算式を入力します。

Hint　スピルを使った計算式の注意点

スピル機能は、Excel 2021以降やMicrosoft 365のExcelで使用できます。Excel 2019以前のバージョンのExcelでも同じブックを使用する場合は、スピル機能を利用せずに通常の計算式を使用した方が、混乱がなくてよいでしょう（下のHint参照）。また、セル結合したセルにスピル機能を利用した計算式を入力するとエラーが発生することもあるので注意します。

Hint　Excel 2019以前のバージョンのExcelと「@」

スピル機能を利用した計算式やスピルに対応した関数を使った計算式を含むブックを、Excel 2019以前のバージョンのExcelで開いた場合、それらの計算式は、配列数式（複数のセルの値を対象に計算をしたりする時に使う計算式の種類）などに変換されます。変換された式を変更すると、正しい結果が表示されない場合もあるので注意します。

また、Excel 2019以前のバージョンで使われていた関数の中には、スピルに対応した関数もあります。その場合、同じ計算式でもExcel 2019以前のバージョンで入力した式と、Excel 2021以降で入力した式では、結果が異なることもあります。Excel 2019以前のバージョンで作成した関数を含むブックを、Excel 2021以降で開いた場合に、結果が異なる可能性がある場合は、その部分に共通部分演算子と呼ばれる「@」演算子が表示されます。「@」を消すと、スピルが発生して計算結果が変わることがあるので注意してください。

価格と枚数を掛け算する計算式をまとめて入力します。

1 計算式を入力するセルをクリックし、「=」を入力します。

2 セル範囲A4:A6をドラッグし、「*」を入力します。

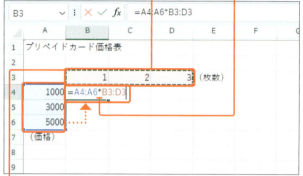

3 セル範囲B3:D3をドラッグします。

4 Enterキーを押します。

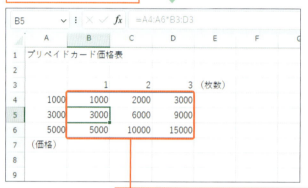

5 複数のセルに同じ式をまとめて入力できました。

6 式を入力したセルをクリックすると、式の内容を確認できます。

第 5 章

表全体の見た目を整える

この章では、表全体の見た目を整える方法を紹介します。セルに飾りを付けたり、数値や日付の表示の仕方を変えたりする方法を覚えます。

目標は、セルの書式とは何かを理解することです。数値に桁区切りカンマを付けたり、日付の曜日を表示したりできるようになりましょう。

Section 43	▶ 書式って何？
Section 44	▶ 全体のデザインのテーマを選ぶ
Section 45	▶ 文字やセルに飾りを付ける
Section 46	▶ 文字の配置を整える
Section 47	▶ セルを結合して1つにまとめる
Section 48	▶ 表に罫線を引く
Section 49	▶ 表示形式って何？
Section 50	▶ 数値に桁区切りのカンマを付ける
Section 51	▶ 日付の表示方法を変更する
Section 52	▶ 他のセルの書式だけをコピーして使う

Section

43

書式って何?

ここで学ぶのは
▶ 書式を知る
▶ 書式の種類
▶ セルの書式設定

この章では、セルに**書式**を設定する方法を紹介します。書式とは、文字やセルの飾り、データの表示方法などを指定するものです。
セルをコピーするときは、データではなく**書式情報だけをコピー**することもできます (p.378)。

1 書式とは?

表を作るときは、セルにデータを入力しますが、セルには、データ以外にさまざまなものを設定できます。たとえば、書式、入力規則 (p.306)、コメント (p.288) などを設定できます。
書式とは、文字の形や色、大きさ、配置、セルの色や罫線などの飾りのことです。また、数値や日付をどのように表示するかを指定するものです。

セルのデータと各種設定

`データ` 2025/2/10　　　`書式` 太字・文字の色・セルの色・
罫線・「○月○日 (○曜日)」の形式で表示

	A	B	C	D	E	F	G
1							
2							
3		2月10日(月曜日)	¥25,000				
4							
5							
6							
7							
8							
9							
10							
11							

User01
1人分料金
（交通費、参加費込み）
2024年12月17日、14:39

返信

セルにはデータ以外にも、さまざまな書式や入力規則などが設定されています。

`データ` 25000
`書式` 太字・罫線・3桁区切りの「,」(カンマ) を付けた金額表示

`入力規則` 日本語入力モード：オフ
`コメント` 1人分料金 (交通費、参加費込み)

2 書式の種類を知る

Memo 書式の設定方法

[ホーム]タブ→[フォント]グループには、文字やセルに飾りを付けるボタンなどがあります。[配置]グループには、文字の配置を指定するボタン、[数値]グループには、数値や日付をどのように表示するか指定するボタンなどがあります。

Memo [セルの書式設定]ダイアログ

[ホーム]タブの[フォント][配置][数値]の[ダイアログボックス起動ツール] をクリックすると、それぞれ、[セルの書式設定]ダイアログの[フォント]タブ、[配置]タブ、[表示形式]タブが表示されます。

Key word アクセシビリティ

アクセシビリティとは、作成した資料などが、年齢や健康状態、障碍の有無、利用環境の違いなどに関わらず、誰にとってもわかりやすいものかを意味するものです。[校閲]タブの[アクセシビリティチェック]をクリックすると、[アクセシビリティ]タブと[ユーザー補助アシスタント]の作業ウィンドウが表示されます。作業ウィンドウには、アクセシビリティチェックの結果が表示されます。たとえば、セルの背景色と文字の色の組み合わせによって、文字が見づらい箇所がないかなどがチェックされ、問題点が表示されます。チェックされた内容を修正することで、アクセシビリティを考慮することができます。

よく使う書式

[ホーム]タブでよく使う書式を設定できます。

文字やセルに飾りを付ける　文字の配置を指定　数値や日付の表示方法を指定

さまざまな書式

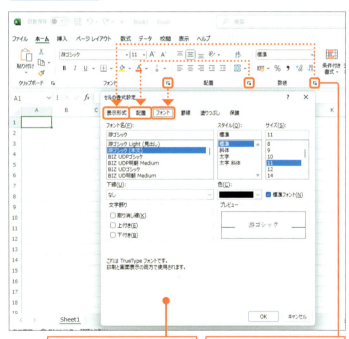

[セルの書式設定]ダイアログでさまざまな書式を設定できます。

ここをクリックすると、[セルの書式設定]ダイアログのそれぞれのタブが表示されます。

Section 44 全体のデザインのテーマを選ぶ

練習用ファイル：44_文具コーナー売上表.xlsx

ここで学ぶのは
- デザインのテーマ
- テーマの変更
- 配色

テーマとは、Excelブック全体の基本デザインを決めるものです。テーマの一覧から気に入ったものを選んで指定します。テーマによってフォントや色合いなどが変わりますので、全体のイメージが大きく変わります。なお、テーマの内容は、Excelのバージョンなどによって異なります。

1 テーマとは？

テーマとは、文字の形や、文字や図形などに設定する色の組み合わせ、図形の質感などのデザイン全体を決める設定です。テーマを変えると、デザインのイメージが変わります。

テーマは、通常「Office」というテーマが指定されています。Excelを仕事で使う場合などは、このテーマのまま使うことが多いでしょう。テーマを変えると、選んだテーマによっては表やグラフなどが見づらくなることもあるので注意しましょう。

テーマ：Office

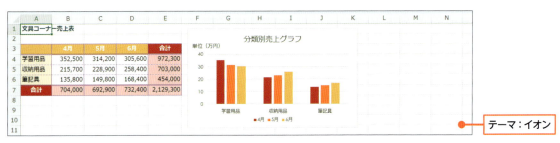

テーマ：イオン

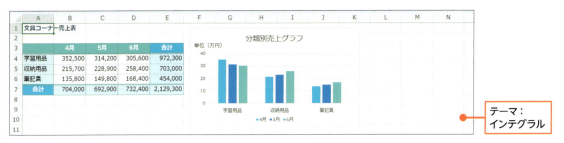

テーマ：インテグラル

2 テーマを変更する

解説　テーマを変える

デザインのテーマを変えます。テーマを変えると、デザインだけでなく行の高さなども変わるため、表のレイアウトや列幅を修正したりする手間が発生する場合もあります。そのため、テーマは、なるべく早めの段階で指定するとよいでしょう。なお、選択したテーマによっては、ファイルサイズが大きくなることがあります。

Memo　色合いが変わる

テーマを変えると、文字や図形の色などを変えるときに表示される色の一覧も変わります。

テーマ：Officeで表示される色の一覧

テーマ：ギャラリーで表示される色の一覧

Hint　テーマの一部を変える

［ページレイアウト］タブ→［配色］を選択するとテーマの色合いだけ変わります。［ページレイアウト］タブ→［フォント］を選択するとテーマのフォントだけ変わります。［ページレイアウト］タブ→［効果］を選択すると図形の質感などの効果だけ変わります。

変更前のテーマは「Office」が適用されています。

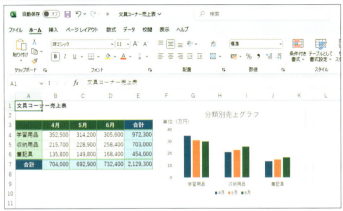

1 ［ページレイアウト］タブ→［テーマ］をクリックします。

2 いずれかのテーマにマウスポインターを移動すると、

3 テーマを適用したイメージが表示されます。

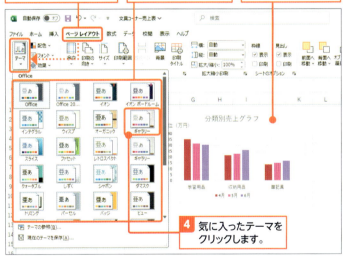

4 気に入ったテーマをクリックします。

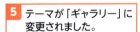

5 テーマが「ギャラリー」に変更されました。

Section 45 文字やセルに飾りを付ける

練習用ファイル：45_支店別売上集計表.xlsx

表の見出しの文字やセルに**飾り**を付けて、他のデータと簡単に区別できるようにしましょう。
複雑な書式を設定する必要はありません。**太字**や**色**などの簡単な飾りを付けるだけで見栄えが整えられます。

ここで学ぶのは
- 飾りの設定
- 文字の色
- スタイル

1 文字に飾りを付ける

解説　文字に飾りを付ける

書式を設定するときは、最初に対象のセルやセル範囲を選択します。続いて、飾りを指定します。[ホーム]タブ→[太字]をクリックすると、太字のオンとオフを交互に切り替えられます。

Keyword　フォント

文字の形のことをフォントといいます。日本語の文字のフォントを指定するときは、通常は、日本語のフォントを選択するとよいでしょう。

Memo　書式をまとめて削除する

セルの書式情報だけをまとめて削除するには、下図のように対象のセルを選択し、[ホーム]タブ→[クリア]→[書式のクリア]をクリックします。すると、セルのデータはそのまま残り、書式情報だけが削除されます。

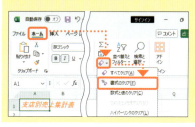

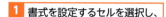
1 書式を設定するセルを選択し、

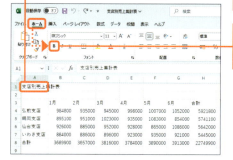

文字を太字にして、大きさを変えます。

2 [ホーム]タブ→[太字]をクリックします。

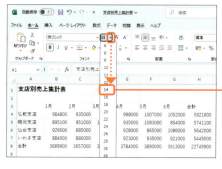

3 [フォントサイズ]の∨をクリックし、文字の大きさをクリックします。

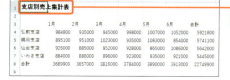

4 文字が太字になり、大きくなりました。

2 文字とセルの色を変更する

解説　色を変える

文字の色やセルの色を変えます。セルの色を元に戻すには、一覧から[塗りつぶしなし]をクリックします。

Hint　さまざまな飾りを付ける

文字の大きさや色などの複数の飾りをまとめて設定するときは、[セルの書式設定]ダイアログを表示します（p.355）。[フォント]タブでさまざまな飾りを指定できます。

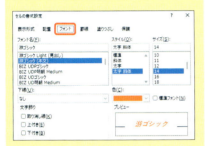

Hint　スタイル機能を使う

書式を設定するセルやセル範囲を選択し、[ホーム]→[セルのスタイル]をクリックするとスタイルの一覧が表示されます。スタイルとは、複数の飾りの組み合わせが登録されたものです。利用するスタイルをクリックすると、スタイルが設定されます。

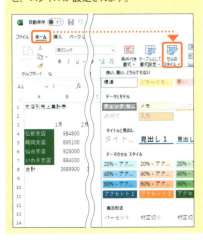

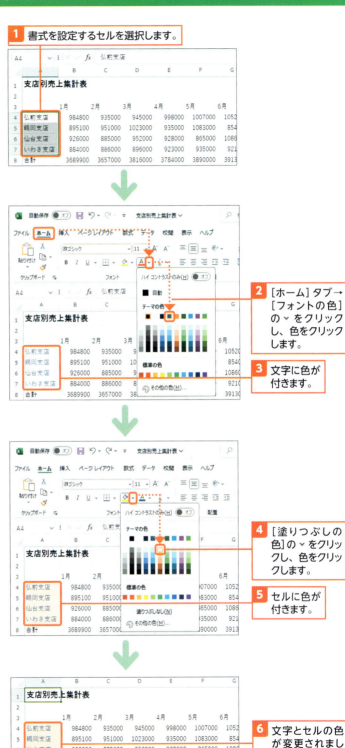

1 書式を設定するセルを選択します。

2 [ホーム]タブ→[フォントの色]の∨をクリックし、色をクリックします。

3 文字に色が付きます。

4 [塗りつぶしの色]の∨をクリックし、色をクリックします。

5 セルに色が付きます。

6 文字とセルの色が変更されました。

Section 46 文字の配置を整える

練習用ファイル：46_特別セール売上集計表.xlsx

ここで学ぶのは
- 文字の配置
- 折り返して表示
- 縮小して表示

表の見出しをセルの中央に配置したりするには、セルに対して**文字の配置**を指定します。
文字を少し右に字下げして表示するには、**インデント**という字下げの機能を使います。1文字ずつ文字をずらせます。

1 文字の配置を変更する

解説 横位置を指定する

文字をセルの中央に配置します。元の配置に戻すには、もう一度[中央揃え]をクリックしてボタンが押されていない状態にします。文字を字下げするには、[インデントを増やす]をクリックします。クリックするたびに少しずつ右にずれます。元に戻すには、[インデントを減らす]をクリックします。

1. 文字の配置を指定するセルやセル範囲を選択し、
2. [ホーム]タブ→[中央揃え]をクリックします。

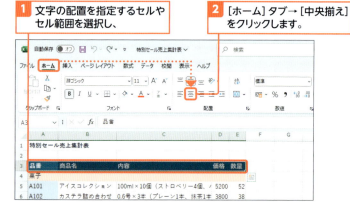

3. 文字が中央揃えになります。

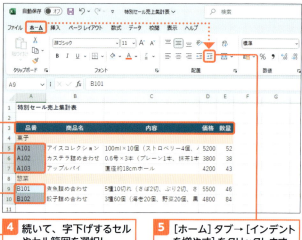

4. 続いて、字下げするセルやセル範囲を選択し、
5. [ホーム]タブ→[インデントを増やす]をクリックします。

Memo 縦位置を指定する

行の高さが高いときに、文字を行の上揃え、中央揃え、下揃えにするには、対象のセルを選択して[ホーム]タブ→[上揃え]、[上下中央揃え]、[下揃え]のいずれかをクリックします。

6 文字が1文字、字下げされます。

2 文字を折り返して表示する

 折り返して表示する

セルからはみ出した文字をセル内に収めるには、文字を折り返して表示するか、文字を自動的に縮小して表示するか指定する方法があります。ここでは、文字を折り返して表示します。

1 書式を設定するセルやセル範囲を選択します。

2 [ホーム]タブ→[折り返して全体を表示する]をクリックします。

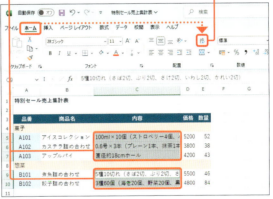

3 文字が折り返してセル内に収まります。

 **セルの途中で改行する**

セルの途中で改行して文字を入力するには、改行する箇所で Alt + Enter キーを押します。

 文字を縮小して収める

セルからはみ出した文字を自動的に縮小して収めるには、対象のセルを選択して[セルの書式設定]ダイアログ(p.355)を表示します。[配置]タブ→[折り返して全体を表示する]をオフにして[縮小して全体を表示する]をクリックします。

1 セルを選択して[ホーム]タブの[配置]の[配置の設定]をクリック

2 チェック

3 クリック

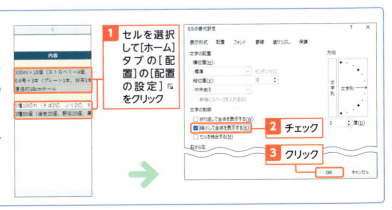

Section 47 セルを結合して1つにまとめる

練習用ファイル：47_特別セール売上集計表.xlsx

複雑な表を作りたい場合などは、**セルとセルを1つにまとめたり**しながらレイアウトを整えます。

セルにデータを入力してからレイアウトを調整すると、後でデータを修正する手間が発生してしまう可能性があるので注意します。

ここで学ぶのは
- セルの結合
- 横方向の結合
- 結合の解除

1 セルを結合する

解説　セルを結合する

セルを結合して1つにまとめて表示します。文字を結合したセルの中央に配置するには、[ホーム]タブ→[セルを結合して中央揃え]をクリックします。

結合しようとする複数のセルにデータが入っている場合、左上のセルのデータ以外は消えてしまうので注意します。

1 結合するセル範囲を選択し、

2 [ホーム]タブ→[セルを結合して中央揃え]をクリックします。

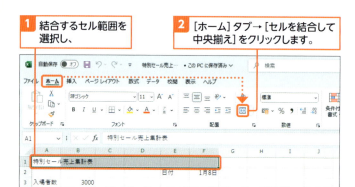

3 セルが結合して、文字が中央揃えになります。

Memo　結合を解除する

結合したセルを解除して元のようにバラバラの状態にするには、結合したセルを選択し、[ホーム]タブ→[セルを結合して中央揃え]をクリックして、ボタンをオフにします。

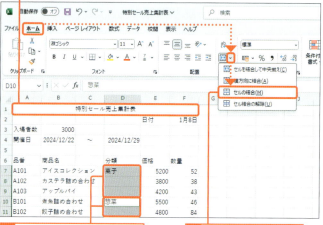

4 続いて、結合するセル範囲を選択します。2つ目以降はCtrlキーを押しながら選択します。

5 [ホーム]タブ→[セルを結合して中央揃え]の∨→[セルの結合]をクリックします。

6 セルが結合します。今度は文字は左寄せのままです。

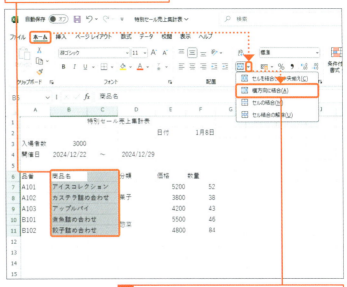

2 セルを横方向に結合する

解説 横方向に結合する

横長の入力欄を作る場合などは、セルを横方向にのみ結合します。このとき、結合するセルを1行ずつ選択する必要はありません。セル範囲を選択して操作すると、その範囲内のセルを横方向にのみ結合できます。

複数のセル範囲を選択し、セルを横方向にのみ結合します。

1 結合するセル範囲を選択します。

Hint 文字を縦書きにする

縦方向に結合したセルの文字を縦書きにするには、セルを選択し、[ホーム]タブ→[方向]→[縦書き]をクリックします。

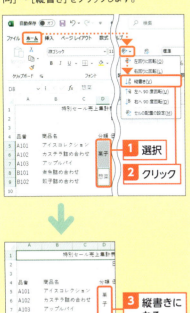

2 [ホーム]タブ→[セルを結合して中央揃え]の∨→[横方向に結合]をクリックします。

3 セルが横方向に結合します。

Section 48 表に罫線を引く

練習用ファイル： 48_ワークショップ受付表.xlsx

ここで学ぶのは
- 罫線
- 罫線の色
- 罫線の種類

セルを区切っているグレーの線は、通常は印刷しても表示されない設定になっています。
表の文字や数値などを線で区切って表示するには、セルに**罫線を引く**必要があります。

1 表に罫線を引く

 解説　表全体に罫線を引く

セルに罫線を引くには、対象のセル範囲を選択して罫線の種類を指定します。表全体に線を引くには、［格子］の罫線を選びます。

① 表全体を選択し、

② ［ホーム］タブ→［罫線］の∨→［格子］をクリックします。

罫線が引かれていない状態から始めます。

③ 表全体に黒い実線の罫線が引かれます。

 Hint　セル範囲を選択する

セル範囲を選択するとき、セル範囲の端のセルを選択した後、Shiftキーを押しながら別の端のセルを選択する方法もあります。たとえば下図のように、セルA3をクリックし、Shiftキーを押しながらセルE9をクリックすると、セル範囲A3:E9が選択されます。

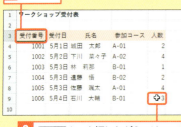

① クリック

② Shiftキーを押しながらクリック

2 セルの下や内側に罫線を引く

解説 指定した場所に引く

罫線を引く対象のセルやセル範囲を選択し、線を引く場所を指定します。[ホーム]タブ→[罫線]の一覧に線を引く場所が表示されない場合は、[その他の罫線]をクリックして指定します。

罫線が引かれていない状態から始めます。

1 罫線を引くセルやセル範囲を選択し、

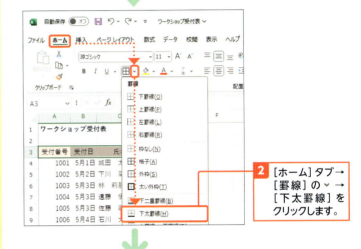

2 [ホーム]タブ→[罫線]の ∨ →[下太罫線]をクリックします。

3 選択した範囲の下に実線の太罫線が引かれます。

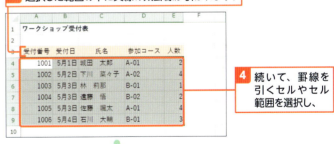

4 続いて、罫線を引くセルやセル範囲を選択し、

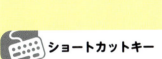
ショートカットキー

- 空白列や空白行で区切られていないデータが入力されている領域全体を選択
  表内のいずれかのセルをクリックし、
  [Ctrl]+[Shift]+[*]
  （*はテンキー以外）

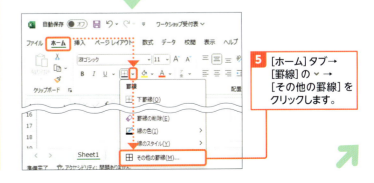

5 [ホーム]タブ→[罫線]の ∨ →[その他の罫線]をクリックします。

Memo 罫線を消す

罫線を消すには、対象のセルやセル範囲を選択し[ホーム]タブ→[罫線]の～→[枠なし]をクリックします。

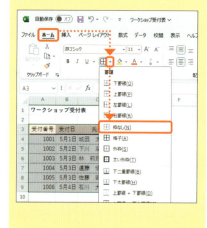

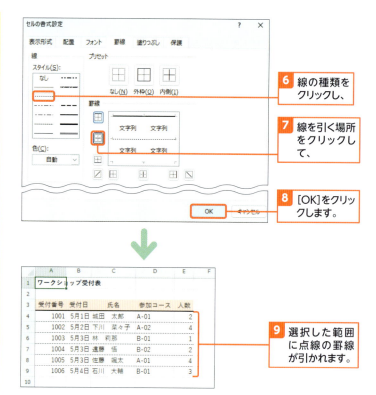

6 線の種類をクリックし、

7 線を引く場所をクリックして、

8 [OK]をクリックします。

9 選択した範囲に点線の罫線が引かれます。

3 罫線の色を変更する

解説 線の種類を指定する

[セルの書式設定]ダイアログを使うと、線の種類、色、太さなどを細かく指定できます。線の種類を指定したら、線を引く場所を指定します。

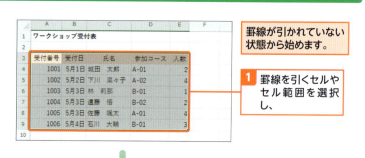

罫線が引かれていない状態から始めます。

1 罫線を引くセルやセル範囲を選択し、

2 [ホーム]タブ→[罫線]の～→[その他の罫線]をクリックします。

Hint 対角線に引く

線を引く場所を指定する際に下図の場所をクリックすると、セルに斜めの線を引けます。表の隅の部分などに斜めの線を表示したりするときに使います。

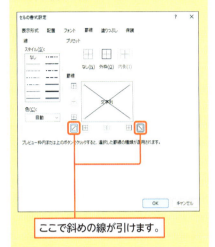

ここで斜めの線が引けます。

3 線の種類をクリックし、

4 線の色を選択して、

5 線を引く箇所をクリックします。

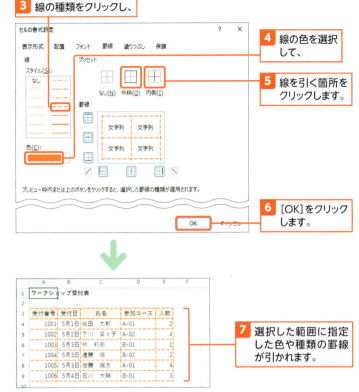

6 [OK]をクリックします。

7 選択した範囲に指定した色や種類の罫線が引かれます。

Hint ドラッグ操作で罫線を引く

ここでは、マウスで格子状の線を引く方法を紹介します。右図の方法で、マウスポインターの形を確認しながらドラッグして罫線を引きます。罫線を引く操作が終わったら、Escキーを押して、罫線を引くモードを解除します。
また、[ホーム]タブ→[罫線]の ˅ →[罫線の作成]をクリックすると、四角形の線を引く状態になります。
マウスで罫線を引くとき、線の色やスタイルを変えるには、[ホーム]タブ→[罫線]の ˅ →[線の色]や[線のスタイル]などを選択して罫線の色やスタイルを指定します。続いて、線を引く場所をドラッグします。

1 [ホーム]タブ→[罫線]の ˅ →[罫線グリッドの作成]をクリックします。

2 罫線を引く場所にマウスポインターを移動します。

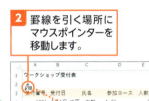

3 斜めにドラッグします。

4 格子状に罫線が引かれます。

5 Escキーを押して罫線を引く操作を終了します。

Section 49

表示形式って何？

ここで学ぶのは
- 表示形式
- 数式バー
- セルの書式設定

数値や日付をどのように表示するかは、**セルの表示形式**を指定することで自由に変えられます。

たとえば、「1500」を「1,500」「¥1,500」と表示したり、「2025/11/10」を「11月10日」「11/10（月）」「令和7年11月10日」と表示したりできます。

1 表示形式とは？

> **Memo　表示形式の指定**
>
> 表示形式を指定すると、数値や日付の表示方法を指定できます。右の図は、数値や日付が入力されているセルの表示形式を変更して表示方法を変えた例です。たとえば、「1500」は「¥1,500」「1,500.00」などと表示できます。いずれも元のデータは変更せずに表示形式で表示方法を変更しています。

> **Memo　実際のデータ**
>
> 表示形式を変えても実際のデータの内容は変わりません。データ内容を確認するには、セルを選択して数式バーを確認します。

正の整数を、カンマ区切りや通貨記号付きなどに変更できます。

負の整数を、▲表示や赤文字などに変更できます。

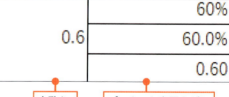

小数を、パーセント表示などに変更できます。

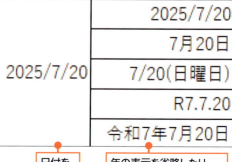

日付を、年の表示を省略したり、和暦などに変更できます。

2. 表示形式の設定方法を知る

Memo [ホーム]タブ

表示形式を設定するには、対象のセルを選択してから[ホーム]タブ→[数値]グループのボタンで指定できます。よく使う表示形式を簡単に指定できます。

[ホーム]タブ

よく使う表示形式は[ホーム]タブの[数値]グループで指定できます。

Memo 一覧から選ぶ

[ホーム]タブ→[数値の書式]から、数値や日付の表示形式を選択できます。

[セルの書式設定]ダイアログ

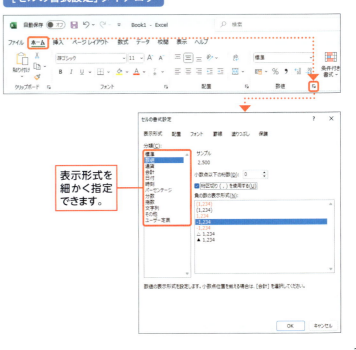

Memo [セルの書式設定]ダイアログ

[セルの書式設定]ダイアログの[表示形式]タブでは、表示形式を細かく指定できます。データの分類を選択して、表示内容を設定します。[ユーザー定義]では、記号を使って独自の表示形式を設定できます(p.373)。

Section 50 数値に桁区切りのカンマを付ける

練習用ファイル： 50_文具コーナー売上表.xlsx　　50_研修会収支表.xlsx

ここで学ぶのは
- 数値の表示形式
- 桁区切りカンマ
- ユーザー定義

表の数値を読み取りやすくするためには、適切な表示形式を設定する必要があります。数値の桁が大きい場合は、**桁区切り「,」(カンマ)** を付けます。割合を示す数値などは、**パーセント表示**にします。

1 数値に桁区切りカンマを表示する

「,」(カンマ)を表示する

数値に3桁ごとの区切りの「,」(カンマ)を表示します。数値が読み取りやすくなりますので、大きな数字を扱うときは、忘れずに設定しましょう。

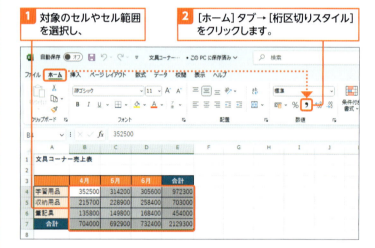

1 対象のセルやセル範囲を選択し、
2 [ホーム]タブ→[桁区切りスタイル]をクリックします。

通貨表示

数値に通貨表示形式を設定すると、通貨の記号と桁区切り「,」(カンマ)が表示されます。通貨の記号は[通貨表示形式]の ∨ をクリックして選択できます。

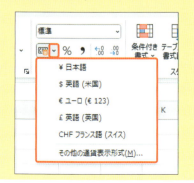

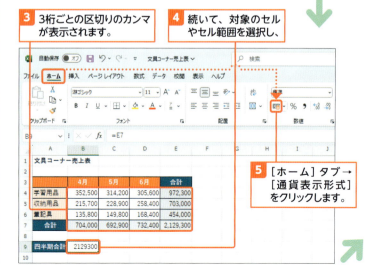

3 3桁ごとの区切りのカンマが表示されます。
4 続いて、対象のセルやセル範囲を選択し、
5 [ホーム]タブ→[通貨表示形式]をクリックします。

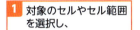

⑥ 通貨の記号と桁区切りのカンマが表示されます。

2 数値をパーセントで表示する／小数点以下の桁数を揃える

解説　パーセント表示

数値をパーセント表示にします。「1」は「100％」、「0.5」は、「50％」のように表示されます。

① 対象のセルやセル範囲を選択し、

② [ホーム]タブ→[パーセントスタイル]をクリックします。

③ 数値がパーセント表示になります。

④ [ホーム]タブ→[小数点以下の表示桁数を増やす]をクリックします。

解説　小数点以下の桁

小数点以下の表示桁数を調整します。この方法で調整すると、見た目が四捨五入されて桁が揃います。ただし、実際のデータは変わりません。そのため、計算結果が間違っているように見える場合もあるので注意します（p.340）。

⑤ 数値の小数点以下の表示桁数が増えます。

ここでは、[小数点以下の表示桁数を増やす]を2回クリックしています。

3 マイナスの数を赤で表示する

解説　負の数の表示形式

マイナスの数値の表示形式を指定します。マイナスの数値は、先頭に「-」が付いたものや赤字で表示するものなど、一覧から選択できます。なお、P.370の方法で数値に桁区切りカンマを表示した場合も、マイナスの数値は赤で表示されるようになります。

1 対象のセルやセル範囲を選択し、

2 ［ホーム］タブ→［数値］の をクリックします。

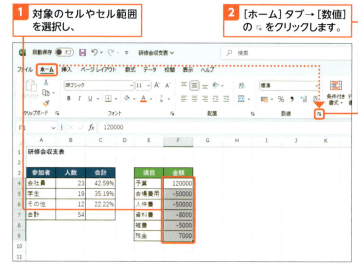

3 ［数値］をクリックし、

4 ［桁区切り(,)を使用する］にチェックを付けて、

5 ［負の数の表示形式］からマイナスの数値の表示形式をクリックします。

6 ［OK］をクリックします。

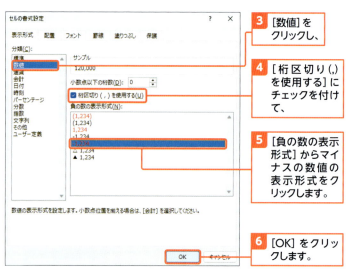

7 マイナスの数値が赤字で表示されます

Hint　会計表示

数値を会計表示にすると、通貨記号が左に表示されます。数値の右側に少し空白が表示されます。また、「0」は、「¥-」のように表示されます。

4 数値を千円単位で表示する

解説　千円単位や百万円単位

数値の桁が大きい場合などは、千円単位や百万円単位にすると見やすくなることがあります。これらの表示形式は、ユーザー定義の書式を設定します。数値の表示形式の最後に「,」を付けると千円単位、「,,」を付けると百万円単位になります。

使えるプロ技！　表示方法を独自に指定する

数値の表示形式を細かく指定するには、ユーザー定義の書式を設定します。ユーザー定義の書式は、以下のような記号を使って指定します。

● 数値の書式を設定するときに使う主な記号

記号	内容
0	数値の桁を表す。数値の桁が「0」を指定した桁より少ない場合は、その場所に「0」を表示する。小数点より左側の桁が指定した桁数より多い場合は、すべての桁が表示される
#	数値の桁を表す。数値の桁が「#」を指定した桁より少ない場合は、その場所に「0」は表示しない。小数点より左側の桁が指定した桁数より多い場合は、すべての桁が表示される
?	数値の桁を表す。数値の桁が「?」を指定した桁より少ない場合は、その場所にスペースが表示される。小数点より左側の桁が指定した桁数より多い場合は、すべての桁が表示される
.	小数点を表示する
,	桁区切り「,」(カンマ)を表示する。また、千単位や百万円単位などで数値を表示するときに使う

● 表示形式の指定例

表示形式	実際のデータ	表示される内容
0000.00	4.5	0004.50
#,###	13000	13,000
#,###	0	
#,##0	0	0
0.??	21.555	21.56
0.??	21.5	21.5

1 対象のセルやセル範囲を選択し、

2 [ホーム]タブ→[数値]の ⇲ をクリックします。

3 [ユーザー定義]をクリックし、

4 [種類]に「#,##0,」と入力して、

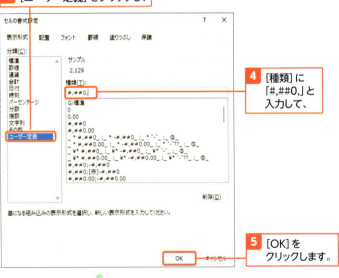

5 [OK]をクリックします。

6 数値が千円単位で表示されます。

Section 51 日付の表示方法を変更する

練習用ファイル：📁 51_予定表_横浜店.xlsx

日付の表示方法も、「2025/3/20」「3月20日」や「令和7年3月20日」など、さまざまなものがあります。
また、ユーザー定義の書式を設定すると「3月20日（木）」のように、日付に**曜日の情報を自動的に表示**したりもできます。

ここで学ぶのは
- 日付の表示形式
- シリアル値
- ユーザー定義

1 日付の年を表示する

解説　日付の表示形式を選択する

日付を「8/1」のように入力すると、今年の8/1の日付が入力され、「8月1日」のように表示されます。年の情報を表示するには、日付の表示形式を選択します。
「2025/8/1」を「2025/08/01」のように、月や日を2桁で表示するには、ユーザー定義の書式を設定します（p.377）。

Memo　実際のデータを確認する

日付の表示形式を変えても実際に入力されている日付のデータは変わりません。日付のデータを確認するには、日付が入力されているセルをクリックして数式バーを見ます。

Hint　月や日を2桁で表示する

「R07.01.15」のように、年や月、日を2桁で表示するには、ユーザー定義の書式を設定します（p.377）。

日付を「2025/4/1」のような形式で表示します。

1 対象のセルやセル範囲を選択し、

2 ［ホーム］タブ→［数値の書式］の ▽ をクリックし、［短い日付形式］をクリックします。

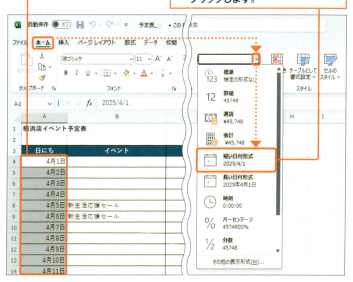

3 日付の表示形式が変わります。

Hint 日付を和暦で表示する

日付を元号から表示するには、日付の表示形式で和暦を指定します。元号は、漢字もしくはアルファベットで表示する形式が選択できます。

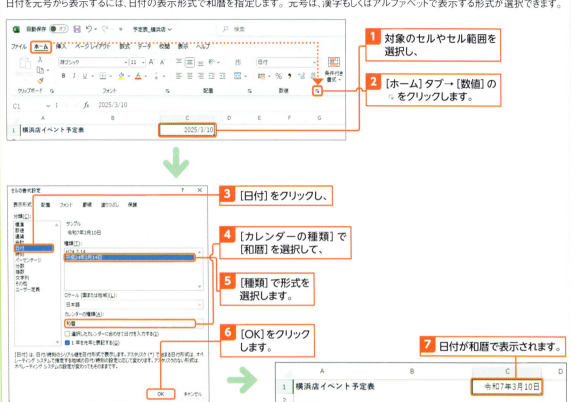

 シリアル値

日付や時刻のデータは、実際には、シリアル値という数値で管理されています。具体的には、1900/1/1 の日付が「1」、1900/1/2 が「2」のように、1日経過すると数値が1つずつ増えます。時刻は小数部で管理されます。

日付や時刻のデータが入力されているセルの書式を解除してしまったりすると、表示形式が「標準」に戻るので、日付や時刻が表示されていたはずのセルに、シリアル値の数値が直接表示されてしまうことがあります。この場合、日付や時刻を再入力する必要はありません。日付や時刻の表示形式を元に戻すと、正しい日付が表示されます。

日付や時刻を扱うときにシリアル値を意識する必要はありませんが、日付や時刻のセルに数値が表示されてしまった場合のトラブルに対応できるように、シリアル値の存在を知っておきましょう。

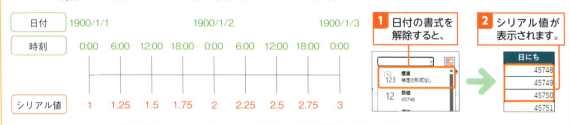

2 日付に曜日を表示する

解説 曜日を表示する

日付に曜日の情報を表示するには、ユーザー定義の表示形式を設定します。ユーザー定義は、記号を使って指定します。「m」は月を1桁または2桁で、「d」は日を1桁または2桁で表示する記号です。「aaa」は曜日の情報を「土」のように表示する記号です。記号の意味は、次ページの表を参照してください。

日付を「4/1 (火)」のような形式で表示します。

1 対象のセルやセル範囲を選択し、

2 [ホーム]タブ→[数値]の 🔽 をクリックします。

3 [ユーザー定義]をクリックし、

4 [種類]に「m月d日 (aaa)」と入力して、

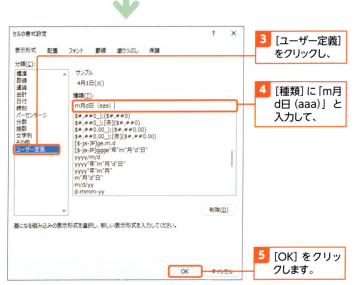

5 [OK]をクリックします。

6 日付の表示形式が変わります。

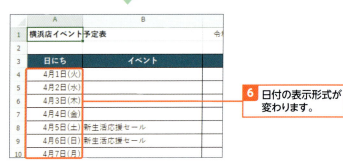

Memo 「####」が表示された場合

日付が列幅内に収まらないとき、「####」と表示されることがあります。その場合は、列幅を広げると表示されます。

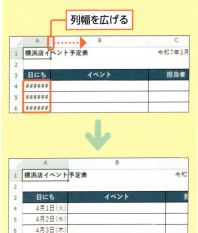

3 独自の形式で日付を表示する

日付や時刻の表示方法を独自に指定するには、ユーザー定義の表示形式を設定します。それには、ここで紹介するような記号を使って指定します。**記号をすべて覚える必要はありません。**必要なときは、指定例を見て設定しましょう。

● 日付の書式を設定するときに使う主な記号

記号	内容
yy	年を2桁で表示する
yyyy	年を4桁で表示する
e	年を年号で表示する
ee	年を年号で2桁で表示する
g	元号を「H」「R」のように表示する
gg	元号を「平」「令」のように表示する
ggg	元号を「平成」「令和」のように表示する
m	月を1桁または2桁で表示する(1月～9月は1桁、10月～12月は2桁)
mm	月を2桁で表示する(1月の場合は「01」のように表示)
mmm	月を「Jan」「Feb」のように表示する
mmmm	月を「January」「February」のように表示する
mmmmm	月を「J」「F」のように表示する
d	日を1桁または2桁で表示する(1日～9日は1桁、10日～31日は2桁)
dd	日を2桁で表示する(1日の場合は「01」のように表示)
ddd	曜日を「Sun」「Mon」のように表示する
dddd	曜日を「Sunday」「Monday」のように表示する
aaa	曜日を「日」「月」のように表示する
aaaa	曜日を「日曜日」「月曜日」のように表示する

● 時刻の書式を設定するときに使う主な記号

記号	内容
h	時を1桁または2桁で表示する(0時～9時は1桁、10時～23時は2桁)
[h]	時を経過時間で表示する
hh	時を2桁で表示する(1時の場合は「01」のように表示)
m	分を1桁または2桁で表示する(0分～9分は1桁、10分～59分は2桁)
[m]	分を経過時間で表示する
mm	分を2桁で表示する(1分の場合は「01」のように表示)
s	秒を1桁または2桁で表示する(0秒～9秒は1桁、10秒～59秒は2桁)
[s]	秒を経過時間で表示する
ss	秒を2桁で表示する(1秒の場合は「01」のように表示)
AM/PM	12時間表示で時を表示する
am/pm	12時間表示で時を表示する
A/P	12時間表示で時を表示する
a/p	12時間表示で時を表示する

● 日付の表示形式の指定例

表示形式	実際のデータ	表示される内容
yyyy/m/d	2025/1/20	2025/1/20
yyyy/mm/dd	2025/1/20	2025/01/20
m"月"d"日"(aaaa)	2025/1/20	1月20日(月曜日)
gee.mm.dd	2025/1/20	R07.01.20

● 時刻の表示形式の指定例

表示形式	実際のデータ	表示される内容
h:mm	2025/1/20 19:15:00	19:15
hh:mm AM/PM	2025/1/20 19:15:00	07:15 PM
yyyy/m/d h:mm	2025/1/20 19:15:00	2025/1/20 19:15
h"時"mm"分"ss"秒"	2025/1/20 19:15:00	19時15分00秒

Memo 表示形式の設定をコピーする

他のセルに設定されている表示形式と同じ表示形式を適用したい場合は、p.379の方法でセルの書式をコピーできます。

Section 52 他のセルの書式だけをコピーして使う

練習用ファイル：📁 52_契約件数集計表.xlsx

ここで学ぶのは
- 書式のコピー
- フィルハンドル
- 形式を選択して貼り付け

セルには、データだけでなく書式や入力規則、コメントなどさまざまな情報を入れられます。

セルをコピーすると、通常はすべての情報がコピーされます。データはそのままで**書式だけ**コピーしたりすることもできます。

1 書式のコピーとは？

書式のコピーとは、セルをコピーして他のセルに貼り付けるときに、データではなく書式情報だけを貼り付けることです。書式だけをコピーした場合は、コピー先のデータの内容は変わりません。

セルに設定されている書式をコピーして、 他のセルに貼り付けられます。

複数のセル範囲の書式をコピーして、 まとめて貼り付けることもできます。

 書式コピーの方法

書式のコピーには、右の表の方法があります。場合によって使い分けましょう。

方法	内容
[貼り付け]	貼り付け時に貼り付ける方法を指定する（次ページ）
キー操作	貼り付けた後に貼り付ける内容を指定する（次ページ）
[貼り付けのオプション]	貼り付けた後に貼り付ける内容を指定する（次ページ）
フィルハンドル	貼り付けた後に貼り付ける内容を指定する（次ページ）
[書式のコピー／貼り付け]	書式のコピー先をマウスで指定する（p.380）

2 他のセルの書式をコピーする

解説　書式をコピーする

ボタンを使って、セルの書式情報をコピーします。この方法は、離れた場所のセルに書式をコピーするときに使うと便利です。

Hint　貼り付け後に指定する

ボタンやキー操作（p.278）でセルをコピーして貼り付けると、[貼り付けのオプション]が表示されます。[貼り付けのオプション]→[書式設定]を選択すると、データの内容は元に戻って書式情報だけが貼り付きます。

Hint　ドラッグ操作では？

セルをコピーするとき、フィルハンドルをドラッグすると、[オートフィルオプション]が表示されます。[オートフィルオプション]→[書式のみコピー（フィル）]を選択すると、セルのデータは元に戻り、書式情報だけがコピーされます。隣接するセルにコピーするときに使うと便利です。

1 書式のコピー元のセルを選択し、

2 [ホーム]タブ→[コピー]をクリックします。

3 書式のコピー先のセルやセル範囲を選択し、

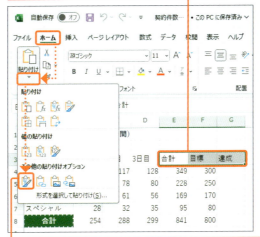

4 [ホーム]タブ→[貼り付け]の ⌄ →[書式設定]をクリックします。

5 書式が貼り付けられます。

6 Escキーを押して、コピーの状態を解除します。

3 他のセルの書式を連続してコピーする

解説 連続してコピーする

コピーする書式が設定されているセルを選択し、[書式のコピー／貼り付け]をクリックすると、書式のコピー先を指定するモードになり、コピー先を選択すると書式情報がコピーされます。[書式のコピー／貼り付け]をダブルクリックすると、連続コピーができます。

Hint [形式を選択して貼り付け]

セルのコメントや入力規則の設定だけを指定して貼り付けるには、p.278の方法でセルをコピーして貼り付けるときに[貼り付け]の〜をクリックして[形式を選択して貼り付け]をクリックします。[形式を選択して貼り付け]ダイアログが表示されるので、コピーする内容を指定して[OK]をクリックします。

Hint データだけをコピーする

セルの書式ではなく、データだけをコピーするにはセルの値を貼り付けます。それには、p.278の方法でセルをコピーして貼り付けるときに[貼り付け]の〜をクリックして[値]をクリックします。

---

1 書式のコピー元のセルを選択し、

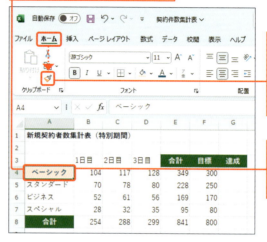

2 [ホーム]タブ→[書式のコピー／貼り付け]をダブルクリックします。

文字を太字にし、文字の色やセルの色、配置を変更しています。

⬇

3 マウスポインターの形が に変わり、書式をコピーするモードになります。

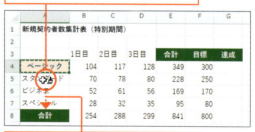

4 書式のコピー先のセルをドラッグします。

⬇

5 書式が貼り付けられます。

6 続けて、書式のコピー先のセルをドラッグしていきます。

7 [Esc]キーを押して、書式コピーの状態を解除します。

第6章

表の数値の動きや
傾向を読み取る

この章では、指定したデータを自動的に目立たせる条件付き書式を紹介します。1万円以上の数値を自動的に強調する方法などを覚えます。

目標は、ルールに基づいてセルを強調するときは条件付き書式を使う、という鉄則を知ることです。

Section 53	▶	データを区別する機能って何？
Section 54	▶	指定した期間の日付を自動的に目立たせる
Section 55	▶	1万円以上の値を自動的に目立たせる
Section 56	▶	数値の大きさを表すバーを表示する
Section 57	▶	数値の大きさによって色分けする
Section 58	▶	数値の大きさによって別々のアイコンを付ける
Section 59	▶	数値の動きを棒の長さや折れ線で表現する

Section 53 データを区別する機能って何?

ここで学ぶのは
- 条件付き書式
- アイコン
- スパークライン

この章では、数値の大きさや文字の内容、日付に応じて、**自動的に書式を設定する機能**を紹介します。
表のデータを強調するために、書式を設定するセルを自分で探して選択したりする必要はありません。

1 条件付き書式

Memo 書式設定との違い

条件付き書式は、条件に一致するデータに自動的に書式が付きます。そのため、データの内容が変更されたときもその内容に応じて自動的に書式が設定されます。一方、手動でセルに設定した書式は、そのセルのデータが変わっても変わりません。表のデータを自動強調するには、条件付き書式を設定しましょう。

条件付き書式を使うと、指定した条件に合うかどうかを判定して、条件に合うデータだけ自動的に書式が設定されるようにできます。条件は複数指定することもできます。

5,000円以上の数値が自動的に強調されるようにします。

	A	B	C	D	E
1	特別セール売上集計表				
2					
3	品番	商品名	分類	価格	数量
4	A101	アイスコレクション	菓子	5,200	52
5	A102	カステラ詰め合わせ	菓子	3,800	38
6	A103	アップルパイ	菓子	4,200	43
7	B101	煮魚詰め合わせ	惣菜	5,500	46
8	B102	餃子詰め合わせ	惣菜	4,800	84

セルのデータが変更されると

	A	B	C	D	E
1	特別セール売上集計表				
2					
3	品番	商品名	分類	価格	数量
4	A101	アイスコレクション	菓子	5,200	52
5	A102	カステラ詰め合わせ	菓子	5,000	38
6	A103	アップルパイ	菓子	4,200	43
7	B101	煮魚詰め合わせ	惣菜	4,700	46
8	B102	餃子詰め合わせ	惣菜	4,800	84

5,000円より小さいデータに変更すると、自動的に強調されなくなります。

5,000円以上のデータに変更すると、自動的に強調されます。

日付を条件に設定

今週の日付などが自動的に強調されるようにできます。

アイコンを表示

数値の大きさに応じて別々のアイコンを自動的に表示できます。

Memo　条件付き書式の種類

条件付き書式の条件の指定方法には、さまざまなものがあります。また、条件付き書式の中には、数値の大きさの違いをわかりやすく表示するものもあります。たとえば、横棒の長さ、アイコン、色で区別したりもできます。

2　スパークライン

スパークラインを使うと、表の各行ごとの数値の動きをグラフのようなイメージでわかりやすく表示できます。スパークラインには、折れ線、縦棒、勝敗の3つのタイプがあります。

Memo　グラフとの違い

表の数値の大きさが行によって大きく違う場合、それをグラフにして同じ数値軸で表現したとしても行ごとの数値の推移が読み取りづらいことがあります。これに対して、スパークラインは、行ごとに数値軸が設定されるので、行ごとの数値の推移がわかりやすくなります。

折れ線

数値の推移を折れ線グラフのように表示します。

Section 54 指定した期間の日付を自動的に目立たせる

練習用ファイル：54_予定表_横浜店.xlsx

ここで学ぶのは
- 条件付き書式
- 日付
- 条件の指定方法

「先週」や「今日」、「過去7日間」など、指定した日付のデータを自動的に目立たせます。
指定した期間の日付のデータを強調するときの、条件の指定方法を知りましょう。

1 指定した期間の日付を強調する

解説　条件付き書式を設定する

今週の日付データが自動的に強調されるようにしましょう。日付を条件に指定した場合、日付が変わるとそれに応じてデータが強調されたりされなかったりします。たとえば、今日の日付を強調する設定にしているとき、明日になれば、強調される日付も変わります。

注意　データが強調されない場合

ここでは、今週の日付が強調されるようにしましたが、セル範囲A4:A33に今週の日付が入力されていない場合は飾りが付きません。その場合は、セル範囲A4:A33のいずれかのセルをクリックし、操作を確認している時点の今週の日付を入力してみてください。

Hint　パソコンの日付

条件付き書式の日付の条件は、パソコンの日付を基に判定されます。パソコンの日付の設定が間違っているときは、正しい結果にならないので注意します。

今週の日付データを強調します。

1 条件付き書式を設定するセル範囲を選択し、

2 [ホーム]タブ→[条件付き書式]→[セルの強調表示ルール]→[日付]をクリックします。

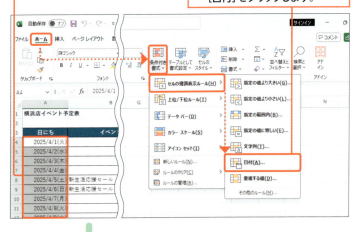

3 日付の期間で[今週]を選択します。

4 [書式]を選択します。

5 [OK]をクリックします。

6 条件に合うデータのセルに書式が適用されました。

書式が適用されない場合は、セルのデータに今週の日付を入力してください。

2 ルールを変更する

解説　指定した日付以降のデータ

前ページで指定した条件付き書式ルールを変えます。ここでは、指定した日付以降の日付が自動的に強調されるようにします。

Hint 日付の期間を指定する

いつからいつまでのように、日付の期間を条件にするには、手順5［次の値の間］を選択し、期間の最初の日付と最後の日付を指定します。

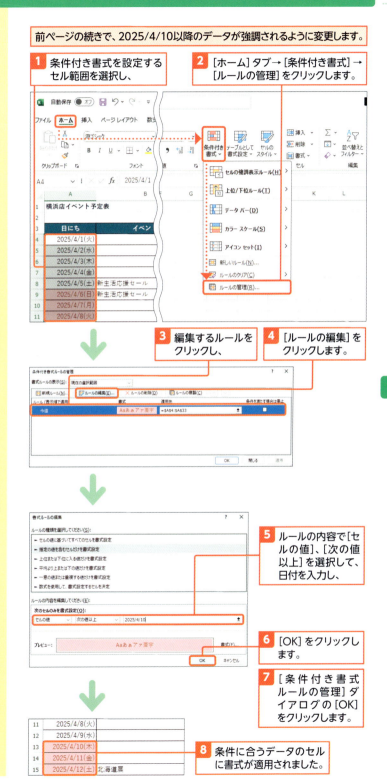

前ページの続きで、2025/4/10以降のデータが強調されるように変更します。

1 条件付き書式を設定するセル範囲を選択し、

2 ［ホーム］タブ→［条件付き書式］→［ルールの管理］をクリックします。

3 編集するルールをクリックし、

4 ［ルールの編集］をクリックします。

5 ルールの内容で［セルの値］、［次の値以上］を選択して、日付を入力し、

6 ［OK］をクリックします。

7 ［条件付き書式ルールの管理］ダイアログの［OK］をクリックします。

8 条件に合うデータのセルに書式が適用されました。

Section 55

1万円以上の値を自動的に目立たせる

練習用ファイル： 55_販売会商品リスト.xlsx

ここで学ぶのは
- 条件付き書式
- 数値
- 複数条件の指定方法

表の数値を見ただけでは、数値の大きさを瞬時に見分けることは難しいものです。条件付き書式を設定すると、**値の大きい数値を自動的に強調**したりできます。「指定の値より大きい」「指定の値以上」などの条件を指定できます。

1 1万円より大きいデータを目立たせる

解説　1万円より大きい値を強調する

条件付き書式を設定し、1万円より大きい値が自動的に強調されるようにします。書式を設定するルールの種類として [指定の値より大きい] を指定します。

① 条件付き書式を設定するセル範囲を選択し、

② [ホーム] タブ→ [条件付き書式] → [セルの強調表示ルール] → [指定の値より大きい] をクリックします。

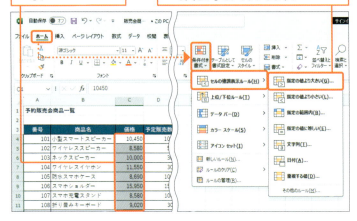

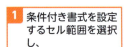

③ 数値を入力し、

④ [書式] を選択して、

⑤ [OK] をクリックします。

⑥ 1万円より大きいデータのセルに書式が適用されました。

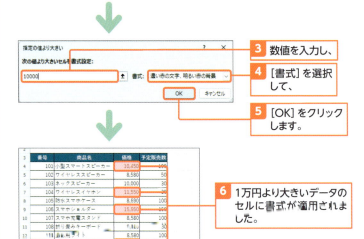

Memo　指定の値より小さい値を強調する

指定した値より小さい値を強調する場合は、手順②で [指定の値より小さい] をクリックして、値を指定します。

2 1万円以上のデータを目立たせる

 1万円以上の値を強調する

1万円以上の値を強調する条件付き書式を設定します。[セルの強調表示ルール]の中に適当なルールがない場合は、[その他のルール]を選択してルールを指定します。ここでは、1万円以上の値を強調するため、ルールの内容として[セルの値][次の値以上]「10000」を指定します。

 条件付き書式を解除する

条件付き書式の設定を解除するには、設定されているセル範囲を選択し、[ホーム]タブ→[条件付き書式]→[選択したセルからルールをクリア]をクリックします。シートに設定されている条件付き書式をまとめて解除したい場合は、[ホーム]タブ→[条件付き書式]→[シート全体からルールをクリア]をクリックします。

 複数のルールを指定する

5,000円以上は緑の文字、10,000円以上は青の文字にする、という条件付き書式を設定するには、「セルの値が5,000円以上の場合は、緑」「セルの値が10,000円以上の場合は、青」のように条件付き書式を2つ設定します。さらに、p.385の方法で、[条件付き書式ルールの管理]ダイアログを開き、条件の優先順位を指定します。この例では、「10,000円以上は青の文字にする」の優先順位を上にします。それには、条件をクリックした後、をクリックして優先順位を指定します。優先順位が違うと、正しい結果にならないので注意します。

1 前ページでセル範囲C4:C13に条件付き書式を設定した場合は、左のMemoの方法で、条件付き書式の設定を解除しておきます。

2 条件付き書式を設定するセル範囲を選択し、

3 [ホーム]タブ→[条件付き書式]→[セルの強調表示ルール]→[その他のルール]をクリックします。

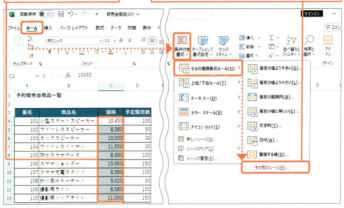

4 ルールの内容で[セルの値]、[次の値以上]を選択して、数値を入力し、

5 [書式]をクリックします。

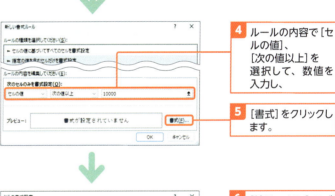

6 [塗りつぶし]タブをクリックし、

7 背景色の色をクリックして、

8 [OK]をクリックします。

9 [新しい書式ルール]ダイアログの[OK]をクリックします。

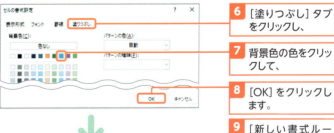

10 1万円以上のデータのセルに書式が適用されました。

Section 56 数値の大きさを表すバーを表示する

練習用ファイル：📁 56_出荷数記録.xlsx

ここで学ぶのは
- 条件付き書式
- データバー
- ルールの編集

条件付き書式には、数値の大きさに応じて棒グラフのようなバーを表示する**データバー**があります。
データバーを表示すると、数値の大きさの推移や傾向がひと目でわかって便利です。

1 数値の大きさを表すバーを表示する

解説　データバーを表示する

数値のデータが入っているセル範囲を選択し、データバーの色を選択します。データバーの色にマウスポインターを合わせると、その色のデータバーを表示したイメージが表示されます。それを確認して色を選択しましょう。

1 データバーを表示するセル範囲を選択し、

2 [ホーム]タブ→[条件付き書式]→[データバー]→データバーの色をクリックします。

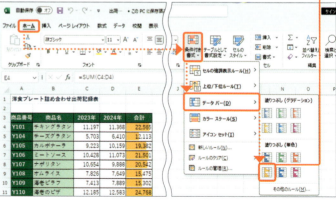

3 データバーが表示されます。

表の数値の動きや傾向を読み取る

388

2 バーの表示方法を変更する

解説　最小値を指定する

データバーの表示方法は変更できます。ここでは最小値を指定しています。最小値を超えるセルには、その数値の大きさに応じてデータバーが表示されます。
なお、最小値を超える数値がない場合や、極端に大きい数値がある場合などは、思うようにデータバーが表示されないこともあるので注意しましょう。

Memo　新規にデータバーを表示する

ここでは、設定済みの条件付き書式のルールを編集してデータバーの表示方法を変更しました。新規にデータバーのルールを設定するには、対象のセル範囲を選択して、[ホーム] タブ→[条件付き書式]→[データバー]→[その他のルール] をクリックして指定します。

Hint　棒のみ表示する

データバーの表示方法を指定するダイアログで、[棒のみ表示] のチェックをオンにすると、数値は表示されずにデータバーだけが表示されます。

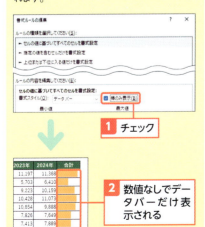

前ページの続きで、データバーを表示する最小値を「2万」とします。

1 条件付き書式が設定されているセル範囲を選択し、

2 [ホーム] タブ→[条件付き書式]→[ルールの管理] をクリックします。

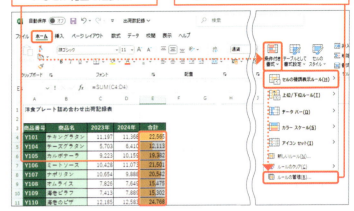

3 編集するルールをクリックし、

4 [ルールの編集] をクリックします。

5 [最小値] の [種類] を [数値] にして、[値] に2万を入力し、

6 [OK] をクリックします。

7 [条件付き書式ルールの管理] ダイアログの [OK] をクリックします。

8 データが2万以上のセルにだけデータバーが表示されます。

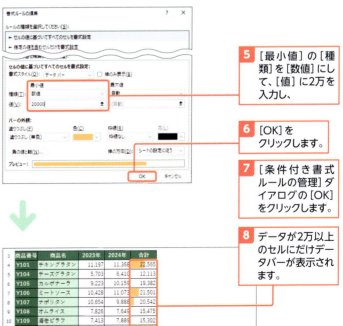

Section 57 数値の大きさによって色分けする

練習用ファイル：57_ギフト商品売上一覧_年間2.xlsx

ここで学ぶのは
- 条件付き書式
- カラースケール
- ルールの編集

条件付き書式には、数値の大きさに応じてセルを色分けする**カラースケール**があります。
たとえば、数値が大きいほどセルの色を濃くしたりできますので、数値の大きさや傾向などをひと目で把握できて便利です。

1 数値の大きさを色で表現する

解説 カラースケールを表示する

数値のデータが入っているセル範囲を選択し、カラースケールの色を選択します。カラースケールの色にマウスポインターを合わせると、そのカラースケールを表示したイメージが表示されます。それを確認して色を選択しましょう。

① カラースケールを表示するセル範囲を選択し、

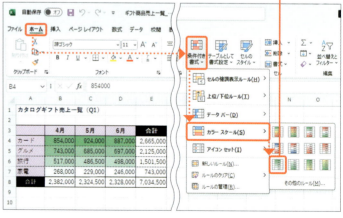

② [ホーム]タブ→[条件付き書式]→[カラースケール]→カラースケールの色をクリックします。

Memo 2色と3色

カラースケールには、2色のものと3色のものがあります。単純に数値の大小をわかりやすくするには2色を選ぶとよいでしょう。大きい数値、中央くらいの数値、小さい数値がわかるようにするには3色を選ぶとよいでしょう。

③ 数値が大きければ濃い色が、小さければ薄い色が付きます。

2 色の表示方法を変更する

解説 最小値を指定する

カラースケールの色の表示方法は変更できます。ここでは、最小値を指定しています。最小値を超えるセルには、その数値の大きさに応じて色が表示されます。
なお、最小値を超える数値がない場合や、極端に大きい数値がある場合などは、思うように色分けされないので注意しましょう。

前ページの続きで、カラースケールを表示する最小値を「70万」円とします。

1 条件付き書式が設定されているセル範囲を選択し、

2 [ホーム]タブ→[条件付き書式]→[ルールの管理]をクリックします。

3 編集するルールをクリックし、

4 [ルールの編集]をクリックします。

Memo 新規にカラースケールを表示する

ここでは、設定済みの条件付き書式のルールを編集してカラースケールの表示方法を変更しました。新規にカラースケールのルールを設定するには、対象のセル範囲を選択して、[ホーム]タブ→[条件付き書式]→[データバー]→[その他のルール]をクリックして指定します。

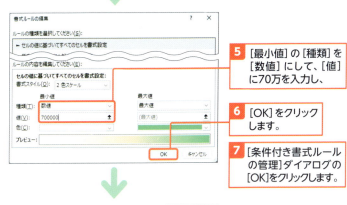

5 [最小値]の[種類]を[数値]にして、[値]に70万を入力し、

6 [OK]をクリックします。

7 [条件付き書式ルールの管理]ダイアログの[OK]をクリックします。

8 データが70万以上のセルにだけカラースケールが表示されます。

Section 58 数値の大きさによって別々のアイコンを付ける

練習用ファイル：📁 58_ギフト商品売上一覧_年間2.xlsx

ここで学ぶのは
- 条件付き書式
- アイコン
- ルールの編集

条件付き書式には、数値の大きさに応じてセルの左端にアイコンを表示する**アイコンセット**があります。

アイコンの違いで、数値の大きさや傾向などを把握できます。それぞれのアイコンを表示するときの数値の範囲も指定できます。

1 数値の大きさに応じてアイコンを表示する

解説 アイコンセットを表示する

数値のデータが入っているセル範囲を選択し、アイコンの種類を指定します。アイコンセットにマウスポインターを合わせると、そのアイコンセットを表示したイメージが表示されます。それを確認してアイコンを選択しましょう。

1 アイコンセットを表示するセル範囲を選択し、

2 [ホーム] タブ→ [条件付き書式] → [アイコンセット] →アイコンの種類をクリックします。

Memo アイコンの違い

アイコンセットには、「方向」「図形」「インジケーター」「評価」があります。表をモノクロで印刷する場合などは、同じ形の図形のアイコンだと色の違いがわかりづらくなることもあるので注意します。

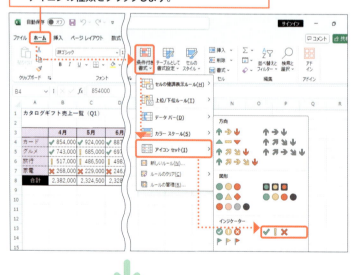

3 数値の大きさによって別々のアイコンが表示されます。

2 アイコンの表示方法を変更する

解説 数値の範囲を指定する

アイコンを表示するルールを変更します。数字を入力して数値の範囲を指定する場合は、[種類]欄から[数値]を選択して、[値]を入力します。ここでは、80万以上は✓、50万から80万未満までは！、50万未満は✗が表示されるようにします。

前ページの続きで、80万以上は✓、50万から80万未満までは！、50万未満は✗が表示されるようにします。

1 条件付き書式が設定されているセル範囲を選択し、

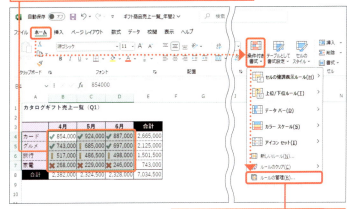

2 [ホーム]タブ→[条件付き書式]→[ルールの管理]をクリックします。

Hint アイコンの順番を変える

数値が小さいほどよい評価になる場合は、大きい数値は✗、中間は！、小さい数値は✓などアイコンの順番を逆にしましょう。それには、[書式ルールの編集]ダイアログで[アイコンの順序を逆にする]をクリックします。

3 編集するルールをクリックし、

4 [ルールの編集]をクリックします。

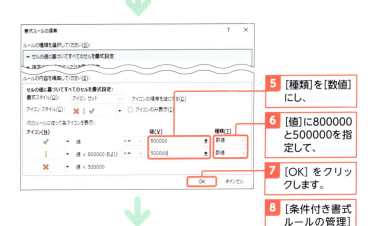

5 [種類]を[数値]にし、

6 [値]に800000と500000を指定して、

7 [OK]をクリックします。

8 [条件付き書式ルールの管理]ダイアログの[OK]をクリックします。

9 指定した条件に合わせて別々のアイコンが表示されます。

Hint アイコンだけ表示する

アイコンセットの表示方法を指定するダイアログで、[アイコンのみ表示]のチェックをオンにすると、数値は表示されずにアイコンだけが表示されます。

Section 59

数値の動きを棒の長さや折れ線で表現する

練習用ファイル： 📁 59_支店別売上集計表.xlsx

ここで学ぶのは

- ▶ スパークライン
- ▶ 折れ線
- ▶ 表示方法

スパークラインを使うと、行や列ごとの数値の動きを、棒グラフや折れ線グラフのように表現できます。

たとえば、支店別の月ごとの売上一覧表などで、各支店の売上の推移などがひと目でわかるようになります。

---

1 スパークラインの種類とは？

スパークラインには、「折れ線」「縦棒」「勝敗」の3種類があります。数値の推移は折れ線、大きさを比較するには縦棒、プラスマイナスがひと目でわかるようにするには勝敗を使いましょう。

📝 Memo　後から変更できる

スパークラインの種類は、後から変えられます（p.396）。スパークラインを作り直す必要はありません。

	A	1月	2月	3月	4月	5月	6月	推移
1	支店別売上集計表							折れ線
4	弘前支店	984,800	935,000	945,000	998,000	1,007,000	1,052,000	
5	鶴岡支店	895,100	951,000	1,023,000	935,000	1,083,000	854,000	
6	仙台支店	926,000	885,000	952,000	928,000	865,000	1,086,000	
7	いわき支店	884,000	886,000	896,000	923,000	935,000	921,000	

	A	1月	2月	3月	4月	5月	6月	推移
1	支店別売上集計表							縦棒
4	弘前支店	984,800	935,000	945,000	998,000	1,007,000	1,052,000	
5	鶴岡支店	895,100	951,000	1,023,000	935,000	1,083,000	854,000	
6	仙台支店	926,000	885,000	952,000	928,000	865,000	1,086,000	
7	いわき支店	884,000	886,000	896,000	923,000	935,000	921,000	

	A	1月	2月	3月	4月	5月	6月	増減
9	増減							勝敗
11	弘前支店		-5.1%	1.1%	5.6%	0.9%	4.5%	
12	鶴岡支店		6.2%	7.6%	-8.6%	15.8%	-21.1%	
13	仙台支店		-4.4%	7.6%	-2.5%	-6.8%	25.5%	
14	いわき支店		0.2%	1.1%	3.0%	1.3%	-1.5%	

2 スパークラインを表示する

解説 スパークラインを表示する

支店ごとの売上の推移を示すスパークラインを作ります。スパークラインを作る範囲を選択して、そこに表示します。ここでは、折れ線のスパークラインを作っていますが、縦棒や勝敗のスパークラインでも作り方は同じです。

Memo スパークラインを選択する

スパークラインが表示されているセルをクリックすると、そのスパークラインを含む同じグループのスパークラインのセルに色の枠が付きます。同じグループのスパークラインは、まとめて編集できます。

折れ線のスパークラインを表示します。

1 スパークラインを表示するセル範囲を選択し、

2 [挿入]タブ→[折れ線]をクリックします。

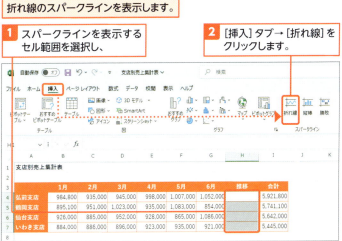

3 [データ範囲]欄をクリックし、

4 スパークラインで表示するデータが入力されているセル範囲を選択して、

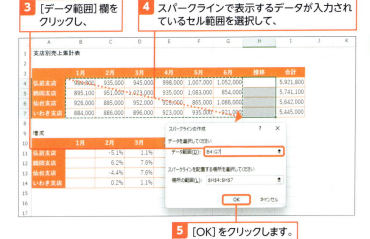

5 [OK]をクリックします。

6 折れ線のスパークラインが表示されます。

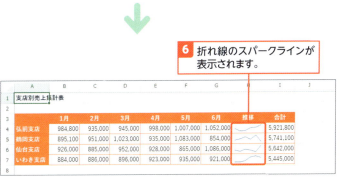

3 スパークラインの表示方法を変更する

解説 表示を変更する

スパークラインを選択すると、[スパークライン]タブが表示されます。[スパークライン]タブでスパークラインを編集できます。ここでは、スパークラインで表現しているデータの位置を示すマーカーを表示します。

Hint マーカーの色

マーカーの色は、スパークラインを選択して[スパークライン]タブの[マーカーの色]で指定できます。たとえば、折れ線の山の頂点のマーカーの色を変えたりできます。

Hint スパークラインの種類

スパークラインの種類を変えるには、スパークラインが表示されているセルをクリックし、[スパークライン]タブ→[種類]からスパークラインの種類を選択します。

スパークラインにマーカーを付けて見やすくします。

1 スパークラインが表示されているセルをクリックし、

2 [スパークライン]タブ→[スタイル]の ▼ をクリックします。

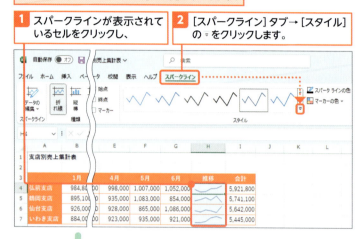

3 色を選んでクリックします。

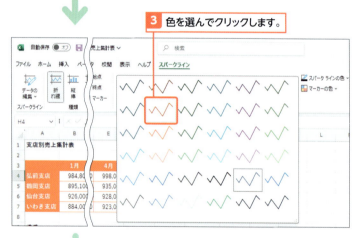

4 [マーカー]をクリックします。

5 スパークラインの表示が変更されます。

第 **7** 章

表のデータを
グラフで表現する

　この章では、表を基にグラフを作る方法を紹介します。基本的な棒グラフや折れ線グラフ、円グラフを作ってみましょう。

　目標は、表とグラフの関係を理解して、基本的なグラフを作ったりグラフを修正したりできるようになることです。

Section 60 ▶	Excel で作れるグラフって何？
Section 61 ▶	基本的なグラフを作る
Section 62 ▶	グラフを修正する
Section 63 ▶	棒グラフを作る
Section 64 ▶	折れ線グラフを作る

Section 60 Excelで作れるグラフって何?

ここで学ぶのは
- 表とグラフの関係
- グラフの種類
- グラフ要素

この章では、**グラフの作り方**を紹介します。Excelでは、表の項目や数値を基にしてグラフを作ります。

最初に、「どのようなグラフを作れるのか」「グラフを作る基本手順」「グラフを構成する部品」などについて知っておきましょう。

1 表とグラフの関係を知る

Memo グラフを作る

表のデータをわかりやすく表現するには、グラフを作ります。グラフは表の項目や数値を基に作ります。グラフを作った後に表のデータが変わった場合、グラフに変更が反映されます。右図で紹介した例では、縦軸の最大値なども自動的に調整されています。

表のデータを基に、

グラフを作ります。

Hint グラフを削除する

グラフを作った後にグラフを削除しても表の内容は変わりません。一方、表を削除した場合、その表を基に作ったグラフは、正しい内容を表示できなくなります。表を削除した場合はグラフも削除しましょう。グラフを削除するには、グラフをクリックして Delete キーを押します。

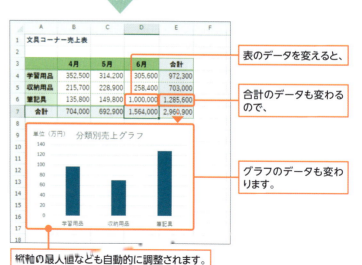

表のデータを変えると、

合計のデータも変わるので、

グラフのデータも変わります。

縦軸の最大値なども自動的に調整されます。

2 グラフの種類を知る

Excelで作れるグラフには、さまざまなものがあります（下のHint参照）。本書では、一般的によく使われる棒グラフ、折れ線グラフの作り方を紹介します。

グラフの種類を選択できます。

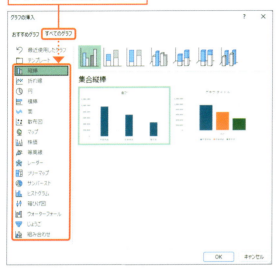

おすすめのグラフの中から選ぶこともできます。

Hint グラフの種類

Excelのバージョンによって作れるグラフは違いますが、最新のExcelで作成できるグラフの種類については、以下の表を参照してください。

種類	内容
縦棒	棒の長さで数値の大きさを比較するときに使う
折れ線	数値の推移を見るときに使う
円	割合を見るときに使う
横棒	横棒の長さで数値の大きさを比較するときに使う
面	面の大きさで数値の大きさを比較するときに使う
散布図	データの関係性を見るときに使う
マップ	地図を表示して数値の大きさを色の違いで表示するときに使う
株価	株価の推移を示すローソクチャートなどを作るときに使う
等高線	2つの項目を軸にして、軸が交わる部分の数値の大きさを比較するときに使う

種類	内容
レーダー	複数の項目の数値のバランスを見るときに使う
ツリーマップ	分類ごとに数値の割合を比較するときに使う
サンバースト	ドーナツグラフのような見た目で、分類ごとに数値の割合を比較するときに使う
ヒストグラム	区間ごとの数値を比較してデータのばらつき具合を見るときに使う
箱ひげ図	箱の大きさから、データのばらつき具合を見るときに使う
ウォーターフォール	数値が増減する様子を把握するときに使う
じょうご	さまざまなタイミングで数値が減少していく様子を把握するときに使う
組み合わせ	複数のグラフを組み合わせて表示するときに使う

3 グラフを作る手順を知る

解説　グラフを作る手順

グラフを作るときは、最初にグラフの基の表を準備します。グラフの項目を大きい順に表示するには、表のデータをあらかじめ並べ替えておきます（p.428）。次に、セル範囲を選択してグラフの種類を選びます。続いて、グラフに表示するものを指定します。最後に、グラフで強調したい箇所が目立つように書式を整えます。

Memo　項目の並び順

グラフを作るとき、項目を大きい順に並べたい場合は、表のデータを並べ替えておきます。たとえば、縦棒グラフの場合、表の上の項目から順に、表の縦横の軸が交差するところの近くから遠くへと配置されます。右図で紹介した例では、分類別の合計の大きい順に項目をあらかじめ並べ替えています。そのため、グラフの左から合計の大きい順に項目が並びます。

Hint　目的によって使い分ける

グラフを作るときは、表現したい内容に応じてグラフの種類を使い分けます。たとえば、数値の大きさを比較するには縦棒グラフ、数値の推移を表すには折れ線グラフ、割合を表すには円グラフを使うと効果的です。

---

1 グラフを作る前にグラフの基の表を準備します。

2 グラフの基のセル範囲を選択します。

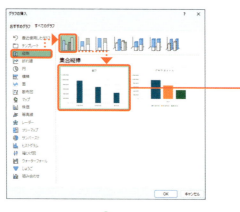

3 グラフの種類を選びます。

4 グラフに表示する要素などを指定します。

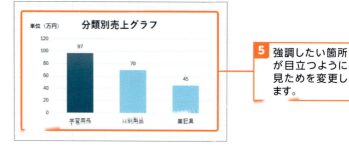

5 強調したい箇所が目立つように見ためを変更します。

4 グラフ要素の名前を知る

グラフを構成するさまざまな要素を知りましょう。どの要素を表示するかは、後で指定できます。

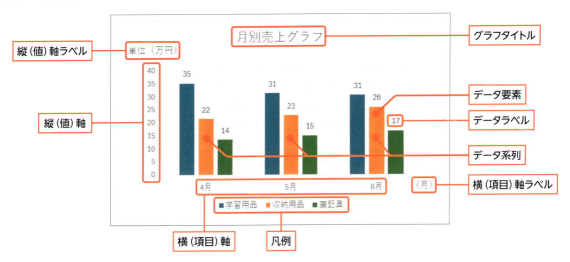

名前	内容
グラフタイトル	グラフのタイトルを表示する
縦(値)軸	左側の縦の軸の数値の大きさを表示する
縦(値)軸ラベル	縦(値)軸の内容を補足する文字を表示する
横(項目)軸	項目名を示す軸を表示する
横(項目)軸ラベル	横(項目)軸の内容を補足する文字を表示する

名前	内容
データラベル	表の数値や項目名などを表示する
凡例	グラフで表現している内容の項目名などを示すマーカーを表示する
データ系列	同じ系列の項目の集まり(棒グラフの場合、同じ色で示される複数の棒)
データ要素	データ系列の中の1つの項目(棒グラフの場合、1本の棒)

グラフ要素の追加

グラフを選択し、[グラフのデザイン]タブ→[グラフ要素を追加]から選択します。

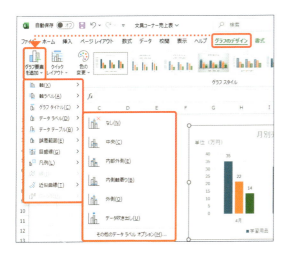

グラフ要素の選択

グラフを選択し、[書式]タブ→[グラフ要素]から選択します。グラフ要素を直接クリックしても選択できます。

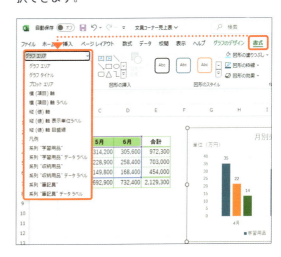

Section 61 基本的なグラフを作る

練習用ファイル：61_店舗別売上表.xlsx

ここで学ぶのは
- 棒グラフ
- 積み上げ縦棒グラフ
- グラフのレイアウト

表を基に**新しいグラフ**を作ってみましょう。表を選択してからグラフの種類を選びます。
また、グラフを作った後は、グラフに表示する要素を指定したりグラフの見た目を調整したりします。

1 グラフを作る

解説 グラフを作る

月別に店舗ごとの売上割合がわかるような積み上げ縦棒グラフを作ります。棒の中の項目が下から順に売上の大きい店舗になるように、表のデータを店舗別の合計の大きい順に並べ替えておきます（p.428）。準備ができたら、グラフの基の表を選択し、グラフの種類を選びます。すると、グラフの土台が表示されます。

積み上げ縦棒グラフを作ります。

1 店舗別の合計の大きい順にデータを並べ替えておきます（p.428）。

2 グラフの基のセル範囲を選択し、

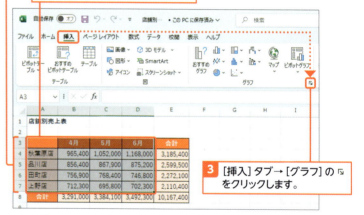

3 [挿入]タブ→[グラフ]の をクリックします。

4 [すべてのグラフ]をクリックし、

5 グラフの種類とタイプをクリックして、

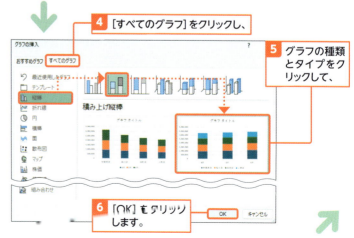

6 [OK]をクリックします。

Memo グラフ選択時に表示されるタブ

グラフをクリックして選択すると、グラフを編集するときに使う[グラフのデザイン]タブと[書式]タブが表示されます。[グラフのデザイン]タブは、グラフに表示するものを指定するときなどに使います。[書式]タブは、グラフに飾りを付けたり、書式を調整したりするときに使います。

Memo グラフタイトル

「グラフタイトル」と表示されている文字をクリックしてグラフのタイトルを入力しておきましょう。

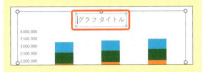

7 グラフが作成されます。

8 「グラフタイトル」の文字をクリックして、タイトルを入力します。

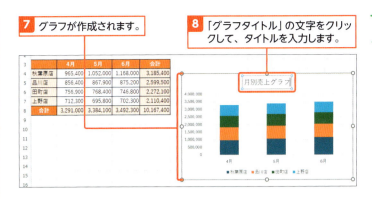

2 グラフのレイアウトやデザインを変更する

解説 グラフのデザインを変える

グラフ全体のレイアウトやデザインを指定します。グラフのレイアウトやスタイルにマウスポインターを移動すると、その設定を適用したイメージが表示されます。表示を確認しながら選びましょう。
全体のレイアウトやデザインを変えた後、必要に応じて細かい部分の修正なども行えます。

1 グラフをクリックし、

2 [グラフのデザイン]タブ→[グラフスタイル]の ▼ をクリックします。

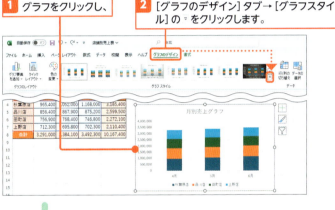

3 グラフのデザインをクリックし、

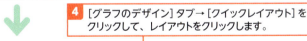

4 [グラフのデザイン]タブ→[クイックレイアウト]をクリックして、レイアウトをクリックします。

Memo 凡例の位置を変える

レイアウトを変えた後にスタイルを変えたり、逆にスタイルを変えた後にレイアウトを変えたりすると、凡例の位置などが変わってしまうことがあります。凡例の位置を変える場合などは、グラフを選択して[グラフのデザイン]タブ→[グラフ要素を追加]→[凡例]から表示位置を指定します。

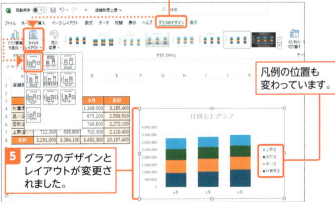

5 グラフのデザインとレイアウトが変更されました。

凡例の位置も変わっています。

Section 62 グラフを修正する

練習用ファイル：62_店舗別売上表.xlsx

ここで学ぶのは
- グラフの配置
- グラフの大きさ
- グラフシート

グラフの大きさや位置を調整します。それには、グラフ全体を選択してからグラフの周囲に表示されるハンドルや枠を操作します。
また、グラフの基になっている**表の範囲を変えたり、グラフの種類を変えたりする方法**を紹介します。

1 グラフを移動する

解説　グラフを移動する

グラフを移動します。グラフにマウスポインターを移動し、「グラフエリア」と表示されるところを移動先に向かってドラッグします。

1 グラフの何も表示されていない場所にマウスポインターを移動します。

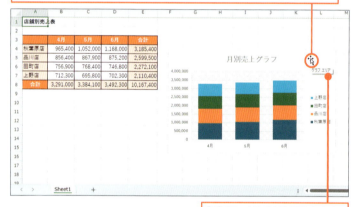

「グラフエリア」と表示されます。

2 グラフをドラッグすると位置が移動します。

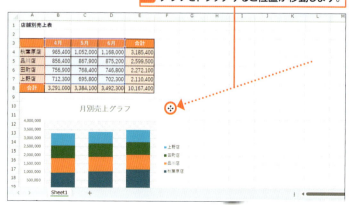

Hint　セルの枠線に合わせて移動する

グラフを移動するとき、Alt キーを押しながらグラフをドラッグすると、グラフの端をセルの枠線にぴったり合わせて移動できます。

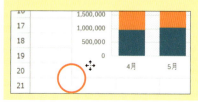

404

2 グラフの大きさを変更する

解説 グラフの大きさを変える

グラフを選択すると表示されるハンドルをドラッグして、グラフの大きさを変えます。四隅にあるハンドルをドラッグすると、グラフの高さや幅を一度に指定できます。

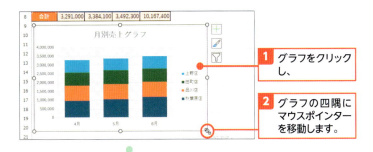

1. グラフをクリックし、
2. グラフの四隅にマウスポインターを移動します。

Hint 縦横比を保ったまま大きさを変える

グラフの大きさの縦横比を保ったままでグラフの大きさを変更するには、Shiftキーを押しながら、グラフの四隅のいずれかのハンドルをドラッグします。Ctrlキーを押しながらグラフの周囲のハンドルをドラッグすると、グラフの中心の位置を変えずに大きさを変えられます。Altキーを押しながらグラフの周囲のハンドルをドラッグすると、セルの枠線にぴったり合わせて大きさを変えられます。
ドラッグ操作をする前にキーを押すのではなく、ドラッグ操作の途中でキーを押すとうまく操作できます。

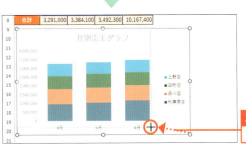

3. 四隅のハンドルをドラッグします。

4. グラフの大きさが変更されます。

Hint シート全体に表示する

グラフは、グラフシートに大きく広げて表示することもできます。それには、グラフを選択し、[グラフのデザイン]タブ→[グラフの移動]をクリックします。[グラフの移動]ダイアログで[新しいシート]をクリックして[OK]をクリックします。
元の場所に戻すには、グラフのシートを選択して[グラフのデザイン]タブ→[グラフの移動]をクリックします。[グラフ移動]ダイアログで[オブジェクト]をクリックして、グラフを表示するシートを選択して[OK]をクリックします。

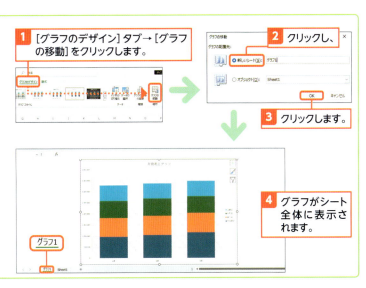

1. [グラフのデザイン]タブ→[グラフの移動]をクリックします。
2. クリックし、
3. クリックします。
4. グラフがシート全体に表示されます。

3 グラフに表示するデータを変更する

解説　グラフの基を変える

グラフに表示する項目を変えます。[データソースの選択]ダイアログで表示する項目を選びましょう。

Hint　グラフの基の範囲

グラフを選択すると、グラフの基になっているセル範囲に色枠が付きます。色枠の隅に表示されるハンドルをドラッグすると、グラフの基の範囲が変わります。

1 ドラッグして色枠の範囲を変えると、

2 グラフのデータも変わります。

Hint　スピル機能を利用した計算式

Excel2021以降では、スピル機能に対応した関数などを使用できます（p.331参照）。それらの関数は、計算式の内容によって、計算結果が表示されるセル範囲が変わる場合があります。グラフを作成するときに、グラフの基になるセル範囲として、そのセル範囲を選択した場合、計算結果が変わったときに、グラフの基になるセル範囲は自動的に判断されます。グラフの基になるセル範囲を指定し直す手間はありません。

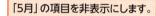
「5月」の項目を非表示にします。

1 グラフをクリックして選択し、

2 [グラフのデザイン]タブ→[データの選択]をクリックします。

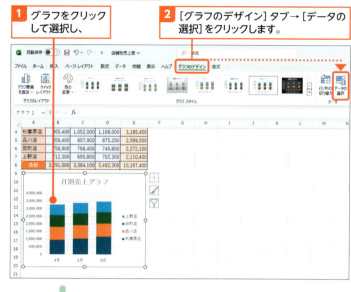

3 グラフの基になっている範囲が表示されます。

4 表示する項目以外の項目のチェックを外し、

5 [OK]をクリックします。

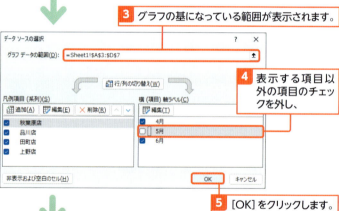

6 先ほどチェックを外した項目が非表示になります。

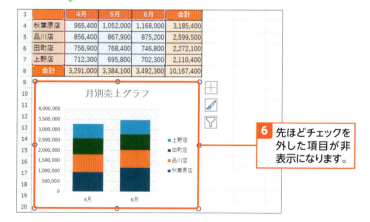

4 グラフの種類を変更する

解説　グラフの種類を変える

ここでは、積み上げ縦棒から集合縦棒グラフに変えています。
なお、グラフによって、グラフを作るのに必要なデータは違います。まったくタイプの違うグラフに変えたりすると、思うようなグラフにならず、グラフの意味がなくなってしまうので注意しましょう。

Hint　その他の方法

グラフを右クリックすると表示されるショートカットメニューからも、グラフの種類を変えられます。[グラフの種類の変更]をクリックして、グラフの種類を選びます。

Hint　色合いを変える

グラフの色合いを変えるには、グラフをクリックして選択し、[グラフのデザイン]タブ→[色の変更]から色を選択します。

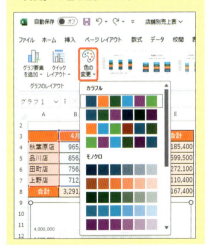

積み上げ縦棒のグラフから集合縦棒グラフに変えます。

1 グラフをクリックして選択し、

2 [グラフのデザイン]タブ→[グラフの種類の変更]をクリックします。

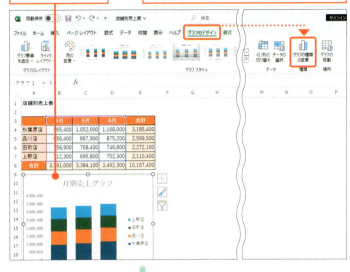

3 変更するグラフの種類とタイプをクリックし、

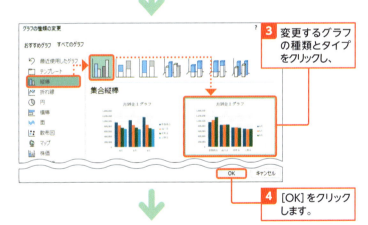

4 [OK]をクリックします。

5 グラフの種類が変わります。

6 必要に応じてグラフタイトルなどを変更します。

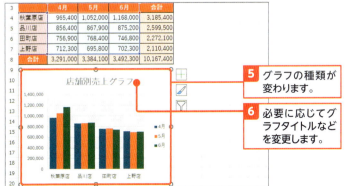

Section 63 棒グラフを作る

練習用ファイル: 63_ギフト商品売上一覧_年間2.xlsx

棒グラフは、棒の長さで数値の大きさを比較するグラフです。ここでは、基本的な棒グラフを作ります。
グラフの横の項目軸に、表の上端の項目を配置するか、表の左端の項目を配置するかを選べます。

ここで学ぶのは
- 棒グラフ
- 項目の入れ替え
- 軸ラベルの追加

1 棒グラフを作る

解説　棒グラフを作る

ここでは、数値の大きさを比較する集合縦棒グラフを作ります。まずは、グラフの基のセル範囲を選択します。表の項目部分とデータの部分を選択します。表に合計の項目があるとき、通常はデータの部分か合計の部分のどちらかを選択します(p.400)。両方選択してしまうと、合計だけ数値の大きさが極端に大きいためグラフが見づらくなるので注意します。セル範囲を選択できたらグラフの種類を選びます。

Memo　グラフの種類

縦棒グラフには、割合を比較する100%積み上げ縦棒、大きさと割合の両方を比較する積み上げ縦棒もあります。目的によって使い分けましょう。
また、縦棒グラフのグラフタイプの中には、立体的に見える3-Dのグラフもあります。3-Dグラフは、表の数値によってはグラフが見づらくなることもあるので注意します。

1 商品分類別の合計の大きい順にデータを並べ替えておきます(p.428)。
2 グラフの基のセル範囲を選択します。

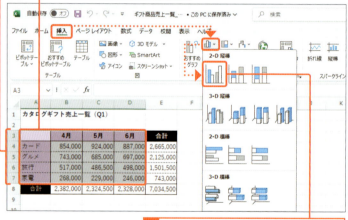

3 [挿入]タブ→[縦棒／横棒グラフの挿入]→[集合縦棒]をクリックします。

4 棒グラフが表示されます。
5 グラフタイトルをクリックし、タイトル文字を入力します。

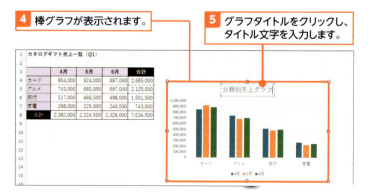

408

2 棒グラフの項目を入れ替える

解説 項目を入れ替える

縦棒グラフを作るとグラフの横軸に、表の上端の項目または左端の項目が配置されます。どちらの項目が配置されるかは、基になる表の行と列の数に応じて自動的に決まります。ただし、どちらの項目を配置するかは変更できます。ここでは、グラフの軸を入れ替えて項目軸に、商品分類ではなく月を表示します。

Hint グラフを作るときに決める場合

縦棒グラフを作るときに[挿入]タブ→[縦棒/横棒グラフの挿入]→[その他の縦棒グラフ]をクリックします。[グラフの挿入]ダイアログが表示され、項目軸に配置する項目を選択できます。それぞれのグラフのイメージを見て指定できます。

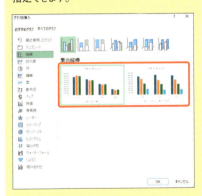

Hint 項目と合計だけでグラフを作る

ここで作ったグラフは、商品分類別、月別の売上の数値を基に作っています。商品分類別の合計、または、月別の合計だけでグラフを作る場合は、項目名と合計のセルのみ選択してグラフを作ります（p.400）。

前ページの続きで、項目軸に月が表示されるように軸を入れ替えます。

1 グラフをクリックして選択し、

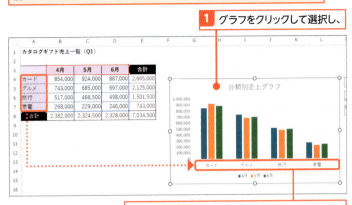

項目軸には表の左端の項目が配置されています。

2 [グラフのデザイン]タブ→[行/列の切り替え]をクリックします。

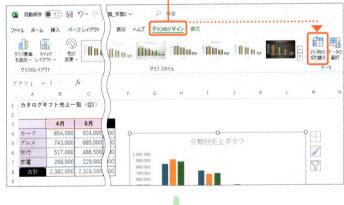

3 項目軸に表の上端の項目が配置されます。

3 軸ラベルを追加する

解説　軸ラベルを追加する

表の数値が大きい場合などは、縦棒グラフの縦の軸の表示単位を千円や万円にすると見やすくなる場合があります。ここでは、万円単位で表示します。単位を変更すると、軸ラベルが自動的に追加されます。次ページの操作で文字の配置を整えます。なお、軸ラベルを手動で追加する方法は、p.415で紹介しています。

棒グラフの軸の表示単位を万円にします。

1 グラフをクリックして選択し、

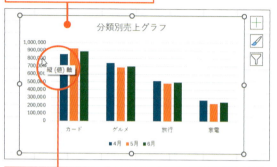

2 縦の軸にマウスポインターを移動して、「縦(値)軸」と表示されるところをダブルクリックします。

Memo　項目軸の表示

ここでは、項目軸に商品分類を表示した状態で操作しています。項目軸に月が表示されている場合は、前のページの方法で、軸を切り替えておきます。

3 [軸のオプション]→[軸のオプション]→[表示単位]から[万]を選択します。

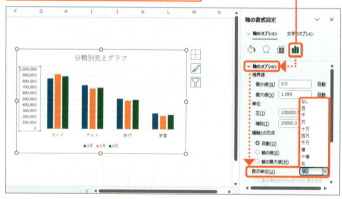

4 軸の単位が「万円」になり、軸ラベルが追加されます。

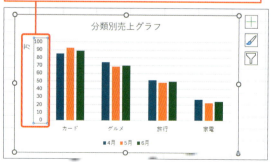

Hint　作業ウィンドウを閉じる

[軸の書式設定]作業ウィンドウを閉じるには、作業ウィンドウの右上の[閉じる]をクリックします。

4 軸ラベルの文字や配置を変更する

解説 軸ラベルの文字を修正する

追加した軸ラベルの文字を修正しましょう。文字の長さによって軸ラベルの大きさが変わります。

1 軸ラベルをクリックし、

2 ［ラベルオプション］→［サイズとプロパティ］→［配置］→［文字列の方向］→［横書き］をクリックします。

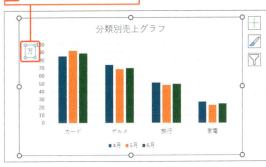

Memo 軸ラベルの文字の大きさ

軸ラベルの文字の大きさなどを変えるには、軸ラベルをクリックして選択し、［ホーム］タブで文字の大きさなどを指定します。

3 文字が横書きになります。

Memo 軸ラベルを移動する

軸ラベルの位置を調整するには、軸ラベルをクリックし、外枠部分をドラッグします。また、軸ラベルを移動したことで、グラフのデータ部分を示すプロットエリアの大きさなどが変わってしまった場合は、プロットエリアを選択して配置を調整します（p.415参照）。

4 軸ラベル内をクリックして文字を修正します。

5 軸ラベル以外の場所をクリックして終了します。

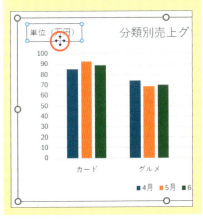

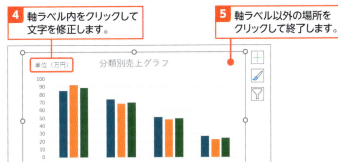

Section 64 折れ線グラフを作る

練習用ファイル: 📁 64_受験者数集計表.xlsx、64_移動販売売上集計表.xlsx

月や年ごとに集計したデータの推移を見るには、**折れ線グラフ**を作るとよいでしょう。

折れ線グラフを作った後は、軸の表示方法を変えたり、軸ラベルを追加したりして完成させます。

ここで学ぶのは
- 折れ線グラフ
- 数値の間隔
- 軸ラベルの追加

1 折れ線グラフを作る

解説 折れ線グラフを作る

折れ線グラフを作るには、月や年などの項目と折れ線グラフに表示する数値のセル範囲を選択し、折れ線グラフの種類を指定します。ここでは、表の数値の位置を示すマーカー付きの折れ線グラフを作っています。

Memo 線が途切れてしまったら

グラフに表示するデータに空欄のセルがある場合は、線が途中で途切れて表示されます。空欄を無視して線をつなげて表示するには、折れ線グラフを選択し、[グラフのデザイン]タブ→[データの選択]をクリックし、次のように操作します。

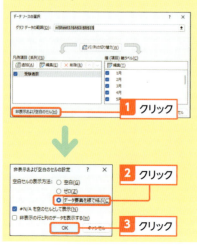

試験の受験者数の推移を折れ線グラフで表示します。

1 グラフの基のセル範囲を選択し、

2 [挿入]タブ→[折れ線/面グラフの挿入]から折れ線グラフの種類をクリックします。

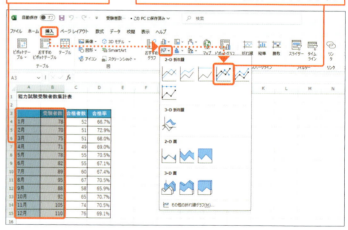

3 折れ線グラフが表示されます。

4 グラフタイトルをクリックし、タイトル文字を入力します。

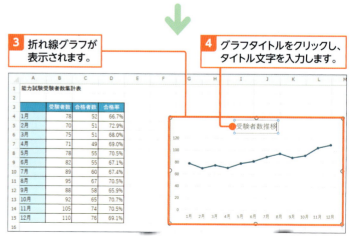

2 折れ線グラフの線を太くする

解説 線の太さやマーカーの大きさを変える

折れ線グラフを作った直後、線が細すぎると感じる場合は、線の太さやマーカーの大きさを変えて調整しましょう。線の太さに合わせてマーカーの大きさも大きくします。

1 折れ線グラフの折れ線部分をダブルクリックします。

2 [塗りつぶしと線]をクリックし、

3 線の[幅]を指定します。

4 [マーカー]→[マーカーのオプション]をクリックし、

5 [組み込み]をクリックし、サイズを指定します。

6 折れ線の線が太くなり、マーカーが大きくなります。

Memo 線の色を変える

折れ線の線の色を変えるには、手順**2**の後で、[色]を選択します。

Hint マーカーの形を変える

マーカーの形を変えるには、手順**5**の後で[種類]欄からマーカーの形を選択します。

3 縦軸の最小値や間隔を指定する

解説　縦軸の表示方法を変える

折れ線グラフの左側の軸の表示は、表の数値に応じて自動的に表示されますが、変えることもできます。たとえば、最小値や最大値を指定すると、数値の増減が少ない場合でも、数値の動きを強調できます。

1 縦軸にマウスポインターを移動して、「縦(値)軸」と表示されるところをダブルクリックします。

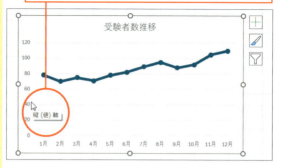

Memo　グラフの基のデータの変更に注意

軸の最小値や最大値を指定すると、数値の増減を強調することができますが、グラフの基の数値が軸の最小値を下回ったり、最大値を上回ったりした場合、グラフが正しく表示されません。グラフの基の数値が変わる可能性がある場合は注意してください。

2 [軸のオプション]をクリックし、

3 [最小値]を指定して、

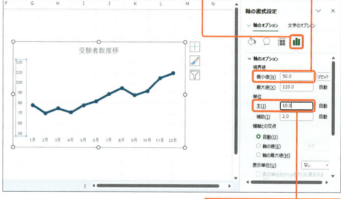

4 数値の間隔を指定します。

Hint　最小値や単位の設定をリセットする

縦軸の最小値や数値の間隔などを指定した後、その設定を解除するには、設定した項目の右側に表示される[リセット]をクリックします。[リセット]をクリックすると、表示が[自動]に戻ります。

5 縦軸の最小値や間隔が変わります。

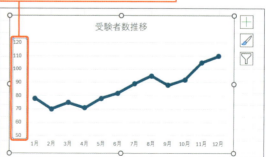

4 軸ラベルを追加する

解説 軸ラベルを追加する

折れ線グラフの縦軸の横に、数値の単位などを示す軸ラベルを追加します。縦軸に軸ラベルを追加すると、文字が横に寝てしまいます。そのため、軸を追加した後に、軸ラベルの文字の方向を指定します。

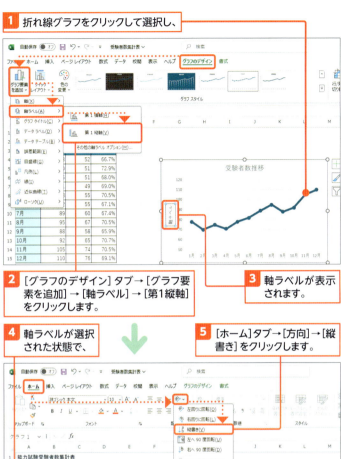

1 折れ線グラフをクリックして選択し、

2 ［グラフのデザイン］タブ→［グラフ要素を追加］→［軸ラベル］→［第1縦軸］をクリックします。

3 軸ラベルが表示されます。

4 軸ラベルが選択された状態で、

5 ［ホーム］タブ→［方向］→［縦書き］をクリックします。

Memo 文字の大きさを調整する

軸ラベルの文字の大きさを調整するには、軸ラベルをクリックして選択し、［ホーム］タブ→［フォントサイズ］から文字の大きさを選択します。

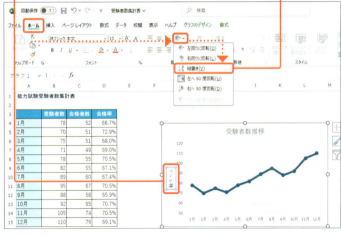

Hint 軸ラベルの位置を変える

軸ラベルの表示位置を変えるには、軸ラベルをクリックして選択します。続いて、軸ラベルの周囲に表示される外枠部分をドラッグします。

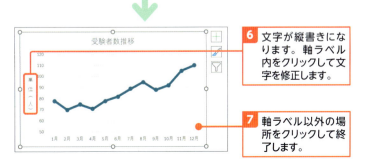

6 文字が縦書きになります。軸ラベル内をクリックして文字を修正します。

7 軸ラベル以外の場所をクリックして終了します。

Hint 複数のグラフを組み合わせて表示する

別々の種類のグラフを1つのグラフに表示したものを組み合わせグラフといいます。たとえば、月々の気温と売上数を同時にグラフに表現したりするときに使います。

まずは、グラフの基のセル範囲を選択してp.402のように[グラフの挿入]ダイアログを表示して、グラフの種類から[組み合わせ]を選択します。

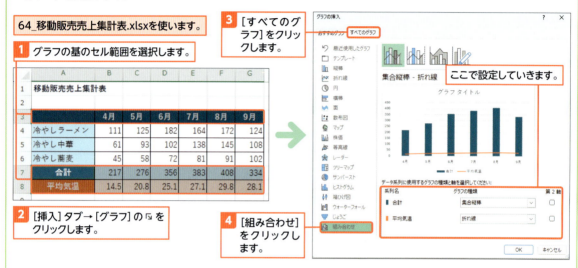

次に、選択されている系列ごとに数値をどのグラフで表すか選択します。また、選択されている系列ごとに数値の大きさが大きく違う場合は、どちらか一方のグラフは、グラフの右側の第2軸を使って表すと見やすくなります。

たとえば、気温と売上数を1つのグラフにするときは、売上数を比較するのに棒グラフを使い、気温の推移を表すのに折れ線グラフを使います。気温は、第2軸を使って見られるようにするとわかりやすくなります。

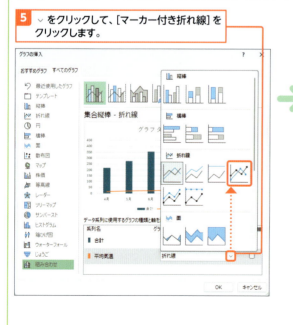

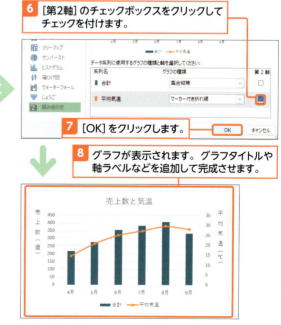

第 **8** 章

データを整理して表示する

　この章では、住所録や売上明細などの、データを集めて活用する方法を紹介します。データの並べ替えや抽出方法を覚えましょう。

　目標は、Excelでデータを集めるときに使うリストについて知り、データを見やすく整理できるようになることです。

Section 65	▶	リストを作ってデータを整理する
Section 66	▶	カンマ区切りのテキストファイルを開く
Section 67	▶	見出しが常に見えるように固定する
Section 68	▶	画面を分割して先頭と末尾を同時に見る
Section 69	▶	明細データを隠して集計列のみ表示する
Section 70	▶	データを並べ替える
Section 71	▶	条件に一致するデータのみ表示する

Section 65

リストを作ってデータを整理する

ここで学ぶのは

- リスト
- フィールド
- レコード

この章では、商品や顧客、売上の情報などのデータを集めて扱うときの基本操作を紹介します。
データを利用するには、データを**リスト形式**に集めます。データを並べ替えたりして整理する方法を知りましょう。

1 リストとは？

Excelを使って複数のデータを集めて管理したり活用したりするには、下の図のようなリストを使います。リストは、列の見出し（フィールド名）を持ち、1件分のデータは1行（レコード）にまとめられています。

リスト

フィールド名

	A	B	C	D	E	F	G	H	I
1	オフィス用品売上リスト								
2									
3	明細番号	売上番号	日付	顧客番号	顧客名	地区	商品番号	商品名	カテゴリ
4	1001	101	2025/1/15	A101	インテリア田中	大阪	T101	オフィスチェア	オフィス家具
5	1002	101	2025/1/15	A101	インテリア田中	大阪	T102	オフィスデスク	オフィス家具
6	1003	101	2025/1/15	A101	インテリア田中	大阪	S103	ストックボックス	収納用品
7	1004	102	2025/1/15	A102	オフィスショップ	大阪	T101	オフィスチェア	オフィス家具
8	1005	102	2025/1/15	A102	オフィスショップ	大阪	T102	オフィスデスク	オフィス家具
9	1006	102	2025/1/15	A102	オフィスショップ	大阪	S101	3段ケース	収納用品
10	1007	102	2025/1/15	A102	オフィスショップ	大阪	S102	6段ケース	収納用品
11	1008	102	2025/1/15	A102	オフィスショップ	大阪	S103	ストックボックス	収納用品
12	1009	103	2025/1/15	A103	ライフ	名古屋	S101	3段ケース	収納用品
13	1010	103	2025/1/15	A103	ライフ	名古屋	S102	6段ケース	収納用品
14	1011	103	2025/1/15	A103	ライフ	名古屋	S103	ストックボックス	収納用品
15	1012	104	2025/1/15	A104	佐藤百貨店	名古屋	S101	3段ケース	収納用品
16	1013	104	2025/1/15	A104	佐藤百貨店	名古屋	S102	6段ケース	収納用品
17	1014	104	2025/1/15	A104	佐藤百貨店	名古屋	S103	ストックボックス	収納用品
18	1015	105	2025/1/15	A105	高橋システム	大阪	T101	オフィスチェア	オフィス家具

レコード

● **リストで使える機能例**

機能	内容
並べ替え	データを昇順や降順などで並べ替えられる。独自の項目リストの順に並べ替えることもできる。複数の並べ替え条件を指定して、並べ替えの優先順位を指定することもできる
抽出	条件に合うデータだけ絞り込んで表示できる。複数の抽出条件を指定することもできる
集計	リストを基に縦横に見出しが付いたクロス集計表を作れる

Key word リスト

ルールに沿って集めたデータをリストといいます。リストの1行目には、列の見出し（フィールド名）を入力し、2行目以降に1件分のデータを1行で入力します。たとえば、住所録の場合、フィールド名には「氏名」「住所」「電話番号」などの必要な項目を指定します。1人分のデータを1行で入力します。

Key word フィールド／フィールド名

リストの各列のことをフィールドといいます。フィールドの名前をフィールド名といいます。

Key word レコード

リストに入力する1件分のデータを1レコードといいます。

2 リストを作るときに注意すること

Memo 元々あるデータを使う

他のアプリですでに使っているデータがある場合は、わざわざデータを入力し直す必要はありません。そのデータをテキスト形式やCSV形式のファイルとして保存して、それを使いましょう（p.420）。

リストを作るときは、ルールに沿って作りましょう。ルールに合わないデータが入っていると、正しく並べ替えができなかったり、正しく集計できなかったりすることがあるので注意します。

リストのルール

- 「明細番号」など、各データを区別できるフィールドを用意する。並べ替えの基準としても使える
- 先頭行にフィールド名を入力する
- フィールド名の行には他とは違う書式を付ける（後からテーブルに変換する場合は、この操作は不要）
- 1件分のデータを1行で入力する

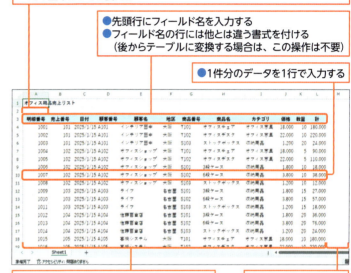

- データは、半角と全角、大文字と小文字などを統一しておく
- リストの中に空白の行や空白列を入れない
- リストの周囲にデータを入力しない

Hint データを区別するフィールド

リストを作るときは、各データを区別できる「明細番号」や「会員番号」などのフィールドを作っておきましょう。データを並べ替えるときの基準のフィールドとしても利用できます。基準にするフィールドがない場合、フィールドを作って数値の連番を入力しておくとよいでしょう。連番のデータを入力する方法は、p.299を参照してください。

Memo テーブルに変換する

テーブル

リストをテーブルに変換すると、データの並べ替えや絞り込み表示が簡単にできるようになります（p.440）。

Section 66 カンマ区切りのテキストファイルを開く

練習用ファイル：📁 66_売店コーナー売上リスト.txt

ここで学ぶのは
- テキストファイル
- CSV 形式
- ファイルを開く

集めたデータを保存するファイル形式としてよく使われるものに、テキスト形式やCSV形式があります。
ここでは、**テキスト形式やCSV形式のファイルをExcelで開く方法**を紹介します。ファイルを開いて内容を確認してから操作します。

1 ファイルを確認する

テキストファイルやCSV形式のファイルをExcelで開く前に、メモ帳などで開いて、**下図のようなことを確認しておきます**。ここでは、フィールドが「,」（カンマ）で区切られたテキストファイルを使います。

今回使用するファイル

- ●フィールドがどの記号で区切られているか
- ●フィールドが区切り文字で区切られたデータか、固定長フィールドのデータか（次ページの上のMemo）
- ●先頭行にフィールド名があるか
- ●文字がどの記号で囲まれているか
- ●何行目から取り込むか
- ●どのような種類のデータが入っているか（数値、日付、文字など）

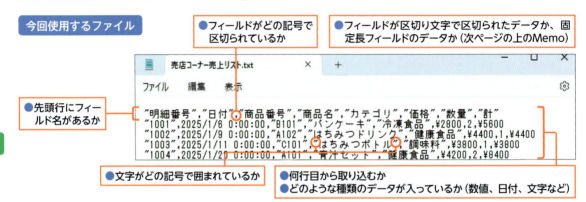

2 ファイルを開く

解説　ファイルを開く

テキストファイルやCSV形式のファイルを開くときは、ファイル形式や区切り文字などを指定しながら開きます。CSV形式のファイルは、そのまますぐに開ける場合もあります。

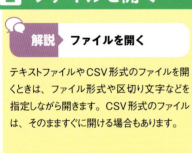

1 p.254の方法で、[ファイルを開く]ダイアログを表示します。
2 ファイルの種類で[すべてのファイル]を選択し、
3 開くファイルをクリックして、
4 [開く]をクリックします。

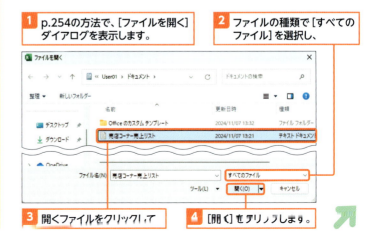

Memo　データの形式

データを集めたテキストファイルには、フィールドとフィールドを区切り文字で区切った形式のものと、フィールドの長さがフィールドごとに決まっている固定長形式のものがあります。最近は、区切り文字で区切った形式のものが多く利用されています。

Key word　CSV形式

集めたデータを保存するときによく使われるファイル形式の1つです。フィールドとフィールドが「,」（カンマ）で区切られた形式です。

Hint　列のデータ形式

列のデータ形式では、[データのプレビュー] 欄で選択している列のデータの形式や列を削除するかなどを選択できます。列のデータ形式を特に指定しなくても、文字や日付、数値などは、通常は自動的に認識されます。

Memo　ブックとして保存する

テキストファイルを開いた後、開いたファイルをExcelのブックとして保存するには、ファイルを保存するダイアログを表示し（p.252）、[ファイルの種類]を「Excelブック」にして保存します。保存したブックは、元のテキストファイルとの関係はなくなります。

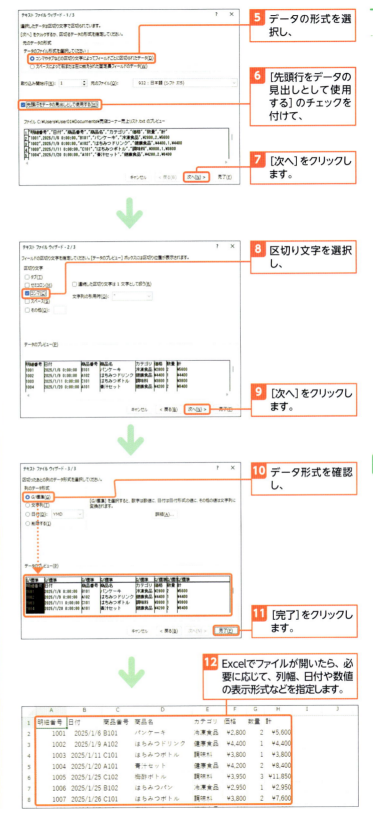

5　データの形式を選択し、

6　[先頭行をデータの見出しとして使用する] のチェックを付けて、

7　[次へ] をクリックします。

8　区切り文字を選択し、

9　[次へ] をクリックします。

10　データ形式を確認し、

11　[完了] をクリックします。

12　Excelでファイルが開いたら、必要に応じて、列幅、日付や数値の表示形式などを指定します。

Section 67 見出しが常に見えるように固定する

練習用ファイル：67_売店コーナー売上リスト.xlsx

ここで学ぶのは
- リスト
- フィールド名
- ウィンドウ枠の固定

データの数が多くなるとリストが縦長になります。その場合、下のほうのデータを見ようとするとフィールド名が隠れてしまいます。
シートを下方向にスクロールしてもフィールド名が常に表示されるようにするには、**ウィンドウ枠を固定**します。

1 見出しを固定する

解説 ウィンドウ枠を固定する

リストの上のフィールド名が常に見えるようにするには、フィールド名のすぐ下の行を選択してからウィンドウ枠を固定します。
ウィンドウ枠を固定すると、固定した行や列の位置にグレーの薄い線が表示されます。

Memo 左と上の見出しを固定する

リストの上の見出しと左の列が常に見えるようにするには、表示する見出しの行の下側と左の列の右側が交わる位置のセルを選択してからウィンドウ枠を固定します。そうすると、下にスクロールしても常に上の見出しが表示され、右にスクロールしても常に左の列が表示されます。

見出しの行と左の列を固定したい場合

ここを選択してウィンドウ枠を固定します。

見出しを固定

下にスクロールしても、タイトルとフィールド名が常に見えるようにします。

1 固定する行の下の行番号をクリックします。

ここを固定します。

2 行が選択されます。

3 [表示] タブ → [ウィンドウ枠の固定] → [ウィンドウ枠の固定] をクリックします。

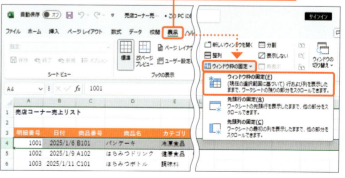

見出しの固定を確認

解説 画面をスクロールする

ウィンドウ枠を固定して見出しを固定したら、スクロールバーを下方向にドラッグしてみましょう。画面をスクロールしても、1～3行目までは常に表示されます。
なお、画面を下方向にスクロールするには、マウスのホイールを手前に回転させる方法もあります。

1 スクロールバーをドラッグして下方向にスクロールします。

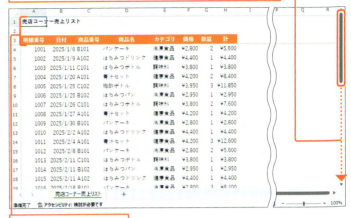

ここが固定されています。

2 スクロールしても見出しは常に表示されます。

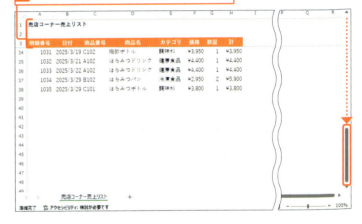

Memo 固定を解除する

ウィンドウ枠の固定を解除して、元の状態に戻すには、[表示]タブ→[ウィンドウ枠の固定]→[ウィンドウ枠固定の解除]をクリックします。

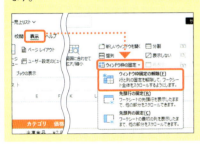

Memo 1行目やA列を固定する

シートの1行目だけを固定するには、[表示]タブ→[ウィンドウ枠の固定]→[先頭行の固定]をクリックします。A列だけを固定するには、[表示]タブ→[ウィンドウ枠の固定]→[先頭列の固定]をクリックします。

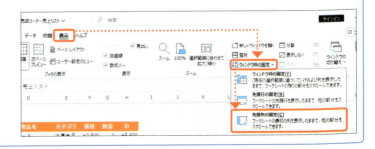

Section 68 画面を分割して先頭と末尾を同時に見る

練習用ファイル：📁 68_イベントスタッフリスト.xlsx

ここで学ぶのは
- リスト
- ウィンドウの分割
- スクロール

リストの冒頭にあるデータと最後のほうにあるデータを並べて見比べたい場合は、**ウィンドウを分割して表示**する方法があります。

ウィンドウは、上下、左右、または、4つに分割できます。分割すると各ウィンドウにスクロールバーが表示され、画面を操作できます。

1 画面を分割する

解説　ウィンドウを分割する

選択していた行の上と下にウィンドウを分割します。分割するとグレーの分割バーが表示され、分割したウィンドウの横にそれぞれスクロールバーが表示されます。

なお、分割バーにマウスポインターを移動して上下にドラッグすると、分割バーの位置を調整できます。

Hint　左右に分割する

ウィンドウを左右に分割するには、分割する位置の右の列を選択して［表示］タブ→［分割］をクリックします。分割したウィンドウの下に表示されるスクロールバーをドラッグし、それぞれの表示位置を調整します。

2 分割した画面にデータを表示する

 解説 画面をスクロールする

分割したそれぞれのウィンドウに表示する内容を指定します。ここでは、先頭の行と末尾の行を同時に表示するため、下の画面のスクロールバーをドラッグします。または、分割したウィンドウの下側をクリックし、マウスのホイールを手前に回転させます。

上の画面に先頭行、下の画面に末尾の行を同時に表示します。

1 スクロールバーをドラッグして下方向にスクロールします。

 Memo 分割を解除する

分割表示を解除して元の状態に戻すには、[表示]タブ→[分割]をクリックします。または、分割バーをダブルクリックします。

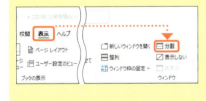

2 下の画面に末尾の行が表示されます。

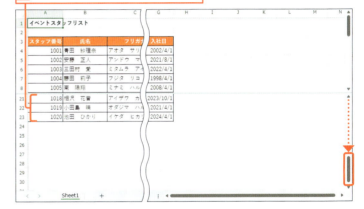

 Hint 4分割する

ウィンドウを4分割にするには、分割するバーが交わる位置の右下のセルを選択し、[表示]タブ→[分割]をクリックします。分割された位置の右と下に表示されるスクロールバーを操作して表示を調整します。

画面を4分割にします。

分割する位置の右下のセルを選択して分割します。

Section 69 明細データを隠して集計列のみ表示する

練習用ファイル： 📁 69_出荷数記録.xlsx

大きなリストを扱うときに、リスト内の集計列だけが表示されるようにするには、**明細データをグループ化**しておきます。

グループ化した列は、必要なときのみ展開して表示できるようになります。クリック操作で表示／非表示を簡単に切り替えられます。

ここで学ぶのは
- アウトライン
- グループ化
- グループ解除

1 データをグループ化する

解説　アウトラインを設定する

アウトラインを設定すると、表やリストの明細データの表示／非表示を簡単に切り替えられるようになります。アウトラインを自動作成すると、数値が入っている行（列）や集計用の行（列）を、Excelが自動的に判断してアウトラインが設定されます。

Hint　行や列を非表示にする

普段あまり使わない行や列を隠しておくには行や列を非表示にしておく方法（p.284）もありますが、表示／非表示を切り替えるには少々手間がかかります。頻繁に表示／非表示を切り替える場合は、アウトライン機能を使うとよいでしょう。

アウトラインを自動作成

明細行をグループ化して表示／非表示を簡単に切り替えられるようにします。

1 ［データ］タブ→［グループ化］の ˇ →［アウトラインの自動作成］をクリックします。

2 明細データが自動的にグループ化されます。

解説 行や列の表示／非表示を切り替える

アウトラインを設定すると、シートの左や上に「+」「-」「1」「2」などの表示レベルを切り替えるボタンが表示されます。ボタンをクリックすると、表示／非表示を切り替えられます。

グループ化した列を折りたたむ

1 「-」をクリックします。または、「1」や「2」をクリックします。

↓

2 グループ化された列が非表示になります。

「+」または「3」をクリックすると、グループ化された列が再表示されます。

Memo グループ化を解除する

すべてのグループ化をまとめて解除するには、[データ] タブ→ [グループ解除] の → [アウトラインのクリア] をクリックします。一部のグループのみ解除するには、グループに設定されている行や列を選択して、[データ] タブ→ [グループ解除] をクリックします。

Hint グループ化する場所を指定する

アウトラインを自動作成するのではなく、指定した行や列をグループ化するには、グループ化する行や列を選択し、[データ] タブ→ [グループ化] をクリックします。

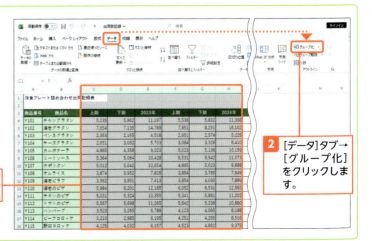

1 グループ化する列（または行）を選択します。

2 [データ] タブ→ [グループ化] をクリックします。

427

Section 70 データを並べ替える

練習用ファイル： 70_イベントスタッフリスト.xlsx　70_契約件数集計表.xlsx

ここで学ぶのは
- リスト
- 並べ替え
- ユーザー設定リスト

リスト内のデータを整理して表示します。指定したフィールドのデータを基準に、**データを並べ替える方法**を知りましょう。

並べ替えの条件は、複数のフィールドに指定できます。複数のルールを指定するときは、ルールの優先順位に注意します。

1 データを並べ替える

解説　データを並べ替える

指定したフィールドのデータを基準にしてデータを並べ替えます。基本は、昇順または降順で並べ替えます。フィールド名の先頭行に、他のデータとは違う書式が設定されている場合は、Excelが先頭行を自動的に認識し、フィールド名以外のデータが並べ替えられます。

Memo　元の並び順に戻す

並べ替えをした直後なら、[元に戻す]をクリックして元の並び順に戻せます(p.294)。ただし、並べ替えを行った後、ブックを閉じた後などは、並び順を元に戻せないので注意してください。なお、リストに「明細番号」や「会員番号」など、データを区別するための番号が入力されたフィールドがあれば(p.419)、並び順の基準にするフィールドとして利用できて便利です。

E列の「種別」の順にデータを並べ替えて表示します。

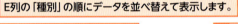

1 リスト内のE列のいずれかのセルをクリックし、

2 [データ]タブ→[昇順]をクリックします。

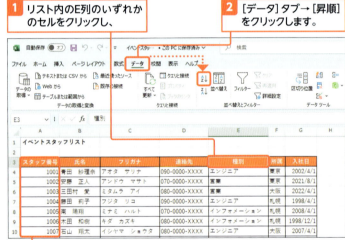

スタッフ番号の順にデータが並んでいます。

3 E列を基準にデータが並べ替えられます。

2 複数の条件でデータを並べ替える

解説　複数の条件を指定する

会員データリストのデータを並べ替えます。ここでは、「所属」順で並べ替えます。同じ「所属」のデータが複数ある場合、さらに「種別」順で並べ替えます。並べ替えの条件を複数指定します。

F列の「所属」順にデータを並べます。
同じ「所属」の場合は、E列の「種別」順で並べます。

1 リスト内のいずれかのセルをクリックし、

2 [データ]タブ→[並べ替え]をクリックします。

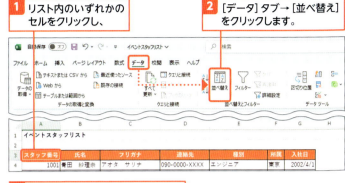

3 [最優先されるキー]は「所属」を、[並べ替えのキー]は「セルの値」を、[順序]は「昇順」を選択し、

4 [レベルの追加]をクリックします。

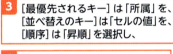

Memo　並べ替えの基準

並べ替えの基準には、昇順や降順があります。違いを確認しましょう。日付を並べ替えるときは、シリアル値を基に並べ替わります（p.375）。シリアル値は過去より未来のほうが大きいので、昇順で並べると日付は古い順になるので注意します。

データの種類	昇順	降順
文字	あいうえお順	あいうえお順の逆
数値	小さい順	大きい順
日付	古い順	新しい順

5 [次に優先されるキー]は「種別」を、[並べ替えのキー]は「セルの値」を、[順序]は「昇順」を選択します。

6 [OK]をクリックします。

7 所属→種別の基準でデータが並べ替えられます。

Hint　リスト以外の場所で並べ替える

ここでは、リストやテーブルのデータを直接並べ替える方法を紹介していますが、リストやテーブルのデータはそのままで、リストやテーブル以外の場所を使って、リストやテーブルのデータを並べ替えた結果を表示する方法もあります。それには、スピル機能（p.350）に対応しているSORT関数やSORTBY関数を使います。1つの列を基準に並べ替える場合はSORT関数やSORTBY関数、複数の列を基準に並べ替えるには、SORTBY関数を使うとよいでしょう。

3 並べ替え条件の優先順位を変える

解説　優先順位を変える

複数の並べ替えルールを指定しているときは、並べ替えの優先順位に注意し、必要に応じて優先順位を入れ替えます。
ここでは、「種別」順でデータを並べ替えます。同じ「種別」のデータが複数ある場合は、「所属」順で並べ替えます。「種別」順のルールを最優先します。

Hint　ルールをコピーする

並べ替えのルールをコピーするには、[並べ替え]ダイアログでコピーするルールをクリックし、[レベルのコピー]をクリックします。

Memo　並べ替え条件を削除する

複数の並べ替え条件を指定しているとき、一部の条件を削除するには、[並べ替え]ダイアログで削除するルールをクリックし、[レベルの削除]をクリックします。

前ページに続けて、E列の「種別」順でデータを並べ替えます。同じ種別の場合は、F列の「所属」順で並べ替えます。

1 リスト内のいずれかのセルをクリックし、

2 [データ]タブ→[並べ替え]をクリックします。

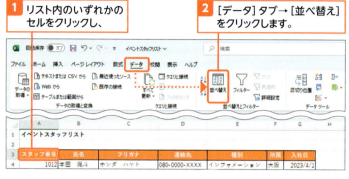

3 2番目の「種別」の並べ替えのルールを選択し、

4 をクリックします。

5 「種別」の並べ替えルールが最優先されるキーになります。

6 [OK]をクリックします。

7 種別→所属の基準でデータが並べ替えられます。

独自の項目リストを基準にする

商品名や店舗名などで並べ替えをするとき、昇順や降順ではなく、「営業」「インフォメーション」……のように独自の順番で並べ替えるには、ユーザー設定リスト順に並べ替えます。まずは、ユーザー設定リストに、並べ替えたい順番に沿って独自のリストを登録しておきます (p.302)。続いて、並べ替え条件を指定します。

1 リスト内のいずれかのセルをクリックし、[データ] → [並べ替え] をクリックします。

2 並べ替えの基準として使うフィールドを選択し、[並べ替えのキー] から「セルの値」を指定し、[順序] から「ユーザー設定リスト」をクリックします。

3 [ユーザー設定リスト] ダイアログで並べ替えの基準にする項目をクリックし、[OK] をクリックします。

4 [OK] をクリックします。

5 [順序] にユーザー設定リストが指定されます。[OK] をクリックします。

合計行以外を並べ替える

表のデータを並べ替えるとき、合計行がある場合、データを降順に並べ替えようとすると、合計行が常に先頭にきてしまって表が崩れてしまいます。合計行を除いてデータを降順に並べるには、次のように操作します。

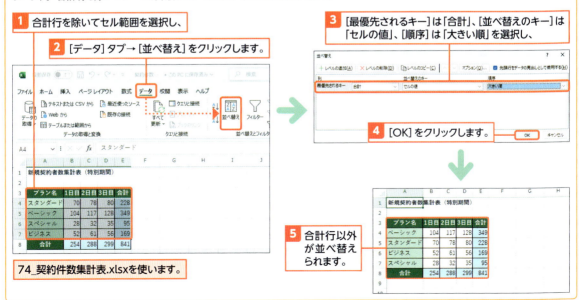

1 合計行を除いてセル範囲を選択し、

2 [データ] タブ→ [並べ替え] をクリックします。

3 [最優先されるキー] は「合計」、[並べ替えのキー] は「セルの値」、[順序] は「大きい順」を選択し、

4 [OK] をクリックします。

5 合計行以外が並べ替えられます。

74_契約件数集計表.xlsxを使います。

Section 71 条件に一致するデータのみ表示する

練習用ファイル：📁 71_売店コーナー売上リスト.xlsx

ここで学ぶのは
▶ リスト
▶ フィルター
▶ 抽出条件

リスト内のデータの中から、条件に一致するデータのみを表示するには、**フィルター機能**を使います。

フィルター機能を使うと、データを絞り込んで表示するためのボタンが表示されます。ボタンから条件を簡単に指定できます。

1 条件に一致するデータを表示する

解説　フィルター条件を指定する

フィルター機能を使って、データを抽出するためのフィルター条件を指定します。フィルター機能をオンにすると、フィールド名の横に［▼］が表示されます。フィールド名の横の［▼］をクリックすると、そのフィールドに含まれるデータの一覧が自動的に表示されます。一覧から表示する項目をクリックして指定します。

Hint　リスト以外の場所に抽出する

リストやテーブルのデータはそのままで、リストやテーブル以外の場所を使って、リストやテーブルのデータを抽出した結果を表示する方法もあります。それには、スピル機能（p.350）に対応しているFILTER関数を使います。

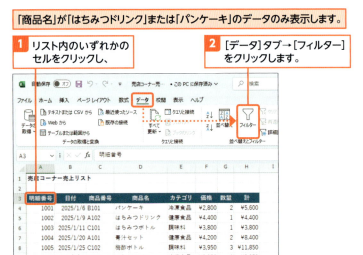

「商品名」が「はちみつドリンク」または「パンケーキ」のデータのみ表示します。

1 リスト内のいずれかのセルをクリックし、

2 ［データ］タブ→［フィルター］をクリックします。

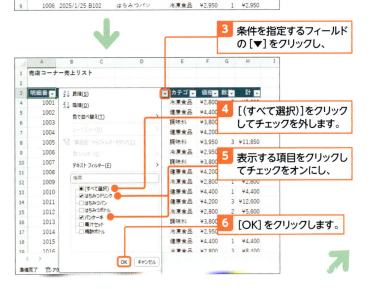

3 条件を指定するフィールドの［▼］をクリックし、

4 ［(すべて選択)］をクリックしてチェックを外します。

5 表示する項目をクリックしてチェックをオンにし、

6 ［OK］をクリックします。

Memo 抽出結果を確認する

フィルター条件を指定してデータを抽出すると、抽出結果の行の行番号が青くなります。画面の下には、「○○レコード中○個が見つかりました」と表示されます。

7 「商品名」が「はちみつドリンク」または「パンケーキ」のデータのみ表示されました。

抽出結果が表示されます。

2 フィルター条件を解除する

解説 フィルター条件を解除する

リストに設定されているフィルター条件を解除します。ここでは、フィルター条件が設定されているフィールドの ▼ をクリックして条件を解除します。複数のフィルター条件や並べ替え条件をまとめて解除するには、[データ]タブ→[クリア]をクリックします。なお、並べ替え条件を解除しても、データの並び順は変わりません。

1 フィルター条件が設定されているフィールドの ▼ をクリックし、

2 [(フィールド名)からフィルターをクリア]をクリックします。

3 フィルター条件が解除されます。

ショートカットキー

● フィルター機能のオン/オフの切り替え
　リスト内をクリックして、
　Ctrl + Shift + L

3 複数の条件に一致するデータのみ表示する

解説　複数の条件を指定する

フィルター機能を使ってデータを抽出表示しているとき、さらに別の条件を指定してデータを絞り込んで表示します。日付の抽出条件は、年や月、日ごとにまとめられています。月や日を条件に指定するには、先頭の「＋」をクリックして表示を展開します。

「商品名」が「はちみつドリンク」または「パンケーキ」で、なおかつ「日付」が2025年の「2月」と「3月」のデータを表示します。

1 p.432の方法で、「商品名」が「はちみつドリンク」または「パンケーキ」のデータを表示します。

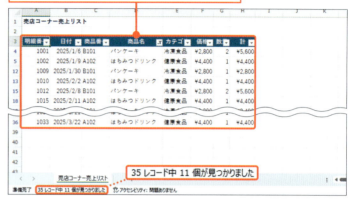

Memo　すべて選択

抽出条件を選択するとき、[（すべて選択）]をクリックすると、すべての項目のチェックがオフになります。もう一度、[（すべて選択）]をクリックするとすべての項目のチェックがオンになります。

2 条件を指定するフィールドの [▼] をクリックし、

3 「2025年」の「＋」をクリックして表示を開き、「1月」のチェックをオフにします。

4 [OK] をクリックします。

5 「商品名」が「はちみつドリンク」または「パンケーキ」で、なおかつ「日付」が2025年の「2月」と「3月」のデータが表示されます。

4 データの絞り込み条件を細かく指定する

解説　細かい条件を指定する

フィルター機能を使って抽出条件を指定するとき、単純にフィールドにある項目名だけでなくさまざまな条件を指定できます。指定できる条件は、フィールドに入力されているデータの種類によって違います（次ページのHint参照）。文字の場合、[テキストフィルター]から「○○の値を含む」「○○で始まる」などの条件を指定できます。

「商品名」に「パン」の文字が含まれるデータを表示します。

1 条件を指定するフィールドの [▼] をクリックし、

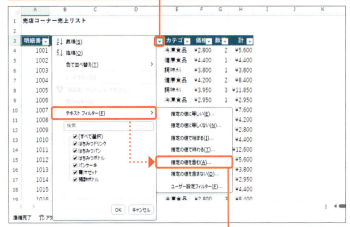

2 [テキストフィルター] → [指定の値を含む] をクリックします。

3 [抽出条件の指定] の [内容] に「パン」と入力し、

4 条件の内容を確認して、

5 [OK] をクリックします。

6 「商品名」に「パン」の文字が含まれるデータが表示されます。

Hint　AND 条件と OR 条件

[テキストフィルター] などから条件を指定するときは、2つの条件を指定できます。このとき条件をAND条件で指定するかOR条件で指定するかが重要です。AND条件は2つの条件を両方満たすデータが抽出結果になります。OR条件は、2つの条件のいずれか、または両方を満たすデータが抽出結果になります。

5 絞り込み表示を解除する

フィルター機能をオフにする

フィルター機能をオフします。抽出条件などが設定されている場合、抽出条件などは解除されてすべてのデータが表示されます。

1 [データ] タブ→ [フィルター] をクリックします。

2 フィルター機能がオフになります。

すべての条件を解除する

複数のフィルター条件や並べ替え情報をすべて解除するには、リスト内をクリックして [データ] タブ→ [クリア] をクリックします。この場合、フィルター機能はオンのままになります。

条件の指定方法

フィルター機能で条件を指定するときは、フィールドに入力されているデータの種類によって指定できる条件は違います。それぞれ次のような内容を指定できます。

データの種類	表示される項目
文字	テキストフィルター
日付	日付フィルター
数値	数値フィルター

文字

数値

日付

436

第 **9** 章

データを集計して活用する

　この章では、前の章で紹介したリストをより活用する方法を紹介します。テーブルの利用方法や、集計表を作る方法などを覚えましょう。

　目標は、リストの項目を使って自動集計表を作り、リストを見ているだけではわからない数値の傾向や推移を読み取れるようになることです。

Section 72 ▶	データを集計するさまざまな機能を知る
Section 73 ▶	リストをテーブルに変換する
Section 74 ▶	テーブルのデータを抽出する
Section 75 ▶	テーブルのデータを集計する
Section 76 ▶	リストからクロス集計表を作る方法を知る
Section 77 ▶	ピボットテーブルを作る
Section 78 ▶	ピボットテーブルのデータをグラフ化する

Section 72 データを集計する さまざまな機能を知る

ここで学ぶのは
- リスト
- テーブル
- ピボットテーブル

この章では、**前章で紹介したリストをより便利に使うための機能**をいくつか紹介します。
データを簡単に利用するためのテーブル、データを集計するピボットテーブル、集計結果をグラフ化するピボットグラフを紹介します。

1 データを活用するには？

リストを準備する

前章では、リスト形式に集めたデータを利用する方法を紹介しました。この章では、このリストを基にさらにデータを活用する方法を紹介します。

リストを準備します。リストについてはp.418を参照してください。

リストをテーブルに変換する

テーブルを使うと、データを簡単に整理したり活用したりできます。テーブルに変換するときは、リストの列の見出し（フィールド名）に書式を付けていなくても、自動的に書式を設定できます。p.440で紹介します。

リストをテーブルに変換します。

ピボットテーブルを作る

ピボットテーブルは、リスト形式に集めたデータを基に、集計表をほぼ自動的に作ってくれる便利な機能です。集計表のレイアウトは、簡単に変えられます。

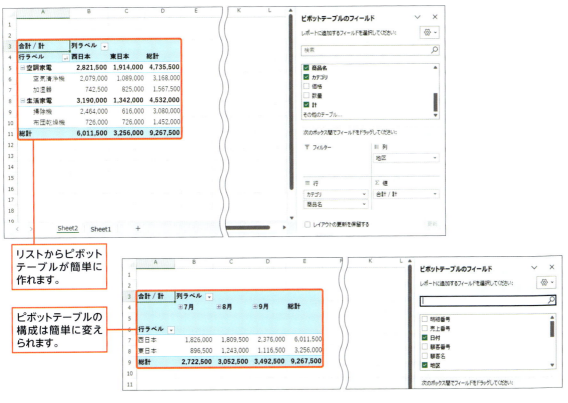

リストからピボットテーブルが簡単に作れます。

ピボットテーブルの構成は簡単に変えられます。

ピボットグラフを作る

ピボットテーブルをグラフ化します。ピボットグラフは、ピボットテーブルと連動しています。

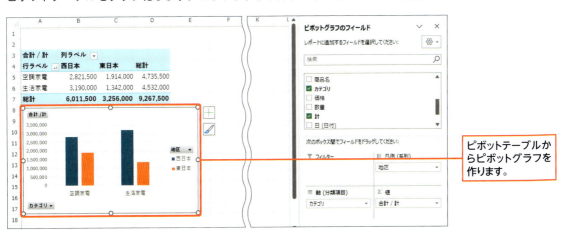

ピボットテーブルからピボットグラフを作ります。

Section 73

リストをテーブルに変換する

練習用ファイル： 73_イベントスタッフリスト.xlsx

ここで学ぶのは
- リスト
- テーブル
- セル範囲に戻す

テーブルを利用できるようにするには、**リストの範囲を指定して、テーブルに変換**します。

テーブルに変換すると、フィールド名の横に［▼］が表示されます。［▼］をクリックすると抽出条件などを指定できます。

1 テーブルとは？

リストをテーブルに変換すると、データを並べ替えたり、フィルター条件を指定したりできるようになります。また、データの集計結果を表示することもできます。

リストをテーブルに変換します。
テーブルには自動的に書式が付きます。
後でスタイルを設定し直すのも簡単です。

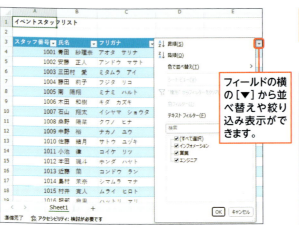

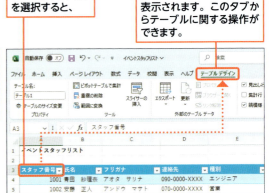

テーブル内のセルを選択すると、

フィールドの横の［▼］から並べ替えや絞り込み表示ができます。

［テーブルデザイン］タブが表示されます。このタブからテーブルに関する操作ができます。

2 テーブルを作る

解説　テーブルに変換する

リストをテーブルに変換します。ここでは[ホーム]タブからテーブルに変換しています。
リスト内をクリックして、[挿入]タブ→[テーブル]をクリックしても、テーブルに変換できます。

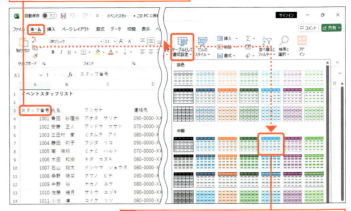

1 リスト内のいずれかのセルを選択し、

2 [ホーム]タブ→[テーブルとして書式設定]をクリックし、気に入ったスタイルをクリックします。

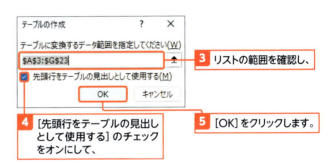

3 リストの範囲を確認し、

4 [先頭行をテーブルの見出しとして使用する]のチェックをオンにして、

5 [OK]をクリックします。

ショートカットキー

● リスト範囲をテーブルに変換
　リスト内をクリックして、Ctrl+T

6 リストがテーブルに変換されます。

Memo　元のセル範囲に戻す

テーブルを元の普通のセル範囲に戻すには、テーブル内をクリックし、[テーブルデザイン]タブ→[範囲に変換]をクリックします。
なお、テーブルを元のセル範囲に戻しても、セルの色や罫線などの書式は残ります。書式が残らないようにするには、テーブルスタイルで[クリア]を選択してから、テーブルをセル範囲に変換する方法があります。

1 テーブル内のセルを選択

2 [テーブルデザイン]タブ→[範囲に変換]をクリック

Section 74 テーブルのデータを抽出する

練習用ファイル：📁 74_イベントスタッフリスト.xlsx

ここで学ぶのは
- テーブル
- 抽出条件
- スライサー

リストをテーブルに変換すると、リストでフィルター機能を使うときと同じように、フィールド名の横に [▼] が付きます。
[▼] をクリックすると、**抽出条件**が表示されます。抽出条件はフィルター機能と同じように指定できます。

1 データを並べ替える

解説　データを並べ替える

並べ替えの基準にするフィールドのフィールド名の [▼] から、データの並べ替えを指定します。並べ替え条件の指定方法は、リストで並べ替えをするときと同様です。p.428を参照してください。

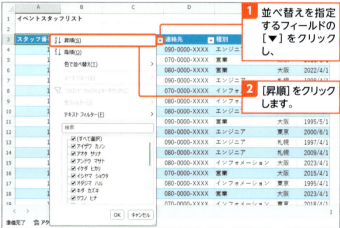

テーブルのデータをC列の「フリガナ」を基準に並べ替えます。

1 並べ替えを指定するフィールドの [▼] をクリックし、

2 [昇順] をクリックします。

3 「フリガナ」を基準にデータが並べ替えられます。

Hint　複数の条件を指定する

テーブルのデータを並べ替えるとき、まずは「所属」順で並べ替えて、同じ「所属」のデータが複数ある場合にさらに「種別」順で並べ替えるには、並べ替えの条件を複数指定します。指定方法は、p.429を参照してください。

2 テーブルからデータを抽出する

解説 抽出条件を指定する

テーブルからデータを抽出します。条件を指定するフィールド名の横の[▼]をクリックして条件を指定します。操作方法は、フィルター機能（p.432）を使うときと同様です。
また、抽出されたデータの行番号は青字になります。ステータスバーには、「○○レコード中○○個が見つかりました」の文字が表示されます。

Memo 抽出条件を解除する

テーブルで指定した抽出条件を解除するには、抽出条件を設定しているフィールドの をクリックし、[" (フィールド名)"からフィルターをクリア]をクリックします。

Hint テーブル以外の場所で並べ替える

ここでは、リストやテーブルのデータを直接並べ替える方法を紹介していますが、リストやテーブルのデータはそのままで、別の場所を使って、リストやテーブルのデータを並べ替えた結果を表示する方法もあります。それには、スピル機能（p.350）に対応しているSORT関数やSORTBY関数を使います。1つの列を基準に並べ替える場合はSORT関数やSORTBY関数、複数の列を基準に並べ替えるには、SORTBY関数を使うとよいでしょう。

Hint テーブル以外の場所に抽出する

リストやテーブルのデータはそのままで、リストやテーブル以外の場所を使って、リストやテーブルのデータを抽出した結果を表示するには、スピル機能（p.350）に対応しているFILTER関数を使います。

「所属」が「札幌」、「種別」が「エンジニア」のデータを抽出します。

1 条件を指定するフィールドの[▼]をクリックし、

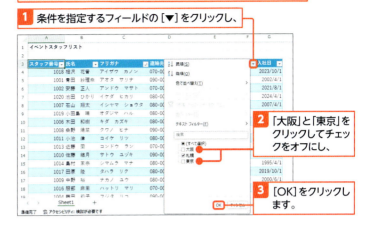

2 「大阪」と「東京」をクリックしてチェックをオフにし、

3 [OK]をクリックします。

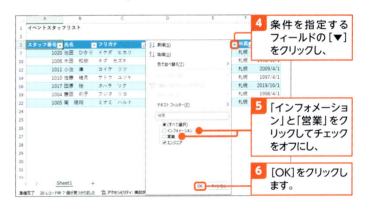

4 条件を指定するフィールドの[▼]をクリックし、

5 「インフォメーション」と「営業」をクリックしてチェックをオフにし、

6 [OK]をクリックします。

7 「所属」が「札幌」、「種別」が「エンジニア」のデータのみ表示されました。

抽出結果が表示されます。

3 データの絞り込み条件を細かく指定する

解説 細かい条件を指定する

抽出条件を指定するとき、[○○フィルター]を選択すると、単純にフィールドにある項目名を選択するだけでなくさまざまな条件を指定できます。指定できる条件は、フィールドに入力されているデータの種類によって違います（下のHint参照）。

Hint 条件を細かく指定する

条件を指定するフィールドの ⌄ をクリックすると、フィールドに入力されているデータの種類が文字だと「テキストフィルター」、日付だと「日付フィルター」、数値だと「数値フィルター」が表示されます。それぞれの項目から抽出条件を指定できます。

「入社日」が「2000/4/1」～「2010/3/31」のデータを抽出します。

1 条件を指定するフィールドの [▼] をクリックし、

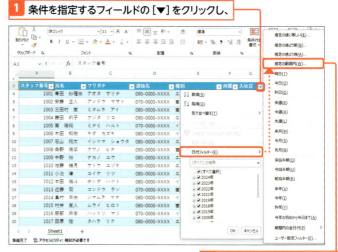

2 [日付フィルター] → [指定の範囲内] をクリックします。

3 1つ目の条件として「2000/4/1」を入力し、[以降] を確認します。

「AND」「OR」については、p.435のHint参照。

4 「AND」が選択されていることを確認し、

5 2つ目の条件として「2010/3/31」を入力し、[以前] を確認します。

6 [OK] をクリックします。

7 「入社日」が「2000/4/1」～「2010/3/31」のデータのみ表示されました。

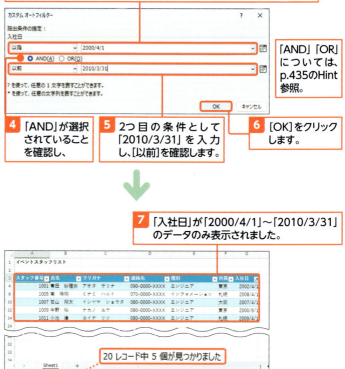

20 レコード中 5 個が見つかりました

4 抽出条件をボタンで選択できるようにする

解説　スライサーを表示する

頻繁に抽出条件を変える場合は、スライサーを使うと便利です。スライサーを追加したら、抽出条件として指定するボタンをクリックすると、抽出結果が表示されます。
また、スライサーで設定した抽出条件を解除するには、スライサーの[フィルターのクリア]をクリックします。

Memo　大きさを調整する

スライサーの大きさを変えるには、スライサーをクリックすると表示される外枠のハンドルをドラッグします。また、スライサーはドラッグして移動できます。スライサーを削除するには、スライサーをクリックして Delete キーを押します。

Hint　複数の条件を指定する

スライサーで複数の抽出条件を指定するには、スライサーの[複数選択]をクリックしてオンにします（下図）。続いて、抽出条件に指定するボタンを順にクリックします。[複数選択]が無い場合は、1つの項目をクリックした後、Ctrl キーを押しながら、同時に選択するボタンをクリックします。

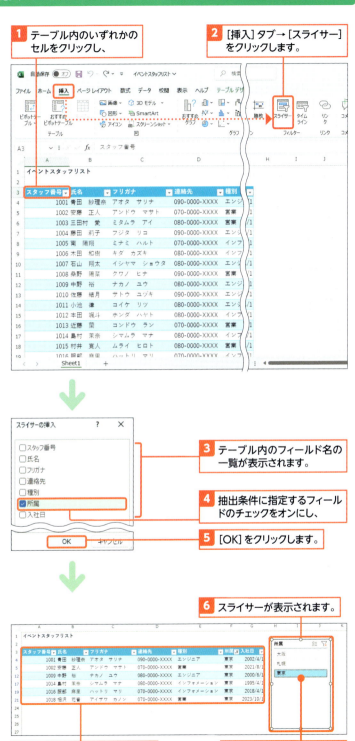

Section 75 テーブルのデータを集計する

練習用ファイル： 75_売店コーナー売上リスト.xlsx

ここで学ぶのは
- テーブル
- 集計行
- SUBTOTAL 関数

テーブルに**集計行**を追加すると、テーブルの最終行に集計結果を表示する行が表示されます。

集計方法は、数値の合計や平均、最大値、最小値、文字データのデータ数など一覧から選択できます。

1 テーブルのデータを集計する

解説 集計行を表示する

集計行を表示するには、テーブル内のいずれかのセルをクリックして[集計行]のチェックボックスで指定します。集計行に表示する集計内容は、フィールドごとに指定できます。

売上データから「調味料」の「計」の合計を表示します。

1 テーブル内のいずれかのセルをクリックし、

2 [テーブルデザイン]タブ→[集計行]をクリックします。

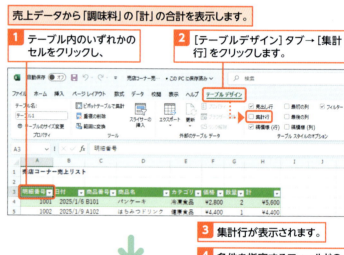

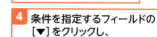

3 集計行が表示されます。

4 条件を指定するフィールドの[▼]をクリックし、

Memo 集計行を削除する

集計行を削除するには、テーブル内のいずれかのセルをクリックして、[テーブルデザイン]タブ→[集計行]をクリックしてチェックを外します。

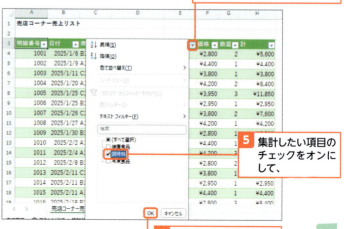

5 集計したい項目のチェックをオンにして、

6 [OK]をクリックします。

7 指定した条件で、「計」の合計が表示されます。

2 データの集計方法を変える

 解説 集計方法を変える

フィールドの集計方法は変えられます。主に、数値や日付データが入っているフィールドに対して集計方法を選びます。文字データが入っているフィールドも、[個数]を選択するとデータの数を表示できます。
テーブルのデータを抽出する条件を変更すると、抽出されたデータに応じて集計結果が変わります。

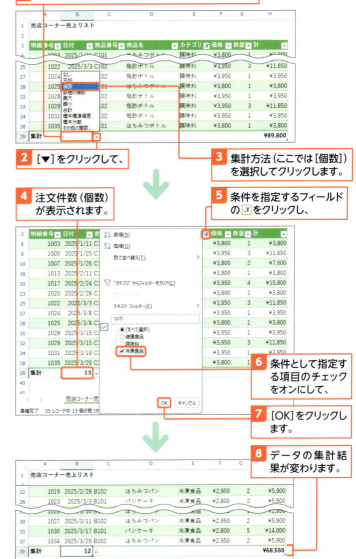

その他の集計結果を表示します。また、集計対象を変更して集計結果を確認します。

1 集計方法を変えるフィールドの集計行をクリックし、

2 [▼]をクリックして、

3 集計方法(ここでは[個数])を選択してクリックします。

4 注文件数(個数)が表示されます。

5 条件を指定するフィールドの▼をクリックし、

6 条件として指定する項目のチェックをオンにして、

7 [OK]をクリックします。

8 データの集計結果が変わります。

Hint 入力される計算式

テーブルの集計行に集計結果を表示すると、自動的にSUBTOTAL関数を使った計算式が入力されます。SUBTOTAL関数では、抽出したデータを集計した結果を表示します。引数には集計方法や集計に使用する関数を指定します。
SUBTOTAL関数の詳細は、関数のヘルプを参照してください(p.337)。

Section 76 リストからクロス集計表を作る方法を知る

ここで学ぶのは
- リスト
- テーブル
- ピボットテーブル

リストやテーブルを基に、簡単に集計表を作るには、**ピボットテーブル**という機能を使います。
ピボットテーブルで作る集計表は、表の上端と左端の見出しが自動的に用意されて集計結果が表示されます。

1 ピボットテーブルとは？

[ピボットテーブル分析]タブと[デザイン]タブ

ピボットテーブルを選択すると、[ピボットテーブル分析]タブと[デザイン]タブが表示されます。[ピボットテーブル分析]タブには、ピボットテーブル全体の設定を変えたりするボタンが表示されます。[デザイン]タブには、ピボットテーブルのデザインを変えたりするボタンが表示されます。

ピボットテーブルとは、クロス集計表（表の上端と左端に項目を配置して集計結果を表示する表）を簡単に作れる機能です。リストやテーブルを基に作ります。

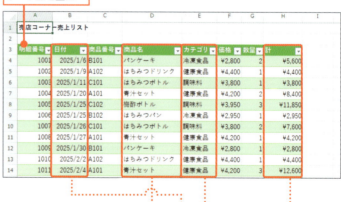

テーブルを基に…

見出しと集計方法

ピボットテーブルの表の項目に配置する内容は、フィールド名で指定します。指定されたフィールドにどのようなデータが入っているかを把握して自動的に項目名が表示されます。また、集計する項目も、フィールド名で指定します。集計方法は、合計以外に平均やデータの個数なども選べます。

簡単にピボットテーブルを作れます。

2 ピボットテーブルを作る準備をする

Memo リストかテーブルか

ピボットテーブルは、リストやテーブルを基に作ります。ただし、後からデータが追加される可能性がある場合は、テーブルを基に作るとよいでしょう。ピボットテーブルを更新するだけで、追加されたデータを集計表に反映させられます（p.453）。

ピボットテーブルのレイアウトは、[ピボットテーブルのフィールド]作業ウィンドウで指定します。ピボットテーブルを作ると、基となるテーブルやリストに含まれるフィールドの一覧が[ピボットテーブルのフィールド]作業ウィンドウに表示されます。これらのフィールドをどのエリアに配置するかによって、ピボットテーブルのレイアウトが決まります（前ページ下のMemo参照）。

Memo エリアセクションについて

ピボットテーブルの集計表の構成を決めるには、フィールドセクションのフィールドをエリアセクションの各エリアに配置します。エリアには、次のような種類があります。

エリア	内容
フィルター	集計対象を絞り込むフィールドを指定する
列	集計表の上端の見出しに配置するフィールドを指定する
行	集計表の左端の見出しに配置するフィールドを指定する
値	集計表で集計するフィールドを指定する

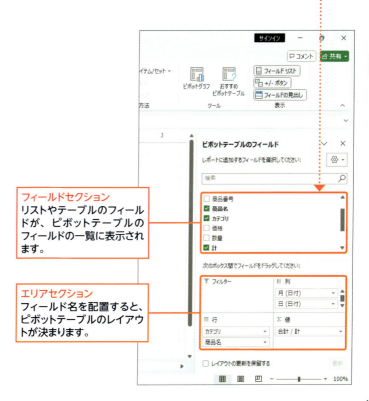

フィールドセクション
リストやテーブルのフィールドが、ピボットテーブルのフィールドの一覧に表示されます。

エリアセクション
フィールド名を配置すると、ピボットテーブルのレイアウトが決まります。

Section 77 ピボットテーブルを作る

練習用ファイル：📁 77_家電売上リスト.xlsx

ここで学ぶのは
- ピボットテーブル
- フィールドリスト
- グループ化

早速、ピボットテーブルを作ってみましょう。ここでは、テーブルを基に作ります。まずは、**ピボットテーブルの土台**を作ります。最初は白紙の状態ですが、後の操作で**ピボットテーブルの構成を指定**します。

1 ピボットテーブルの土台を作る

解説　土台を作る

リストやテーブルを基にピボットテーブルを作ります。ここでは、ピボットテーブルの土台を作ります。ピボットテーブルの構成は、次のページで指定します。

Memo [ピボットテーブルのフィールド]作業ウィンドウ

ピボットテーブルを作ると、ピボットテーブルの構成を決める[ピボットテーブルのフィールド]作業ウィンドウが表示されます。作業ウィンドウが表示されていない場合は、ピボットテーブル内をクリックして[ピボットテーブル分析]タブ→[フィールドリスト]をクリックします。

1 テーブル内のいずれかのセルをクリックし、

2 [挿入]タブ→[ピボットテーブル]をクリックします。

3 テーブルの範囲を確認し、

4 ピボットテーブルを配置する場所に[新規ワークシート]が選択されていることを確認して、

5 [OK]をクリックします。

6 新しいシートが追加されて、ピボットテーブルの土台が作成されます。

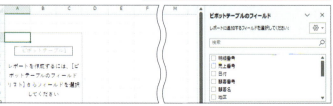

2 集計する項目を指定する

解説 項目を決める

ピボットテーブルの構成を決めます。[行]エリアに集計表の左の見出しにするフィールド、[列]エリアに集計表の上の見出しにするフィールド、[値]エリアに集計するフィールドを配置します。なお、[行]エリア、または[列]エリアのどちらか一方のみにフィールドを配置してもかまいません。

Memo 数値の表示形式

集計結果の数値に桁区切り「,」(カンマ)が表示されていない場合、表示形式を指定するには、[値]エリアのフィールドの横の[▼]をクリックし、[値フィールドの設定]をクリックします。[値フィールドの設定]ダイアログの[表示形式]をクリックし、[数値]の表示形式で桁区切りを指定して[OK]をクリックします。最後に[値フィールドの設定]ダイアログの[OK]をクリックします。

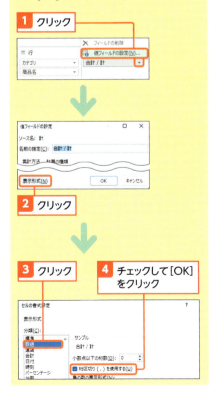

上の見出しに「地区」、左の見出しに「カテゴリ」と「商品名」を配置して「計」の合計を表示します。

1 「地区」を[列]エリアにドラッグします。

2 「カテゴリ」を[行]エリアに、「商品名」を[行]エリアの「カテゴリ」の下に、「計」を[値]エリアにそれぞれドラッグします。

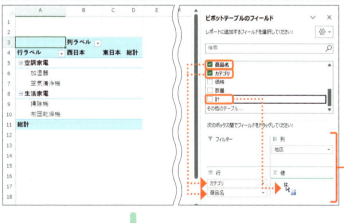

3 ピボットテーブルが作成されます。

3 集計する項目を入れ替える

解説　項目を入れ替える

ピボットテーブルの特徴の1つに、集計表の項目を入れ替えられることがあります。これにより、別の視点から集計した結果を表示できます。
ここでは、左に「カテゴリ」と「商品名」、上に「地区」の見出しがある集計表のレイアウトを変えます。左に「商品名」、上に「日付」の見出しがある集計表にしています。

Memo　日付をグループ化する

「日付」フィールドは自動的に月や四半期、年の単位でグループ化されます。自動でグループ化されない場合は、「日付」フィールドの日付が表示されているセルをクリックし、[ピボットテーブル分析] タブ→ [フィールドのグループ化] をクリックし、グループ化する単位をクリックして [OK] をクリックします。

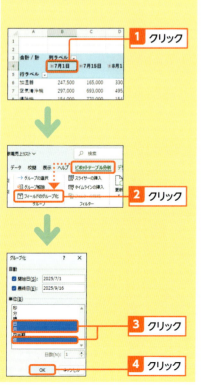

前ページの続きで、左の見出しに「商品名」、上の見出しに「日付」を配置して、「計」の合計を表示します。

1 [列] エリアの「地区」をエリアセクションの外にドラッグします。

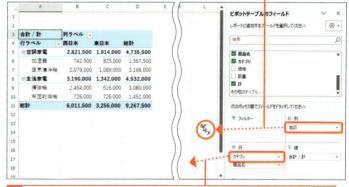

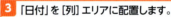

2 同様に、[行] エリアの「カテゴリ」をエリアセクションの外にドラッグします。

3 「日付」を [列] エリアに配置します。

4 ピボットテーブルの構成が変わります。

4 表示する項目を指定する

解説 項目を選択する

ピボットテーブルでは、表示する項目を指定できます。ここでは、左に配置した「商品名」の中から指定した商品のみ表示しています。抽出条件を解除するには、フィールドの見出しの横の ▼ をクリックし、「"○○"からフィルターをクリア」をクリックします。

Memo ピボットテーブルの更新

ピボットテーブルの基のテーブルやリストのデータが変わった場合、ピボットテーブルを更新するには、[ピボットテーブル分析]タブ→[更新]をクリックします。基のテーブルの大きさが変わった場合は、[ピボットテーブル分析]タブ→[更新]をクリックします。基のリストの大きさが変わった場合は、[ピボットテーブル分析]タブ→[データソースの変更]をクリックして範囲を指定し直します。

Memo ピボットテーブルのスタイル

ピボットテーブルのスタイルを指定するには、ピボットテーブル内をクリックして[デザイン]タブ→[ピボットテーブルスタイル]から適用するスタイルをクリックします。

前ページの続きで、表の見出しに表示する項目を絞り込みます。

1 行の[▼]をクリックします。

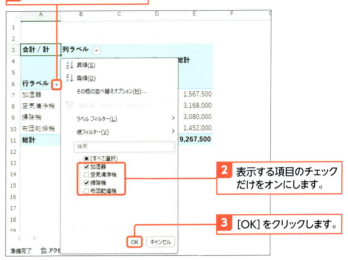

2 表示する項目のチェックだけをオンにします。

3 [OK]をクリックします。

4 表示される項目が絞り込まれます。

Memo 大きい順に並べる

集計結果を数値の大きい順に並べるには、数値が入力されているセルをクリックし、[データ]タブ→[降順]をクリックします。たとえば、「カテゴリ」の合計順、その中の「商品名」の合計順に並べるには下図のように操作します。

1 選択して ZA をクリック

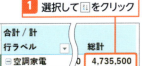

2 選択して ZA をクリック

3 大きい順に並べ替わった

Section 78 ピボットテーブルのデータをグラフ化する

練習用ファイル: 📁 78_家電売上リスト.xlsx

ピボットテーブルで集計した結果をわかりやすく表現するには、ピボットテーブルを基に**ピボットグラフ**を作ります。
ピボットテーブルとピボットグラフは連動しています。ピボットテーブルのレイアウトを変えると、ピボットグラフに反映されます。

ここで学ぶのは
▶ ピボットテーブル
▶ ピボットグラフ
▶ グラフの種類

1 ピボットグラフを作る

解説 ピボットグラフを作る

ピボットテーブルを基に、ピボットグラフを作ります。グラフの作り方は、通常のグラフとほぼ同じです。ただし、グラフの種類によっては、ピボットグラフとして作れないものもあります。

商品別、地区別の売上合計をグラフに示します。ピボットテーブルは「計」の大きい順に並べ替えておきます。

1 ピボットテーブル内をクリックし、

2 [ピボットテーブル分析] タブ→ [ピボットグラフ] をクリックします。

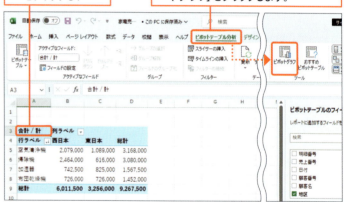

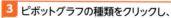

3 ピボットグラフの種類をクリックし、

4 [OK] をクリックします。

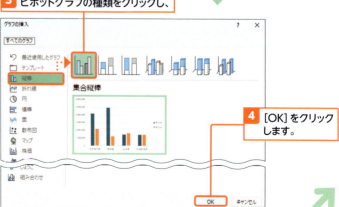

5 ピボットテーブルの集計表の内容がグラフ化して表示されます。

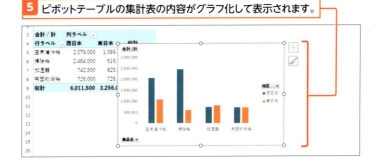

2 ピボットグラフに表示する項目を入れ替える

解説　項目を入れ替える

ピボットグラフに表示する項目を入れ替えて、違う視点から見たグラフに変えましょう。ピボットグラフで項目を入れ替えると、ピボットグラフの基のピボットテーブルのレイアウトも変わります。

1 の続きで、月ごと地区ごとの集計結果を棒グラフに表示します。

1 [軸（分類項目）] エリアの「商品名」をエリアセクションの外にドラッグします。

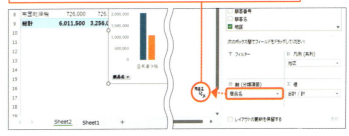

2 「日付」を [軸（分類項目）] エリアにドラッグします。

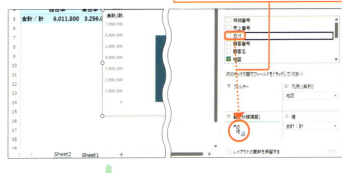

Memo　グラフ要素の追加

グラフに、グラフタイトルや軸ラベルなどのグラフ要素を追加するには、グラフを選択して[デザイン]タブ→[グラフ要素を追加]をクリックして、追加するグラフ要素を指定します。通常のグラフと同様に追加できます。

3 ピボットグラフの構成が変わります。

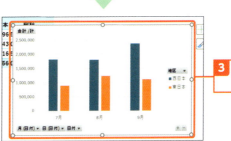

3 ピボットグラフに表示する項目を指定する

解説　表示する項目を指定する

ピボットグラフに表示する項目を選択します。ピボットグラフに表示する項目を変えると、ピボットグラフの基のピボットテーブルのレイアウトも変わります。抽出条件を解除するには、フィールドボタン（ここでは 地区 ▼）をクリックして「"○○"からフィルターをクリア」をクリックします。

前ページに続けて、地区に表示する項目を「東日本」だけに絞り込みます。

1 ピボットグラフで[地区]の[▼]をクリックし、

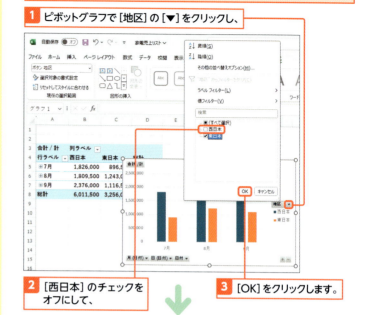

2 [西日本]のチェックをオフにして、

3 [OK]をクリックします。

4 ピボットグラフに表示される項目が変わります。

Memo　グラフのスタイル

グラフのデザインは、後から変えられます。グラフを選択し、[デザイン]タブ→[クイックスタイル]をクリックしてデザインを選択しましょう。

Hint　グラフの種類

ピボットグラフの種類を変えるには、ピボットグラフを選択して、[デザイン]タブ→[グラフの種類の変更]をクリックします。[グラフ種類の変更]ダイアログでグラフの種類を選択します。ただし、ピボットグラフでは作れないグラフもあります。

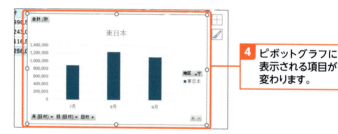

1 ピボットグラフを選択して、[デザイン]タブ→[グラフの種類の変更]をクリックし、

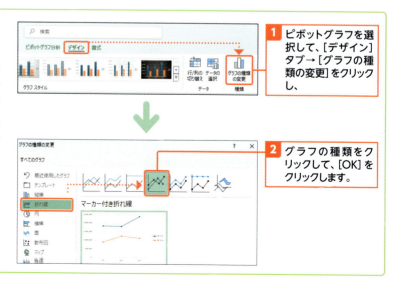

2 グラフの種類をクリックして、[OK]をクリックします。

第**10**章

シートやブックを
自在に扱う

　この章では、シートの基本的な扱い方や、複数のシートをまとめて編集する方法、複数のシートやブックを見比べて表示する方法などを紹介します。また、シートやブックを保護する方法なども覚えましょう。

　目標は、シートやブックを効率よく管理できるようになることです。

Section 79 ▶	シートやブックの扱い方を知る
Section 80 ▶	シートを追加／削除する
Section 81 ▶	シート名や見出しの色を変える
Section 82 ▶	シートを移動／コピーする
Section 83 ▶	シートの表示／非表示を切り替える
Section 84 ▶	指定したセル以外入力できないようにする
Section 85 ▶	異なるシートを横に並べて見比べる
Section 86 ▶	複数のシートをまとめて編集する
Section 87 ▶	他のブックに切り替える
Section 88 ▶	他のブックを横に並べて見比べる
Section 89 ▶	ブックにパスワードを設定する

Section 79 シートやブックの扱い方を知る

ここで学ぶのは
- シートとブックの関係
- シートやブックの保護
- パスワードの設定

この章では、**シート**や**ブック**の扱い方について紹介します。シートやブックを第三者から保護する方法などを知りましょう。
また、1つのブックには、複数のシートを追加できます。たとえば、4枚のシートを追加して、四半期ごとの集計表を作れます。

1 シートとブックの関係を知る

Memo シートを追加できる

1つのブックに複数のシートを追加して使えます。それぞれのシートは、シート名を付けたり見出しの色を付けたりして区別できます。p.462で紹介します。

Memo まとめて編集する

複数のシートは、まとめて編集することもできます。そのときは、複数のシートを選択して作業グループの状態にして操作します。p.474で紹介します。

Hint ブックやシートの情報を表示する

[校閲]タブの[ブックの統計情報]をクリックすると、シート数やデータを含むセルなどの情報を確認できます。

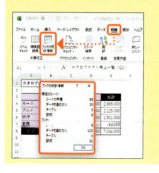

パソコンで作ったデータは、ファイルという単位で保存します。Excelでは、ファイルのことをブックともいいます。「ファイル」＝「ブック」と思ってかまいません。
1つのブックに複数のシートを追加できます。たとえば、シートを12枚用意して、1月～12月までの集計表をまとめて作ることもできます。

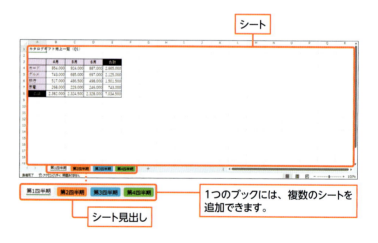

1つのブックには、複数のシートを追加できます。

シート見出し

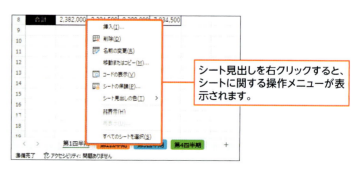

シート見出しを右クリックすると、シートに関する操作メニューが表示されます。

2 シートやブックを保護する

シートを保護すると、セルにデータを入力できなくなります。これにより、計算式などをうっかり削除してしまう心配がなくなります。なお、指定したセルのみ入力できる状態にしてからシートを保護することもできます。

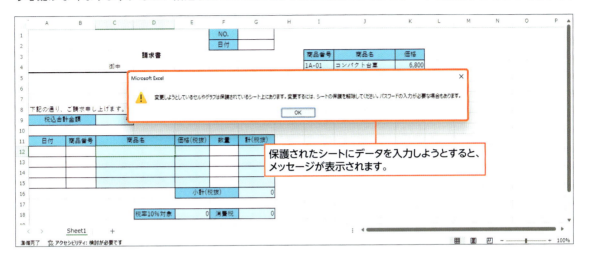

保護されたシートにデータを入力しようとすると、メッセージが表示されます。

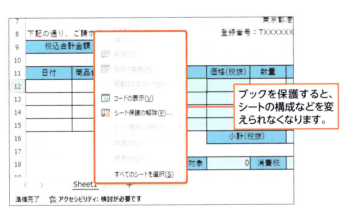

ブックを保護すると、シートの構成などを変えられなくなります。

3 ブックにパスワードを設定する

ブックを開いたり、ブックを書き換えたりするときに必要なパスワードを設定できます。これにより、パスワードを知らない人は、ブックを開いたり書き換えたりできないようになります。

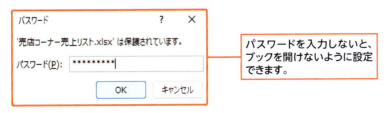

パスワードを入力しないと、ブックを開けないように設定できます。

Section 80 シートを追加／削除する

練習用ファイル： 80_ワークショップ受付表.xlsx

新しいブックを作ると、1枚のシートを含むブックが表示されます。シートには、「Sheet1」という名前が付いていますが、名前は変更できます。
シートの数は、**後から追加**できます。また、不要になったシートは**表示を隠したり**（p.466）、**削除したり**できます。

ここで学ぶのは
- シートの追加
- シートの削除
- シートの種類

1 シートを追加する

解説 シートを追加する

[新しいシート]＋をクリックすると、選択しているシートの右側に新しいシートが追加されます。シート名は、「Sheet1」「Sheet2」……のような仮の名前が付いています。シート名は後から変えられます。

Hint シートの種類を選択する

白紙のワークシート以外のシートを追加するには、シートを追加したい場所の右側のシートのシート見出しを右クリックして、[挿入]をクリックします。[挿入]ダイアログで追加するシートの種類を選びます。

① シートを追加したい場所の左側のシート見出しをクリックし、

② [＋]をクリックします。

③ シートが追加されます。

2 シートを削除する

 解説　シートを削除する

不要になったシートを削除します。シートに何かデータが入っている場合は、確認メッセージが表示されます。
なお、削除したシートは元に戻すことはできないので注意しましょう。後でまた使う可能性がある場合は、削除せずに非表示にしておくとよいでしょう（p.466）。

1 削除するシートのシート見出しを右クリックし、
2 ［削除］をクリックします。

シートにデータがないときは、この画面は表示されません。

3 ［削除］をクリックします。

4 シートが削除されます。

Hint　複数シートをまとめて削除する

複数のシートをまとめて削除するには、最初に複数シートを選択します（p.474）。選択したいずれかのシートのシート見出しを右クリックし、［削除］をクリックします。

 Hint　すべてのシートを削除しようとした場合

ブックに含まれるすべてのシートを削除したり非表示にしたりすることはできません。シートを削除しようとしたときに右のようなメッセージが表示された場合、新しいシートを追加してから削除したいシートを削除します。

Section 81 シート名や見出しの色を変える

練習用ファイル：📁 81_ギフト商品売上一覧_年間1.xlsx

ここで学ぶのは
▶ シート名の変更
▶ 名前のルール
▶ 見出しの色

シートを追加した後は、シートを区別するために、シートにわかりやすい**名前**を付けましょう。
名前は、31文字以内で、「:」「¥」「/」「?」「[」「]」などの記号以外の文字を使って付けます。

1 シート名を変える

解説 シート名を変える

シートの内容がわかりやすいようにシート名を変えましょう。シート名は、すでにあるシートと同じ名前を付けることはできません。また、空欄のままにしておくこともできません。

Memo メッセージが表示されたら

シート名として使えない記号などを含む名前を指定すると、下図のメッセージが表示されます。ルールに合わせてシート名を付け直しましょう。

シート名のルール
・31文字以内
・次の文字は使用できない
　コロン (:)、円記号 (¥)、スラッシュ (/)、疑問符 (?)、アスタリスク (*)、左角かっこ ([)、右角かっこ (])
・空白（名前なし）は不可

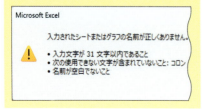

1 シート名を変えるシート見出しをダブルクリックします。

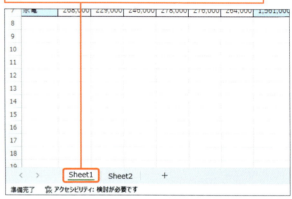

2 カーソルが表示されます。

3 名前を入力して Enter キーを押します。

4 シート名が変わります。

5 同様の方法で、シート名を変更します。

2 シート見出しの色を変える

解説 シート見出しに色を付ける

シートの見出しに色を付けてシートを区別します。色を付けるシートのシート見出しを右クリックする操作から始めましょう。

1 色を付けるシートのシート見出しを右クリックし、

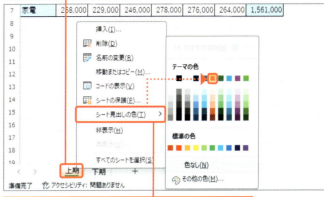

2 [シート見出しの色]にマウスポインターを移動して、色をクリックします。

Hint 複数シートの色をまとめて変える

複数のシートの見出しの色をまとめて変更するには、最初に複数シートを選択します（p.474）。選択したいずれかのシートのシート見出しを右クリックし、[シート見出しの色]から色を選びます。

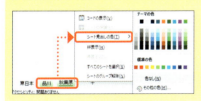

3 同様の方法で、他のシートのシート見出しに色を付けます。

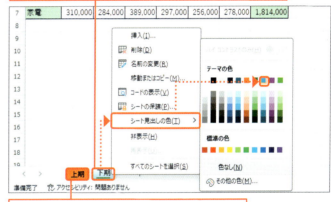

シートを切り替えると、シート見出しに色が付きます。

Memo 色をなしにする

シート見出しの色を元のように色が付いていない状態にするには、右図のように操作して、見出しの色の一覧から[色なし]をクリックします。

1 色をなしにするシートのシート見出しを右クリックし、

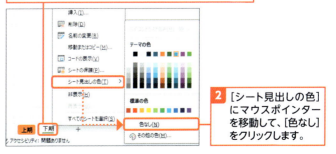

2 [シート見出しの色]にマウスポインターを移動して、[色なし]をクリックします。

Section 82 シートを移動／コピーする

練習用ファイル：📁 82_ギフト商品売上一覧_年間2.xlsx

ここで学ぶのは
▶ シートの移動
▶ シートのコピー
▶ 他のブック

シートの並び順は、後から変えられます。よく使うシートは、左のほうに配置すると切り替えやすくて便利です。
また、シートは**コピー**して使えます。今あるシートと同じような表を作るには、シートをコピーして追加しましょう。

1 シートを移動する

解説　シートを移動する

シートのシート見出しをドラッグしてシートを移動します。移動時には、移動先を示す印が表示されるので、印を確認しながら操作します。

Hint 複数シートを移動／コピーする

複数のシートをまとめて移動／コピーするには、最初に複数シートを選択します (p.474)。選択したいずれかのシート見出しを移動先に向かってドラッグします。コピーする場合は、Ctrlキーを押しながらドラッグします。

1. 移動するシートのシート見出しにマウスポインターを移動し、

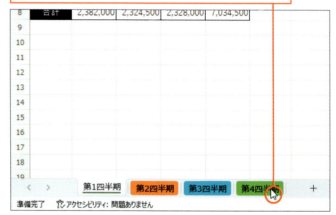

2. シート見出しを移動先に向かってドラッグします。

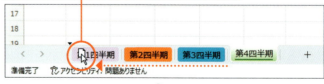

3. シートが移動します。

2 シートをコピーする

解説 シートをコピーする

シートをコピーして追加します。Ctrlキーを押しながらシート見出しをドラッグすると、マウスポインターに「+」の印が表示されます。マウスポインターの形やコピー先の印を確認しながら操作します。

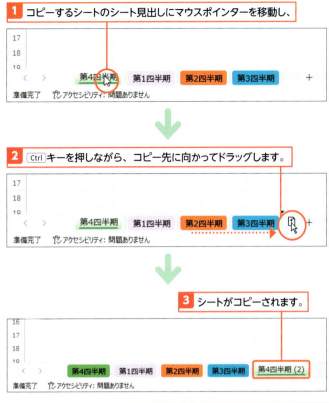

Hint 他のブックに移動／コピーする

開いている他のブックにシートを移動するには、移動するシートを右クリックして[移動またはコピー]をクリックします。[移動またはコピー]ダイアログで移動先のブックと移動先を選択します。シートをコピーする場合は、[コピーを作成する]にチェックを付けて[OK]をクリックします。

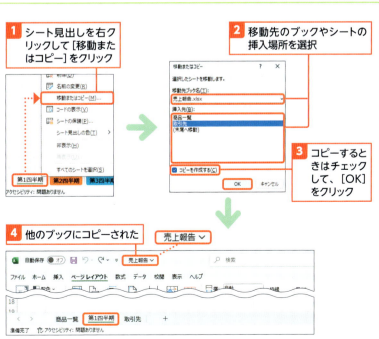

Section 83 シートの表示／非表示を切り替える

練習用ファイル：83_ギフト商品売上一覧_年間2.xlsx

ここで学ぶのは
- シートの非表示
- シートの再表示
- シート一覧の表示

不要になったシートは削除できますが（p.461）、削除すると元には戻せません。後でまた使う可能性がある場合は、シートを**非表示**にして隠しておきましょう。非表示のシートは簡単に**再表示**できます。

1 シートを非表示にする

解説　シートを非表示にする

シートを非表示にします。非表示にすると、シートが消えてしまったように見えますが、後から再表示できます。
なお、すべてのシートを非表示にすることはできません。すべてのシートを非表示にしたい場合は、新しいシートを追加して、追加したシート以外を非表示にします。

1 非表示にするシートのシート見出しを右クリックし、

2 [非表示]をクリックします。

3 シートが非表示になります。

Hint　複数シートを非表示にする

複数のシートをまとめて非表示にするには、最初に複数シートを選択します（p.474）。選択したいずれかのシートのシート見出しを右クリックして[非表示]をクリックします。

2 シートを再表示する

解説 シートを再表示する

非表示にしていたシートを再表示します。[再表示]ダイアログで表示するシートを選択しましょう。

Memo シートの並び順を変える

シートの並び順を変えるには、シート見出しを移動先に向かってドラッグします（p.464）。

Hint 複数のシートをまとめて表示する

シートを再表示するとき、複数のシートを選択してまとめて表示できます。複数のシートを選択するには、1つ目のシートをクリックした後に、Ctrlキーを押しながら同時に選択するシートをクリックして選択します。続いて、[OK]をクリックします。

1 いずれかのシート見出しを右クリックし、

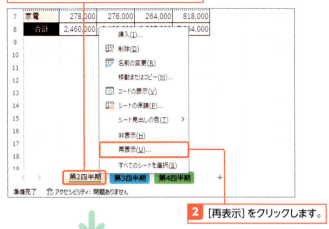

2 [再表示] をクリックします。

3 表示するシートを選択し、

4 [OK] をクリックします。

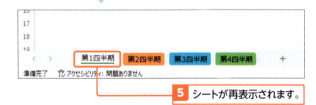

5 シートが再表示されます。

Memo シートが見えない場合

複数のシートを追加すると、右図のようにシート見出しが隠れてしまうことがあります。シート見出しを表示するには、左下のボタンを使います。また、[◀][▶]を右クリックすると、シート名の一覧が表示されます。一覧から表示するシートを選べます。

[◀][▶]をクリックして隠れているシートを表示します。

シートが表示しきれない場合はこのように表示されます。

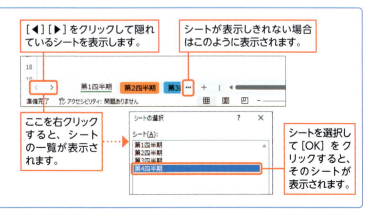

ここを右クリックすると、シートの一覧が表示されます。

シートを選択して [OK] をクリックすると、そのシートが表示されます。

Section 84 指定したセル以外入力できないようにする

練習用ファイル：84_請求書.xlsx

ここで学ぶのは
- シートの保護
- セルのロック
- ブックの保護

シートの内容を勝手に書き換えられてしまったり、うっかりデータを削除してしまったりするのを防ぐには、**シートを保護**します。
シートを保護すると、すべてのセルが編集できなくなります。指定したセル以外を編集できないようにすることもできます。

1 データを入力するセルを指定する

解説 セルのロックを外す

シートを保護すると、そのシートのセルを編集できなくなります。シートを保護しても、指定したセルのみ編集できるようにするには、最初に、そのセルのロックを外しておきます。その後、シートを保護します。
以下のステップで操作すると覚えましょう。

①入力を許可するセルのロックを外す
↓
②シートを保護する

Memo シートの保護と情報セキュリティ

シートを保護しても、シートの内容を他のシートにコピーして使ったりできます。そのため、シート保護の機能は、悪意のある人からシートを守ることはできません。ブックを勝手に見られないようにするには、ブックにパスワードを設定する方法があります（p.480）。

> シートを保護しても、特定のセルにはデータを入力できるようにします。

1 データを入力できるようにするセルやセル範囲を選択し、

2 [ホーム] タブ→ を クリックします。

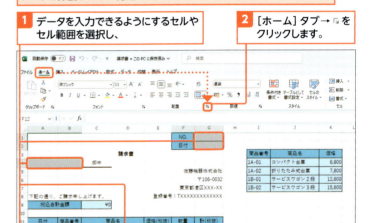

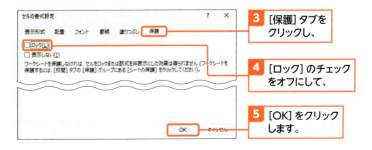

3 [保護] タブをクリックし、

4 [ロック] のチェックをオフにして、

5 [OK] をクリックします。

2 シートを保護する

解説　シートを保護する

シートを保護して、セルのデータが書き換えられないようにします。シートを保護するときは、シートの保護を解除するときに必要なパスワードを指定できます。また、シートを保護している間でも許可する操作を指定できます。

前ページに続けて、シートを保護し、ロックが外れているセル以外は編集できないようにします。

1 [校閲] タブ→ [シートの保護] をクリックします。

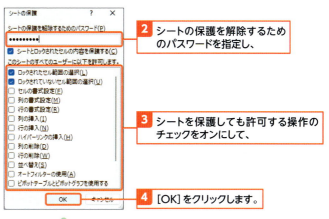

2 シートの保護を解除するためのパスワードを指定し、

3 シートを保護しても許可する操作のチェックをオンにして、

4 [OK] をクリックします。

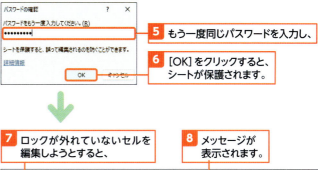

5 もう一度同じパスワードを入力し、

6 [OK] をクリックすると、シートが保護されます。

Memo　データを入力する

シートを保護した後、セルにデータを入力してみましょう。ロックを外しておいたセルのみ入力できます。

ここで紹介した例は、税率10％の商品のみを扱う請求書です。セル範囲B12:B15に、右の商品一覧の商品番号を入れると、商品名や価格が表示されます。セル範囲F12:F15に数量を入力すると、小計などの計算結果が表示されます。セル範囲C12:E15やセル範囲G12:G15、セルG16、セルE18、セルG18、セルC9にはそれぞれ計算式が入っています。

計算式が入っているセルなど、ロックが外れていないセルにはデータを入力できません。

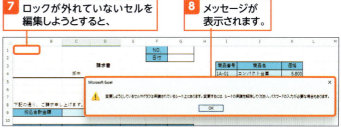

7 ロックが外れていないセルを編集しようとすると、

8 メッセージが表示されます。

3 編集時にパスワードを求める

解説　範囲の編集を許可する

シートを保護したときに、パスワードを知っている人だけ、指定したセルを編集できるように設定します。すでにシートを保護している場合は、シート保護を解除した状態で設定します（下のMemo参照）。
シートを保護した後は、対象のセルにデータを入力してみましょう。指定したパスワードを入力すると編集できます。

Memo　シート保護を解除する

シート保護を解除するには、[校閲]タブ→[シート保護の解除]をクリックします。シート保護の解除に必要なパスワードを指定している場合は、パスワードを入力して解除します。

Memo　データを入力する

指定したセルを編集するのにパスワードが必要な状態にすると、対象のセルにデータを入力しようとするとパスワードの入力を求める画面が表示されます。正しいパスワードを入力すると、セルを編集できるようになります。

指定したセルを編集するには、パスワードが必要な状態にします。

1 シートを保護しているときは、左のMemoの方法でシート保護を解除しておきます。

2 編集時にパスワードを要求するセルやセル範囲を選択し、

3 [校閲]タブ→[範囲の編集を許可する]をクリックします。

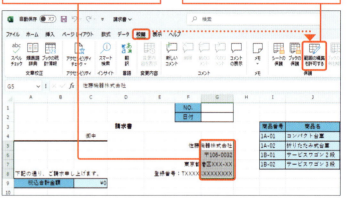

4 [新規]をクリックします。

5 範囲名やセル範囲を確認し、

6 編集時に必要なパスワードを入力して、

7 [OK]をクリックします。

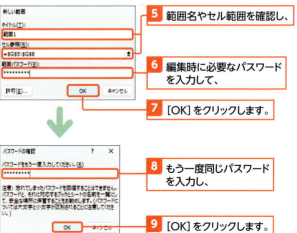

8 もう一度同じパスワードを入力し、

9 [OK]をクリックします。

1 データを入力しようとすると、

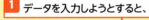

2 パスワードが求められます。

84 指定したセル以外入力できないようにする

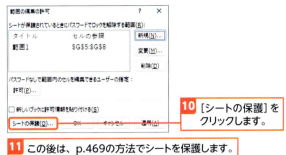

10 [シートの保護] をクリックします。

11 この後は、p.469の方法でシートを保護します。

Hint ブックを保護する

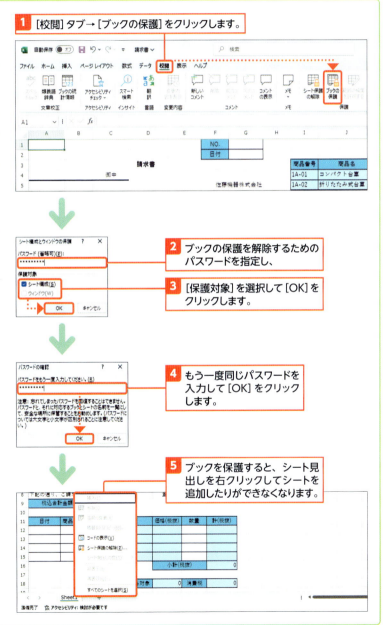

ブックを保護すると、シートの追加やシート名の変更といった、シート構成の変更ができなくなります。

ブックを保護するには、[校閲] タブ→ [ブックの保護] をクリックします。表示される画面で、ブック保護を解除するためのパスワードを指定し、[保護対象] の [シート構成] のチェックがオンになっていることを確認します。なお、[ウィンドウ] は、以前のバージョンのExcelで使用されていた機能に関するもので、グレー表示になっている場合は、選択できません。続いて、[OK] をクリックします。ブックの保護を解除するには、[校閲] タブ→ [ブックの保護] をクリックし、パスワードを入力します。

1 [校閲] タブ→ [ブックの保護] をクリックします。

2 ブックの保護を解除するためのパスワードを指定し、

3 [保護対象] を選択して [OK] をクリックします。

4 もう一度同じパスワードを入力して [OK] をクリックします。

5 ブックを保護すると、シート見出しを右クリックしてシートを追加したりができなくなります。

10 シートやブックを自在に扱う

471

Section 85 異なるシートを横に並べて見比べる

練習用ファイル： 85_入場者数集計表.xlsx

ここで学ぶのは
▶ 新しいウィンドウを開く
▶ ウィンドウの整列
▶ ウィンドウを閉じる

1つのブックにある複数のシートを見比べるには、**2つ目のウィンドウ**を開いて操作します。
新しいウィンドウを開くと、そのウィンドウが前面に大きく表示されます。ウィンドウを並べて見比べましょう。

1 新しいウィンドウを開く

解説 新しいウィンドウを開く

同じブックにある複数のシートを並べて表示にするには、まずは、新しいウィンドウを開きます。新しいウィンドウを開くと、2つ目のウィンドウが開き、タイトルバーのブック名の隣に「:2」や「-2」の文字が表示されます。1つ目のウィンドウは後ろに隠れた状態です。タイトルバーのブック名が隠れている場合は、[ファイル] タブをクリックしてみましょう。「:2」や「-2」の文字を確認できます。

Memo ウィンドウを閉じる

複数のウィンドウを開いているとき、いずれかのウィンドウでデータを編集すると、互いのウィンドウにその変更が反映されます。複数のウィンドウを開く必要がない場合は、ウィンドウを閉じます。

クリックして閉じます。

同じブックを複数のウィンドウで表示します。

1 [表示] タブ→ [新しいウィンドウを開く] をクリックします。

2 同じブックが2つ目のウィンドウで開きます。

入場者数集計表

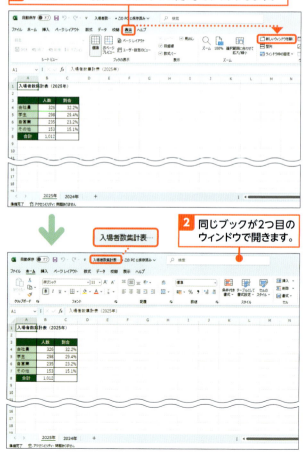

2 ウィンドウを横に並べる

解説　ウィンドウを並べる

2つのウィンドウを左右に並べて表示します。表示した後は、それぞれのウィンドウで表示したいシートを選択します。

Memo　作業中のブックのウィンドウ

ウィンドウを並べて表示するとき、[作業中のブックのウィンドウを整列する]にチェックを付けると、操作中のブックと同じブックのウィンドウを対象にウィンドウが整列します。違うブックが開いている場合、違うブックは整列の対象になりません。

前ページの続きで、2つのウィンドウを並べてシートを見比べます。

1 [表示]タブ→[整列]をクリックします。

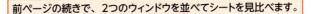

2 [左右に並べて表示]のチェックをオンにし、

3 [OK]をクリックします。

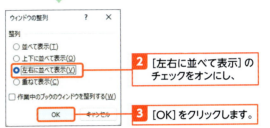

4 ウィンドウが左右に並びます。

5 表示するシートのシート見出しをクリックします。

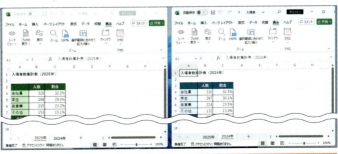

6 別々のシートを並べて見比べられます。

Section 86 複数のシートをまとめて編集する

練習用ファイル：86_ギフト商品売上一覧_年間1.xlsx

複数のシートを同時に選択して編集すると、**複数シートに同じデータを入力したり同じ書式を設定したり**できます。
データをコピーして複数のシートの同じ場所に貼り付けたりする手間が省けて便利です。

ここで学ぶのは
- 複数シートの選択
- グループ
- データの入力

1 複数シートを選択する

解説 複数シートを選択する

離れた位置にある複数のシートを選択するには、1つ目のシートを選択した後、Ctrl キーを押しながら同時に選択するシートをクリックします。隣接する複数のシートを選択するには、端のシートをクリックした後、Shift キーを押しながらもう一方の端のシートをクリックします。複数シートを選択しているときは、タイトルバーに「グループ」と表示されます。ファイル名が途中までしか表示されず、「グループ」の文字が見えないときは、[ファイル] タブをクリックしてみましょう。複数シートを選択しているときは、タイトルバーに「グループ」の文字が表示されます。

Key word アクティブシート

現在選択されているシートをアクティブシートといいます。複数のシートを選択している状態でも、シート見出しとシートに区切りの線がない現在操作対象のシートをアクティブシートといいます。

① 1つ目のシートのシート見出しをクリックし、

② Ctrl キーを押しながら、同時に選択するシートのシート見出しをクリックします。

③ 2つのシートが選択されます。

タイトルバーに「グループ」と表示されます。

選択していないシートのシート見出しをクリックすると、シート選択が解除されます。

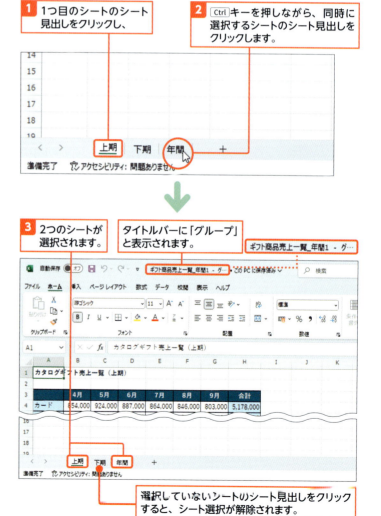

2 複数シートを編集する

解説　複数シートを編集する

複数シートを選択している状態で、セルを編集します。ここでは、すべてのシートを選択してセルにデータを入力します。操作が終わったらシートの選択を解除します。選択していたシートに同じ内容が入力されたかどうか確認しましょう。

Memo　シートの選択を解除する

複数シートを選択している状態のままでは、編集した内容が複数のシートに反映されるので注意します。
シートの選択を解除するには、選択しているシート以外のシートをクリックします。すべてのシートが選択されている場合は、アクティブシート以外のシートをクリックします。

Hint　データをコピーする

すでに入力されているデータを他のシートの同じ場所にコピーするには、まず、コピーしたいセルやセル範囲を選択します。続いて、データをコピーする他のシートを Ctrl キーを押しながら選択します。最後に、[ホーム]タブ→[フィル]→[作業グループへコピー]をクリックして、コピーする内容を指定します。

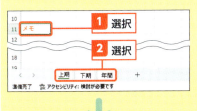

1 1つ目のシートのシート見出しをクリックし、

2 Shift キーを押しながら、3つ目のシートのシート見出しをクリックします。

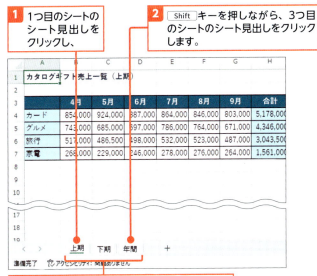

3 2つ目のシートも含めてまとめて選択されます。

4 編集するセルをクリックしてデータを入力したり、書式を変えたりします。ここでは年度を入力します。

5 アクティブシート以外のシートのシート見出しをクリックすると、

6 編集した内容が他のシートにも反映されています。

Section 87 他のブックに切り替える

練習用ファイル： 87_予定表_横浜店.xlsx、87_予定表_品川店.xlsx

ここで学ぶのは
- ブックを開く
- ウィンドウの切り替え
- 他のアプリへの切り替え

Excelでは、**複数のブック**を開いて使えます。複数のブックを開いているときは、適宜、切り替えながら使いましょう。
Excelから切り替える方法の他、タスクバーやキー操作で切り替える方法などもあります。

1 複数ブックを開く

解説 複数ブックを開く

ブックを開いている状態で、違うブックを開きます。ブックを開くと、開いたブックが前面に表示されます。先に開いていたブックは後ろに隠れた状態です。

ショートカットキー
- ブックを開く画面を表示
  Ctrl + O

Hint ファイル名を確認する

タイトルバーにファイル名がすべて表示されずに隠れてしまっている場合は、タイトルバーのファイル名が表示されているところをクリックするか、[ファイル]タブをクリックします。すると、ファイル名を確認できます。

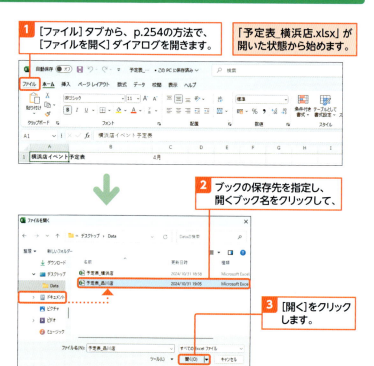

1 [ファイル]タブから、p.254の方法で、[ファイルを開く]ダイアログを開きます。
「予定表_横浜店.xlsx」が開いた状態から始めます。

2 ブックの保存先を指定し、開くブック名をクリックして、

3 [開く]をクリックします。

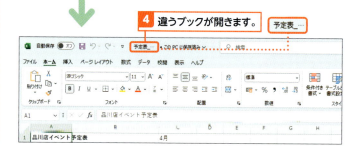

4 違うブックが開きます。

2 ブックを切り替えて表示する

解説 ブックを切り替える

[表示]タブから後ろに隠れているブックを前面に表示します。ブックの一覧から、切り替えるブックを選択します。

先に開いていたブックに切り替えて表示します。

1 [表示]タブ→[ウィンドウの切り替え]をクリックし、

2 表示するブックのブック名をクリックします。

3 選択したブックが表示されます。

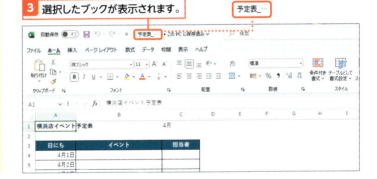

ショートカットキー

● アプリを切り替える

Alt + Tab を押すと起動中のアプリ一覧が表示される。Alt を押したまま何度か Tab を押してアプリを選択する枠を移動し、目的のアプリに枠が付いたら Alt から手を離す

Memo タスクバーから切り替える

ブックを切り替えるには、タスクバーに表示されているExcelのアイコンにマウスポインターを移動します。ブックの縮小図が表示されたら、切り替えたいブックを選んでクリックします。

Hint 他のアプリに切り替える

開いている他のアプリに切り替えるには、タスクバーの[タスクビュー]をクリックする方法もあります。開いているアプリの一覧が表示されたら、切り替えるアプリを選びます。

タスクビュー

Section 88 他のブックを横に並べて見比べる

ここで学ぶのは
- 並べて比較
- ウィンドウの整列
- 同時にスクロール

練習用ファイル： 88_予定表_横浜店.xlsx、88_予定表_品川店.xlsx

複数のブックを開いて作業しているとき、**複数のブックを見比べる**には、表示方法を変えます。
ここでは、ブックを2つ開いている状態を想定して、ブックを見比べる方法を紹介します。

1 ブックを並べて表示する

解説 並べて比較する

開いている2つのブックを並べて表示すると、画面が上下に分割されてブックが並びます。ブックを並べて比較するのを解除するには、もう一度、[表示]タブ→[並べて比較]をクリックします。
なお、3つ以上ブックが開いている場合は、並べて比較するブックを選ぶ画面が表示されます。

1 見比べる複数のブックを開いておきます。

2 [表示]タブ→[並べて比較]をクリックします。

Hint ブックが並んで表示されない場合

[表示]タブの[並べて比較]をクリックしたときに、ブックが綺麗に並んで表示されない場合は、次のページの方法でウィンドウを並べて表示します。

3 ブックが並んで表示されます。

[同時にスクロール]もオンになります。

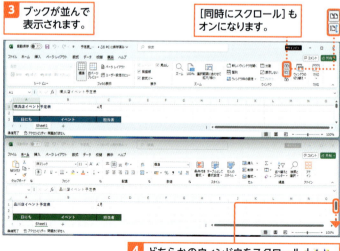

4 どちらかのウィンドウをスクロールすると、もう片方も同時にスクロールされます。

2 同時にスクロールして見る

 解説 同時にスクロールする

2つのブックを並べて比較しているとき、2つのブックを同時にスクロールして見られます。同時にスクロールするのを解除するには、[表示]タブ→[同時にスクロール]をクリックします。

前ページの続きで、ブックを左右に並べて同時にスクロールして表示します。

1 [表示]タブ→[整列]をクリックします。

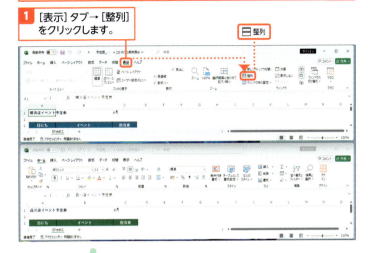

 Memo 他のシートを表示する

1つのブックにある複数のシートを並べて表示する方法は、p.472を参照してください。

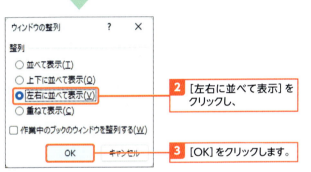

2 [左右に並べて表示]をクリックし、

3 [OK]をクリックします。

4 ブックが左右に並んで表示されます。

5 どちらかのウィンドウをスクロールすると、もう片方も同時にスクロールされます。

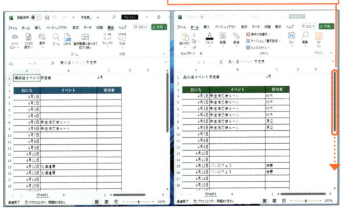

479

Section 89 ブックにパスワードを設定する

練習用ファイル： 📁 89_売店コーナー売上リスト.xlsx

ここで学ぶのは

- ブックを開く
- 読み取りパスワード
- 書き込みパスワード

第三者に見られては困るブックや、勝手に書き換えられたりすると困るブックには、**パスワード**を設定します。

パスワードには、**読み取りパスワード**と**書き込みパスワード**の2種類あります。それぞれの違いを知りましょう。

1 ブックにパスワードを設定する

 読み取りパスワードを設定する

パスワードを知らないとブックを開けないようにするには、ブックに読み取りパスワードを設定します。パスワードは、大文字と小文字が区別されます。パスワードを忘れるとブックを開けないので、忘れないように注意します。
なお、一度も保存していないブックにパスワードを設定して上書き保存すると、名前を付けて保存する画面が表示されます。p.252の方法でブックを保存します。

1 読み取りパスワードを設定したいブックを開きます。

2 ［ファイル］タブをクリックします。

 ブックを保存するときに設定する

ブックを保存するときに、パスワードを設定する方法は、p.482で紹介しています。

3 ［情報］をクリックし、

4 ［ブックの保護］→［パスワードを使用して暗号化］をクリックします。

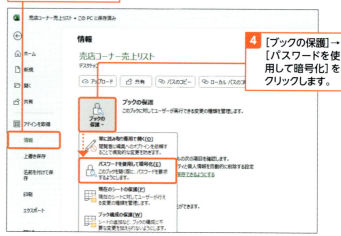

Memo パスワードの種類

パスワードには、読み取りパスワードと書き込みパスワードがあります。

パスワードの種類	内容
読み取りパスワード	ブックを開くために必要なパスワード
書き込みパスワード (p.482)	ブックを編集して上書き保存するために必要なパスワード。書き込みパスワードだけを設定している場合は、誰でもブックを開ける。ブックを開くためのパスワードも指定したい場合は、「読み取りパスワード」と「書き込みパスワード」の両方を設定する

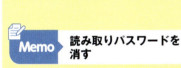

Memo 読み取りパスワードを消す

読み取りパスワードを消すには、下図のように[ドキュメントの暗号化]ダイアログでパスワードを削除して[OK]をクリックします。

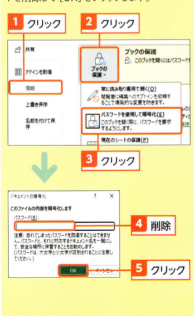

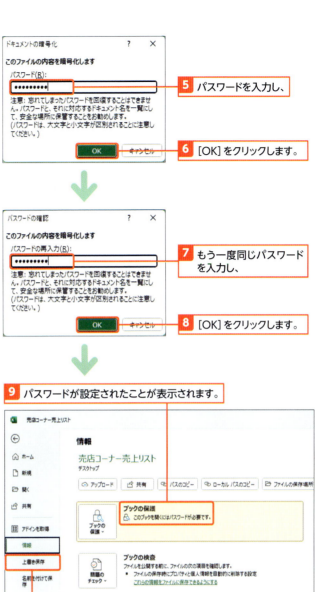

5 パスワードを入力し、

6 [OK]をクリックします。

7 もう一度同じパスワードを入力し、

8 [OK]をクリックします。

9 パスワードが設定されたことが表示されます。

10 [上書き保存]をクリックします。

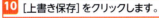

11 [閉じる]をクリックしてブックを閉じます。

2 パスワードが設定されたブックを開く

解説　パスワードを入力してブックを開く

読み取りパスワードを設定しているブックを開くには、ブックを開くときにパスワードを入力する必要があります。書き込みパスワードを設定している場合は、書き込みパスワードの入力が求められます。

1. p.254の方法で、[ファイルを開く]ダイアログを表示します。
2. ブックの保存先を指定し、

3. パスワードを設定したブックをクリックして、
4. [開く]をクリックします。

5. パスワードを入力し、
6. [OK]をクリックします。

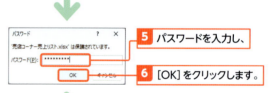

7. パスワードが設定されたブックが開きます。

Hint　書き込みパスワード

書き込みパスワードを設定している場合は、ブックを開くときに書き込みパスワードを入力しないとブックを編集して上書き保存することはできません（下図）。ただし、[読み取り専用]をクリックすることで、誰でもブックを開くことはできるので注意してください。

Hint　保存時に書き込みパスワードを設定する

読み取りパスワードや書き込みパスワードは、ブックを保存するときにも指定できます。[名前を付けて保存]ダイアログで[ツール]→[全般オプション]をクリックし、[全般オプション]ダイアログで[読み取りパスワード]や[書き込みパスワード]を入力して[OK]をクリックします。その後は、いつもどおりにブックを保存します（p.252）。なお、読み取りパスワードや書き込みパスワードを解除するときは、上述の方法で[全般オプション]ダイアログを表示してパスワードを消します。

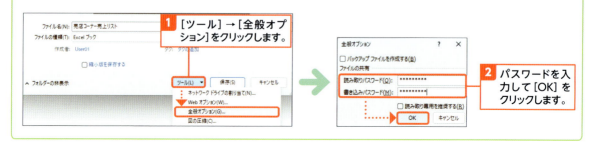

1. [ツール]→[全般オプション]をクリックします。
2. パスワードを入力して[OK]をクリックします。

第11章

表やグラフを綺麗に印刷する

この章では、表やグラフを印刷するときの印刷時の設定を紹介します。印刷時の設定にはどのような種類があるのかを知りましょう。

目標は、印刷時のイメージを確認し、必要に応じて設定を変更し、表やグラフ、リストを見やすく印刷できるようになることです。

Section 90	▶ 印刷前に行う設定って何？
Section 91	▶ 用紙のサイズや向きを指定する
Section 92	▶ 余白の大きさを指定する
Section 93	▶ ヘッダーやフッターの内容を指定する
Section 94	▶ 改ページ位置を調整する
Section 95	▶ 表の見出しを全ページに印刷する
Section 96	▶ 表を用紙1ページに収めて印刷する
Section 97	▶ 指定した箇所だけを印刷する
Section 98	▶ 表やグラフを印刷する

Section 90 印刷前に行う設定って何?

ここで学ぶのは
- Backstage ビュー
- [ページレイアウト] タブ
- ページ設定

この章では、**表やグラフを印刷するときに指定する、さまざまな設定**について紹介します。
印刷前には必ず印刷イメージを確認します。それを見て、希望の仕上がりになるように必要な各種の設定を行っていきます。

1 印刷の設定とは?

Backstage ビューの [印刷] をクリックすると、印刷イメージが表示されます。下図の1枚目では、表やグラフが用紙からはみ出してしまっています。これを綺麗に印刷するには、印刷時の設定が必要です。設定を行うと、下図の2枚目のように印刷イメージに反映されます。

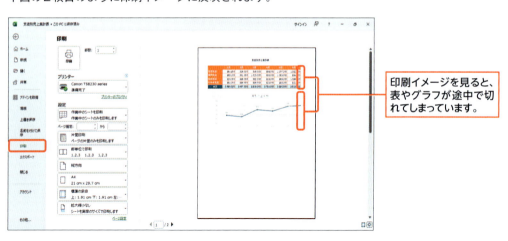

印刷イメージを見ると、表やグラフが途中で切れてしまっています。

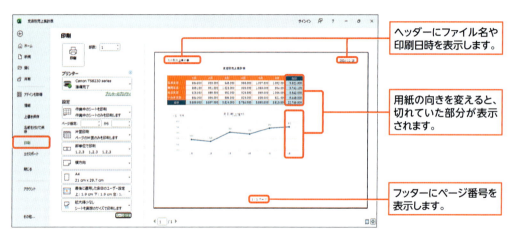

ヘッダーにファイル名や印刷日時を表示します。

用紙の向きを変えると、切れていた部分が表示されます。

フッターにページ番号を表示します。

Memo 主な設定項目

印刷時の設定には、次のようなものがあります。

設定項目	内容
用紙の向き (p.487)	用紙を縦向きにするか横向きにするか指定する
用紙サイズ (p.486)	用紙サイズを指定する
余白 (p.488)	用紙の余白の大きさを指定する
拡大／縮小印刷 (p.499)	表を拡大したり、用紙内に収めたりする
印刷タイトル (p.497)	表の見出しをすべてのページに表示する
ヘッダー／フッター (p.490)	ヘッダーやフッターに表示する内容を指定する
印刷時の表示内容 (p.498のHint)	枠線や行列番号、コメントやエラーの印刷方法を指定する
印刷範囲 (p.500)	印刷する範囲を指定する
改ページ (p.494)	改ページする位置を指定する
ページの方向 (p.503のHint)	印刷するページの順番（左から右、または、上から下）を指定する

2 印刷設定画面の表示方法を知る

印刷時の設定を行う場所は複数あります。Backstageビューや［ページレイアウト］タブでは、簡単な設定を行えます。詳細の設定をまとめて行うには、［ページ設定］ダイアログを使います。

なお、この章では、主に印刷時の設定を紹介します。実際に印刷する方法は最後に紹介します。

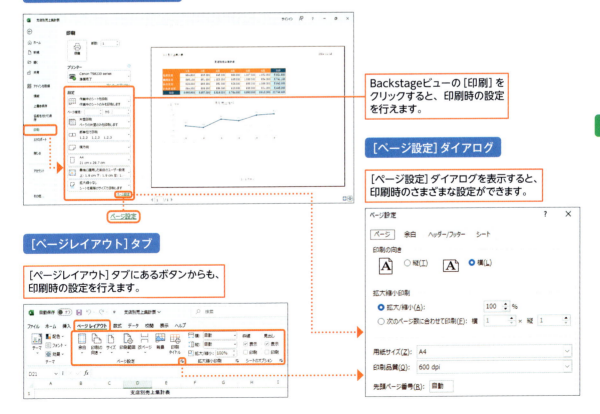

Section 91 用紙のサイズや向きを指定する

練習用ファイル：91_契約件数集計表.xlsx

ここで学ぶのは
- ページ設定
- 用紙のサイズ
- 用紙の向き

印刷する表やグラフのレイアウトなどに合わせて、**用紙の向きやサイズ**を指定しましょう。

用紙の向きは、通常「縦」が選択されています。サイズは、通常「A4サイズ」が選択されています。

1 用紙のサイズを指定する

解説 用紙のサイズを変える

用紙のサイズを変えます。用紙サイズは、一般的にA4サイズを使うことが多いですが、ここでは、練習の意味で、あえてA4サイズからA5サイズにしています。

Memo [ページレイアウト]タブ

[ページレイアウト]タブ→[サイズ]をクリックしても、用紙のサイズを変えられます。

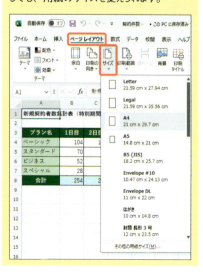

1 印刷するブックを開き、Backstageビューを表示します（p.262）。

2 [印刷]をクリックし、

3 [用紙のサイズ]をクリックします。

4 [A5]をクリックします。

5 用紙のサイズがA5になります。

2 用紙の向きを指定する

解説 向きを変える

ここでは、表が用紙の幅を超えてしまっているので、用紙の向きを横向きに変えます。用紙の向きを変えると、横幅が広くなるので、横長の表が用紙に収まりやすくなります。

1 印刷するブックを開き、Backstageビューを表示します（p.262）。

2 [印刷] をクリックし、

3 [用紙の向き] をクリックします。

4 [横方向] をクリックします。

5 用紙の向きが横向きになります。

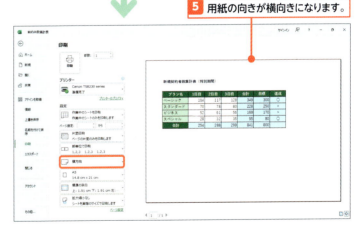

Memo [ページレイアウト]タブ

[ページレイアウト] タブ→[印刷の向き] をクリックしても、用紙の向きを変えられます。

Memo グレーの点線

印刷イメージを確認したりした後、標準ビュー画面に戻ると、印刷される箇所や改ページ位置を示すグレーの点線が表示されます。グレーの点線は目安になる線で、印刷はされません。

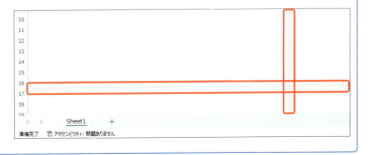

Section 92 余白の大きさを指定する

練習用ファイル：92_レンタル件数集計表.xlsx

ここで学ぶのは
- ページ設定
- 余白の大きさ
- ページの中央に印刷

表やグラフが用紙内に収まらない場合、**余白の大きさ**を少なくすると収められる場合があります。
また、小さい表などを印刷する場合、用紙の中央に印刷されるように指定するときも、余白の設定で行えます。

1 余白の大きさを調整する

解説　余白の大きさを変える

ページが複数に分かれてしまっているときは、印刷イメージの下の[◀][▶]をクリックして、次のページや前のページを表示します。どのくらい列があふれてしまっているのかなどを確認しましょう。ここでは余白を狭くして表の横幅をページ内に収めています。

Memo　[ページレイアウト]タブ

[ページレイアウト]タブ→[余白]をクリックしても、余白の大きさを変えられます。

1 印刷するブックを開き、Backstageビューを表示します（p.262）。
2 [印刷]をクリックすると、
3 右端の列が2ページ目になってしまっています。

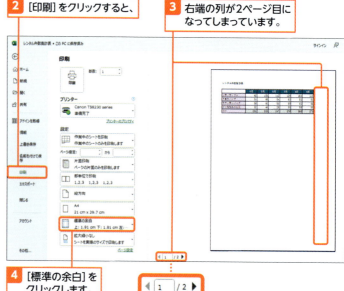

4 [標準の余白]をクリックします。

5 [狭い]をクリックします。

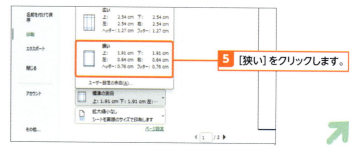

Hint 余白の大きさを示す線を表示する

印刷イメージを表示した画面で、右下の[余白の表示]をクリックすると、余白の大きさを示す線が表示されます。線をドラッグすると余白の大きさを調整できます。

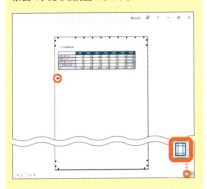

解説 余白の大きさを細かく指定する

[ページ設定]ダイアログで上下左右の余白の大きさを指定します。設定画面の[ヘッダー]には、用紙の上端からヘッダーの文字までの距離、[フッター]には、用紙の下端からフッターの文字までの距離を指定します。

Memo ページの中央に印刷する

小さい表をページの横幅に対して中央に印刷するには、[ページ設定]ダイアログの[余白]タブ→[ページ中央]の[水平]のチェックをオンにします。縦に対して中央に印刷するには、[垂直]のチェックをオンにします。用紙の中央に印刷するには、両方のチェックをオンにします。

6 余白が狭くなり、右端の列が1ページ内に収まります。

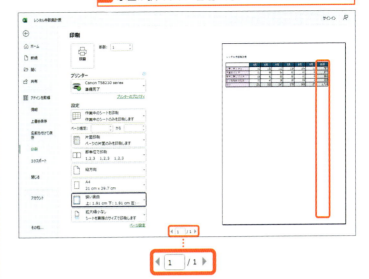

余白の大きさを細かく指定する

1 [ページ設定]をクリックします。

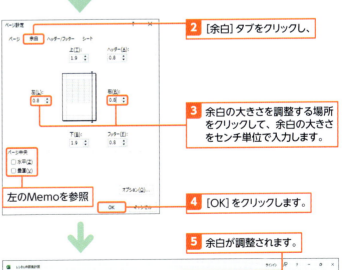

2 [余白]タブをクリックし、

3 余白の大きさを調整する場所をクリックして、余白の大きさをセンチ単位で入力します。

左のMemoを参照

4 [OK]をクリックします。

5 余白が調整されます。

Section 93 ヘッダーやフッターの内容を指定する

練習用ファイル： 📁 93_オフィス用品売上一覧.xlsx

ここで学ぶのは
- ページ設定
- ヘッダー／フッター
- ページ番号

ヘッダーやフッターの設定をすると、用紙の上下の余白に日付や資料のタイトル、ページ番号などの情報を表示できます。
ヘッダーやフッターを指定する方法はいくつかありますが、ここでは、ページレイアウト表示に切り替えて操作します。

1 ヘッダーに文字を入力する

解説　ヘッダーを指定する

ページレイアウト表示に切り替えて、ヘッダーに文字を入力します。ヘッダーやフッターは、左、中央、右のエリアに内容を指定できます。ヘッダーやフッターの内容は、先頭ページ、奇数ページ、偶数ページと分けて指定することもできますが（p.492のHint参照）、特に指定しない場合、すべてのページに同じヘッダーやフッターの内容が表示されます。

Memo　ページレイアウト表示

ページレイアウト表示は、シートの印刷イメージを確認しながら表やグラフなどの編集ができる表示モードです。ヘッダーやフッターなども設定できます。

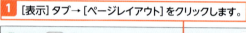
1 [表示] タブ→ [ページレイアウト] をクリックします。

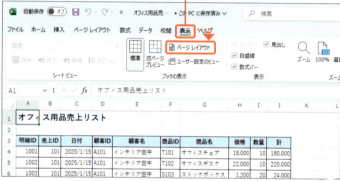

2 ヘッダーの左エリアをクリックし、文字を入力します。
3 入力が済んだら、入力エリアの外をクリックします。

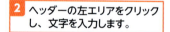

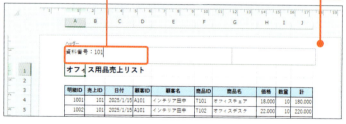

4 Backstageビューの [印刷] をクリックすると、印刷イメージが確認できます。

2 ヘッダーに日付を表示する

解説 日付を入力する

ヘッダーの右のエリアに今日の日付を入力します。ここでは、常に今日の日付を表示する「&[日付]」という命令文を入力します。[ヘッダーとフッター] タブ→ [現在の日付] をクリックすると、この命令文が自動的に入ります。このようにすると、明日になれば、明日の日付が表示されます。
特定の日付が常に表示されるようにするには、「2025/3/10」のように、日付を直接入力します。

1 [表示] タブ→ [ページレイアウト] をクリックします。

2 ヘッダーの右エリアをクリックし、

3 [ヘッダーとフッター] タブ→ [現在の日付] をクリックします。

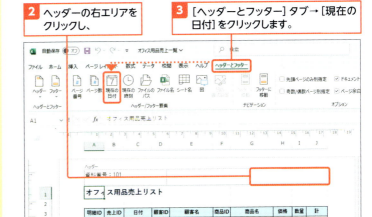

4 今日の日付を入力する命令文が入ります。

5 入力エリアの外をクリックします。

6 今日の日付が表示されます。

7 Backstageビューの [印刷] をクリックすると、印刷イメージが確認できます。

Memo 一覧から選択する

ヘッダーの左、中央、右のいずれかのエリアをクリックし、[ヘッダーとフッター] タブをクリックすると、ブック名やシート名などを自動的に表示するためのボタンが表示されます。たとえば、[シート名] をクリックすると、現在のシート名が自動的に表示される命令文が入ります。シート名が変わると、自動的に更新されます。

3 フッターにページ番号と総ページ数を表示する

解説 ページ番号と総ページ数

ページ番号と総ページ数を「/」の記号で区切って「1/3」「2/3」「3/3」のように表示されるようにします。

ページ番号を入力するときは、ページ番号を自動的に表示する「&[ページ番号]」という命令文を入力します。[ヘッダーとフッター]タブ→[ページ番号]をクリックすると、自動的にこの命令文が入ります。ページ番号の後の「/」は、キーボードから直接入力します。続いて、総ページ数を自動的に表示する「&[総ページ数]」という命令文を入力します。[ヘッダーとフッター]タブ→[ページ数]をクリックすると、自動的にこの命令文が入ります。

Hint 先頭ページや奇数/偶数ページの内容を変更する

ページレイアウト表示でヘッダーやフッターを編集しているとき、[ヘッダーとフッター]タブの[先頭ページのみ別指定]や[奇数/偶数ページ別指定]をクリックすると、先頭ページとそれ以外、また、奇数ページと偶数ページのヘッダーやフッターを別々に指定できます。ヘッダーやフッター欄に表示されるヘッダーやフッターの種類を確認して設定します。

Memo ページ番号だけを表示する

フッターにページ番号を印刷するとき、総ページ数を表示しない場合は、「/」を入力したり、[ヘッダーとフッター]タブ→[ページ数]をクリックする操作は不要です。

1 [表示]タブ→[ページレイアウト]をクリックします。

2 画面をスクロールして、フッターの中央エリアをクリックします。

3 [ヘッダーとフッター]タブ→[ページ番号]をクリックします。

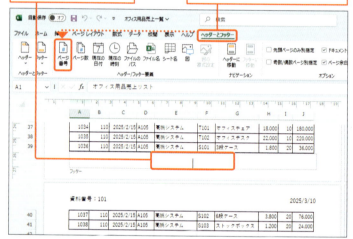

4 ページ番号を表示する命令文が入ります。

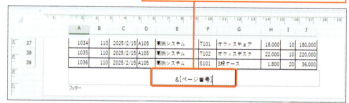

5 「/」の記号をキーボードから入力します。

Hint 一覧から選択する

ページレイアウト表示でフッターの左、中央、右のいずれかのエリアをクリックし、[ヘッダーとフッター]タブ→[フッター]をクリックすると、フッターによく表示するような内容の一覧が表示されます。一覧から表示内容をクリックして指定できます。

Hint [ページ設定]ダイアログ

[ページ設定]ダイアログ(p.485)でもヘッダーやフッターを指定できます。[ページ設定]ダイアログの[ヘッダー/フッター]タブ→[ヘッダーの編集]や[フッターの編集]をクリックし、表示される[ヘッダー]や[フッター]ダイアログで指定します。

6 [ヘッダーとフッター]タブ→[ページ数]をクリックします。

7 総ページ数を表示する命令文が入ります。

8 入力エリアの外をクリックします。

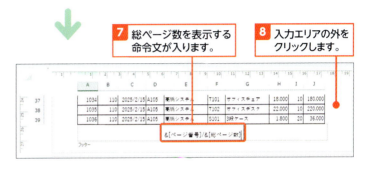

9 ページ番号と総ページ数が表示されます。

10 Backstageビューの[印刷]をクリックすると、印刷イメージが確認できます。

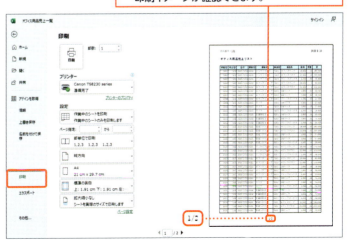

Section 94 改ページ位置を調整する

練習用ファイル： 94_家電売上リスト.xlsx

ここで学ぶのは
▶ 改ページ位置の変更
▶ 改ページの挿入
▶ 改ページの削除

2ページ以上の資料を印刷するときは、中途半端なところでページが分かれてしまうと読みづらくなります。
印刷イメージを確認して、必要に応じて**改ページする位置**を指定しましょう。改ページプレビューで操作します。

1 改ページ位置を確認する

解説　改ページプレビューに切り替える

印刷イメージの画面を表示して、改ページ位置を確認します。画面の下の[◀][▶]をクリックしてページを切り替えて確認しましょう。改ページ位置を調整するには、改ページプレビューに切り替えて操作します。改ページプレビューでは、印刷されるところは白、印刷されないところはグレーで表示されます。

1 印刷するブックを開き、Backstageビューを表示します（p.262）。

2 [印刷]をクリックし、

3 改ページ位置を確認します。

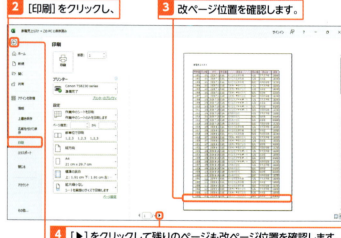

4 [▶]をクリックして残りのページも改ページ位置を確認します。

5 [←]をクリックします。

6 [表示]タブ→[改ページプレビュー]をクリックします。

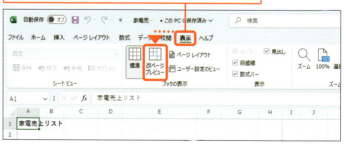

494

Memo 改ページ位置

改ページプレビューの青い点線は、Excelが自動的に指定した改ページ位置です。青い実線は、手動で指定した改ページ位置です。

解説 改ページ位置を変える

前のページの方法で改ページプレビューを表示します。青い点線をドラッグして改ページされる位置を調整します。調整後は、青い点線が青い実線になります。
ここでは、表の横幅がはみ出してしまっているので縦の線をドラッグして用紙内に収めます。その後、横の線をドラッグして1ページ目と2ページ目の境の改ページ位置を調整します。

Memo 改ページの削除

改ページプレビューの画面で、横の改ページ位置の指定を削除するには、改ページ位置の下の行を選択し、選択した行の行番号を右クリックして [改ページの解除] をクリックします。縦の改ページ位置の指定を削除するには、改ページ位置の右の列を選択し、選択した列の列番号を右クリックして [改ページの解除] をクリックします。

Memo 改ページの挿入

改ページプレビューの画面で、横の改ページ位置を追加するには、改ページ位置を入れる下の行を選択し、選択した行の行番号を右クリックして [改ページの挿入] をクリックします。縦の改ページ位置を追加するには、改ページ位置を入れる右の列を選択し、選択した列の列番号を右クリックして [改ページの挿入] をクリックします。

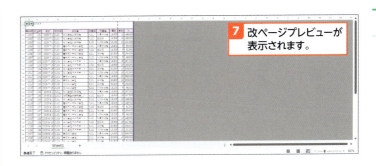

7 改ページプレビューが表示されます。

改ページ位置を調整する

1 改ページ位置を示す青い点線にマウスポインターを移動し、

2 マウスポインターの形が変わったら、青い点線をドラッグして位置を調整します。

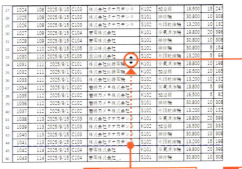

3 続いて、改ページ位置を示す青い点線にマウスポインターを移動し、

4 マウスポインターの形が変わったら、青い点線をドラッグして位置を調整します。

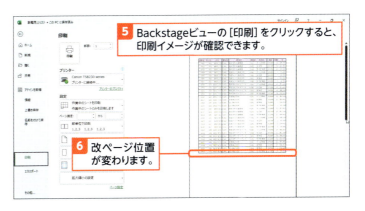

5 Backstageビューの [印刷] をクリックすると、印刷イメージが確認できます。

6 改ページ位置が変わります。

Section 95 表の見出しを全ページに印刷する

練習用ファイル：📁 95_家電売上リスト.xlsx

ここで学ぶのは
▶ ページ設定
▶ タイトル行
▶ タイトル列

縦長や横長の表を印刷するときは、表の上端の見出しや左端の見出しが2ページ目以降は見えなくなってしまいます。
この場合、見出しを各ページに入れる必要はありません。**行タイトル**や**列タイトル**を指定すると、自動的に見出しを表示できます。

1 印刷イメージを確認する

 印刷イメージを確認する

複数ページにわたる表の印刷イメージを確認します。通常は、2ページ目以降には見出しが表示されないため、2ページ目以降の表の内容が見づらくなります。
次ページの操作で、2ページ目以降に見出しが表示されるようにします。

1ページ目に表示されているタイトルと見出しをすべてのページに表示されるようにします。

1 印刷するブックを開き、Backstageビューを表示します（p.262）。

2 [印刷]をクリックします。　**3** タイトルと見出しが表示されています。

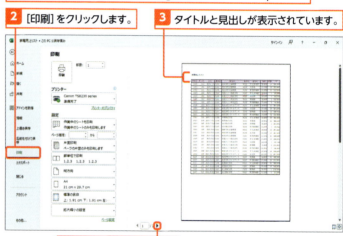

4 [▶]をクリックします。

5 2ページ目以降にはタイトルと見出しが表示されていません。

---

11 表やグラフを綺麗に印刷する

496

2 印刷タイトルを設定する

 解説　印刷タイトルを設定する

印刷タイトルを設定して、2ページ目以降にも1～3行目までが表示されるように指定します。設定後は、Backstageビューの[印刷]をクリックして、2ページ目以降に見出しが表示されるかどうか確認しておきましょう。

Memo　印刷タイトルを設定できない場合

Backstageビューの[印刷]をクリックして[ページ設定]をクリックした場合、[ページ設定]ダイアログが表示されますが、ここからは[印刷タイトル]の設定ができません。印刷タイトルを設定するには、ここで紹介した方法で[ページ設定]ダイアログを表示します。

設定できない状態

Memo　タイトル列

横長の表で2ページ目以降に表の左端の見出しを表示するには、[ページ設定]ダイアログの[タイトル列]を指定します。

前ページに続けて、2ページ目以降にもタイトルと見出しが表示されるようにします。

1 [ページレイアウト]タブ →[印刷タイトル]をクリックします。

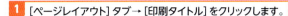

2 [タイトル行]欄をクリックします。

3 すべてのページに表示したい行の行番号（ここでは、「1～3行目」）をドラッグします。

4 タイトル行の範囲が入力されます。

5 [OK]をクリックします。

6 Backstageビューで確認すると、2ページ目以降にもタイトルと見出しが表示されます。

Section 96 表を用紙1ページに収めて印刷する

練習用ファイル： 96_売店コーナー売上リスト.xlsx

ここで学ぶのは

- ページ設定
- 拡大／縮小
- 用紙に合わせる

表の横幅が用紙の幅に収まらない場合などは、表を縮小して印刷する方法があります。
また、用紙の幅に合わせて表を自動的に縮小して印刷する方法もあります。横幅や縦幅だけを1ページ内に収めることもできます。

1 表の印刷イメージを見る

解説 印刷イメージを見る

表の横幅を用紙内に収める前に、今の印刷イメージを確認しましょう。ここでは、表が4ページに分かれています。表の横幅を用紙の幅に収められれば、2ページで印刷できそうです。

Hint 印刷時の表示内容について

[ページ設定]ダイアログ（p.485）の[シート]タブでは、印刷時に何を表示するか指定できます。たとえば、セルと区切る線を表示するには[枠線]、行番号や列番号を表示するには[行列番号]のチェックを付けます。また、セルに追加したコメントやメモを印刷するかどうか、エラーの表示方法などを指定できます。

今の状態では表が4ページに分かれて印刷されることを確認します。

1 印刷するブックを開き、Backstageビューを表示します（p.262）。

2 [印刷]をクリックします。

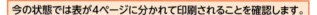

3 [▶]を何度かクリックしてページを切り替えます。

4 表の右端の列がはみ出してしまっています。

2 表の幅を1ページに収める

解説　1ページに収める

表の横幅が用紙の幅を少しはみ出してしまう場合は、表を縮小してページ内に収めることが可能です。表の横幅をページ内に収めるには、[すべての列を1ページに印刷]をクリックします。この場合、縦長の表の場合は、複数ページにわたって印刷されます。
とにかく全体を1ページに収めたい場合は、[シートを1ページに印刷]を選びます。
また、横長の表で、表の高さを1ページに収めるには、[すべての行を1ページに印刷]を選びます。

Memo　拡大／縮小する

表の拡大率や縮小率を指定して印刷するには、[ページ設定]ダイアログ(p.485)を表示して、[ページ]タブ→[拡大／縮小]のチェックをオンにして拡大率や縮小率を指定します。

Memo　ページ数を指定する

表が大きくてページに収まらない場合、何ページに収めて印刷するかを指定するには、[ページ設定]ダイアログ(p.485)を表示します。[ページ]タブ→[次のページ数に合わせて印刷]のチェックをオンにすると、ページ数を指定できます。

前ページの続きで、表の幅を用紙の幅に収めて印刷します。

1 [拡大縮小なし]をクリックします。

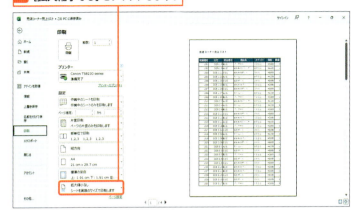

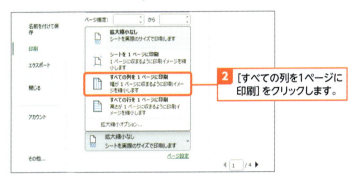

2 [すべての列を1ページに印刷]をクリックします。

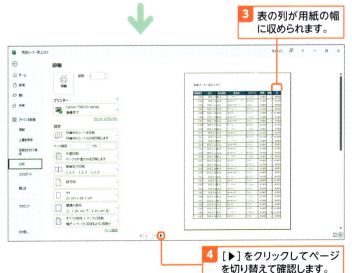

3 表の列が用紙の幅に収められます。

4 [▶]をクリックしてページを切り替えて確認します。

Section 97 指定した箇所だけを印刷する

練習用ファイル：97_請求書.xlsx

指定したセル範囲のみ印刷するには、**印刷範囲を設定する**方法と**選択した範囲を印刷する**方法などがあります。
常に同じ場所だけを印刷する場合は、印刷範囲を設定しておくと、毎回セル範囲を選択する手間が省けて便利です。

ここで学ぶのは
- ページ設定
- 印刷範囲
- 選択範囲

1 印刷範囲を設定する

解説 印刷範囲を設定する

印刷範囲を設定すると、印刷したときに常に指定したセル範囲だけが印刷されるようになります。印刷範囲を設定後は、Backstageビューの［印刷］をクリックして、印刷イメージを確認しておきましょう。

1 印刷したいセル範囲を選択し、

2 ［ページレイアウト］タブ→［印刷範囲］→［印刷範囲の設定］をクリックします。

3 印刷範囲に指定されているセル範囲にグレーの線が表示されます。

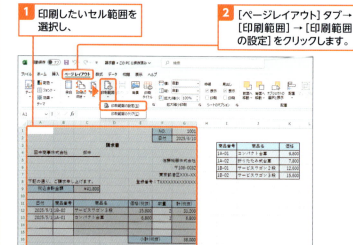

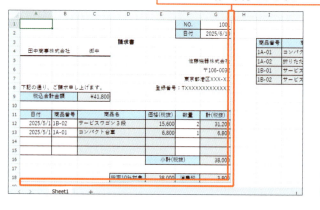

Memo 印刷範囲を解除する

印刷範囲を解除して、すべてのセル範囲を印刷対象にするには、［ページレイアウト］タブ→［印刷範囲］→［印刷範囲のクリア］をクリックします。

4 Backstageビューの[印刷]をクリックすると、印刷イメージが確認できます。

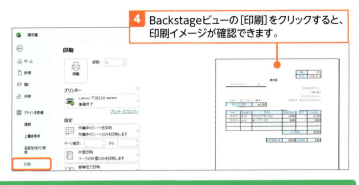

2 選択した範囲を印刷する

解説 選択範囲を印刷する

選択したセル範囲の部分を印刷するには、Backstageビューの[印刷]で、印刷する部分を指定します。毎回同じ場所を印刷するときは、前ページの印刷範囲を設定する方法がおすすめですが、一時的に指定したセル範囲を印刷する場合は、この方法を使うと便利です。

注意 印刷範囲を元に戻す

選択範囲ではなく、作業中のシートを印刷対象にするには、Backstageビューの[印刷]で[作業中のシートを印刷]を選択しておきます。

1 印刷したいセル範囲を選択し、

2 [ファイル]タブをクリックします。

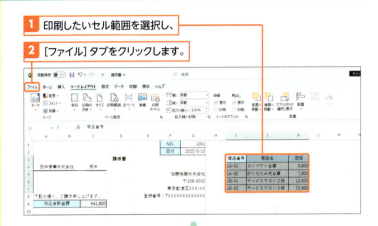

3 [印刷]をクリックします。

4 [作業中のシートを印刷]をクリックし、[選択した部分を印刷]をクリックします。

5 選択した範囲だけを印刷できます。

Section 98 表やグラフを印刷する

練習用ファイル： 98_店舗別売上表.xlsx

ここで学ぶのは
- 印刷イメージ
- 印刷
- グラフの印刷

印刷イメージを確認して印刷時の設定を済ませたら、**実際に表やグラフを印刷してみましょう**。

印刷時には、印刷に使うプリンターを確認します。また、印刷する部数を指定して印刷します。

1 印刷イメージを確認する

解説　印刷イメージを見る

印刷を実行する前には、必ず印刷イメージを確認しましょう。必要に応じて、用紙の向きやサイズ、余白の大きさ、ヘッダー／フッター、改ページ位置、印刷タイトル、拡大／縮小の設定などを行います。

1 印刷するブックを開き、Backstageビューを表示します（p.262）。

2 [印刷] をクリックします。

3 [作業中のシートを印刷] をクリックし、

4 印刷対象を選択してクリックします。

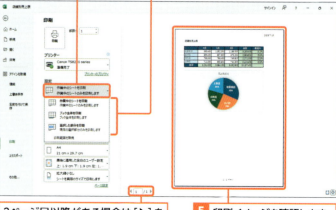

2ページ目以降がある場合は [▶] をクリックしてページを切り替えます。

5 印刷イメージを確認します。

Memo　ブック全体を印刷する

複数シートを含むブックを印刷するとき、複数シートを含むブック全体を印刷するには、印刷時に [ブック全体を印刷] を選択してから印刷します。

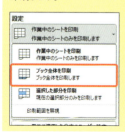

2 印刷をする

解説 印刷を実行する

印刷イメージを確認して印刷時の設定を済ませたら、実際に印刷を実行します。プリンターの表示を確認し、印刷するプリンターが違う場合は、［▼］をクリックして印刷するプリンターを選びます。

Hint ページの方向について

印刷するページが縦横複数ページにわたる場合は、通常、左上部分→左下部分→右上部分→右下部分のように左から右に順に印刷されます。左上部分→右上部分→左下部分→右下部分のように上から下の順に印刷するには、［ページ設定］ダイアログ（p.485）の［シート］タブでページの方向を指定します。

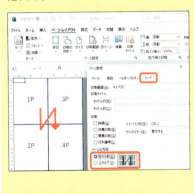

1 印刷するブックを開き、Backstageビューを表示します（p.262）。

2 ［印刷］をクリックし、

3 ［プリンター］の表示を確認します。

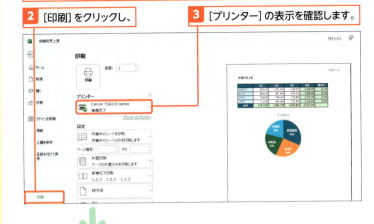

4 ［部数］を入力し、

5 ［印刷］をクリックします。

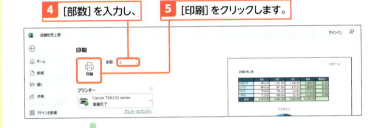

6 印刷が実行されます。

注意 印刷イメージが表示されない場合

表やグラフの印刷イメージが表示されない場合、印刷する範囲が正しく指定されていない可能性があります。印刷の対象に［作業中のシートを印刷］が選択されているか確認しましょう。
また、印刷範囲（p.500）が設定されていないかなどを確認します。

3 グラフを印刷する

解説　グラフだけを印刷する

グラフだけ大きく印刷するには、最初に印刷するグラフを選択しておきます。印刷イメージを表示すると、グラフの印刷イメージが表示されます。

Memo　印刷するページを指定する

印刷するページの範囲を指定するには、[ページ指定]でページの範囲を入力します。3ページ目だけを印刷する場合は、[3]から[3]のように指定します。

Hint　テーブルだけを印刷する

テーブルだけを印刷する場合は、印刷するテーブルのいずれかのセルをクリックし、印刷時に[選択したテーブルを印刷]を選択してから印刷します。

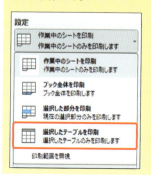

1 印刷するグラフをクリックして選択し、

2 [ファイル]タブをクリックします。

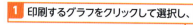
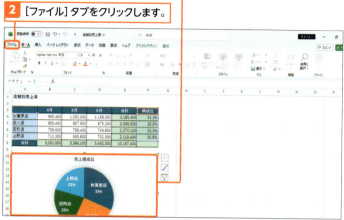

3 [印刷]をクリックします。

4 グラフの印刷イメージが表示されます。

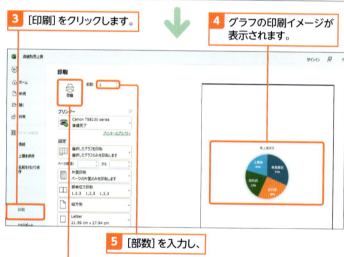

5 [部数]を入力し、

6 [印刷]をクリックします。

7 グラフだけ大きく印刷されます。

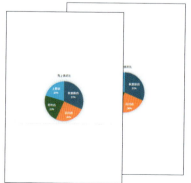

第 1 章

Word・Excelの共通テクニックとCopilot

ここからは、WordとExcelの両方に共通する便利な機能を紹介します。ファイルの保護やトラブル発生時の対処方法のほか、Microsoft社が提供するクラウドサービス「OneDrive」を利用したデータのやり取りなど、実際にアプリケーションを使用するうえで役立つ機能を集めています。また、生成AIサービスのCopilotの利用についても紹介します。

Section 01	ファイルを上書き保存禁止にして保護する
Section 02	ファイルにパスワードを設定する
Section 03	ファイルの詳細情報を削除する
Section 04	ファイルが編集できないときは
Section 05	自動回復でファイルを復活させる
Section 06	Microsoft アカウントで OneDrive にサインインする
Section 07	OneDrive にファイルを保存する
Section 08	OneDrive 上のファイルを開く／編集する
Section 09	ファイルを共有する
Section 10	共同編集機能を使いこなす
Section 11	ファイルやフォルダーの共有を解除する
Section 12	Copilot を使ってみる
Section 13	Microsoft 365 Copilot in Word を使ってみる
Section 14	Microsoft 365 Copilot in Excel を使ってみる

Section 01 ファイルを上書き保存禁止にして保護する

ここで学ぶのは
- ブック（文書）の保護
- 読み取り専用
- 読み取り専用の解除

WordやExcelといった**オフィスドキュメント**は、完成した後も資料として保存しておくことがあります。間違って編集してしまわないように、文書のファイルを**読み取り専用**で保護する方法を覚えておきましょう。

1 ファイルを読み取り専用にする

Key word　読み取り専用

ファイルの「読み取り専用」とは、ファイルを上書き保存できない設定です。ファイルの内容をそのまま保存しておきたいときに便利です。ただし、編集した内容を別のファイルに保存することはできます。データを月ごとに更新するが普段は閲覧専用にしたい、といったファイルに設定しておくとよいでしょう。

1 [ファイル]タブをクリックして、Backstageビューを表示します。

2 [情報]をクリックし、

3 [ブックの保護]（Wordでは[文書の保護]）をクリックして、

4 [常に読み取り専用で開く]をクリックします。

5 [上書き保存]をクリックすると、

6 ファイルが読み取り専用になります。

[読み取り専用として開くよう設定]と表示されます。

Hint　エクスプローラーから読み取り専用にする

ファイルを読み取り専用にする設定は、エクスプローラーからも実行できます（p.513参照）。ただし、これはWindowsの機能なので、WordやExcelの読み取り専用機能とは異なります。このページの手順で読み取り専用を解除することはできません。

2 読み取り専用のファイルを開く

解説　読み取り専用か上書き保存するか選択

読み取り専用にしたファイルを開くと、「読み取り専用で開きますか?」というメッセージが表示されます。このとき[はい]を選択すると読み取り専用でファイルが開き、[いいえ]を選択すると通常の上書き保存可能なファイルとして開きます。

ファイルを開こうとすると、読み取り専用で開くか確認するメッセージが表示されます。

1 [はい]をクリックすると、

[いいえ]をクリックすると、ファイルが上書き保存可能な状態で開かれます。

2 ファイルが読み取り専用で開かれます。

3 読み取り専用を解除する

解説　読み取り専用の解除

読み取り専用で開いた状態だと、設定を解除することができません。ファイルを上書き保存可能な状態で開いてから読み取り専用を解除します。

ファイルを上書き保存可能な状態で開きます。

1 [ファイル]タブをクリックして、Backstageビューを表示します。

2 [情報]をクリックして、

3 [ブックの保護](Wordでは[文書の保護])をクリックし、

4 [常に読み取り専用で開く]をクリックし、ファイルを上書き保存します。

507

Section 02 ファイルにパスワードを設定する

ここで学ぶのは
- ドキュメントの暗号化
- パスワードによる保護
- 保護の解除

社外秘の情報や個人情報を記録したファイルは、万が一の事態に備えて**パスワード**で保護しておきましょう。第三者がファイルにアクセスしても、パスワードがわからない限り中身を見られることはありません。

1 ファイルにパスワードを設定する

解説　パスワードによる保護

パスワードで保護したWordやExcelのファイルは、開くときにパスワードを要求されます。正しいパスワードを入力しないと開けないので、パスワードを知らない第三者にファイルを開かれるおそれはありません。

1 ［ファイル］タブをクリックして、Backstageビューを表示します。

2 ［情報］をクリックして、

3 ［ブックの保護］（Wordでは［文書の保護］）をクリックし、

4 ［パスワードを使用して暗号化］をクリックします。

Hint　ワークシートをパスワードで保護する

ファイル全体ではなく、ワークシートの一部を変更できないようにしたい場合は、セルのロック（p.468参照）を利用します。

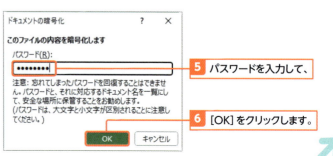

5 パスワードを入力して、

6 ［OK］をクリックします。

[名前を付けて保存]でパスワードを設定する

パスワードの設定は、[名前を付けて保存]ダイアログからも行えます。ダイアログの[ツール]→[全般オプション]で表示される[全般オプション]ダイアログでは、ファイルを開く際に入力が必要となる[読み取りパスワード]のほか、ファイルを上書き保存する際に入力が必要となる[書き込みパスワード]も設定できます。

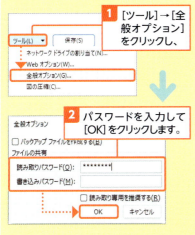

1. [ツール]→[全般オプション]をクリックし、
2. パスワードを入力して[OK]をクリックします。

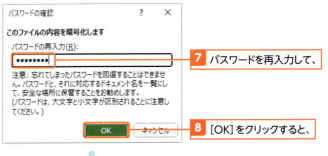

7. パスワードを再入力して、
8. [OK]をクリックすると、

9. ファイルがパスワードで保護されます。

[ブックの保護](Wordでは[文書の保護])にパスワードが必要と表示されます。

2 パスワードを設定したファイルを開く

 パスワードを設定したファイルを開く

パスワードを設定したファイルを開こうとすると、パスワードの入力を求められます。正しいパスワードを入力するとファイルを開けますが、間違ったパスワードを入力すると「パスワードが間違っています」というダイアログが表示され、ファイルを開くことができません。

1. パスワードが設定されたファイルを開きます。
2. [パスワード]ダイアログが表示されます。

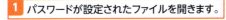

3. パスワードを入力して、
4. [OK]をクリックすると、

5. ファイルが開かれます。

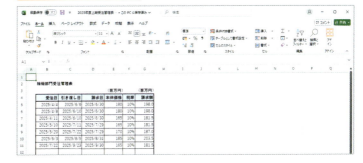

パスワードを削除して保護を解除する

パスワードを削除するには、パスワードを設定するときと同じように[ドキュメントの暗号化]ダイアログを表示し、[パスワード]欄を空白にしてから[OK]をクリックします。

Section 03 ファイルの詳細情報を削除する

ここで学ぶのは
- ドキュメント検査
- ドキュメントのプロパティ
- 不要な情報の削除

WordやExcelのファイルには、文書の内容以外にもさまざまな情報が含まれています。その中に作成者の名前や組織名、独自に設定したキーワードなどがあると、**個人の特定**につながりかねません。意図しない情報の漏洩を防ぐため、**あらかじめ削除**しておきましょう。

1 ファイルに不要な情報が含まれていないか確認する

> **Key word　ドキュメント検査**
>
> ドキュメント検査は、文書ファイル内にコメントや変更履歴、作成者名や最後に保存した人の名前、作成された日付といった情報が含まれているかを調べる機能です。あくまでもこれらの項目がプロパティなどに含まれているかを調べる機能であり、ファイル内に個人名や住所、電話番号などの個人情報が入力されているかを調べてくれる機能ではありません。

1 [ファイル]タブをクリックして、Backstageビューを表示します。

2 [情報]→[問題のチェック]をクリックして、

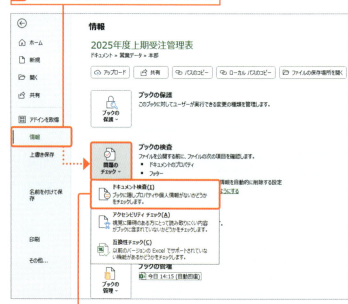

3 [ドキュメント検査]をクリックします。

4 ファイルを保存していない場合はダイアログが表示されるので、[はい]をクリックすると、

Memo ファイルに含まれる詳細情報を表示する

ファイルに含まれる詳細情報（プロパティ）は、WordやExcelのBackstageビューの[情報]タブに表示される[プロパティ]→[詳細プロパティ]から表示することもできます。

1 [プロパティ]→[詳細プロパティ]をクリックします。

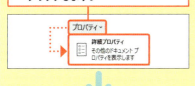

2 詳細情報が表示されます。

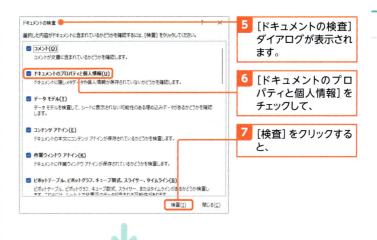

5 [ドキュメントの検査]ダイアログが表示されます。

6 [ドキュメントのプロパティと個人情報]をチェックして、

7 [検査]をクリックすると、

8 検査結果が表示されます。

[ドキュメントのプロパティと個人情報]に見つかった情報が表示されます。

2 不要な情報を削除する

Hint 削除した情報は再保存されない

右の手順でファイルから情報を削除すると、それ以降はファイルを保存しても、情報が入力されることはありません。インターネット上で配布するファイルなら、配布直前に最終の検査と削除を行えばよいでしょう。

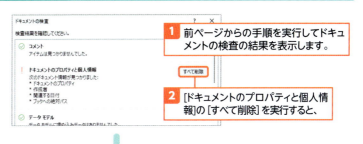

1 前ページからの手順を実行してドキュメントの検査の結果を表示します。

2 [ドキュメントのプロパティと個人情報]の[すべて削除]を実行すると、

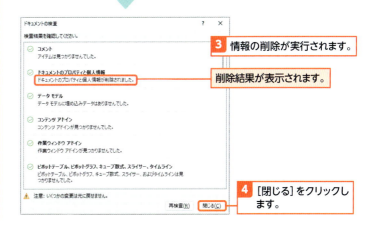

3 情報の削除が実行されます。

削除結果が表示されます。

4 [閉じる]をクリックします。

Section 04 ファイルが編集できないときは

ここで学ぶのは
- 読み取り専用
- ファイルのロック
- 通知

WordやExcelのファイルは、他の人が開いている文書を同時に編集して保存することはできません。このようなときは読み取り専用で開いておき、先にファイルを開いた人が閉じてから編集・保存しましょう。

1 他の人が開いているファイルを編集する

Memo ファイルのロック

ネットワーク接続のハードディスクや共有フォルダなどにファイルを保存していると、複数の人が同時にファイルを開いてしまうことがあります。その場合、最初にファイルを開いた人がファイルを閉じるまで、他の人はファイルを保存することはできません。

Memo 編集可能なファイルの通知を受ける

[使用中のファイル]ダイアログで[通知]をクリックすると、読み取り専用で開かれます。この場合、先に編集している人がファイルを閉じると通知が届き、改めてファイルを開き直して編集できるようになります。このときに開かれるファイルは、先に編集した人が更新した内容になるので注意が必要です。

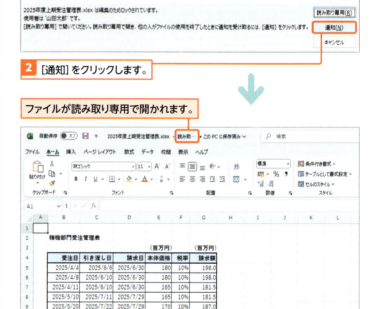

1 他の人が編集中のファイルを開きます。

2 [通知]をクリックします。

ファイルが読み取り専用で開かれます。

3 編集していた人がファイルを閉じると、

4 [ファイル使用可能]ダイアログが表示されるので、[編集]をクリックすると、

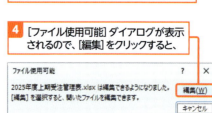

Hint　どうしても編集したいときは？

ロックされたファイルは編集自体は可能なものの、保存ができない状態です。ロックに気づかず編集を進めてしまい、その内容で保存したい場合は、「別名で保存」しましょう。また、あらかじめエクスプローラーでファイルをコピーして、そのファイルを開けば、通常の編集が行えます。

5 ファイルが編集可能になります。

2 読み取り専用に設定されていないか確認する

注意　エクスプローラーから読み取り専用を確認する

ファイルのプロパティによる読み取り専用の設定はWindowsの機能です。WordやExcelの読み取り専用機能（p.506参照）とは別のもので、WordやExcel以外のファイルでも利用できます。WordやExcelの機能で読み取り専用にした覚えがないのに読み取り専用になってしまう場合は、ここを確認してみましょう。

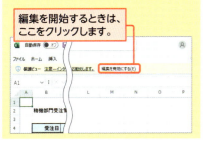

Memo　ダウンロードしたファイルを開く場合

メールの添付ファイルやインターネットからダウンロードしたファイルを開くと、画面に「保護ビュー」と表示される場合があります。これは、安全性が保証できないファイルとアプリケーションが判断した場合に適用され、読み取り専用の状態で開かれています。ファイルが安全だとわかっている場合は、保護ビューを終了して編集を開始することもできます。

編集を開始するときは、ここをクリックします。

1 文書ファイルが保存されているフォルダーを表示して、

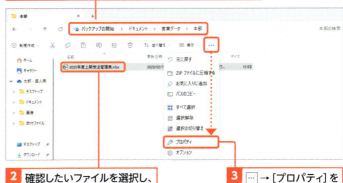

2 確認したいファイルを選択し、

3 →［プロパティ］をクリックします。

4 ここにチェックが付いていれば、読み取り専用に設定されています。

チェックを外すと、上書き保存できるようになります。

Section 05 自動回復でファイルを復活させる

ここで学ぶのは
- 自動保存の間隔
- ドキュメントの回復
- バックアップの間隔

ExcelやWordには**一定間隔ごとに文書を自動保存**する機能が搭載されています。そのため、何らかの原因でアプリケーションが終了してしまっても、データをある程度取り戻せます。

1 自動保存の間隔を設定する

Key word　自動回復用データ

自動回復用データは、一定時間ごとに自動的に保存されるバックアップデータです。WordやExcelが意図せず終了してしまったときにこのバックアップデータを開いて、最新のファイルとして保存しなおすことができます。

1 [ファイル]タブをクリックして、Backstageビューを表示します。

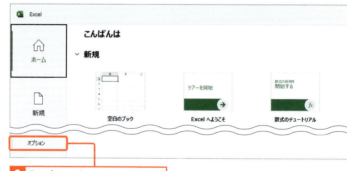

2 [オプション]をクリックします。

3 [保存]をクリックして、

4 [次の間隔で自動回復用データを保存する]をチェックし、

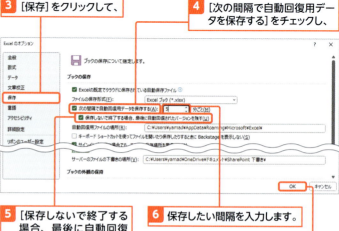

5 [保存しないで終了する場合、最後に自動回復されたバージョンを残す]をチェックして、

6 保存したい間隔を入力します。

7 [OK]をクリックすると、自動保存の間隔が変更されます。

Hint　バックアップの間隔は適切に設定する

自動回復用データの保存間隔を短くすれば、それだけ異常終了直前のデータに復旧しやすくなります。ただしパソコンの性能によっては、自動保存の際に動作が一瞬止まったり、緩慢になったりする場合があります。そのような場合は、保存間隔を長めに取るなどの対策を取りましょう。

2 自動回復用データからファイルを保存する

> **Memo 自動回復用データを読み込む**
>
> WordやExcelが異常終了した後で再び起動すると、[ドキュメントの回復]に自動回復用データが表示されます。保存された時間を確認して、最後に保存したものより新しいデータがあればクリックして読み込みましょう。

> **Hint 自動回復用データのファイル名を確認する**
>
> ファイル名が長い場合、[ドキュメントの回復]に表示しきれないことがあります。ファイル名全体を確認するには、ワークシートとの境界にマウスポインタを移動させてドラッグし、表示領域を広げます。

ここを右方向にドラッグします。

1 アプリケーションが異常終了した後に、WordやExcelを再び起動します。

[ドキュメントの回復]作業ウィンドウが表示されます。

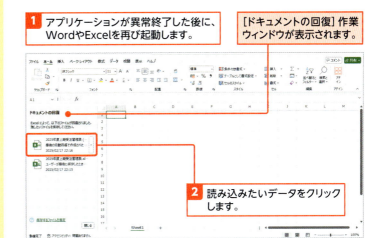

2 読み込みたいデータをクリックします。

3 選択したファイルが読み込まれます。

4 [閉じる]をクリックすると、

5 [ドキュメントの回復]が非表示になります。

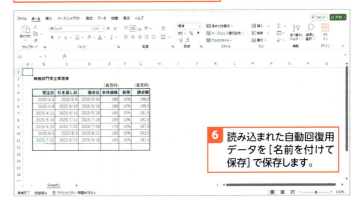

6 読み込まれた自動回復用データを[名前を付けて保存]で保存します。

Section 06 Microsoftアカウントで OneDriveにサインインする

ここで学ぶのは
- OneDrive
- Microsoft アカウント
- サインイン

WordやExcelでは、インターネット上にファイルを保存するサービス「OneDrive」を、文書の保存先として利用できます。ここではまず、OneDriveの概要と**サインイン**の方法を覚えましょう。

1 OneDrive とは

OneDriveは、Microsoft社が提供しているインターネット上（クラウド）にファイルを保存できるサービスです。Microsoftアカウントを持っているユーザーなら、無料で5GBまでのデータを保存することができます。保存したファイルには、インターネットに接続できる環境ならどこからでもアクセスできます。職場のパソコンで作成した文書ファイルを自宅で編集したり、移動中のノートパソコンで確認したりできます。
Windows 11のユーザーなら、OneDriveを利用できる環境が整っています。

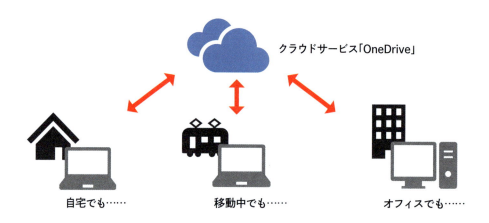

● OneDrive の利用例

例	説明
出先でファイルを編集する	OneDriveに保存したファイルは、インターネットに接続した他のパソコンから開いて編集することができる
他の人とファイルを共有する	他の人に共有リクエストを送り、ファイルを共同編集することができる
ブラウザーでファイルを編集する	WordやExcelがインストールされたパソコンがない場合でも、Webブラウザー上のOfficeアプリで簡単な編集ができる
スマートフォンやタブレットでファイルを編集する	スマートフォンやタブレットのOneDriveアプリを使ってファイルを閲覧／編集できる。ただし、使っている機器によってはMicrosoft 365のサブスクリプション契約が必要

2 Officeにサインインする

Officeへのサインイン

WordやExcelからOneDriveを利用するには、サインインという手続きを行います。サインインにはMicrosoftアカウントが必要です。

OneDriveの容量を増やすには？

OneDriveは無料で5GBまで利用できますが、それ以上の容量が必要な場合は有料で増やすことができます。2025年2月現在の料金は以下のとおりです。

容量	料金
100GB	2,440円／年 または260円／月
1TB※	21,300円／年 または2,130円／月

※サブスクリプション型の個人契約の「Microsoft 365 Personal」に付属

オフラインでもファイルを編集可能

OneDriveに保存したファイルは、オフライン（インターネットに接続されていない状態）でも編集を行えます。再びオンライン（インターネットに接続した状態）になったときに、インターネット上のデータも最新の状態に更新されます。

アカウント情報の確認

Officeにサインインすると、アカウントの画面にユーザー情報が表示されます。ここからサインアウトしたり、別のアカウントに切り替えたりすることができます。

---

1 WordやExcelを起動します。

2 [アカウント]をクリックします。

3 [サインイン]をクリックします。

4 メールアドレスを入力して、

アカウントがない場合は、ここをクリックして新規に作成します。

5 [次へ]をクリックします。

6 パスワードを入力して、

7 [サインイン]をクリックします。

Section 07 OneDriveにファイルを保存する

ここで学ぶのは
- OneDriveにファイルを移動
- OneDriveにファイルを保存
- ファイルの同期

職場と自宅など複数の場所で使用するファイルを**OneDriveに保存**しておけば、どこでも編集できて便利です。既存の文書を**エクスプローラーを利用してOneDriveに移動**したり、WordやExcelで編集した文書を**直接OneDriveに保存**したりすることができます。

1 OneDriveフォルダーにファイルを移動させる

Memo 「切り取り」と「貼り付け」でも移動できる

OneDriveへのファイルの移動は、右の手順のように右クリックする方法の他にも、エクスプローラーのリボンから[切り取り]と[貼り付け]を使用する方法もあります。ファイルだけでなく、フォルダーごと移動することもできます。

Key word ファイルの同期

エクスプローラーの「OneDrive」フォルダーにファイルを保存すると、インターネット上にも同じファイルが保存されます。「OneDrive」フォルダーのファイルを更新すると、インターネット上のファイルも更新されます。これを「同期」といいます。ただし、以下のような原因によって、同期がうまくいかないこともあります。

①ファイル名やフォルダー名にOneDriveで使えない文字（" * : < > ? / \ |）が含まれている
②そのファイルを同期するとOneDriveの容量をオーバーしてしまう
③同期しようとしているファイルのサイズが250GBを超えている

エクスプローラーを表示しておきます。

1 移動させたいファイルを右クリックしてドラッグして、

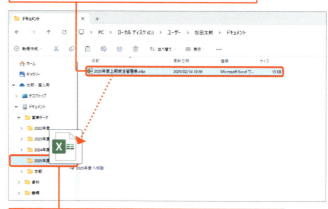

2 OneDriveのフォルダー上でマウスの右ボタンを離します。

3 [ここに移動]をクリックすると、ファイルが移動します。

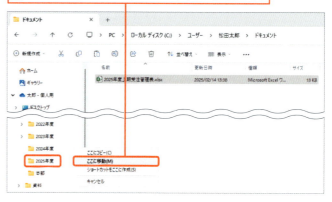

2 OneDriveにファイルを保存する

Memo 文書ファイルをOneDriveに保存する

WordやExcelで編集した文書ファイルは、直接OneDriveに保存することもできます。パソコンのフォルダーに文書ファイルを保存するときと同じように、[ファイル]タブをクリックし、Backstageビューを表示して[名前を付けて保存]を実行します。保存場所を[このPC]から[OneDrive]に切り替えると、保存するOneDriveのフォルダーを選べます。いったんファイルを保存した後は、上書き保存も行えます。

1 [ファイル]タブをクリックして、Backstageビューを表示します。

2 [名前を付けて保存]をクリックして、

3 [OneDrive]をクリックし、

4 表示されたフォルダーをクリックします。

Hint 同期の状態を確認する

OneDriveの同期の状態は、エクスプローラーでOneDriveのフォルダーを開いて確認できます。同期の状態はファイルの[名前]の横に表示される他に、ステータスバーにも選択中のファイルの同期状態が表示されます。大きいファイルは同期に時間がかかります。

同期の状態がアイコンで表示されます。

選択中のファイルやフォルダーの同期状態が表示されます。

OneDriveの同期の状態については、p.520で詳しく解説します。

5 保存するフォルダーを選択して、

6 ファイル名を入力し、

7 [保存]をクリックすると、

8 ファイルが保存されます。

Section 08

OneDrive上の
ファイルを開く／編集する

ここで学ぶのは

▶ OneDriveのファイルを開く
▶ 同期の状態

OneDriveに保存した文書ファイルも、パソコンに保存した文書ファイルと同様に開いて編集することができます。エクスプローラーから開く操作も、WordやExcel上から開く操作もパソコン内のファイルと同じです。

1 OneDriveフォルダーからファイルを開く

Memo 同期の状態のアイコンの見方

エクスプローラーでOneDriveのフォルダーを表示すると、ファイルの名前の右横に同期の状態を表すアイコンが表示されます。

アイコン	状態
⊘	パソコン内に保存されているファイル
●	常にパソコンに保存するように設定されたファイル
☁	インターネット上にしかないファイル。操作するときにダウンロードされる
⟳	同期中のファイル
🧑	ほかの人と共有しているファイル

1 エクスプローラーで文書ファイルを保存したOneDriveのフォルダーを選択して、

2 開きたい文書ファイルをダブルクリックすると、

3 WordやExcelで文書が表示されます。

2 WordやExcelからOneDrive上のファイルを開く

Memo　Backstageビューから直接文書ファイルを開く

WordやExcelのBackstageビューには、フォルダーを選択してファイルを開く機能もあります。フォルダー内にさまざまな種類のファイルがある場合でも、WordならWordの文書ファイル、ExcelならExcelのブックだけが表示されるという利点があります。

Hint　別のパソコンからOneDriveにアクセスするには？

外出先で自分のパソコン以外からOneDriveにアクセスしたいときは、ブラウザーを使います。OneDriveのWebサイト（https://onedrive.live.com/）を開いてサインインするとOneDriveのフォルダーが表示され、クリックするとそのフォルダーに移動できます。文書ファイルを選択して、Web版のWordやExcelで編集することもできます。

https://onedrive.live.com/

ブラウザーからOneDriveにアクセスできます。

1 [ファイル] タブをクリックして、Backstageビューを表示します。

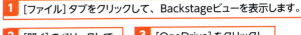

2 [開く]をクリックして、

3 [OneDrive]をクリックし、

4 目的のフォルダーをクリックし、中身を表示します。

5 目的のファイルをクリックすると、

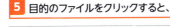

6 文書が開かれます。

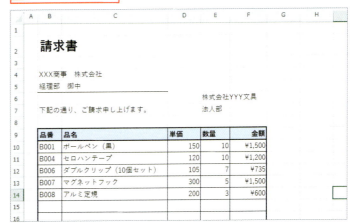

Section 09 ファイルを共有する

ここで学ぶのは
- ファイルの共有
- ファイルの共同編集
- フォルダーの共有

OneDriveに保存した文書ファイルを「共有」すれば、離れた場所にいる人との共同編集をスムーズに行えます。また、文書の編集ではなく閲覧だけしてもらうことも可能です。

1 文書ファイルを共同編集する

解説 OneDriveでファイルを共有する

OneDriveに保存したファイルはインターネット上に保管されますが、自分以外が閲覧することはできません。文書ファイルを他の人に見せたい場合は、そのファイルを編集する権限を与える必要があります。この権限を与える作業を「共有」といいます。OneDriveでファイルを共有すると、共有相手はそのファイルをブラウザーで閲覧することができます。共有相手がOneDriveを利用していなくても、閲覧は可能です。

Hint 共有相手に閲覧だけ許可するには？

文書ファイルを共有する相手に閲覧のみを許可し、内容の変更はできないようにしたい場合は、右の手順で[特定のユーザー]をクリックしたあと、[編集可能]をクリックして[表示可能]に変更しておきましょう。

1 [編集可能]をクリックして、

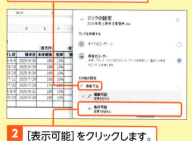

2 [表示可能]をクリックします。

共同編集したい文書をWordやExcelで開きます。

1 [共有]をクリックして、
2 [共有]をクリックします。

3 [リンクを知っていれば誰でも編集できます]をクリックします。

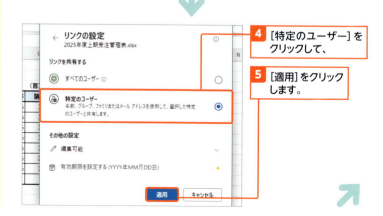

4 [特定のユーザー]をクリックして、
5 [適用]をクリックします。

Memo 特定のユーザーとデータを共有する

不特定多数のユーザーにデータを提供したい場合は、前ページ下の画面で[すべてのユーザー]を選択しましょう。一方、重要なデータは特定のユーザーとだけ共有したほうが安全です。そのような場合は[特定のユーザー]を選択することで、Microsoftアカウントを持つ特定のユーザーとだけ共有できます。

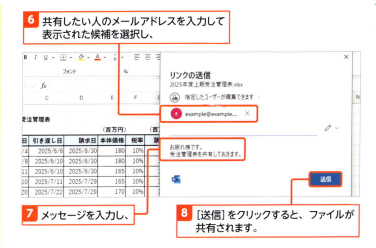

6 共有したい人のメールアドレスを入力して表示された候補を選択し、

7 メッセージを入力し、

8 [送信]をクリックすると、ファイルが共有されます。

2 共同編集に参加する

 注意 OneDriveに保存してから共有する

共有できるファイルは、あらかじめOneDriveに保存されているものに限られます。パソコン内に保存しているファイルをWordやExcelから共有しようとした場合はファイルをアップロードするよう求められるので、アップロードしたうえで共有するようにしましょう。

1 メールソフトで共有を知らせるメールを開きます。

2 [開く]をクリックすると、

3 ブラウザーで共有された文書ファイルが表示されます。

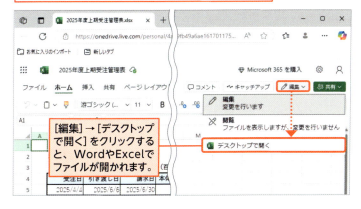

[編集]→[デスクトップで開く]をクリックすると、WordやExcelでファイルが開かれます。

3 フォルダーごと共有する

解説 複数の文書ファイルをフォルダーごと共有する

OneDriveではファイルを単体で共有するだけでなく、複数のファイルを保存したフォルダーごと共有することもできます。共有の詳細な設定は、ブラウザーから行います。共有する相手はファイルの共有と同様に、「リンクを知っているすべてのユーザー」と「特定のユーザー」のどちらかを選べます。

Hint 共有されたファイルやフォルダーを表示する

OneDriveで共有されたファイルやフォルダーは、ブラウザーで 👥 をクリックすると一覧表示できます。フォルダーをクリックすると、中のファイルが一覧表示されます。

使えるプロ技！ 大きなデータを相手にダウンロードしてもらう

メールやメッセージアプリで送るには大きすぎるファイルやフォルダは、URLを相手に知らせてダウンロードしてもらえば手軽です。また[リンクのコピー]をクリックしてURLをコピーし、メッセージやメールなどに貼り付けて知らせることもできます。

1 エクスプローラーで、共有したいファイルをフォルダーにまとめておきます。

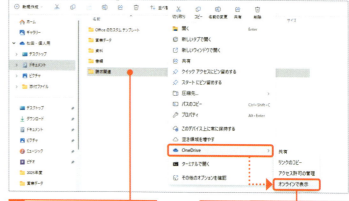

2 フォルダーを右クリックして、

3 [OneDrive]→[オンラインで表示]をクリックします。

ブラウザーが起動し、選択したフォルダーの中身が表示されます。

4 [共有]をクリックします。

5 [リンクを知っていれば誰でも編集できます]をクリックします。

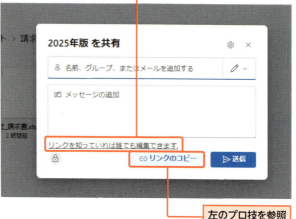

左のプロ技を参照

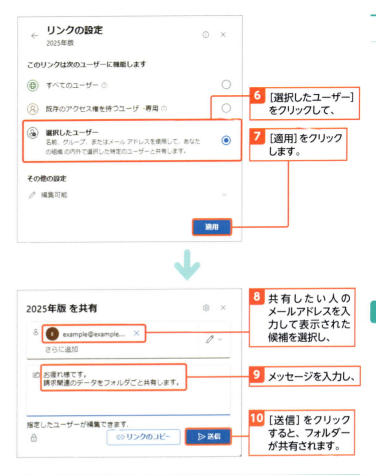

4 共有されたフォルダーを自分の OneDrive に追加する

解説　共有されたフォルダーを自分のOneDriveに追加する

相手から共有されたOneDriveのフォルダーを自分のOneDriveに追加すると、エクスプローラーのOneDriveフォルダーに表示されるようになります。

Section

10 共同編集機能を使いこなす

ここで学ぶのは
- 共同編集中の画面表示
- 相手の位置に移動
- シートビュー

以前は、共有されたファイルを誰かがデスクトップ版アプリで開いていると、ファイルにロックがかかり他の人が編集ができませんでした。Word 2024、Excel 2024ではブラウザー版、デスクトップ版関係なく同時編集が可能となりました。相手が編集しているセルやカーソル位置も一目でわかります。

1 相手が見ているセルを表示する

解説　共同編集中の画面表示

共有相手がファイルを開くと、リボン上にアイコンが表示されます。Excelでは、相手のアクティブセルにも小さくアイコンが表示されるため、相手が編集しているセルが一目でわかります。相手がどのセルを見ているのかわからない場合は、右に記載の操作を行うことで、一瞬で相手のアクティブセルに移動できます。Wordの場合は、相手がカーソルを置いている位置に移動できます。

Hint　チャット感覚でコメント機能を使う

コメント機能（p.288参照）を使ってコメントした内容はすぐさま共有相手に反映されます。「位置に移動」機能と併せて利用することで、相手とコミュニケーションをとりながら共同編集することが可能です。

共有相手がファイルを開くと、リボン上にアイコンが表示されます。

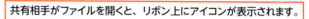
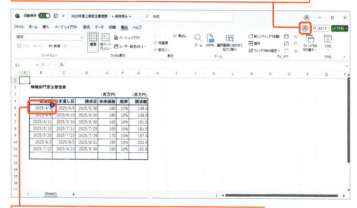

共有相手のアクティブセルにもアイコンが表示されます。

1 アイコンをクリックして、　　**2** [位置に移動] をクリックすると、

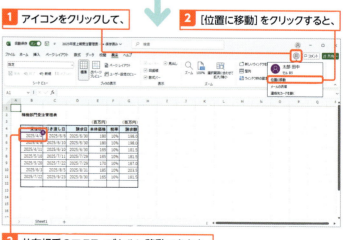

3 共有相手のアクティブセルに移動できます。

2 シートビューを使って自分だけのフィルター処理をする

解説 シートビューモードを使う

Excel 2024では、シートビューモードにすることで、共有相手に影響を与えずにデータの並べ替えやフィルター処理を行うことができます。ただし、値の書き換えなどの、並べ替えやフィルター処理以外の操作は、シートビューモードであっても相手に反映されてしまうので注意しましょう。

Memo ビューを保存する

シートビューモードを終了する際、[このビューを保持しますか?]のダイアログが表示されます。任意の名前を入力して[保持]をクリックすることで、シートビューモードで行った並べ替えやフィルター処理の内容を保存しておくことができます。

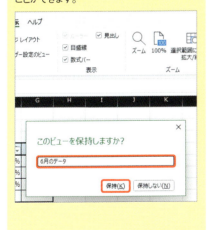

1 [表示] タブ→ [新規] をクリックすると、

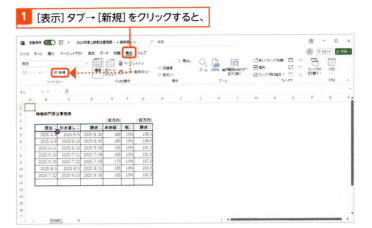

2 シートビューモードになります。

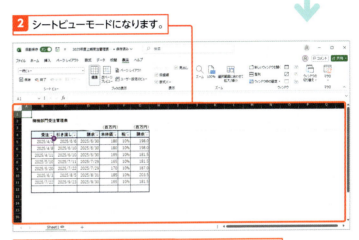

シートビューモードでは、行や列の見出しの色が変わります。

3 シートビューモードでは、フィルター処理を行っても相手の画面には反映されません。

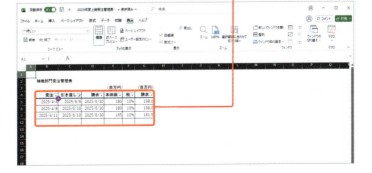

Section 11 ファイルやフォルダーの共有を解除する

ここで学ぶのは
- ファイルの共有を解除
- フォルダーの共有を解除

WordやExcelで行っていた共同編集が完了したら、他の人に誤って編集されないように、文書ファイルの**共有を解除**しておきましょう。文書ファイルの共有解除は、WordやExcelから行えます。

1 ファイルの共有を解除する

解説 ファイルの共有解除

WordやExcelでファイルの共有を解除するには、[共有] → [アクセス許可の管理] を表示して共同編集者への共有を停止します。共同編集者全員の共有を停止すると、まったく共有されていない状態になります。

1 WordやExcelで共有している文書ファイルを開きます。

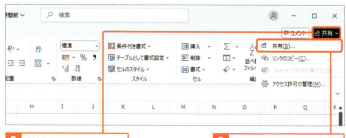

2 [共有] をクリックして、

3 [共有] をクリックします。

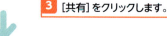

4 共有を解除したい相手のアイコンをクリックします。

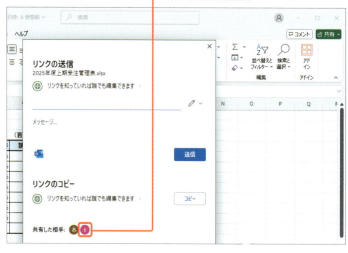

Memo 解除の前に相手に連絡する

共同編集を行っている相手が遠隔地にいる場合など、即時のコミュニケーションが難しい状況では、共有を突然解除すると相手の作業に影響する可能性もあります。共有を解除したい場合は、事前に相手に連絡しておくようにしましょう。

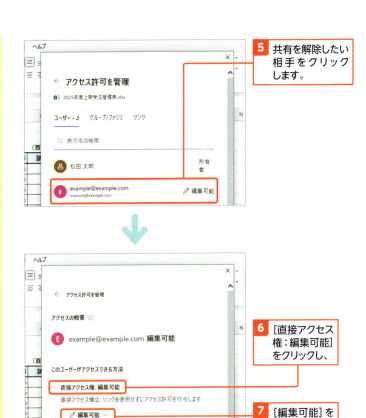

5 共有を解除したい相手をクリックします。

6 [直接アクセス権：編集可能]をクリックし、

7 [編集可能]をクリックし、

8 [直接アクセスを削除する]をクリックします。

フォルダーの共有を解除するには？

フォルダーの共有解除は、ブラウザーでOneDriveを表示した状態で行います。フォルダーを[リンクを知っていれば誰でも編集できます]の設定で共有している場合、以下の手順で共有の解除ができます。

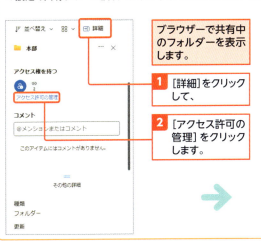

ブラウザーで共有中のフォルダーを表示します。

1 [詳細]をクリックして、

2 [アクセス許可の管理]をクリックします。

3 [リンク]をクリックして、

4 🗑 をクリックします。

Section 12 Copilotを使ってみる

ここで学ぶのは
- Microsoft Copilot in Windows
- Microsoft 365 Copilot
- Microsoft Copilot Pro

CopilotはMicrosoft社が提供している生成AIサービスで、Microsoft 365のサブスクリプション契約なら（法人契約は追加オプション契約も必要）、WordやExcel内で直接操作をサポートしてくれます。買い切り版のOffice 2024では、ブラウザーやWindows 11のチャット形式のCopilotを利用できます。

1 生成AIサービス「Copilot」とは

AI（人工知能）の中でも、人間並みの文章や画像を生成できるものを「生成AI」といい、Microsoft社の生成AIは「Copilot」で、各種サービスに組み込んでいます。

個人契約のMicrosoft 365 Personal/Familyなら、月に60クレジット（2025年2月時点）まで、WordやExcelから直接Copilotを操作できます。法人契約のMicrosoft 365では、オプション契約のMicrosoft 365 Copilotが必要です。買い切り版のExcel 2024やWord 2024では直接Copilotを操作することはできず、無料で提供されているブラウザーやWindows 11のチャット形式のCopilotとやり取りする必要があります。例えば、ExcelでCopilotを使えば、「100の位で四捨五入して」といった日本語の指示を与えるだけで、必要な数式を生成させることができるため、業務効率を大幅に改善できます。

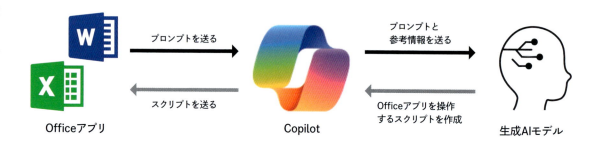

● Copilotの種類

Copilotの種類	機能
Microsoft Copilot	Webブラウザーで利用できるオンラインサービス https://copilot.microsoft.com/
Microsoft Copilot in Windows	Windows 11上で利用できるチャット形式のCopilot。機能はMicrosoft Copilotとまったく同じ
Microsoft 365 Copilot	法人向けのMicrosoft 365サービスのオプション。Microsoft 365のアプリに対して、Copilotを利用する機能を追加する https://support.microsoft.com/ja-jp/copilot-pro
Microsoft Copilot Pro	Microsoft 365 Copilotの機能を個人向けに提供したもの。個人向けのMicrosoft 365アプリで利用可能で、月間のクレジット制限がなくなる https://www.microsoft.com/ja-jp/microsoft-365/copilot

2 チャット形式の Copilot

オンラインサービスの Microsoft Copilot と、Windows 11 に付属する Microsoft Copilot in Windows は、テキストの指示（プロンプト）でテキストや画像の結果を返す、チャット形式の生成AIです。Office 2024のユーザーはこのタイプのCopilotしか利用できません。

チャット形式のCopilotは無料でも利用可能です。ただし、生成した文章や数式などを、Officeに貼り付ける手間がかかります。

生成された数式などをOfficeアプリに貼り付けて利用する

3 Microsoft 365 と融合した Copilot

Microsoft 365では、Copilotがアプリ自体に融合しており、数式を含む列を追加する、グラフを作成するといった自動操作ができます。

作業ウィンドウにプロンプトを入力

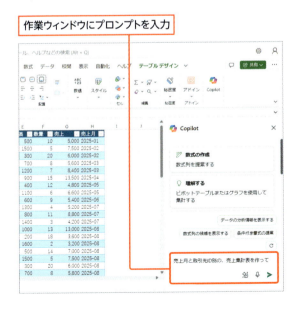

提案されたものをそのまま文書に挿入できる

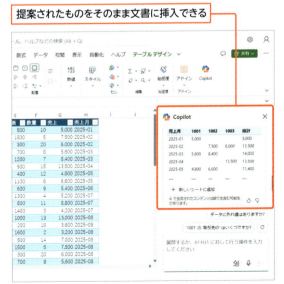

Section 13

Microsoft 365 Copilot in Wordを使ってみる

練習用ファイル： 13_copilot_word1～2.docx

ここで学ぶのは
- Copilotを利用した要約
- Copilotを利用した代筆
- Copilotを利用した書き換え

WordのCopilotでは、文書作成に関わる作業を自動化できます。例えば、長い文章を要約してもらえば、一瞬で全体像を把握できます。また、ビジネス文書は定型のものが多いため、下書きを任せることもできます。

1 文章を要約してもらう

Hint　Microsoft 365 Copilot in Wordの機能

Microsoft 365 Copilot in Wordの主な機能は次のとおりです。これらは2025年2月時点の機能でCopilotの機能は進化していきます。
・文書の下書きを作成してもらう
・書式設定を変更してもらう
・文書の構成や編集をしてもらう
・文書を要約してもらう
・データを挿入してもらう
・表を作成してもらう
・操作方法を教えてもらう

注意　OneDriveに保存する

Microsoft 365 Copilot in Wordを使うときは、使用するファイルをOneDriveに保存し、自動保存を有効にする必要があります。p.518の方法でOneDriveに保存しておきましょう。

要約したい文書を開いておきます。

1 [Copilot]をクリックします。

2 「この文章を要約してください。」と入力して、

3 [送信]をクリックします。

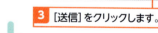

4 要約が表示されます。

2 文章を代筆してもらう

Hint 文書作成を指示するコツ

文書の作成を指示する際、最初に「挨拶状を作ってください。」などの大目的を書きます。次に「以下の情報を含めてください。」などと入力し、箇条書きで、その文書に含めたい情報を列挙します。
・例：取引先、挨拶状を送る目的（お歳暮、新製品見本など）
与える情報が多いほど、イメージ通りの原稿が生成されやすくなります。

Hint さらに質問する

生成された文章がイメージと違う場合は、追加の質問を与えて修正させることができます。入力ボックスの上に表示される質問の候補から選ぶこともできます。

質問の候補をクリックします。

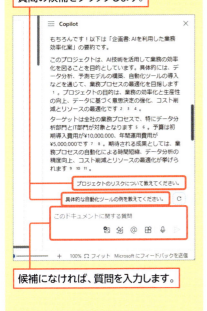

候補になければ、質問を入力します。

1 [Copilot]をクリックします。

2 作成したい文章の指示を入力して、

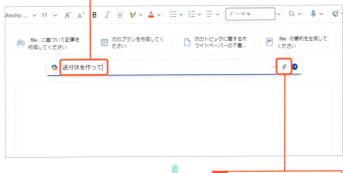

3 [送信]をクリックします。

4 送付状の下書きが表示されます。

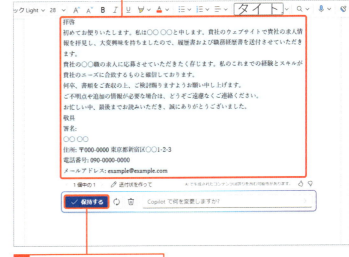

5 [保持する]をクリックします。

3 文章を書き換えてもらう

1 書き換えたい文章を選択します。

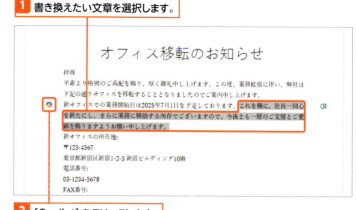

2 [Copilot]をクリックします。

3 [自動書き換え]をクリックします。

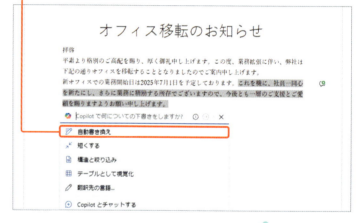

4 修正案が表示されます。

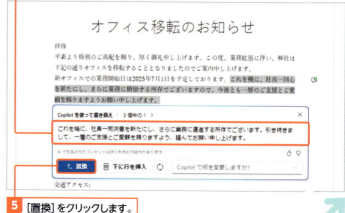

5 [置換]をクリックします。

Hint 書き換えの候補を確認する

Copilotを使って書き換える際、書き換えの候補は複数表示されます。[>]をクリックすると候補が確認できます。生成された文章がイメージと異なる場合は、[再生成]をクリックして新たな候補を生成することも可能です。

[>]をクリックします。

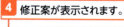

[再生成]をクリックします。

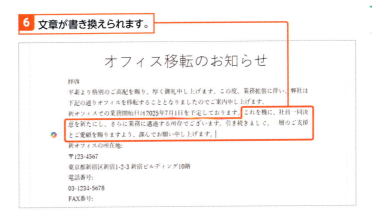

6 文章が書き換えられます。

 チャット形式の Copilot で要約や代筆、書き換えを行う

ここまでは Microsoft 365 の Copilot を使って Word の文章の要約や代筆、書き換えを行いましたが、これらの機能は Word 2024 では利用できません。Word 2024 を利用している方は、ブラウザー版の Microsoft Copilot や Windows 版の Microsoft Copilot in Windows を利用してください。ブラウザー版と Windows 版では元の文章や結果をコピー&ペーストする手間がかかりますが、おおむね Microsoft 365 の Copilot と同様のことができます。Excel 2024 も同様に、ブラウザー版や Windows 版で数式などを作成し、結果をコピー&ペーストしましょう。

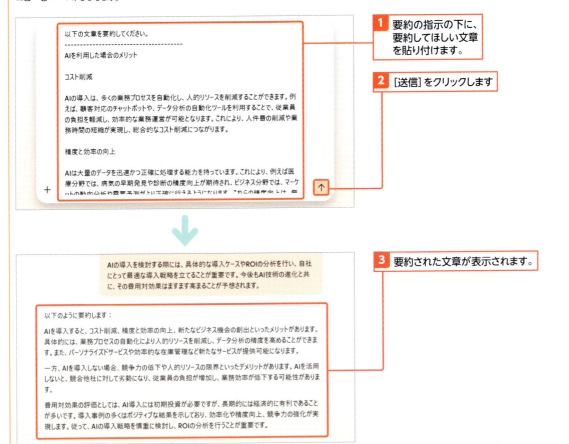

1 要約の指示の下に、要約してほしい文章を貼り付けます。

2 [送信] をクリックします

3 要約された文章が表示されます。

Section 14

Microsoft 365 Copilot in Excelを使ってみる

練習用ファイル: 📁 14_copilot_excel1～2.xlsx

ここで学ぶのは
- Copilotを利用した計算式の作成
- Copilotを利用した表の作成
- Copilotを利用したグラフの作成

ExcelのCopilotは、数式に苦手意識がある人でも、どのような計算をしたいかCopilotに指示するだけで計算式が作成できます。操作が複雑なピボットテーブルやグラフも、日本語で指示するだけで作成でき、ユーザーはより重要な分析業務などに集中することができます。

1 ExcelでCopilotを使う準備をする

⚠ 注意 OneDriveに保存する

Microsoft 365 Copilot in Excelを使うときは、使用するファイルをOneDriveに保存し、自動保存を有効にする必要があります。p.518の方法でOneDriveに保存しておきましょう。

💬 解説 表をテーブルに変換する

Copilotではフィールド（列）とレコード（行）からなる一覧表型の表をもとに、さまざまな処理を行います。選択されたセルから表の範囲を認識しますが、適切に認識されないことがあります。範囲の選択ミスが起こる場合は、表をテーブルに変換してください。

1 p.441の方法で、表をテーブルに変換しておきます。

2 ［ホーム］タブの［Copilot］をクリックします。

3 ［Copilot］作業ウィンドウが表示されます。

4 質問を入力する場所にメッセージが表示されます。

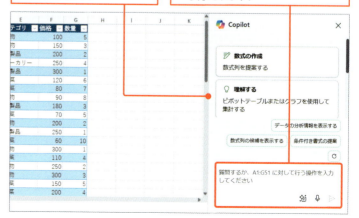

2 計算式を作成してもらう

計算式を作成してもらう

ここでは、表を基に、価格と数量を掛け算した結果を表示する列を追加します。他にも、関数を使った複雑な数式も挿入できます。計算がうまくいかないときは、「日付列」や「商品名列」のように、列名を明記すると回答精度が上がります。

Microsoft 365 Copilot in Excel の機能

Microsoft 365 Copilot in Excelの主な機能は次のとおりです。これらは2025年2月時点で、Copilotの機能は進化していきます。
・計算式を作成してもらう
・表示形式を変更してもらう
・列幅を調整してもらう
・データを自動的に強調してもらう
・ピボットテーブルを作成してもらう
・グラフを作成してもらう
・データの並べ替えや抽出をしてもらう
・データを分析してもらう
・操作方法を聞いて教えてもらう

1 計算してほしい内容を入力します。

2 [送信] をクリックします。

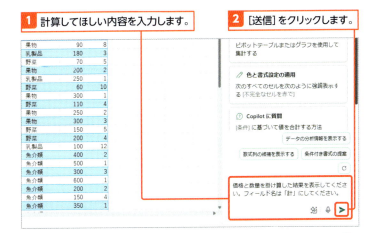

3 挿入される列のプレビューを確認します。

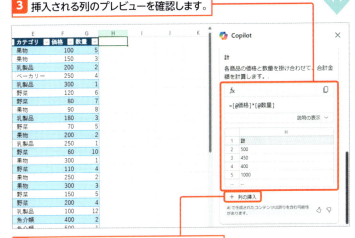

4 問題なければ [列の挿入] をクリックします。

5 列が追加されて、計算結果が表示されます。

3 ピボットテーブルを作成してもらう

解説　集計表を作ってもらう

ピボットテーブルは、さまざまな側面からデータを分析できる便利な機能ですが、操作方法が難しいのが難点です。Copilotを使えば、どの列を基準に集計するかを文章で指定するだけで済みます。今回は「売上月」と「取引先ID」の2つの列を条件に指定しました。集計方法も、合計や個数、平均などを言葉で指定できます。

売上月と取引先ID別の売上集計表を作ります。

1 集計方法を指定して、

2 [送信]をクリックします。

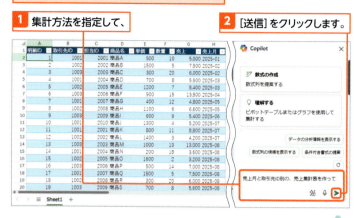

3 ピボットテーブルのプレビューが表示されます。

4 問題がなければ[新しいシートに追加]をクリックします。

5 新しいシートが追加されてピボットテーブルが配置されます。

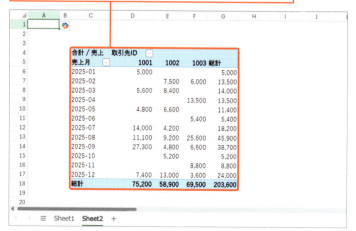

4 グラフを作成してもらう

解説　グラフを作ってもらう

ここではピボットグラフを作成してみます。ピボットグラフとは、ピボットテーブルを元にしたグラフのことです。通常のグラフと異なり、グラフを作る前に集計処理を行えるのが特徴です。今回の例では、商品名ごとの売上を集計し、それを棒グラフにしています。ピボットテーブルも同時に作られます。

商品名ごとの売り上げの合計を示すグラフを作ります。

① 集計方法とグラフの種類を入力して、　② [送信]をクリックします。

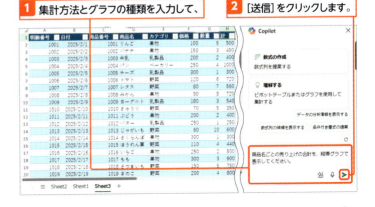

③ グラフのプレビューを確認します。

④ 問題がなければ[新しいシートに追加]をクリックします。

Hint　失敗したときはやり直す

現在のCopilotは、作成したピボットテーブルやグラフを変更することができません。失敗した場合は、ピボットテーブルやグラフを削除して、プロンプトの入力からやり直してください。

⑤ 新しいシートが追加されてピボットグラフが表示されます。

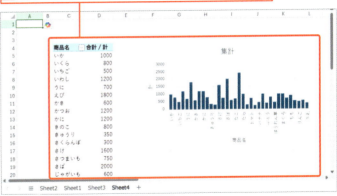

便利なショートカットキー

Word、Excel使用時に知っておくと便利なショートカットキーを用途別にまとめました。たとえば、白紙の文書を新規作成するときに使用する Ctrl + N とは、Ctrl キーを押しながら N キーを押すことです。

Word・Excel 共通

ファイルの操作

Ctrl + N	新規作成
Ctrl + O	Backstage ビューの [開く] を表示
Ctrl + F12	[ファイルを開く] ダイアログを表示
Ctrl + S	上書き保存
F12	[名前を付けて保存] ダイアログを表示
Ctrl + W	ウィンドウを閉じる
Alt + F4	アプリの終了
Ctrl + P	Backstage ビューの [印刷] を表示

編集機能

Ctrl + X	選択内容をクリップボードに切り取り
Ctrl + C	選択内容をクリップボードにコピー
Ctrl + V	クリップボードの内容を貼り付け
Ctrl + Z	直前の操作を取り消して元に戻す
Ctrl + Y	元に戻した操作をやり直す
F4	直前の操作を繰り返す
ESC	現在の操作を途中で取り消す

文字の入力・変換

変換	確定した文字を再変換
ESC	入力を途中で取り消す
F6	ひらがなに変換
F7	全角カタカナに変換
F8	半角カタカナに変換
F9	全角英数字に変換
F10	半角英数字に変換

ウィンドウの操作

Ctrl + F1	リボンの表示／非表示を切り替え
Ctrl ＋マウスホイールを奥に回す	拡大表示
Ctrl ＋マウスホイールを手前に回す	縮小表示
⊞ + ↑	ウィンドウを最大化
⊞ + ↓	ウィンドウの大きさを元に戻す
⊞ + ↓	ウィンドウを最小化

Word

カーソルの移動

Home	行頭に移動
End	行末に移動
PageUp	1 画面上にスクロール
PageDown	1 画面下にスクロール
Ctrl + Home	文書の先頭に移動
Ctrl + End	文書の末尾に移動
Shift + F5	前の変更箇所に移動

書式の設定

Ctrl + B	文字列に太字を設定／解除
Ctrl + I	文字列に斜体を設定／解除
Ctrl + U	文字列に下線を設定／解除
Ctrl + [	フォントサイズを 1 ポイント小さくする
Ctrl +]	フォントサイズを 1 ポイント大きくする
Ctrl + Shift + C	書式をコピー
Ctrl + Shift + V	書式を貼り付け
Ctrl + E	段落を中央揃えにする
Ctrl + L	段落を左揃えにする
Ctrl + R	段落を右揃えにする

540

範囲選択

Shift + ↑ ↓ → ←	選択範囲を上下左右に拡大／縮小
Shift + Home	行の先頭までを選択
Shift + End	行の末尾までを選択
Ctrl + Shift + Home	文書の先頭までを選択
Ctrl + Shift + End	文書の末尾までを選択
Ctrl + A	文書全体を選択

その他の操作

Ctrl + F	ナビゲーションウィンドウを表示
Ctrl + H	[検索と置換] ダイアログの [置換] タブを表示
Ctrl + G ／ F5	[検索と置換] ダイアログの [ジャンプ] タブを表示
F7	スペルチェックと文章校正を実行
Ctrl + Enter	ページ区切りを挿入
Shift + Enter	行区切りを挿入（段落内改行）
Ctrl + Alt + M	コメントを挿入
Ctrl + Shift + E	変更履歴の記録を開始／終了

Excel

アクティブセルの移動

Ctrl + Home	セル A1 に移動
Tab	右隣に移動
Shift + Tab	左隣に移動
Home	選択中のセルの行の A 列に移動
PageUp	画面単位で上方向にスクロール
PageDown	画面単位で下方向にスクロール
Alt + PageDown	画面単位で右方向にスクロール
Alt + PageUp	画面単位で左方向にスクロール
Ctrl + ↑ ↓ → ←	データが入力された範囲の上端（下端、左端、右端）に移動
Ctrl + End	表やリストの右下隅に移動

シートの切り替え

Ctrl + PageUp	左のシートに切り替え
Ctrl + PageDown	右のシートに切り替え

セルの選択

Ctrl + Shift + * （テンキー以外）	表全体（アクティブセル領域）を選択
Shift + Space	アクティブセルを含む行を選択
Ctrl + Space	アクティブセルを含む列を選択
Ctrl + Shift + ↑ ↓ → ←	データ範囲の上端（下端、左端、右端）のセルまで選択

データの入力

F2	セルのデータの末尾にカーソルを移動
Alt + Enter	セル内で改行
Ctrl + ;	今日の日付を入力
Ctrl + :	現在の時刻を入力
Ctrl + D	上のセルと同じ内容を入力
Ctrl + R	左のセルと同じ内容を入力
Alt + ↓	上方向に入力されている項目と同じ入力候補を表示
Ctrl + Enter	アクティブセルを移動せずに入力を確定
数式内のセル番地をクリックして F4	セルの参照方法を絶対参照や複合参照に変換

その他の機能

Ctrl + Alt + V	[形式を選択して貼り付け] ダイアログを表示
Ctrl + 1 （テンキー以外）	[セルの書式設定] ダイアログを表示
Ctrl + Shift + F	[セルの書式設定] ダイアログの [フォント] タブを開く
Ctrl + F	[検索と置換] ダイアログの [検索] タブを開く
Ctrl + H	[検索と置換] ダイアログの [置換] タブを開く
F5	[ジャンプ] ダイアログを表示
F7	スペルチェックの機能を実行

541

ローマ字／かな対応表

あ行

あ	い	う	え	お
A	I	U	E	O
	YI	WU		
		WHU		

あ	い	う	え	お
LA	LI	LU	LE	LO
XA	XI	XU	XE	XO
	LYI		LYE	
	XYI		XYE	

	いぇ			
	YE			

うぁ	うぃ		うぇ	うぉ
WHA	WHI		WHE	WHO
	WI		WE	

か行

か	き	く	け	こ
KA	KI	KU	KE	KO
CA		CU		CO
		QU		

が	ぎ	ぐ	げ	ご
GA	GI	GU	GE	GO

ヵ			ヶ	
LKA			LKE	
XKA			XKE	

きゃ	きぃ	きゅ	きぇ	きょ
KYA	KYI	KYU	KYE	KYO

ぎゃ	ぎぃ	ぎゅ	ぎぇ	ぎょ
GYA	GYI	GYU	GYE	GYO

くぁ	くぃ	くぅ	くぇ	くぉ
QWA	QWI	QWU	QWE	QWO
QA	QI		QE	QO
KWA	QYI		QYE	

ぐぁ	ぐぃ	ぐぅ	ぐぇ	ぐぉ
GWA	GWI	GWU	GWE	GWO

くゃ		くゅ		くょ
QYA		QYU		QYO

さ行

さ	し	す	せ	そ
SA	SI	SU	SE	SO
	CI		CE	
	SHI			

ざ	じ	ず	ぜ	ぞ
ZA	ZI	ZU	ZE	ZO
	JI			

しゃ	しぃ	しゅ	しぇ	しょ
SYA	SYI	SYU	SYE	SYO
SHA		SHU	SHE	SHO

じゃ	じぃ	じゅ	じぇ	じょ
JYA	JYI	JYU	JYE	JYO
ZYA	ZYI	ZYU	ZYE	ZYO
JA		JU	JE	JO

すぁ	すぃ	すぅ	すぇ	すぉ
SWA	SWI	SWU	SWE	SWO

た行

た	ち	つ	て	と
TA	TI	TU	TE	TO
	CHI	TSU		

だ	ぢ	づ	で	ど
DA	DI	DU	DE	DO

		っ		
		LTU		
		XTU		
		LTSU		

ちゃ	ちぃ	ちゅ	ちぇ	ちょ		ぢゃ	ぢぃ	ぢゅ	ぢぇ	ぢょ
TYA CYA CHA	TYI CYI	TYU CYU CHU	TYE CYE CHE	TYO CYO CHO		DYA	DYI	DYU	DYE	DYO
つぁ	つぃ		つぇ	つぉ						
TSA	TSI		TSE	TSO						
てゃ	てぃ	てゅ	てぇ	てょ		でゃ	でぃ	でゅ	でぇ	でょ
THA	THI	THU	THE	THO		DHA	DHI	DHU	DHE	DHO
とぁ	とぃ	とぅ	とぇ	とぉ		どぁ	どぃ	どぅ	どぇ	どぉ
TWA	TWI	TWU	TWE	TWO		DWA	DWI	DWU	DWE	DWO

な行

な	に	ぬ	ね	の		にゃ	にぃ	にゅ	にぇ	にょ
NA	NI	NU	NE	NO		NYA	NYI	NYU	NYE	NYO

は行

は	ひ	ふ	へ	ほ		ば	び	ぶ	べ	ぼ
HA	HI	HU FU	HE	HO		BA	BI	BU	BE	BO
						ぱ	ぴ	ぷ	ぺ	ぽ
						PA	PI	PU	PE	PO
ひゃ	ひぃ	ひゅ	ひぇ	ひょ		びゃ	びぃ	びゅ	びぇ	びょ
HYA	HYI	HYU	HYE	HYO		BYA	BYI	BYU	BYE	BYO
						ぴゃ	ぴぃ	ぴゅ	ぴぇ	ぴょ
						PYA	PYI	PYU	PYE	PYO
ふぁ	ふぃ	ふぅ	ふぇ	ふぉ		ヴぁ	ヴぃ	ヴ	ヴぇ	ヴぉ
FWA FA 	FWI FI FYI	FWU	FWE FE FYE	FWO FO		VA	VI VYI	VU	VE VYE	VO
ふゃ		ふゅ		ふょ		ヴゃ	ヴぃ	ヴゅ	ヴぇ	ヴょ
FYA		FYU		FYO		VYA		VYU		VYO

ま行

ま	み	む	め	も		みゃ	みぃ	みゅ	みぇ	みょ
MA	MI	MU	ME	MO		MYA	MYI	MYU	MYE	MYO

や行

や		ゆ		よ		ゃ		ゅ		ょ
YA		YU		YO		LYA XYA		LYU XYU		LYO XYO

ら行

ら	り	る	れ	ろ		りゃ	りぃ	りゅ	りぇ	りょ
RA	RI	RU	RE	RO		RYA	RYI	RYU	RYE	RYO

わ行

わ	ゐ		ゑ	を		ん
WA	WI		WE	WO		N NN XN N'

- ●「ん」は、母音（A、I、U、E、O）の前と、単語の最後ではNNと入力します。（TANI→たに、TANNI→たんい、HONN→ほん）
- ●「っ」は、N以外の子音を連続しても入力できます。（ITTA→いった）
- ●「ヴ」のひらがなはありません。

Word 用語集

Wordを使用する際によく使われる用語を紹介しています。すべてを覚える必要はありません。必要なときに確認してみてください。

数字・アルファベット

3Dモデル
3次元の立体感のある画像のことです。文書に挿入後、ドラッグで立体的に回転させることができます。

Backstageビュー
［ファイル］タブをクリックしたときに表示される画面で、ファイル操作や印刷、Word全体の設定が行えます。

Copilot
Microsoft社が提供する生成AI（人工知能）で、会話するようにやり取りしながらユーザーの質問に回答します。文章の作成や要約、画像の作成などユーザーのニーズに合わせていろいろな情報を提供できます。

IMEパッド
日本語入力システムに付属している機能で、漢字を手書き、総画数、部首などから検索し、文書内に入力できます。

Microsoft Search
入力されたキーワードに対応する操作を検索したり、文書内でキーワードを検索したりする機能です。

PDFファイル
アドビシステムズ社が開発した、機種やソフトに関係なく表示したり、印刷したりできる電子文書のファイル形式です。Wordでは、文書をPDFファイルとして保存することができます。

SmartArt
リスト、手順、組織図などの図表を簡単に作成できる機能です。

Webレイアウト
Webブラウザーで文書を開いたときと同じイメージで表示される表示モードです。

Word Online
Webブラウザー上でWordの文書を表示／編集できるツールです。WebブラウザーでOneDriveにMicrosoftアカウントでサインインし、保存されているWordファイルをクリックしたときにWord OnlineでWordファイルが開きます。

［Wordのオプション］ダイアログ
Wordを使用するときのさまざまな設定を行うダイアログです。

あ

アイコン
いろいろな物事をシンプルなイラストで記号化した絵文字です。Wordでは人物、動物、風景、ビジネスなどさまざまな分野のアイコンを文書に挿入できます。

アウトライン
罫線や画像が省略され、文章のみが表示される表示モードです。章、節、項のような階層構造の見出しのある文書を作成／編集する場合に便利な画面です。

インクツール
文書内に手書きでマーカーや文字を描き込める機能です。手書きで描いた四角や矢印などを図形に変換することもできます。

印刷プレビュー
印刷結果を確認する画面のことです。［ファイル］タブの［印刷］をクリックすると現在開いている文書の印刷プレビューが確認できます。

インデント
文字の字下げのことで、行頭や行末の位置をずらして段落内の行の幅を変更できます。設定できるインデントは4種類あり、「左インデント」は段落全体の行頭の位置、「右インデント」は段落全体の行末の位置、「1行目のインデント」は段落の1行目の行頭の位置、「ぶら下げインデント」は2行目以降の行頭の位置を指定します。段落のインデントの状態は、ルーラーに表示されるインデントマーカーで確認／設定できます。

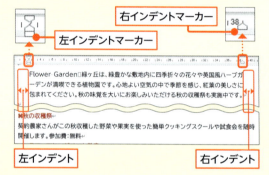

上書き保存
一度名前を付けて保存した文書を変更した後で、更新して保存することです。

閲覧モード
画面の幅に合わせて文字が折り返されて表示されます。編集することはできず、画面で文書を表示するための表示モードです。

オートコレクト
入力した文字を自動で修正する機能です。例えば、英単語の1文字目を大文字にしたり、スペルミスを自動で修正したりします。

オートコレクトのオプション
オートコレクトの機能により自動修正された文字にマウスポインターを合わせると表示されるボタンで、クリックして表示されるメニューで修正前の状態に戻したり、オートコレクトの機能をオフにしたり、オートコレクトの設定画面を表示したりできます。

オブジェクト

図形や写真、ワードアート、SmartArtなど、文書に挿入できるデータのことです。

か

カーソル

文字を入力したり、画像を挿入したりする位置を示す、点滅する縦棒のことです。↑↓→←キーを押したり、マウスクリックで移動できます。

拡張子

ファイル名の後ろに続く「.」(ピリオド)以降の文字で、ファイルの種類を表しています。Word 2007以降の文書の拡張子は「.docx」で、Word 2003以前の文書の拡張子は「.doc」です。

かな入力

キーボードの文字キーに表示されているひらがなをタイプして入力する方法のことです。

行間

前の行の文字の上端から、次の行の文字の上端までの間隔のことです。

共同編集

ファイルを共有し、共有したファイルを複数のユーザーで同時に開いて、共同で編集することです。または、その機能のことです。

行頭文字

箇条書きで文字を入力するときに、各行の先頭に表示する「●」などの記号や「①、②、③」などの段落番号のことです。

禁則処理

「ー」(長音)や「、」や「。」のような記号が行頭に表示されないようにしたり、「(」などが行末に表示されないように設定する機能のことです。

均等割り付け

選択した文字について、指定した文字数分の幅に均等に配置する機能です。例えば、4文字の文字を5文字分の幅になるように揃えることができます。

クイックアクセスツールバー

タイトルバーの左側にある、よく使う機能(ボタン)を登録しておけるツールバーです。常に表示されているため、機能を素早く実行できます。ボタンは自由に追加できるので、よく使う機能を追加しておくと便利です。

繰り返し

直前に行った操作を繰り返して実行する機能です。[ホーム]タブの[繰り返し]ボタンをクリックするか、F4キーを押して実行できます。

グリッド線

図形などのオブジェクトを揃えたいときに目安として表示する線で、[表示]タブの[グリッド線]で表示／非表示を切り替えられます。グリッド線は印刷されません。

クリップボード

[コピー]や[切り取り]を実行したときにデータが一時的に保管される場所です。Officeクリップボードでは、最大で24個のデータを一時保存できます。

罫線

文書内に引くことができる線で、行数と列数を指定して表を作成したり、ドラッグで引いたりできます。文字や段落に引く罫線や、ページの周囲に引くページ罫線があります。

検索

指定した条件で文書内にあるデータを探す機能です。文字だけでなく、グラフィックスや表などを検索対象にすることもできます。

校正

誤字や脱字などを訂正して文書に修正を加える作業のことです。

コメント

文書に挿入するメモ書きです。複数の人で文書を校正する際に、修正意見などをコメントとして挿入してやり取りするのに使えます。

コンテキストタブ

オブジェクトを選択したり、表内にカーソルがあるときなど、特別な場合に表示されるタブで、タブ名が青字で表示されます。コンテキストタブには、選択している図形などのオブジェクトや表に関するリボンが用意されています。

さ

作業ウィンドウ

編集画面の左や右に表示される設定画面です。作業ウィンドウで設定した内容はすぐに編集画面に反映され、表示したまま作業が行えます。

下書き

余白や画像などが表示されず、文字入力や編集作業をするのに適している表示モードです。

書式

選択した文字や段落に対して見栄えを変更する設定です。例えば、フォント、フォントサイズ、太字、文字色や配置などがあります。

スタート画面

Wordを起動したときに最初に表示される画面です。この画面からこれから行う作業を選択します。新規で文書を作成したり、保存済みの文書を開いたりできます。

スタイル

フォントや文字サイズなどの文字書式や、配置などの段落書式を組み合わせて登録したものです。

ストック画像

ロイヤリティフリーで提供されている画像で、文書内で画像やアイコン、人物の切り抜き絵などの素材を自由に使用でき、表現を豊かにすることができます。

セクション
ページ設定ができる単位となる、文書内の区画です。[レイアウト]タブの[ページ/セクション区切りの挿入]をクリックして任意の位置にセクション区切りを追加し、文書を複数のセクションに分割できます。

セル
表内の、1つひとつのマス目のことです。

た

ダイアログ（ダイアログボックス）
複数の機能をまとめて指定できる設定用の画面です。ダイアログの表示中は、編集の作業はできません。[OK] をクリックすると指定した設定が実行され、画面が閉じます。

タイトルバー
画面（ウィンドウ）の上端に表示されるバーのことです。左側にはクイックアクセスツールバー、現在開いている文書名、アプリケーション名が表示され、右側には［最小化］、［元に戻す（縮小）］または［最大化］、［閉じる］ボタンが表示されています。タイトルバーをドラッグすると、ウィンドウを移動することができます。

段組み
文章を複数の段に分けて配置することです。段組みにすると、1行の文字数が短くなるので、読みやすくなります。雑誌や新聞でよく使用されています。

単語登録
単語の読みと名前などの文字の組み合わせを登録することです。漢字変換しづらい漢字を読みと一緒に登録しておくと、指定した読みですばやく変換できるようになります。

段落
段落記号から次の段落記号までの文章の単位のことです。

段落書式
選択している段落に対して設定できる書式のことです。中央揃え、箇条書き、インデント、行間などがあります。

置換
特定の文字を文章の中から検索し、指定した文字に置き換える機能のことです。

テーマ
文書全体のフォント、配色、段落間隔、図形などの効果を組み合わせて登録されたものです。テーマを適用すると、文書全体のデザインを一括して変更することができます。

テキストボックス
文書内の任意の位置に文字を配置できる図形の1つです。横書き用と縦書き用のテキストボックスがあります。

テンプレート
文書のひな型のことで、あらかじめ文字、表、書式などが設定されており、必要な箇所に文字を入力するだけで文書を作成できます。Wordでスタート画面または［ファイル］タブの［新規］をクリックしたときに表示される［新規］画面で、用意されているテンプレートを使うことができます。

頭語（とうご）
手紙などの文書の冒頭に記述する言葉です。頭語を記述したら、必ず文書の最後に対になる結語（けつご）を記述します。例えば、「拝啓」の場合は「敬具」、「前略」の場合は「草々」を使います。

トリミング
文書内に挿入した画像の一部分を切り出すことです。画像の必要な部分だけを使いたいときに使います。

な

ナビゲーションウィンドウ
文書内に設定されている見出しを階層的に表示します。見出しをクリックするだけで文書内を移動できます。また、文書内にある文字などのデータを検索するときにも使用します。

日本語入力システム
パソコンで日本語を入力するためのプログラムで、WindowsにはIMEという日本語入力システムが付属されています。Wordでは、IMEを使って日本語を入力します。

入力オートフォーマット
入力された文字によって自動的に書式が設定される機能のことです。例えば、「拝啓」と入力して改行したり空白を入力したりすると、対応する結語の「敬具」が自動的に右揃えで入力されます。

入力モード
キーボードを押したときに入力される文字の種類のことで、「ひらがな」「全角カタカナ」「全角英数」「半角カタカナ」「半角英数」があります。

は

貼り付け
[コピー] や [切り取り] してクリップボードに保管されたデータを、[貼り付け] をクリックして指定した場所に貼り付ける機能です。

貼り付けのオプション
[貼り付け] を実行してデータを貼り付けた直後に表示されるボタンです。文字だけや、元の書式を保持するなど、貼り付け方法を後から変更することができます。

ハンドル

図形や画像などのオブジェクトを選択したときに表示されるつまみです。オブジェクトの周囲に表示される白いハンドルをドラッグするとサイズを変更できます。

表示モード

Wordの編集画面の種類です。「閲覧モード」「印刷レイアウト」「Webレイアウト」「アウトライン」「下書き」の5種類あり、「印刷レイアウト」が標準の表示モードになります。

フィールド

特定のデータを表示する領域のことです。フィールドには、フィールドコードと呼ばれる式が挿入されており、フィールドコードの内容に対応したデータが表示されます。例えば、自動的に更新される日付や計算式、差し込みデータなどのデータはフィールドとして挿入されます。

フォーカスモード

タブやリボンを非表示にして文章の編集だけに集中できる表示モードです。

フォント

書体のことです。Word 2021の初期設定のフォントは「游明朝」です。

フッター

ページの下部にある余白部分の領域で、ページ番号や日付などを挿入し、印刷時にすべてのページに同じ内容で印刷できます。

プレースホルダー

文字を入力するためにあらかじめ用意されている枠組みです。Wordに用意されているテンプレートの中にプレースホルダーが配置されているものがあり、クリックして文字を入力すると、プレースホルダーがその文字に置き換わります。

プロポーショナルフォント

文字の横幅に合わせて、文字間隔が調整されるフォントです。「MS P 明朝」や「MS P ゴシック」などのように、フォントの名前に「P」が付きます。

ページ設定

用紙のサイズや向き、余白や1ページの行数や文字数など、文書全体やセクションに対する書式設定のことです。

ヘッダー

ページの上部にある余白部分の領域で、日付やロゴなどを挿入し、印刷時にすべてのページに同じ内容で印刷できます。

変更履歴

文書内で変更した内容を記録する機能です。記録した内容を後で1つずつ確認しながら、反映するか削除するかを指定できます。

編集記号

段落記号やタブ記号、セクション区切りなど、文書中に挿入される編集用の記号のことです。編集記号は印刷されません。

ま

ミニツールバー

文字や図形などを選択したときや、右クリックしたときに表示される、よく使われるボタンが配置された小さなツールバーです。

文字書式

選択している文字に対して設定できる書式です。フォント、フォントサイズ、太字、フォントの色などがあります。

元に戻す

直前に行った操作を取り消して、操作する前の状態に戻すことです。[ホーム]タブの[元に戻す]ボタンをクリックすると、直前の操作を元に戻すことができます。[元に戻す]ボタンの横にある▽をクリックすると過去に行った操作の履歴が一覧で表示され、複数の操作をまとめて取り消すこともできます。

や

やり直し

[元に戻す]を実行してして取り消した操作を、再度実行してやり直すことです。

ら

リアルタイムプレビュー

メニューを表示して一覧から選択肢にマウスポインターを合わせたときに、設定後のイメージが表示される機能です。設定前に確認できるので、何度も設定し直すことがありません。

リーダー

タブによって文字と文字の間に挿入された空白を埋める線のことです。

リボン

機能を実行するときに使うボタンが配置されている、画面上部の領域です。関連する機能ごとにリボンが用意されており、タブをクリックしてリボンを切り替え、目的のボタンをクリックして機能を実行します。

ルーラー

編集画面の上部と左側に表示される目盛りのことで、上部のルーラーを「水平ルーラー」、左側のルーラーを「垂直ルーラー」といいます。インデントやタブ位置の確認や変更ができたり、文字数を測ったりできます。

ローマ字入力

キーに表示されているアルファベットをローマ字読みで入力する方法です。例えば、「あか」と入力する場合は「AKA」とタイプします。

わ

ワードアート

影や反射、立体などの特殊効果を付けたり、文字を変形したりしてデザインされた文字のことです。文書のタイトルなど、目立たせたい文字を強調し、効果的に見せることができます。

Excel 用語集

Excelを使用する際によく使われる用語を紹介しています。すべてを覚える必要はありません。必要なときに確認してみてください。

アルファベット

Backstageビュー
[ファイル] タブをクリックすると表示されます。ブックを開いたり、保存したり、印刷したりと、ブックに関する処理を実行できます。

Book1
新規にブックを作成すると、Book1、Book2、Book3のように仮の名前が付いたブックが作成されます。ブック名は後からわかりやすい名前に変更できます。

CSV
収集したデータの集まりを保存するときに使用するファイル形式の1つです。フィールドとフィールドが「,」（カンマ）で区切られます。

[Excelのオプション] ダイアログ
Excelを使用するときのさまざまな設定を行うダイアログです。

Microsoft 365 Copilot
Microsoft 365のExcelなどで使用できるAI機能です。法人向けサブスクリプション契約のMicrosoft 365サービスを使用している場合で、別途、有料のMicrosoft 365 Copilotを契約して利用します。Excelの場合、Microsoft 365 CopilotのCopilot in Excelを利用します。

Microsoft Searchボックス
使用する機能を簡単に呼び出したり、わからないことを調べたりできる場所です。Excel 2019以前では「操作アシスト」ボックスと呼びます。

Microsoftアカウント
パソコンにログインしたり、OneDriveを使用するサービスを得られたりするアカウントです。インターネット上で取得できます。

Officeクリップボード
過去にコピーした情報を貯めておくところです。24個までの内容を保存でき、再利用できます。

OneDrive
ファイルを保存するWeb上のスペースです。Microsoftアカウントを取得すると誰でも使用できます。Excelでは、OneDriveに保存したブックを簡単に扱えます。

Sheet1
新規にブックを作成すると、新しいワークシートとしてSheet1のような名前のシートが表示されます。また、ワークシートを追加すると、Sheet2、Sheet3のような名前のシートが作成されます。シート名は後からわかりやすい名前に変更できます。

あ

アイコンセット
条件付き書式で、値の大きさに応じたアイコンをセルに表示する機能です。値を簡単に比較したりできます。

アクセシビリティ
作成した資料などが、年齢や健康状態、障碍の有無、利用環境の違いなどに関わらず、誰にとってもわかりやすいものかを意味するものです。アクセシビリティチェックを実行すると、アクセシビリティを考慮できます。

アクティブセル
現在選択している太枠で囲まれたセルです。セルをクリックすると、アクティブセルが移動します。

印刷範囲
印刷する範囲を登録しておく機能です。印刷範囲を指定しているときに印刷を行うと、印刷範囲の部分が印刷されます。

インデント
セル内の文字の配置を少しずつずらしたりするときに使用します。

ウィンドウ枠の固定
表をスクロールしても、表の見出しを固定して常に表示するための機能です。

上書き保存
一度保存したブックを編集した後に、更新して保存することです。

エラーインジケーター
エラー発生の可能性を知らせる緑色の三角のマークです。

エラーのトレース
エラーインジケーターが表示されているセルをクリックすると表示されるアイコンです。[エラーのトレース] をクリックすると、エラー情報が表示されます。

オートコンプリート
セルに数文字を入力したときに、上下に隣接するセルに入力されている項目と同じ項目を自動入力する機能です。

オートフィル
フィルハンドルをドラッグして、さまざまなデータを自動入力する機能です。

置換
検索した文字を別の文字に置き換えたり、検索結果のセルに別の書式を設定したりする機能です。

か

改ページ
印刷するときのページの区切りを指定するものです。

改ページプレビュー
改ページの位置を確認したり、変更したりするときに使用すると便利な表示モードです。

カラースケール
条件付き書式で、セルの値の大きさに応じてセルを色分けする機能です。値の傾向などを読み取れます。

関数
合計や平均など、計算の目的に合わせて用意された公式のようなものです。関数ごとに、計算式の書き方が指定されています。

関数の挿入
関数を入力するときに使用すると便利なダイアログです。引数の内容などを確認しながら関数を入力できます。

クイックアクセスツールバー
ウィンドウの左上の、小さなボタンが並んでいる部分です。ボタンを追加登録して利用できます。

グラフ
表を基に作成するグラフのことです。Excelでは、さまざまな種類のグラフを作成できます。

グラフエリア
グラフ全体が表示される場所のことです。グラフエリアを選択すると、グラフ全体が選択されます。

グラフ要素
グラフを構成するさまざまな要素のことです。グラフを選択し、[書式] タブ→[グラフ要素] ボックスからグラフ要素を選択できます。

グループ化
複数の行や列を折りたたんだり、展開したりする機能です。明細行などを折りたたんで表示できます。

計算式のコピー
計算式をコピーして入力することです。計算式で指定しているセルの参照方法によって、参照元のセル番地が変わります。

形式を指定して貼り付け
セルの内容などをコピーして貼り付けるときに、貼り付ける形式を選択するダイアログです。たとえば、コメントとメモ情報のみを貼り付けたり、書式情報のみ貼り付けるなどを選択できます。

罫線
セルの上下左右や対角線上に引く線のことです。

桁区切りカンマ
数値の桁数がわかりやすいように、3桁ごとにカンマを表示する書式のことです。

検索
シートやコメントなどに含まれる文字を探すための機能。指定した書式が設定されたセルを検索することもできます。

コピー&ペースト
文字などをコピーして別の場所に貼り付けることです。

コメント
セルの内容を補足するために添付する覚え書きのようなものです。Excel 2019以前のコメント機能は、メモ機能として残っています。

さ

作業グループ
複数のシートを同時に選択している状態です。作業グループにしてシートを編集すると、選択しているすべてのシートに同じ編集を行えます。

シート
計算表を作成するシートのことです。ブックには、複数のシートを追加して利用できます。また、グラフを大きく表示するグラフシートもあります。

シートビュー
シートビューの機能を利用すると、OneDriveのファイルを、他の人と共有して利用しているとき、同じファイルを編集している他のユーザーに影響を及ぼすことなく、データを並べ替えたり抽出したりできます。

シート保護
シートにある表やグラフをうっかり削除してしまうことがないように、シートを編集できないようにすることです。

軸ラベル
グラフの「横(項目)軸」や「縦(値)軸」などの意味を補足するために表示するラベルです。

循環参照
数式を入力しているセル番地を参照して数式を作成してしまっている状態です。循環参照をしてしまうと、エラーが発生します。

条件付き書式
セルに入力されているデータと指定した条件を比較し、条件に一致するセルに自動的に書式を設定する機能です。

シリアル値
日付を管理している数値のこと。「1900/1/1」を「1」とし、1日ごとにシリアル値が1ずつ増えます。つまり、「1900/1/2」をシリアル値で示すと「2」になります。

数式
Excelで計算式を入力することです。セルに数式を入力すると、セルに計算結果が表示されます。

数式バー
Excelのウィンドウの上部に表示されるバーです。アクティブセルの内容が表示されるところです。数式バーでセルの内容を修正したりもできます。

ズーム
シートの表示倍率を変更する機能です。画面右下のズームスライダーのつまみをドラッグしても表示倍率を変更できます。

スタイル
セルの塗りつぶしの色や文字の色などの飾りの組み合わせを登録したものです。

ストック画像
イラストやアイコン、画像などが豊富に用意されているところです。[挿入] タブ→[画像]→[セルの上に配置]([セルに配置])→[ストック画像] からイラストなどを選択できます。

スパークライン
行ごとのセルのデータの推移や、プラスマイナスの推移などを他のセルに視覚的にわかりやすく表示する機能です。表示方法には、縦棒、折れ線、勝敗があります。

スピル
隣接するセル範囲に計算式をまとめて入力できる機能です。

絶対参照
セルを参照する方法の1つです。絶対参照の方法で参照しているセル番地は、式をコピーしてもセル番地がずれません。

セル
表やリストを作成するときに、項目名の文字や日付、数値などを入力する枠のことです。セルには、セル番地という住所のようなものが付いています。たとえば、C列の3行目のセルは「セルC3」といいます。

セルの結合
複数のセルをまとめて1つにすることです。結合したセルを解除することもできます。

セルの参照
他のセルの値を参照して表示することです。

セルの書式
セルの背景色や文字の色などの飾りや、データの表示形式、セルの特性などを指定することです。

全セル選択ボタン
ワークシートの左上隅のグレーのボタンです。列番号「A」の左、行番号「1」の上にあるボタンです。クリックすると、ワークシート内の全セルが選択されます。

相対参照
セルを参照する方法の1つです。相対参照の方法で参照しているセル番地は、式をコピーするとセルの位置が相対的にずれます。

総ページ数
印刷時に、総ページ数を自動的に表示する機能です。一般的に、ページ番号と組み合わせて指定します。

た

ダイアログ（ダイアログボックス）
さまざまな設定を行う設定画面です。たとえば、セルに対してさまざまな設定をするには、［セルの書式設定］ダイアログを表示して行います。

タイトルバー
ウィンドウの一番上に表示されるバーです。ブック名が表示されます。

タブ
ウィンドウ上部の「ファイル」「ホーム」「挿入」などと表示されているところです。タブをクリックすると、リボンに表示されるボタンが切り替わります。

データバー
条件付き書式で、セルの値の大きさに応じてセルにバーを表示する機能です。値を簡単に比較できます。

データラベル
グラフで示す項目名や数値の値などをグラフ内に表示するラベルです。

テーブル
顧客データや売上明細データなど、リスト形式で集められたデータを、より簡単に活用できるようにする機能です。リストをテーブル

に変換すると、列の見出しの横にフィルターボタンが表示されます。

テーマ
ブックで使用する色の組み合わせやフォントなどのデザインを登録したものです。テーマを選択するだけで、全体のデザインが変わります。

テンプレート
「納品書」や「請求書」などのレイアウトが決まっている入力フォームです。表をテンプレートとして保存すると、そのテンプレートを開いたときに、テンプレートを基にした新規文書が作成されます。

な

名前
セルやセル範囲に付ける名前のことです。数式を作成するときにセルを指定する代わりに名前を使用することもできます。

名前ボックス
アクティブセルのセル番地が表示されます。また、名前ボックスで名前を選択してセル範囲を選択したりできます。

並べ替え
リスト形式に集めたデータを見やすく並べ替える機能です。並べ替えの基準になるフィールドを選択して、小さい順（昇順）や大きい順（降順）などを指定します。

日本語入力モード
パソコンで文字を入力するときに、日本語を入力するときは、日本語入力モードをオンに切り替えます。

入力規則
セルに入力できるデータの内容を制限したり、セルを選択したときの日本語入力モードの状態を指定したりする機能です。

は

パスワード
Excelのパスワードには、「読み取りパスワード」と「書き込みパスワード」があります。ブックを開くためのパスワードを指定するには「読み取りパスワード」を指定します。ブックを編集して上書き保存するためのパスワードを指定するには「書き込みパスワード」を指定します。

貼り付けのオプション
セルの内容などをコピーして貼り付けたときに、貼り付けた直後に表示されるボタンです。ボタンをクリックして貼り付ける形式を選択できます。

凡例
グラフで表している内容の項目名などを示すマーカーのことです。

比較演算子
2つのデータを比較した結果を得るために使用する演算子です。値が同じかどうか、大きいかどうかなどを調べられます。

ピボットグラフ
ピボットテーブルで作成した集計表を、グラフ化する機能です。

ピボットテーブル
リスト形式のデータを基に、クロス集計表を作成する機能です。

表示形式
数値や日付データなどを、どのような形式で表示するかを指定するものです。

表示モード
Excelで作業を行うときに使用する表示方法です。［標準］以外に、［改ページプレビュー］や［ページレイアウト］などがあります。

フィルター
リスト形式に集めたデータから目的のデータのみ絞り込んで表示するときに使用します。フィルター機能を使用すると、リストの列見出しの横にフィルターボタンが表示されます。

フィルハンドル
アクティブセルの右下に表示されるハンドルです。オートフィルの機能を使用するときは、フィルハンドルをドラッグします。

フォント
文字の形の種類のことです。「Office」のテーマを利用している場合、セルのフォントは「游ゴシック」が選択されています。フォントは変更できます。

複合参照
セルを参照する方法の1つです。複合参照では、列だけを固定したり行だけを固定して参照します。

ブック
Excelで作成したファイルは、ブックともいいます。「ファイル」といっても、「ブック」といってもかまいません。

フラッシュフィル
隣接するセルにデータを入力するときに、規則性を見つけてデータを自動入力するのを補助する機能です。

ふりがな
セルに入力した文字のよみがなを表示する機能です。また、PHONETIC関数でふりがな情報を取り出すこともできます。

プロットエリア
グラフ内のデータが表示される場所のことです。プロットエリアを広げると、グラフエリアの中でグラフの部分が大きく表示されます。

分割
シートを垂直や水平に分割する機能です。シートの離れた場所を同時に見たりできます。

ページ番号
印刷時に、ページ番号を自動的に振る機能です。

ページレイアウト
ヘッダーやフッターの表示内容を指定したり編集できる表示モードです。ページの区切りを確認しながら表を作成したりできます。

ヘッダー／フッター
用紙の上余白がヘッダー、下余白がフッターです。日付やページ番号などを追加したりして印刷できます。

ま

マーカー
折れ線グラフなどで、数値の値の位置を示すマークのことです。

元に戻す
直前に行った操作をキャンセルして元に戻すことです。

や

やり直し
直前に行った操作をキャンセルして元に戻した後に、元に戻す前の状態にすることです。

ら

リスト
Excelでデータを管理するときに作成するリストのことです。リストの作り方にはルールがあります。

リボン
Excelのウィンドウの上部のボタンが表示されている部分です。タブをクリックすると、リボンの表示内容が変わります。タブをダブルクリックすると、リボンの表示／非表示を切り替えられます。

列幅
シートの各列の幅です。列幅は個別に調整できます。文字の長さに合わせて自動調整したりもできます。

ロック
シートを保護すると、セルのデータを編集できなくなります。ただし、セルのロックを外してからシートを保護すると、ロックが外れているセルは編集が可能になります。

わ

ワイルドカード
複数の文字やいずれかの文字を示す記号のことです。文字を検索するときなどに、あいまいな条件で文字を探す場合などに使用します。

枠線
セルとセルを区切る線です。枠線は、通常は印刷されません。表に線を引くにはセルに罫線を引きます。

索 引

▶ Word

数字・アルファベット

3D モデル	215
Backstage ビュー	43
IME	60
Microsoft Search	54
Office テンプレート	95
OneDrive	36, 100, 516
PDF ファイル	102, 105
SmartArt	212
Web レイアウト	53

あ行

アート効果	211
アイコン	216
あいまい検索	130
明るさ／コントラスト	211
網かけ	139, 188
アルファベット	74
一括変換	71
移動	114, 122
印刷	108
印刷の向き	97
印刷レイアウト	52
インデント	148
上書き	101, 120
上揃え	184
英数字	74
閲覧モード	52
エンコード	106
オートコレクト	88
オブジェクト	197
オプション	43
折り返し	210
オンライン画像	215

か行

カーソル移動	114, 172
改行	115
回転	198
回復	107
改ページ	158
顔文字	77
拡張子	100, 103
下線	137
カタカナ変換	69
かな入力	61
画面構成	40
画面の分割	227
漢字変換	66
記書き	112
キーの配置	58
キーボード	59, 116
記号	76
既定に設定	135
起動	34
機能キー	58
行	172
行間	152, 155, 205
行数の設定	99
行高	180
行頭の位置	149, 150
行の選択	174
行末の位置	148
共有	36
切り取り	122
切り抜く	209
禁則処理	159
均等割り付け	141, 147
クイックアクセスツールバー	40
空行	115
空白	59
グラフ	193
繰り返し	127
クリックアンドタイプ	114
クリップボード	122, 125

グリッド線	155, 171		スクロール	51
グループ化	203		図形	196, 198, 202
蛍光ペン	139		図形の移動	202
形式を選択して貼り付け	124		スタート画面	34
罫線	168, 170, 186		スタイル	186, 200, 224
結語	112		ストック画像	208, 214
検索	54, 80, 129, 231		図表パーツ	213
効果	138, 199, 211, 240		スペルチェック	228
更新	227		正方形	196
個人情報	94		整列	203
コピー	122, 124, 190, 202		セクション	156, 160
コメント	33, 232		セル	170, 172
コンテキストタブ	44		セルの結合	182
			セルの分割	183

さ行

			全角英数モード	74
サイズ変更	198		選択	116, 196
再変換	69, 73		前文	112
サインイン	101		総画数	82
作業ウィンドウ	45		挿入	41, 114, 158, 176, 196, 208, 232
削除	85, 176		ソフトキーボード	83
字下げ	58			
下書き	53			

た行

下揃え	184			
自動保存	40, 107		ダイアログ	45
写真	95, 208		タイトル	94, 220
斜体	136		縦書き	98, 161, 204
住所	77		縦中横	112, 145, 164
修正	120		タブ	167
自由な図形	197		段組み	156
終了	34, 39		単語登録	84
主文	112		段落書式	144, 146
ショートカットキー	38		段落の間隔	154
書式	140		置換	128
ショートカットメニュー	49		中央揃え	114, 146, 184
新規文書	35, 92		直線	197
垂直方向の配置	205		著作権	215
水平線	197		テーマ	134, 194
数字	75		テーマのフォント	134
透かし	218		手書き	80
スクリーンショット	217		テキストウィンドウ	213
			テキストファイル	103

553

テキストボックス	204
テンプレート	93, 103
頭語	112
同時に選択	118
透明	201
閉じる	38
取り消し	126
トリミング	209

な行

ナビゲーションウィンドウ	128, 225
名前を付けて保存	100
日本語入力システム	60
日本語の入力	62
入力オートフォーマット	126
入力の切り替え	63
入力の取り消し	65
入力モード	60, 71
塗りつぶし	186, 201

は行

配置	202
白紙の文書	34, 92
発信者名	112
発信日付	112
貼り付け	122, 190
範囲選択	116
半角英数モード	74
ビジネス文書	96
左揃え	147
日付	112, 220
表	166
表記のゆれ	228
表示倍率	50
表示モード	52
表示履歴	37
表の移動	175
ひらがなの入力	62
ひらがなモード	62
開く	36, 104

ファイルを開く	104
ファンクションキー	58
フィールド	191
フォント	96, 132
フォントサイズ	133
部首	83
フッター	223
太字	136
フリーフォーム	197
ふりがな	140
プレースホルダー	94, 221
ブロック単位で選択	119
プロポーショナルフォント	133
分割	227
文章校正	228
文書全体を選択	119
文書の比較	238
文書を閉じる	38
文書を開く	36, 104
文節単位で変換	70
ページ罫線	188
ページ番号	223
ヘッダー	220
ヘルプ	55
変換候補	67
変形	199
変更履歴	234
編集記号	161, 179
保存	100
翻訳	230

ま行

末文	112
まとめて変換	71
右揃え	114, 146
見出しスタイル	224
見出しの入れ替え	226
ミニツールバー	49
モードの切り替え	121
モードの表示	121

目次	226
文字一覧	82
文字カーソル	114
文字間隔	143
文字キー	58
文字数を指定	99
文字書式	144
書式	140
文字の追加	65
文字の訂正	64
文字配置	184
文字幅	142
文字の選択	116
文字列の方向	163
元に戻す	126

や行

矢印	197
やり直し	126
郵便番号	77
用紙サイズ	96, 111
横書き	98
予測変換の候補	67
余白	97, 220

ら行・わ行

リボン	42
両端揃え	147
両面印刷	111
リンク貼り付け	192
ルーラー	148
ルビ	140
レイアウト	96
レイアウトオプション	196, 206, 241
列	174
列幅	180
ローマ字入力	61
ロゴ	221
ワードアート	240
枠線の色	201

▶ Excel

記号・数字・アルファベット

#DIV/0!	321
#N/A	321, 345
#NAME?	321
#NULL!	321
#NUM!	321
#REF!	321
#SPILL!	321, 351
#VALUE!	321
0 から始まる数字の入力	271
AI	247
AND 条件	435
AVERAGE 関数	336
Backstage ビュー	262
Book1	256
Copilot	247, 530
CSV ファイル	420
[Excel のオプション] ダイアログ	262
Excel の画面構成	250
Excel の起動	248
Excel の終了	248
Excel のバージョン	244
FALSE	319, 342
IF 関数	342
Microsoft 365	244, 350
Microsoft 365 Copilot	247, 536
Microsoft Search ボックス	260
Microsoft アカウント	251
Office クリップボード	297
OR 条件	435
PHONETIC 関数	339
ROUNDDOWN 関数	341
ROUNDUP 関数	341
ROUND 関数	341
SUBTOTAL 関数	447
SUM 関数	332
TRUE	319, 342
VLOOKUP 関数	347
XLOOKUP 関数	345

あ行

アイコン	392
アイコンセットの表示	392
アウトラインの設定	426
アクティブシート	474
アクティブセル	251
新しいウィンドウを開く	472
新しいブックを用意する	256
印刷イメージの確認	484, 502
印刷するページを指定	504
印刷タイトルの設定	497
印刷の実行	503
印刷の設定	484
印刷範囲の設定	500
インデント	360
ウィンドウ枠の固定	422
ウィンドウを並べる	473
エラーインジケーター	323
エラーチェックルール	320
エラーの修正	322
エラーの種類	321
エラーの内容の確認	321
エラーメッセージ	310
エラーを再表示する	323
エラーを無視する	323
円グラフの作成	399
オート SUM	331
オートコンプリート機能	268
オートフィル	296, 300
折れ線グラフの作成	412

か行

会計表示	372
改ページ位置	494
改ページの削除	495
改ページの挿入	495
改ページプレビュー	259, 494
書き込みパスワード	482
拡大表示	258
画像	331
画面を分割する	424
カラースケールの表示	390
関数	330
関数の計算式の修正	335
関数の入力方法	331
関数のヘルプ	337
カンマ区切りのテキストファイル	420
行／列の移動	280
行／列の削除	283
行／列の追加	282
行／列をコピー	280
行／列を再表示する	285
行／列をドラッグで移動	281
行／列をドラッグでコピー	281
行／列を非表示にする	284
行の選択	267
行の高さの自動調整	277
行の高さの変更	276
行番号	251
クイックアクセスツールバー	251
空白のブック	256
組み合わせグラフの作成	416
グラフタイトル	401
グラフだけ印刷	504
グラフに表示する項目の変更	406
グラフの移動	404
グラフの大きさの変更	405
グラフの作成（積み上げ縦棒グラフ）	402
グラフの種類	399
グラフの種類の変更	407
グラフのデザインの変更	403
グラフ要素の選択	401
グラフ要素の追加	401
グループ化	426
計算式のコピー	324
計算式の修正	317
計算式の入力	312
形式を選択して貼り付け	380
罫線の色を変更する	366
罫線を消す	366

罫線を引く	364
桁区切りカンマ	370
検索する（飾りが付いたセルを）	291
検索する（データを）	290
合計を表示する	332
降順	429
コメントの確認	289
コメントのコピー	289
コメントの削除	289
コメントの追加	288
コメントの返信	289

さ行

最近使ったアイテム	253
作業ウィンドウ	261
算術演算子	316
算術演算子の優先順位	318
参照	327
参照元セルの表示	318
参照元セルを変更	315
参照元のセル	312
参照元のトレース	318
シート	251
シートの移動	464
シートの移動／コピー（他のブックに）	465
シートのコピー	465
シートの削除	461
シートの追加	460
シートの保護	469
シート保護の解除	470
シート見出しに色を付ける	463
シート名の変更	462
シートを1ページに印刷	499
シートを再表示する	467
シートを非表示にする	466
時刻の表示形式	377
四捨五入する	340
指数表記	319
四則演算	313
集計行	446

縮小して印刷	499
縮小表示	258
循環参照エラー	322
条件付き書式	382
条件付き書式ルール	385
条件付き書式の設定を解除	387
条件分岐	342
昇順	429
小数点以下の表示桁数	371
書式	354
書式のコピー	378
書式をまとめて削除	358
書式を連続してコピー	380
シリアル値	375
数式バー	250
数値の自動入力（オートフィル）	299
数値の入力	270
数値の表示形式	370
数値を使った計算	317
数値を連続して入力	271
ズーム	250
［ズーム］ダイアログ	258
図形	356
スパークライン	383, 394
スパークラインの表示	395
スピル	350
すべての列を1ページに印刷	499
スライサー	445
絶対参照	327
セル	251
セルに名前を付ける	267
セルの色を変える	359
セルの削除	287
セルの参照方法の変更	327
［セルの書式設定］ダイアログ	355
セルのスタイル	359
セルの選択	266
セルの選択（複数セルを）	267
セルの追加	286
セルの途中で改行する	361

セルの編集時にパスワードを求める	470
セルのロックを外す	468
セル範囲の選択	266
セル番地	250
セルを結合する	362
セルを横方向に結合する	363
千円単位で表示	373
選択範囲を印刷	501
操作を元に戻す	294
操作をやり直す	294
相対参照	325
総ページ数	492

た行

タイトルバー	251
縦（値）軸	401
縦（値）軸ラベル	401
タブ	251
置換する（すべてのデータを）	293
置換する（データを）	292
通貨表示形式	370
データ系列	401
データだけをコピー	380
データの一部を修正	275
データの移動	278
データのコピー	278
データの入力	265
データバーの表示	388
データ要素	401
データラベル	401
データを上書きして修正	274
データを消す	274
データをドラッグで移動	279
データをドラッグでコピー	279
データを並び替える	428
データを並び替える（複数条件で）	429
データを並べ替える（ユーザー設定リストで）	303
テーブル	440
テーブルからデータを抽出	443
テーブルだけ印刷	504

テーブルの作成	441
テーブルのデータを集計	446
テーブルのデータを並べ替える	442
テーブルのデザインの変更	448
テーマ	356
テーマの変更	357
テンプレート	257
テンプレートからブックを作成	257
テンプレートを使う	257

な行

名前ボックス	251, 266
日本語入力モード	306
入力規則	297, 306
入力規則のコピー	307, 380
入力規則の削除	307
入力規則の設定	307
入力候補の登録	308
入力時メッセージの設定	309
入力値の種類	306

は行

パーセント表示	371
パスワードの種類	481
凡例	401
比較演算子	319
日付に曜日を表示	376
日付の自動入力（オートフィル）	301
日付の入力（過去の日付を）	273
日付の入力（今日の日付を）	272
日付の入力（今年の日付を）	272
日付の表示形式	374
日付を和暦で表示	375
ピボットグラフ	439
ピボットテーブル	439
ピボットテーブルの更新	453
ピボットテーブルの作成	450
ピボットテーブルの集計方法	448
［ピボットテーブルのフィールド］	449
作業ウィンドウ	261
表計算ソフト	244

索引

表示形式	368
表示モード	259
標準ビュー	259
表の見出しを全ページに印刷	496
表を作る	264
ピン留め	249, 255
フィールド	418
フィルター機能をオフにする	436
フィルター条件でデータを抽出	432
フィルター条件の解除	433
フィルター条件でデータを抽出（複数条件で）	434
フィルハンドル	298
フォント	358
複合参照	329
複数シートの選択	474
複数シートの編集	475
複数ブックを同時にスクロール	479
複数ブックを開く	476
ブック	245
ブック全体を印刷	502
ブックにパスワードを設定	459
ブックの上書き保存	253
ブックの切り替え	477
ブックの保護	471
ブックの保存	252
ブックを閉じる	253
ブックを並べて比較	478
ブックを開く	254
ブックをピン留めする	255
フッター	492
負の数の表示形式	372
フラッシュフィル	296, 305
ふりがなを修正	339
ふりがなを表示	338
平均を求める	336
［ページ設定］ダイアログ	485, 493
ページの中央に印刷	489
ページ番号	492
ページレイアウトビュー	259
べき乗	317

ヘッダーに日付を表示	491
ヘッダーに文字を表示	490
ヘルプの表示	261
棒グラフの作成	408
他のシートのセルを参照	314

ま行

見出しを固定する	422
メモ	288
文字の色を変更	359
文字の入力	268
文字の配置を変更	360
文字を折り返して表示	361
文字を縮小して収める	361
文字を縦書きにする	363
文字を太字にする	358
文字をまとめて入力	269

や行

ユーザー設定リスト	431
用紙のサイズ	486
用紙の向き	487
曜日の自動入力（オートフィル）	300
横（項目）軸	401
横（項目）軸ラベル	401
余白の大きさ	488
読み取りパスワード	480

ら行・わ行

リスト	418
リストのルール	419
リボン	251, 286
レコード	418
列の選択	282
列幅の自動調整	277
列幅の変更	276
列番号	251
連続データ	270, 300
連続データの登録	302
連続データの入力	303
ワイルドカード	292

注意事項

- 本書に掲載されている情報は、2025年2月28日現在のものです。本書の発行後にWord、Excelの機能や操作方法、画面が変更された場合は、本書の手順どおりに操作できなくなる可能性があります。
- 本書に掲載されている画面や手順は一例であり、すべての環境で同様に動作することを保証するものではありません。読者がお使いのパソコン環境、周辺機器、スマートフォンなどによって、紙面とは異なる画面、異なる手順となる場合があります。
- 読者固有の環境についてのお問い合わせ、本書の発行後に変更されたアプリ、インターネットのサービス等についてのお問い合わせにはお答えできない場合があります。あらかじめご了承ください。
- 本書に掲載されている手順以外についてのご質問は受け付けておりません。
- 本書の内容に関するお問い合わせに際して、編集部への電話によるお問い合わせはご遠慮ください。

本書サポートページ https://isbn2.sbcr.jp/30188/

著者紹介

国本 温子（くにもと あつこ）

テクニカルライター。企業内でワープロ、パソコンなどのOA教育担当後、Office、VB、VBAなどのインストラクターや実務経験を経て、現在はフリーのITライターとして書籍の執筆を中心に活動中。本書ではWordの章を担当。

門脇 香奈子（かどわき かなこ）

企業向けのパソコン研修の講師などを経験後、マイクロソフトで企業向けのサポート業務に従事。現在は、「チーム・モーション」でテクニカルライターとして活動中。本書ではExcelの章を担当。

- チーム・モーション　https://www.team-motion.com

カバーデザイン　西垂水 敦（krran）

Word & Excel 2024 やさしい教科書
[Office 2024 / Microsoft 365対応]

2025年4月5日　初版第1刷発行

著　者	国本 温子、門脇 香奈子
発行者	出井貴完
発行所	SBクリエイティブ株式会社 〒105-0001 東京都港区虎ノ門2-2-1 https://www.sbcr.jp/
印　刷	株式会社シナノ

落丁本、乱丁本は小社営業部にてお取り替えいたします。
定価はカバーに記載されております。
Printed in Japan　ISBN978-4-8156-3018-8